21世纪普通高等教育规划教材

JIXIE
GONGCHENG
CAILIAO

机械工程材料

徐先锋　何柏林　主编

化学工业出版社
·北京·

全书围绕着“结构/成分、性质、合成/加工、效能（使用性能）”这条主线，系统地介绍了钢铁、有色金属、高分子和陶瓷等工程材料的基础理论和应用知识，力求做到深入浅出，让读者对工程材料的种类、特性和应用有一个全面的了解，最终达到能够根据机械零件的服役条件和失效形式合理选用工程材料的初步能力。

本书可作为高等院校机械类和近机械类各专业的教材使用，也可作为其他工科专业的选修课程教材或供有关工程技术人员参考。

图书在版编目（CIP）数据

机械工程材料/徐先锋，何柏林主编. —北京：化学工业出版社，2010.1（2023.8 重印）
21 世纪普通高等教育规划教材
ISBN 978-7-122-07353-2

Ⅰ. 机… Ⅱ. ①徐…②何… Ⅲ. 机械制造材料-高等学校-教材 Ⅳ. TH14

中国版本图书馆 CIP 数据核字（2009）第 230614 号

责任编辑：叶晶磊　唐旭华　　　文字编辑：颜克俭
责任校对：战河红　　　装帧设计：张　辉

出版发行：化学工业出版社（北京市东城区青年湖南街 13 号　邮政编码 100011）
印　　装：北京天宇星印刷厂
787mm×1092mm　1/16　印张 17　字数 438 千字　2023 年 8 月北京第 1 版第 9 次印刷

购书咨询：010-64518888　　　售后服务：010-64518899
网　　址：http://www.cip.com.cn
凡购买本书，如有缺损质量问题，本社销售中心负责调换。

定　　价：49.00 元

《机械工程材料》编写人员

主　　编　徐先锋　何柏林

编写人员（以姓氏笔画为序）

王红英　匡唐清　李树桢　何柏林　陈朝霞

赵龙志　徐先锋　熊光耀　黎秋萍

前 言

“机械工程材料”课程是工科院校机械类专业的一门专业基础课。随着科学技术的进步，机械工程领域中机械学科和材料学科的交叉越来越多，了解材料学科的相关知识和在机械设计与制造时合理地选用材料，是机械工程专业学生的一项必备的专业技能。为提高机械类学生的专业水平，培养更多的懂材料、热处理以及能够合理选用材料的高素质应用型人才，编者参考了国内外有关教材、著作和文献，精心编写了本教材。

本书编写过程中，注重对机械工程材料基本知识和基本原理的阐述，力求由浅入深，易学易懂，使读者了解常用材料的成分、组织、性能之间的关系；了解强化金属材料的基本途径；掌握钢材热处理的基本原理；了解热处理工艺在机械加工流程中的位置和作用；熟悉常用金属材料的牌号、成分、组织及用途，初步具备合理选材、正确制定加工工艺及失效分析的能力。

全书共分为 13 章。第 1 章、第 5 章和第 6 章由徐先锋、王红英编写；第 2 章、第 3 章和第 7 章由何柏林、李树桢编写；第 4 章和第 8 章由陈朝霞编写；第 9 章由熊光耀编写；第 10 章和第 13 章由黎秋萍编写；第 11 章由匡唐清编写；第 12 章由赵龙志编写。编者还为本教材配备了精美的课件，供购买者免费索取。

由于编者水平有限，本书难免存在不当之处，敬请读者批评指正。

编者

2009 年 11 月

目　录

1 绪论 …… 1

1.1 材料的概念、分类及在人类社会发展进程中的地位和作用 …… 1
1.1.1 材料的概念和分类 …… 1
1.1.2 材料在人类社会发展进程中的地位和作用 …… 2
1.2 材料科学与工程的内容及相互关系 …… 3
1.3 材料的发展 …… 5
1.3.1 传统材料的改进 …… 5
1.3.2 新材料的开发 …… 6
1.4 材料与机械工程 …… 7
1.4.1 材料与机械工程的关系 …… 7
1.4.2 机械工程材料 …… 7
1.4.3 机械工程材料的主要内容 …… 8
习题 …… 9

2 材料的力学性能 …… 10

2.1 概述 …… 10
2.2 静载力学性能 …… 10
2.2.1 拉伸试验 …… 10
2.2.2 弹性和刚度 …… 11
2.2.3 强度 …… 12
2.2.4 塑性 …… 13
2.2.5 真实应力-应变 …… 14
2.2.6 形变强化模数和形变强化指数 …… 15
2.2.7 强度与塑性、韧性之间的关系 …… 16
2.2.8 影响断裂的因素 …… 16
2.3 硬度试验 …… 17
2.3.1 布氏硬度 …… 18
2.3.2 洛氏硬度 …… 18
2.3.3 维氏硬度 …… 19
2.4 冲击韧性 …… 20
2.4.1 冲击试验 …… 20
2.4.2 冷脆转变 …… 21
2.5 断裂韧性 …… 21
2.6 疲劳 …… 22
2.7 高温力学性能 …… 23
2.8 材料力学性能的变异 …… 24
习题 …… 24

3 晶体结构与结晶 …… 25

3.1 金属的晶体结构 …… 25
3.1.1 晶体的概念 …… 25
3.1.2 晶系 …… 26
3.1.3 晶向指数 …… 27
3.1.4 晶面指数 …… 28
3.1.5 常见的金属晶体结构 …… 30
3.1.6 单晶体的各向异性 …… 32
3.2 实际金属结构 …… 33
3.2.1 多晶体结构 …… 33
3.2.2 晶体缺陷 …… 33
3.3 金属的结晶 …… 36
3.3.1 金属结晶的概念 …… 37
3.3.2 金属的结晶过程 …… 37
3.3.3 影响生核与长大的因素 …… 39
3.3.4 难熔杂质、振动和搅拌的影响 …… 39
3.3.5 金属的同素异构转变 …… 39
3.3.6 金属铸锭组织与缺陷 …… 40
习题 …… 41

4 金属的塑性变形与再结晶 …… 42

4.1 金属的塑性变形 …… 42
4.1.1 单晶体的塑性变形 …… 42

4.1.2 多晶体的塑性变形 …… 45
4.2 塑性变形对金属组织和性能的影响 …… 46
4.3 变形金属在加热时的组织和性能的变化 …… 49
4.4 金属的热加工 …… 53
4.4.1 热加工的概念 …… 53
4.4.2 热加工的优点和缺点 …… 54
4.5 超塑性 …… 56
4.5.1 超塑性的概念 …… 56
4.5.2 超塑性的历史及发展 …… 56
4.5.3 超塑性的分类及工艺特点 …… 57
4.5.4 典型的超塑性材料 …… 58
4.5.5 超塑性的应用 …… 59
习题 …… 59

5 二元合金 …… 60
5.1 合金相结构 …… 60
5.1.1 固溶体 …… 61
5.1.2 金属间化合物 …… 63
5.2 二元合金相图 …… 65
5.2.1 合金相图概述 …… 65
5.2.2 二元合金相图 …… 66
5.3 合金性能与相图的关系 …… 73
习题 …… 75

6 铁碳合金 …… 76
6.1 铁碳合金的相结构与性能 …… 76
6.2 铁碳合金相图 …… 78
6.2.1 相图分析 …… 78
6.2.2 典型合金的结晶过程 …… 79
6.2.3 含碳量对铁碳合金平衡组织和性能的影响 …… 87
6.3 碳钢 …… 89
6.3.1 常存杂质对碳钢性能的影响 …… 89
6.3.2 碳钢的分类 …… 89
6.3.3 碳钢的编号和用途 …… 90
习题 …… 93

7 钢的热处理 …… 95
7.1 概述 …… 95
7.2 钢加热时的奥氏体的转变 …… 96
7.2.1 奥氏体的形成（以共析钢为例）…… 96
7.2.2 影响奥氏体化的因素 …… 98
7.2.3 奥氏体晶粒在加热时的生长 …… 99
7.2.4 不同奥氏体晶粒度的应用 …… 100
7.3 奥氏体在冷却过程中的分解 …… 100
7.3.1 等温转变曲线 …… 100
7.3.2 过冷奥氏体转变产物的组织与性能 …… 101
7.4 钢的退火 …… 109
7.5 钢的正火 …… 111
7.6 钢的淬火 …… 112
7.6.1 淬火温度的选择和加热时间 …… 112
7.6.2 淬火介质 …… 114
7.6.3 钢的淬透性 …… 114
7.6.4 淬火的方法 …… 118
7.7 钢的回火 …… 121
7.7.1 淬火钢回火时组织和性能的变化 …… 121
7.7.2 回火的分类及应用 …… 122
7.7.3 回火脆性 …… 124
7.8 钢的表面淬火 …… 124
7.8.1 感应加热表面淬火 …… 124
7.8.2 火焰加热表面淬火 …… 126
7.9 钢的化学热处理 …… 127
7.9.1 渗碳 …… 127
7.9.2 氮化 …… 128
7.9.3 碳氮共渗 …… 130
习题 …… 131

8 合金钢 …… 133
8.1 合金元素在钢中的作用 …… 133
8.1.1 合金元素对钢中基本相的影响 …… 133
8.1.2 合金元素对 $Fe\text{-}Fe_3C$ 相图的影响 …… 135
8.1.3 合金元素对热处理的影响 …… 135
8.1.4 常用的各种合金元素对合金钢的力学性能影响 …… 137

8.2 合金的强韧化机理 …… 138
8.2.1 合金的强化 …… 138
8.2.2 材料强化应用举例 …… 140
8.2.3 合金的韧化 …… 141
8.3 合金钢的分类和编号方法 …… 141
8.3.1 合金钢的分类 …… 141
8.3.2 合金钢的编号 …… 142
8.4 合金结构钢 …… 142
8.4.1 低合金高强度结构钢 …… 142
8.4.2 渗碳钢 …… 145
8.4.3 调质钢 …… 147
8.4.4 弹簧钢 …… 151
8.4.5 滚动轴承钢 …… 152
8.4.6 易切削钢 …… 156
8.4.7 渗氮钢 …… 156
8.4.8 超高强度钢 …… 157
8.5 合金工具钢 …… 157
8.5.1 合金刃具钢 …… 158
8.5.2 合金模具钢 …… 160
8.5.3 量具用钢 …… 163
8.5.4 新型合金工具钢 …… 165
8.6 特殊性能钢及合金 …… 166
8.6.1 不锈钢 …… 166
8.6.2 耐热钢 …… 169
8.6.3 耐磨钢 …… 170
习题 …… 170

9 铸铁 …… 172
9.1 铸铁的石墨化 …… 172
9.2 铸铁分类 …… 173
9.2.1 按碳存在的形式分类 …… 173
9.2.2 按化学成分分类 …… 174
9.3 普通灰铸铁 …… 174
9.3.1 灰铸铁的化学成分、组织、性能及用途 …… 174
9.3.2 灰铸铁的孕育处理及孕育铸铁 …… 176
9.3.3 灰铸铁的热处理 …… 177
9.4 可锻铸铁 …… 178
9.4.1 可锻铸铁的组织与性能 …… 178
9.4.2 可锻铸铁分类 …… 178
9.4.3 可锻铸铁的牌号及用途 …… 178
9.5 球墨铸铁 …… 179
9.5.1 球墨铸铁的化学成分 …… 179
9.5.2 球墨铸铁的组织和性能 …… 179
9.5.3 球墨铸铁的牌号及用途 …… 180
9.5.4 球墨铸铁的热处理 …… 180
9.6 合金铸铁 …… 181
9.6.1 耐磨铸铁 …… 181
9.6.2 耐热铸铁 …… 182
9.6.3 耐蚀铸铁 …… 182
习题 …… 182

10 有色金属及其合金 …… 183
10.1 铝及其合金 …… 183
10.1.1 纯铝 …… 184
10.1.2 铝合金 …… 184
10.2 铜及其合金 …… 190
10.2.1 纯铜 …… 190
10.2.2 铜合金 …… 191
10.3 镁及镁合金 …… 194
10.3.1 纯镁 …… 194
10.3.2 镁合金 …… 194
10.4 钛及钛合金 …… 195
10.4.1 纯钛 …… 195
10.4.2 钛合金 …… 195
10.5 轴承合金 …… 197
10.5.1 轴承合金性能要求和组织特点 …… 197
10.5.2 常用轴承合金 …… 198
习题 …… 199

11 高分子材料 …… 200
11.1 概述 …… 200
11.1.1 高分子材料的基本概念 …… 200
11.1.2 高分子化合物的结构 …… 201
11.1.3 高分子化合物的物理状态 …… 206
11.1.4 高分子化合物的力学行为 …… 208
11.1.5 高分子材料的性能特点 …… 212
11.2 工程塑料 …… 214
11.2.1 塑料的性能特点 …… 214
11.2.2 塑料的组成 …… 214
11.2.3 塑料的分类 …… 216

11.2.4 常用工程塑料的性能和用途 …… 217
11.3 橡胶 …… 219
11.3.1 橡胶的特性和应用 …… 219
11.3.2 橡胶的组成 …… 220
11.3.3 橡胶的分类 …… 220
11.3.4 常用橡胶材料 …… 220
11.4 合成纤维 …… 222
11.5 胶黏剂 …… 222
11.5.1 胶结特点 …… 222
11.5.2 胶黏剂的组成 …… 223
11.5.3 胶黏剂的表示方法及分类原则 …… 223
11.5.4 胶黏剂的选择 …… 226
11.5.5 常用胶黏剂 …… 226
11.6 涂料 …… 226
11.6.1 涂料的作用 …… 226
11.6.2 涂料的组成 …… 226
11.6.3 常用涂料 …… 226
习题 …… 227

12 先进材料 …… 228

12.1 概述 …… 228
12.1.1 先进材料发展的历史和社会地位 …… 228
12.1.2 先进材料研究与应用现状 …… 229
12.1.3 先进材料发展前景的展望 …… 232
12.2 纳米材料 …… 232
12.2.1 纳米科学技术 …… 232
12.2.2 纳米材料的性能及用途 …… 233
12.3 复合材料 …… 236
习题 …… 242

13 材料的选用及加工路线 …… 243

13.1 机械零件的失效 …… 243
13.1.1 零件失效分析 …… 243
13.1.2 零件变形失效分析及选材 …… 244
13.1.3 零件断裂失效分析与选材 …… 244
13.1.4 零件表面损伤失效分析与选材 …… 245
13.2 材料选用的一般原则 …… 246
13.2.1 使用性能原则 …… 246
13.2.2 工艺性能原则 …… 247
13.2.3 经济性原则 …… 249
13.3 典型零件的选材与加工工艺 …… 249
13.3.1 齿轮选材 …… 249
13.3.2 轴类零件选材 …… 251
13.3.3 箱体类选材 …… 252
13.3.4 弹簧选材 …… 253
13.3.5 刃具选材 …… 257
习题 …… 259

参考文献 …… 261

1 绪论

进入21世纪以来，材料学被誉为人类科学的三大支柱之一。材料是制作器件、结构、工具或其他产品必不可少的要素，是人类社会文明的标尺。国民经济各个部门的发展与进步都在一定程度上依赖于材料的进步与发展。伴随着世界各国经济的繁荣，人类面临着“人口、资源（能源）和环境（生态）”三大压力，如何制备和使用资源节约型、环境友好型的材料，满足更多人口的需要，是各国面临的重大课题。人们生活水平的提高、人类平均寿命的延长、人们的日常交往更加频繁、信息网络更加发达、交通运输更加便捷，这些改变对新型能源材料、生物工程材料、信息材料、交通能源材料等提出了更多的要求。机械工程材料是机械工程相关专业的专业基础课程，了解材料科学与工程的相关知识并在机械设计与制造时合理地选用材料，是机械工程专业学生的一项必备的专业技能。

1.1 材料的概念、分类及在人类社会发展进程中的地位和作用

1.1.1 材料的概念和分类

材料按用途分类，可分为结构材料和功能材料两大类。结构材料主要是利用材料的力学和物理、化学性质，广泛应用于机械制造、工程建设、交通运输和能源等各个工业部门。功能材料则利用材料的热、光、电、磁等性能，用于电子、激光、通信、能源和生物工程等许多高新技术领域。功能材料的最新发展是智能材料，它具有环境判断、自我修复等功能，人们称智能材料是21世纪的材料。

按材料的成分和特性分类，可分为金属材料、陶瓷材料、高分子材料和复合材料。金属材料又分为黑色金属材料和有色金属材料。黑色金属材料通常包括铁、锰、铬以及它们的合金，是应用最广的金属结构材料。除黑色金属以外的其他各种金属及其合金都被称为有色金属。有色金属品种繁多，又可分为轻金属、重金属、高熔点金属、稀土金属、稀散金属和贵金属等。纯金属的强度较低，工业上用的金属材料大多是由两种或两种以上金属元素或金属和非金属元素经高温熔融后冷却得到的合金。例如由铜和锡组成的青铜，铝、铜和镁组成的硬铝等都是合金。合金也可以由金属元素和非金属元素组成，如碳钢是由铁和碳组成的合金。合金的力学性能一般都优于纯金属。为了发展航空、火箭、宇航、舰艇、能源等新兴工业，需要研制具有特殊性能的金属结构材料，因此金属材料发展的重点是研制新型金属材料。

陶瓷材料是人类应用最早的材料。传统的陶瓷材料是以硅和铝的氧化物为主的硅酸盐材料，新近发展起来的特种陶瓷或称精细陶瓷，成分扩展到纯的氧化物、碳化物、氮化物和硅化物等，因此可称为无机非金属材料。

高分子材料是一类合成材料，主要有塑料、合成纤维和合成橡胶，此外还有涂料和胶黏剂等。这类材料具有优异的性能，如较高的强度、优良的塑性、耐腐蚀、不导电等，发展速度较快，已部分地取代了金属材料。合成具有特殊性能的功能高分子材料是高分子材料的发展方向。

复合材料是由金属材料、陶瓷材料和高分子材料复合组成的。复合材料的强度、刚度和耐腐蚀等性能比单一材料更为优越，是一类具有广阔发展前景的新型材料。

也可把材料分为传统材料和新型材料，传统材料是指生产工艺已经成熟并已投入工业生产的材料。新型材料是指新发展或正在发展的具有特殊功能的材料，如高温超导材料、工程陶瓷、功能高分子材料等。这些新型材料的特点如下所述。

① 新型材料是根据社会的需要，在人们已经掌握了物质结构及其变化规律的基础上，进行设计、研究、试验、合成生产出来的合成材料。新型材料具有特殊的性能，能满足尖端技术和设备制造的需要。例如能在接近极限条件下使用的超高温、超高压、极低压、耐腐蚀、耐摩擦等性能的材料。

② 新型材料的研制是多学科综合研究的成果。它要求以先进的科学技术为基础，往往涉及物理、化学、冶金等多个学科。如果没有各种学科最新研究成果的支持，新型材料的设计和研制是不可能的。

③ 新型材料从设计到生产，需要专门的、复杂的设备和技术，它自身形成了一个独特的领域，称为新材料技术。新材料技术在高新技术领域中占有特殊的地位，成为实现高技术的物质基础。

1.1.2 材料在人类社会发展进程中的地位和作用

(1) 材料是人类社会进步的里程碑

一种重要新材料的发现和使用，都把人类支配自然的能力提高到一个新水平，材料科学技术的每一次重大突破都会引起生产技术的重大变革，甚至引起一次世界性的技术变革，从而把人类物质文明和精神文明推向前进。人类的文明史是以材料划分的，经历了石器时代、青铜器时代，现在进入了人工合成材料的新时代。

应该说，人类进入文明社会是以使用金属材料（铜与铁）开始的。世界上最早的文明古国都曾先后进入青铜器时代。铜是人类最先使用的金属，在青铜器时代，铁比铜要宝贵，这是因为当时炼铜比炼铁更容易；并且，在地球表层中往往有呈自然金属状态存在的铜，容易被发现与开采。

从出土的文物证明，在公元前3000年就有了铁器；在公元前2000年，早期人类就知道了铸铁技艺。中国在铁器时代对人类做出了重大贡献。

钢铁工业只是到了19世纪后半叶才得到了发展，这一方面是由于当时欧洲社会生产力和科学技术的进步，从而对钢的生产提出了要求；另一方面是由于炼钢技术的进步，扩大了钢的生产规模并提高了钢材质量。特别是进入20世纪50年代，由于氧气顶吹法炼钢技术的出现，钢的生产得到了迅速发展。从20世纪50年代初至70年代末这一段时间，全世界钢的年产量由2.1亿吨增加到7.5亿吨。

在此期间，除了钢铁以外，有色金属也得到了发展。1866年哈尔（C. M. Hall）发明了电解铝，至今铝已成为用量仅次于钢铁的金属。1910年用钠还原得到了纯钛，从而满足了航空工业的需求。核工业的需要促进了铀及其他核燃料的发展，而电子和半导体工业则促进了超纯材料（单晶硅等）的发展。

此外，在非金属材料领域，特别是进入 20 世纪，也取得了重大进展。人工合成高分子材料从 20 世纪 20 年代至今，其产量之大、应用之广可以和传统的钢铁材料相比。1984 年全世界合成高分子聚合物产量已达 1 亿吨，其中包括塑料、合成橡胶和合成纤维。早在 1970 年世界合成高分子材料为 4000 万吨，其中除 3000 万吨是塑料以外，橡胶产量为 500 余万吨，这已超过天然橡胶的产量；该年的合成纤维产量为 400 万吨，这和当年的天然纤维产量相当。这样快的发展速度是其他任何材料不可比拟的。

陶瓷是人类文明的象征。50 万年以前，人类学会用火以后，就开始烧制陶器，这是经过热处理改变材料性质的开始。在新石器时代，世界先后在不同地区制出了原始陶器。我国出现原始陶器可追溯到距今 10000 年左右。至于玻璃的生产，早在公元前 1600 年的古埃及就已经开始。

最近二三十年来，随着材料科学技术的发展，陶瓷材料在冶金、建筑、机械、化工以及尖端技术领域，已成为耐高温、耐腐蚀和各种功能材料的主要来源：例如耐高温、耐腐蚀的氧化铝；将电信息转变为光信息的铌酸锂；用于切削刀具的氮化硅；具有高温超导性能的氧化钇等。

最近，欧洲航天局宣布：40 年内将向月球移民。那时的登月飞船，采用的主要材料之一将是陶瓷。因此，陶瓷材料是最古老的传统材料，又是近代发展的新材料。它和金属材料、人工合成高分子材料一起，构成了当今工程材料的三大支柱。

（2）材料是经济和社会发展的基础和先导

两次工业革命都是以新材料的发明和广泛应用为先导的，第一次工业革命（18 世纪），炼钢工业的发展为蒸汽机的发明和应用奠定了物质基础；第二次工业革命（20 世纪中叶以来），单晶硅材料对电子技术的发明和应用起了核心作用。21 世纪发展的高技术领域与材料发展密切相关，信息材料、新能源材料、生物医用材料、空间技术用材料及环保材料是 21 世纪发展信息科学技术、新能源科学技术、生物科学技术、空间科学技术和生态环境科学技术的基础。

1.2 材料科学与工程的内容及相互关系

长期以来，人类用材料制作工具，并由此积累了丰富的知识，这些知识包括材料性能、加工工艺和使用性。早前，这些知识是以实践和经验为基础的，人类根据已有的经验知识，在得知材料性能、使用特性和工艺过程之间的关系以后，来满足社会的需要。从材料科学的发展来看，在产业革命以前，材料加工处于“技艺”的水平。

产业革命以后，材料的利用与加工走上了科学发展的道路，从而形成了“材料科学与工程”学科。根据美国材料科学与工程调查委员会的定义，“材料科学与工程是关于材料成分、结构、加工工艺、性能和用途之间相关知识的开发和应用的科学”。图 1-1 描绘了材料科学与工程的内容以及相关的联系，结构/成分、性能、合成/加工、效能（使用性能）被称为材料科学与工程的四要素。

材料的性能可分成两类：力学性能和物理性能。

通常，材料的力学性能是指强度、塑性和刚度。但是也常有这样的情况，就是材料要经受突然的、强有力的撞击（冲击韧性）；连续地、周期性地经受交替的作用力（疲劳性能）；也有的要经受高温（蠕变性能）以及在磨损介质下工作（抗磨性能）。材料的力学性能不仅

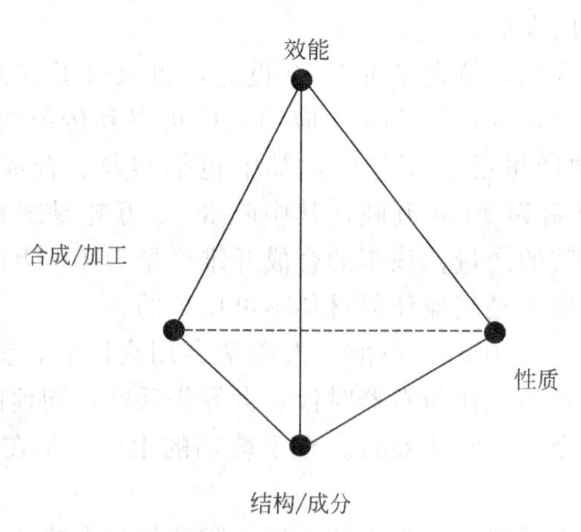

图 1-1　材料科学与工程的内容及相互关系

要满足它在工作时的要求，还要考虑它的加工成形及是否很容易就能得到所需的形状。采用锻造成形的金属零件，必须能承受在成形过程中瞬间施加给它的作用力，不出现裂纹，有足够的塑性变形并最终得到所需的形状。通常，结构的微小变化会导致材料在性能上发生显著的变化。

材料的物理性能包括电学的、磁学的、热学的以及化学的行为。物理性能取决于材料的结构和加工技术。即使成分发生微小的变化也会使许多半导体金属和陶瓷的导电性发生显著变化。高的焙烧温度可大幅度降低陶瓷的绝热性能。少量的不纯物（夹杂物）会使玻璃或高分子聚合物的颜色改变。

可以从几个不同的水平上分析材料的结构。但无论是在哪个水平上的结构，都会最终地影响产品的性能。

第一个水平是最微细的、组成材料的原子结构。电子围绕着原子核的排列情况对于材料的电学、磁学、热学、光学乃至耐蚀性能均有重大的影响。尤其是，电子的排列会影响原子的键合，因而才可以把材料区分为金属、陶瓷和高分子材料。

第二个水平就是原子在空间的排列。金属、许多陶瓷和某些高分子聚合物在空间均具有非常规则的原子排列，或者说是晶体结构。晶体结构会影响金属的力学性能，例如，强度、塑性和抗震性能。另外的一些陶瓷材料和大多数高分子聚合物则不具有规则的原子排列。具有非晶态（也就是呈玻璃态）的材料，与晶体材料相比，具有很大的差别。例如，呈玻璃态的聚乙烯是透明的；而呈晶体态的聚乙烯则是半透明的。由于原子排列中存在着缺陷，导致在性能上发生显著的变化。

第三个水平则是材料的晶粒结构。在大多数的金属、某些陶瓷材料和个别的高分子聚合物中均有晶粒结构。在这些晶粒中，由于原子排列而改变了它们的取向，从而也就影响了材料的性能。在晶粒结构的水平上，晶粒的尺寸和形状起着关键性的作用。

第四个水平就是材料的多相结构。在大多数材料中，不是只有一个相存在，其中每一相均具有其独特的原子排列和性能。控制材料基体中这些相的形式、尺寸、分布和数量，对于改善材料的宏观特性是非常有效的。

材料加工技术是材料科学与工程的重要组成部分，材料加工实质上就是材料工程。材料加工对材料的结构与性能有很大的影响。材料结构、性能与加工方法三者的关系如图 1-2 所示。另外，材料在加工与使用过程中的环境也影响材料的特性。

材料科学与工程学科的目标是：按照所需的性能，设计材料的原子或分子组成，制定相

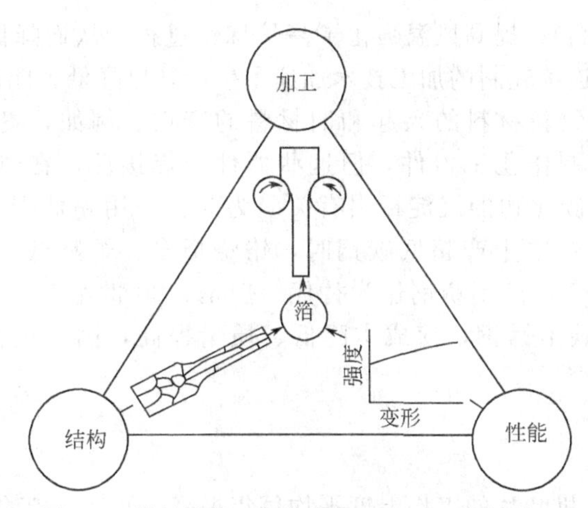

图 1-2 材料结构、性能与加工方法三者的关系

应的加工技术以达到理想的组织，并力求应用已知的科学规律，大幅度地提高现有材料的性能、效率和使用寿命。

1.3 材料的发展

材料是人类物质文明的基础和支柱，它支撑着其他新技术的发展。能源的开发、提炼、转化和储运，信息的传播、储存、利用和控制都离不开材料；航天技术、海洋工程、生物工程和系统工程都需要结构材料和功能材料。

材料一直在面临人类社会的选择，而这种选择是由社会需要所决定的。材料能否被社会所需要，这要由 5 个判据来决定：资源、能源、环境保护、经济和性能。当资源、能源和环境保护这 3 个限制条件能得到满足时，还要看材料的性能是否能满足要求并且在经济上是否合理。

材料的发展始终处于激烈的竞争之中，首先是材料三大类（金属材料、陶瓷材料和高分子材料）之间的竞争；另外是材料大类中不同种类间的竞争，例如金属材料中黑色金属与有色金属的竞争。美国 1980 年汽车平均重量是 1500kg，1990 年则是 1020kg。铸铁的比例由 15%减至 11%。每台车的铸铁用量由 225kg 降至 112kg；此时铝合金由 4%增至 9%；高分子材料由 6%增至 9%。采用陶瓷材料制作汽车发动机，以取代金属材料的发动机，具有显著的技术经济效果，陶瓷比金属能耐受更高的工作温度，因而使燃油在发动机内的燃烧效率提高，并且发动机的自重也会减轻。为此，陶瓷（复合）材料发动机的开发便在全球展开了激烈竞争。

另外，材料之间也存在着共生关系，也可以彼此相互促进，例如，高炉炼铁的炉渣，可用作水泥的原料；炼焦的副产品——炼焦油，则是重要的化工原料。

关于材料的进一步发展，可以从传统材料的改进和新材料的开发两方面讨论。

1.3.1 传统材料的改进

已经投产和长期使用的材料，叫作传统材料。改进它们的目的在于满足消费者的要求，这就是提高性能和降低成本。

改进传统材料最有效的措施就是改进加工技术，由此可提高材料的性能、提高生产率和降低成本。氧气炼钢不仅加速了冶炼过程，而且还提高了钢液质量（含磷量降低、气体含量降低、钢材深冲性能提高)；提高风温强化了高炉炼铁过程，从而降低了能源消耗，提高了铁液质量；连续铸锭和连续轧制的加工技术加速了生产，也降低了能源消耗。

新工艺的采用可导致新材料的兴起和旧材料的衰亡。例如，奥氏体不锈钢具有较高的耐蚀性，被广泛用于制作化工器件，但这些器件经焊接后，在热影响区可能有严重的晶间腐蚀，这是与晶间碳化物的沉淀析出有关。为此，采用超低碳（C<0.03%）不锈钢可以解决；但是在电弧炉中生产超低碳钢时，铬烧损多、炉龄低、成本高，因而不得不采用表面质量差的Cr18Ni9Ti不锈钢作为替代。但是，20世纪70年代开始采用氩氧脱碳（AOD）技术生产超低碳不锈钢，使成本降低、质量提高，因而正在迅速取代Cr18Ni9Ti不锈钢。

1.3.2 新材料的开发

(1) 能源材料

过去30年，燃气轮机叶片的工作温度平均每年提高6.67℃。工作温度提高83℃，就可使推力提高20%。这一成就的取得是由于强化了镍基合金、采用了定向凝固技术所致。采用快速凝固（液态急冷）技术制取粉末和等静压成形技术，可使工作温度进一步提高。采用SiC可使叶片的长期工作温度提高到1200℃以上。另外，输电变压器的铁损，全世界每年为4000亿千瓦时，若采用非晶态金属，每年可节约1000亿千瓦时，美国由此每年可节约10亿美元。

当前，地球的能源急剧枯竭，而太阳每年照射在地球表面的能量，是全世界年耗能的1万倍，因此光电转换材料备受重视。

(2) 信息材料

信息的储存和传递装置要求体积小、轻巧和快速。硅芯片内的线宽，1960年为30μm，1986年降至1μm，因而每片可容纳10^5以上的晶体管，储存1.6×10^6bit的信息，1990年达0.1μm，由此可见光刻技术已由可见光转为高能电子和X射线。

用光传递信息比用电子或电波更有效。20世纪70年代中期已开始用光导纤维通话；世界第一条长达6684km的跨大西洋海底光缆完工，最多可同时通4万条话路。目前，光学信号仍需借助于转化为电信号而放大；非线性光学材料已在研制，它类似于晶体管放大电信号，可以放大光信号。关于光信息的接收、传递和发放的材料正在研制中。

(3) 生物材料

现正在研制各种新材料，特别是高分子、陶瓷、复合材料来替代人体的各种组织和器官，如血管、心瓣、心脏、血液、骨骼、眼睛、皮肤等，达到延年益寿的目的。过去认为，人体材料应该不与人体环境发生化学反应；今天则认为，不是所有的化学反应对人体都是有害的，可以利用这些反应来增强界面结合或吸收外来物质。生物医学材料在美国以每年13%的速率递增，年销售额已达500亿美元。

(4) 汽车材料

在工业发达国家，汽车工业与建筑工业、农业机械并列为三大支柱产业。1994年，全世界共生产4900万辆汽车。由此每年使用的钢铁、铝合金和塑料等共达6500万吨。以美国为例，共有16400万辆汽车，全年行程2×10^{12}km。以每加仑汽油行驶20km，则每年消耗汽油10^{11}加仑。因此，汽车制造业是消耗巨大能源和大量材料的行业。为此，全世界在满足各国环境保护规定的前提下，都在开发轻质而经济的汽车材料。并且，汽车制造的水平往往是一个国家工业化水平的重要标志。

此外，具有高临界超导温度（T_c）的超导材料将走向实用阶段，薄膜超导材料已基本成熟；高T_c超导块状材料已取得很大进展。最高T_c值已达到135K。用银带包覆法已做出

成卷的 $Bi_2Sr_2CaCu_2O_Y$ 超导体，可望工业化，年产值达600亿～900亿美元。

非晶态金属作为软磁材料可用于变压器铁芯，铁损只相当于冷轧硅钢片的1/3。非晶态金属的用途广泛，美国已有单台1t/h的连续自动卷曲装置生产非晶态金属。

当材料颗粒小到纳米级时，出现很奇异的性能。如扩散系数提高100倍；溶质原子的溶解度提高2500倍；陶瓷由脆性变为塑性；导体变成非导体等。可以预料，这些材料将成为研究与应用的重要课题。

1.4 材料与机械工程

1.4.1 材料与机械工程的关系

材料为“米”，机械工程为“炊”，机械工程师为“妇”，机械工程师没有材料就如同“巧妇”没有“米”，也就没有机械工程可言。日常生活中我们知道，一桌可口的饭菜，需要优质的大米、蔬菜和调料等，但来宾的口味、饮食需要各不相同。“巧妇”就“巧”在她既知道来宾的口味和需要，还能够采用不同的搭配调制出这些口味和需要的菜肴。机械工程师也一样，既要了解机械的特性，还要熟悉材料的特性，才能“材尽其才”，设计制造出合格的机械来。

1.4.2 机械工程材料

机械工程以有关的自然科学和技术科学为理论基础，结合生产实践中的技术经验，研究和解决在开发、设计、制造、安装、运用和修理各种机械中的全部理论和实际问题的应用学科。工业革命以前，机械大都是由木工手工制成的木结构，金属（主要是钢和铁）仅用以制造仪器、钟表、锁、泵和木结构机械上的小型零件。金属加工主要靠机匠的精工细作以达到需要的精度。随着蒸汽机的广泛使用以及随之出现的矿山、冶金、轮船和机车等大型机械的发展，需要成形加工和切削加工的金属零件越来越多，所用金属材料由铜、铁发展到以钢为主。机械加工（包括铸造、锻压、焊接、热处理等技术及其设备以及切削加工技术和机床、刀具、量具等）迅速发展，从而保证了发展生产所需要的各种机械装备供应。同时，随着生产批量的增大和精密加工技术的发展，也促进了大量生产方法（零件互换性生产、专业分工和协作、流水加工线和流水装配线等）的形成。机械是现代社会进行生产和服务的五大要素（人、资金、能源、材料和机械）之一，并参与能源和材料的生产。未来，机械新产品的研制将以降低资源耗费，发展纯净的再生能源，治理、减轻以至消除环境污染作为重要任务，这和材料工程的任务有一致性。

机械工程材料是用于制造各类机械零件、构件的材料和在机械制造过程中所应用的工艺材料。人类在同自然界的斗争中，不断改进用以制造工具的材料。最早是用天然的石头和木材制作工具，以后逐步发现和使用金属。中国使用金属材料的历史悠久，在两千多年前的《考工记》中就有“金之六齐”的记载，这是关于青铜合金成分配比规律最早的阐述。人类虽早在公元前已了解金、银、铜、汞、锡、铁、铅等多种金属，但由于采矿和冶炼技术的限制，在相当长的历史时期内，很多器械仍用木材制造或采用铁木混合结构。直到1856年英国人贝塞麦发明转炉炼钢法、1856～1864年英国人西门子和法国人马丁发明平炉炼钢以后，大规模炼钢工业兴起，钢铁才成为最主要的机械工程材料。到20世纪30年代，铝、镁等轻金属逐步得到应用。第二次世界大战后，科学技术的进步促进了新型材料的发展，球墨铸铁、合金铸铁、合金钢、耐热钢、不锈钢、镍合金、钛合金和硬质合金等相继形成系列并扩大应用。同时，随着石油化学工业的发展，促进了合成材料的兴起，工程塑料、合成橡胶和胶黏剂等在机械工程材料中的比重逐步提高。另外，宝石、玻璃和特种陶瓷材料等也逐步扩大在机械工程中的应用。

机械工程材料涉及面很广，按属性可分为金属材料和非金属材料两大类。金属材料包括黑色金属和有色金属。有色金属用量虽只占金属材料的5%，但因具有良好的导热性、导电性以及优异的化学稳定性和高的比强度等，而在机械工程中占有重要的地位。非金属材料又可分为无机非金属材料和有机高分子材料。前者除传统的陶瓷、玻璃、水泥和耐火材料外，还包括氮化硅、碳化硅等新型材料以及碳素材料等。后者除了天然有机材料如木材、橡胶等外，较重要的还有合成树脂。此外，还有由两种或多种不同材料组合而成的复合材料。这种材料由于复合效应，具有比单一材料优越的综合性能，成为一类新型的工程材料。

机械工程材料也可按用途分类，分别为结构材料（如结构钢）、工模具材料（如工具钢）、耐蚀材料（如不锈钢）、耐热材料（如耐热钢）、耐磨材料（如耐磨钢）和减磨材料等。由于材料与工艺紧密联系，也可结合工艺特点来进行分类，如铸造合金材料、超塑性材料、粉末冶金材料等。

机械产品的可靠性和先进性，除设计因素外，在很大程度上取决于所选用材料的质量和性能。新型材料的发展是发展新型产品和提高产品质量的物质基础。各种高强度材料的发展，为发展大型结构件和逐步提高材料的使用强度等级、减轻产品自重提供了条件；高性能的高温材料、耐腐蚀材料为开发和利用新能源开辟了新的途径。现代发展起来的新型材料有新型纤维材料、功能性高分子材料、非晶材料、单晶体材料、精细陶瓷和新合金材料等，对于研制新一代的机械产品有重要意义。如碳纤维比玻璃纤维强度和弹性更高，用于制造飞机和汽车等结构件，能显著减轻自重而节约能源。精细陶瓷如热压氮化硅和部分稳定结晶氧化锆，有足够的强度，比合金材料具有更高的耐热性，能大幅度提高热机的效率，是绝热发动机的关键材料。还有不少与能源利用和转换密切有关的功能材料的突破，将会引起机电产品的巨大变革。

随着科学技术的发展，尤其是材料测试分析技术的不断提高，如电子显微技术、微区成分分析技术等的应用，材料的内部结构和性能间的关系不断被揭示，对于材料的认识也从宏观领域进入微观领域。人们在认识各种材料的共性基本规律的基础上，正在探索按指定性能来设计新材料的途径。

1.4.3 机械工程材料的主要内容

机械工程材料中应用最多的是金属材料，金属材料中应用最多的是钢铁材料。例如，一台东风型内燃机车总重量是127t，其中钢占95.5%，铸铁占2.0%，有色金属占2.5%；一台载重汽车总重量的71%为钢，15%为铸铁，4%为橡胶，其余为有色金属、塑料和玻璃等；普通机床中，70%左右为铸铁，20%为铸钢，其余为合金和少量的有色金属和塑料等。因此，在《机械工程材料》中，主要介绍金属材料，金属材料中又是以介绍钢铁材料为主。希望通过本课程的学习，读者能够了解材料的成分、组织和性能的关系，了解材料强化的途径，掌握常用的热处理工艺和原理，了解常用机器零件的热处理工艺流程，熟悉常用材料的牌号、成分、组织、性能和应用；能够依据常用机器零件的工作条件合理地选用材料。

本课程理论性较强，同时又需要大量的工程实践。学习中需要对基本概念、原理进行理解，结合金工实习、课堂实验和课后作业等加深理解，牢牢把握住“结构/成分、性质、合成/加工、效能（使用性能）”这条贯穿全书的主线，举一反三，融会贯通。

习 题

1. 举例说明材料在现代科技中的地位和作用。
2. 材料科学与工程包括哪些内容？其相互关系如何？
3. 举例说明机械工程与材料的关系。

2 材料的力学性能

衡量工程材料最主要的性能指标是其力学性能，也就是材料抵抗外力的能力。不同的材料在外力的作用下表现出不同的性能，这些性能可以通过不同的力学试验来检测。

2.1 概述

材料的性能主要包括使用性能和工艺性能。使用性能是指材料在使用过程中所表现的性能，包括力学性能、物理性能和化学性能。工艺性能是指材料在加工过程中所表现的性能，包括铸造、锻压、焊接、热处理和切削性能等。本章主要介绍材料的力学性能。

构件使用过程中，在受到外载荷作用后，不可避免地要产生变形。对于不同工作条件的构件，为了防止构件中的应力和变形超过许用极限，就必须选择合适的材料，并采用最有效的热处理工艺和方法。此外，对于所设计的构件，不仅需要知道制造该构件所用的材料，而且需要知道所选材料的力学性能指标。只有这样，才能保证构件不产生过量的变形和破坏。金属的力学性能指标是设计、材料选择、工艺评定以及材料检验的主要依据。材料的力学性能指标是通过力学试验得到的。

力学试验一般采用标准试样，即具有标准的形状和尺寸（偶尔也采用真实构件），并在专用的试验机上完成。通过不同的力学试验，可以获得诸如强度、塑性、冲击韧性等性能指标。试验时根据所受载荷的不同，可以分为：①静载试验，包括静载拉伸、压缩、扭转、弯曲等，所谓静载是指缓慢地施加载荷；②动载试验，是指快速施加载荷，例如冲击试验；③疲劳试验，在试验过程中载荷的大小或方向在不断地变化或者载荷的大小和方向同时变化；④高温力学性能试验，试验时不论是什么样的力学性能指标，都是在较高温度环境中进行测试的，它反映的是材料高温时抵抗变形和断裂的能力。

结构工程师或机械工程师所发挥的主要作用之一就是确定构件在受到外载荷作用后构件中的应力大小和应力分布，要完成这项工作，需要借助于试验测试技术、理论分析以及数值分析方法。

而材料工程师和冶金工程师则侧重于如何让生产的材料满足服役条件的要求，这就需要他们对材料的金相组织（内部结构）和力学性能之间的内在关系有比较深的理解和把握。

2.2 静载力学性能

2.2.1 拉伸试验

拉伸试验属于静载类型的试验，也就是说，外加载荷从零增加到规定的数值是一个非常

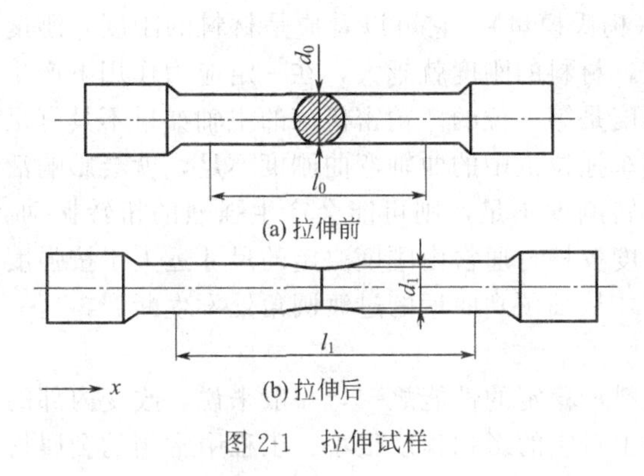

图 2-1 拉伸试样

缓慢的过程。标准试样采用 GB 228—87 标准中所规定的试样，如图 2-1 所示。但是某些情况下也可以采用非标准试样。试验时，试样的两端被可靠地固定在夹头中，拉伸过程中，拉伸力学性能指标通过试样上的标距来确定。

拉伸试验在材料试验机上进行。试验机有机械式、液压式、电液或电子伺服式等。试样形式可以是材料全截面的，也可以加工成圆形或矩形的标准试样。钢筋、线材等一些实物样品一般不需要加工而保持其全截面进行试验。试样制备时应避免材料组织受冷、热加工的影响，并保证一定的光洁度。

普通的拉伸试验机包括以下两个主要部分：①对试样施加载荷的装置；②用来测量载荷和位移的装置。

试验机通常配备有专用的记录设备，可以自动地记录试验过程中的载荷大小和所引起的伸长量，并绘出载荷-伸长曲线，这种曲线叫作拉伸图或拉伸曲线。

2.2.2 弹性和刚度

图 2-2 描述了低碳钢棒拉伸试验的应力-应变的关系。从图中可以看出，当应力比较小时，试样应变随应力成正比地增加，保持直线关系。当应力超过 σ_p 后，拉伸曲线开始偏离直线。保持直线关系的最大应力是比例极限 σ_p。

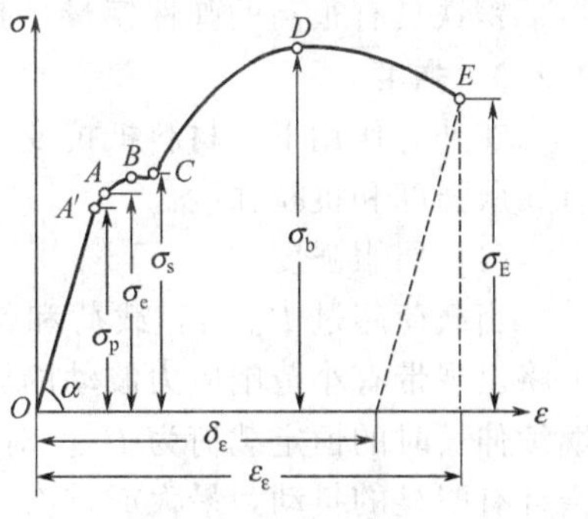

图 2-2 低碳钢拉伸应力-应变曲线

用试样原始横截面积（F_0）去除拉力（P）得到应力 σ，即：

$$\sigma=\frac{P}{F_0} \qquad (\mathrm{N/mm^2})$$

式中，P 为施加的外载荷，N；F_0 为试样的原始横截面积，$\mathrm{mm^2}$。

用比例极限的载荷 P_p 除以试棒的横截面积 F_0 后所得到的应力称为比例极限，即：

$$\sigma_p=\frac{P_p}{F_0} \qquad (\mathrm{N/mm^2})$$

式中，P_p 为比例极限的载荷，N；F_0 为试样的原始横截面积，$\mathrm{mm^2}$。

当变形处于起始阶段时，试样卸载后能够立即恢复原状，这种卸载后能够恢复的变形称为弹性变形，这种不产生永久变形的性能称为弹性。当载荷大于 P_e 再卸载时，试样的伸长只能部分恢复，而保留一部分残余变形。保持弹性变形的最大载荷，是弹性极限的载荷。

用弹性极限的载荷 P_e 除以试棒的横截面积 F_0 后所得到的应力称为弹性极限，即：

$$\sigma_e=\frac{P_e}{F_0} \qquad (\mathrm{N/mm^2})$$

式中，P_e 为弹性极限的载荷，N；F_0 为试样的原始横截面积，$\mathrm{mm^2}$。

一般来说，P_e 和 P_p 是很接近的，所以 σ_e 和 σ_p 也是很接近的。

金属或合金在弹性阶段，应力和应变始终保持直线关系，即遵循虎克定律。

$$\sigma=E\delta$$

$$E=\sigma/\delta=\tan\alpha$$

式中，比例系数 E 称为材料的弹性模量（杨氏模量）。它可以看成是材料的刚度，刚度表征材料弹性变形抗力的大小。弹性模量越大，材料的刚度就越大，在一定应力作用下产生的弹性应变也就越小。在机械设计中，有时刚度是第一位的。精密机床的主轴如果不具有足够的刚度，就不能保证零件的加工精度。若汽车拖拉机中的曲轴弯曲刚度不足，就会影响活塞、连杆及轴承等重要零件的正常工作；若扭转刚度不足，则可能会产生强烈的扭转振动。曲轴的结构和尺寸常常由刚度决定，然后作强度校核。通常由刚度决定的尺寸远大于按强度计算的尺寸。所以，曲轴只有在个别情况下，才从轴颈到曲柄的过渡圆角处发生断裂，这一般是制造工艺不当所致。

弹性模量主要取决于材料本身，是金属材料最稳定的性能之一，一般来说，改变内部的组织结构、热处理、改变合金的成分、冷热加工对它的影响程度很小。工程中常用的金属材料的弹性模量见表 2-1 所列。

表 2-1　室温条件下不同金属的弹性模量

金属	Al	Cu	Fe	Mg	Zn	W	Ni	黄铜
E/MPa	69000	110000	207000	45000	103000	407000	207000	97000

钢铁具有很高的弹性模量，是工程中应用最为广泛的金属材料。

2.2.3　强度

在外力作用下，材料抵抗变形和断裂的能力称为强度，静载拉伸时测定的强度指标主要有屈服强度和抗拉强度。

（1）屈服强度

当载荷超过 P_p 后，载荷和伸长量将偏离线性关系，直线将变成曲线，应力-应变曲线上将出现带有小范围应力波动的屈服平台。在拉伸过程中，载荷不增加或开始下降，材料还继续伸长时的恒定载荷为 P_s。对于低碳钢等塑性好的材料，在试样拉伸到屈服点时，测力指针有明显的抖动，最大或首次下降的最小载荷（图 2-3 的 P_{su}、P_{sl}）所对应的应力，分别为上屈服点和下屈服点。具有上、下屈服点的材料规定以下屈服点作为材料的屈服点，用 σ_s 表示：

$$\sigma_s=\frac{P_s}{F_0}\qquad (\mathrm{N/mm^2})$$

式中，P_s 是载荷不增加或开始下降，试样还继续伸长的恒定载荷或首次下降的最小载荷，N。

屈服强度表征了材料在外力作用下开始产生塑性变形的最低应力，表示材料抵抗微量塑性变形的能力。

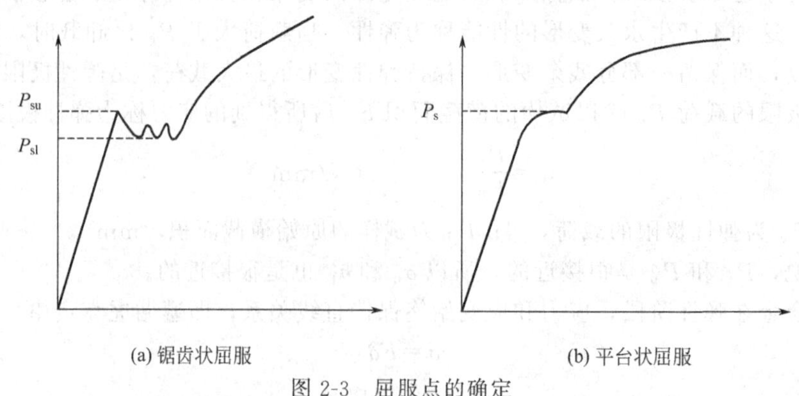

图 2-3　屈服点的确定

除退火或热轧的低碳钢和中碳钢等少数合金具有明显的屈服现象外，工程上大多数合金都没有明显的屈服点，因此，通常把材料产生的残余塑性变形为0.2%时的应力值作为屈服强度，称为条件屈服极限或条件屈服强度，以$\sigma_{0.2}$表示。

（2）抗拉强度

进一步增加载荷将在更大范围内导致塑性变形，试样在不破坏的前提条件下，能够承受的最大的载荷称为抗拉强度对应的载荷，用应力表示为：

$$\sigma_b=\frac{P_b}{F_0}\qquad (N/mm^2)$$

式中，P_b为对应应力-应变曲线中最高点的载荷；σ_b称为抗拉强度或强度极限。对于塑性材料，在σ_b之前试样各部分的表现基本上是均匀的，达到σ_b之后，试样的变形将集中在某一部分，此时发生截面减小现象，即出现缩颈，载荷开始下降，到某一时刻时，试样将发生断裂。

σ_b的物理意义是表征材料对最大均匀变形的抗力。它是设计和选材的主要依据之一，也是材料的重要力学性能指标。

（3）屈强比

屈服极限与强度极限之比称为屈强比，即：

$$\frac{\sigma_s}{\sigma_b}$$

该比例越小，说明工程构件越可靠（即变形而不断裂）。

该比例太小，说明强度有效利用率低（即变形但距断裂还很远，因变形而报废说明利用率低）。

2.2.4　塑性

塑性是指材料在外力作用下产生塑性变形而不断裂的性能，它是衡量试样在断裂之前能够经受的塑性变形的度量，是力学性能指标中的一个重要参量。材料在断裂前没有塑性变形，称为脆性材料。塑性材料和脆性材料的拉伸应力-应变曲线如图2-4所示。

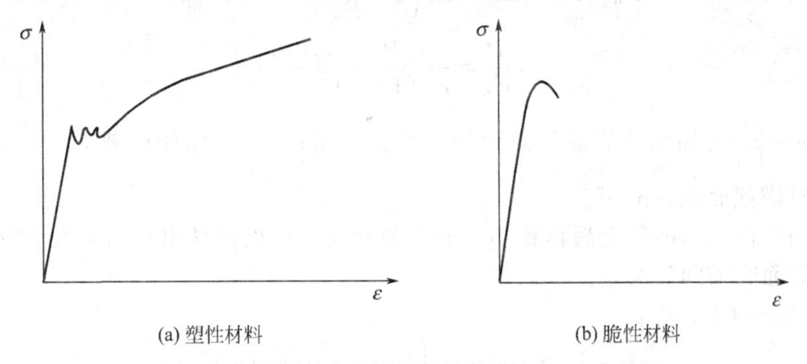

图2-4　塑性材料和脆性材料的拉伸应力-应变曲线

塑性可以定量地表示为相对延伸率和相对断面收缩率。相对延伸率用δ表示，它是断裂后试样标距长度的相对伸长率，其数值等于标距的绝对伸长量除以试样的原始标距长度，用百分数表示为：

$$\delta=\frac{L_1-L_0}{L_0}\times 100\%$$

式中，L_1为试样断裂后的标距长度；L_0是原始标距长度。

由于断裂前的塑性变形大部分局限在颈缩区域，所以相对延伸率δ取决于试样的标距长度。标距 L_0 越短，相对延伸率 δ 就越大。因此，在运用相对延伸率时，原始标距长度 L_0 应该事先做出规定。对于圆形试样，一般取 $L_0/d_0=5$ 或 10，前者称为短标距试样，后者称为长标距试样。用 $L_0/d_0=5$ 试样测出的相对伸长率用 δ_5 表示，用 $L_0/d_0=10$ 试样测出的相对伸长率用 δ_{10} 表示。

相对断面收缩率用 ψ 表示，它是断裂后试样缩颈处的横截面积的相对缩减率，其数值等于横截面积的绝对减少量除以试样的原始横截面积，用百分数表示为：

$$\psi=\frac{F_0-F_1}{F_0}\times 100\%$$

式中，F_0 是试样的原始横截面积；F_1 是断裂点的横截面积。

断面收缩率既取决于 L_0，又取决于 F_0，一般来说，对于给定的材料，相对延伸率和相对断面收缩率是不同的。大多数金属在室温下都具有一定的塑性，但是有些金属随着温度的降低会由塑性材料变成脆性材料。

金属的相对延伸率和相对断面收缩率是两个非常重要的力学性能指标。一方面，材料具有一定的塑性才能顺利地承受各种压力加工；另一方面，材料具有一定的塑性可以提高材料的使用可靠性，避免发生突发断裂。

2.2.5 真实应力-应变

一般规定，当材料的相对延伸率小于 5%时，认为材料是脆性断裂。

图 2-2 所示的应力-应变图没有考虑载荷超过屈服点以后的试样横截面积的减小，特别是试样产生缩颈以后的断面收缩。实际上，在拉伸过程中，试样的横截面积 F 是逐渐变小的，实际的应力应该是载荷 P 除以试样的瞬时横截面积 F，即真实应力 $S=P/F$。试样的变形与真实应力之间的更为精确的关系应该用真实应力-应变曲线来描述。真实应力-应变曲线是以 S 为纵坐标、真实应变 ε_t 为横坐标来描述的。真实应力 σ_t 定义为载荷 P 除以产生塑性变形时的瞬时横截面积 F_k，也就是产生颈缩后的缩颈处的横截面积去除载荷 P。

由于
$$F_k=F_0-\Delta F=F_0\left(1-\frac{\Delta F}{F_0}\right)=F_0(1-\psi)$$

所以
$$\sigma_t=\frac{P}{F_k}=\frac{P}{F_0(1-\psi)}=\frac{\sigma}{1-\psi}$$

式中，$\psi=\frac{\Delta F}{F_0}$为缩颈处的横截面积的相对减少量；$F_0$ 为原始横截面积，mm^2；F_k 为缩颈时的瞬时横截面积，mm^2。

根据均匀塑性变形前后金属体积不变的近似假设，可以推导出在均匀变形阶段时的相对伸长与相对断面收缩间的关系。

由于 $F_0L_0=FL$，有：

$$L=L_0+\Delta L=L_0\left(1+\frac{\Delta L}{L_0}\right)=L_0(1+\lambda)$$

式中，$\lambda=\frac{\Delta L}{L_0}$为均匀变形时的相对伸长。

代入后
$$F_0L_0=F_0(1-\psi)L_0(1+\lambda)$$

则有
$$(1-\psi)(1+\lambda)=1$$

即
$$\lambda=\frac{\psi}{1-\psi}$$

或
$$\psi=\frac{\lambda}{1+\lambda}$$

再进一步，真实应变可以表述为瞬时伸长 dL 与瞬时长度 l 之比的积分值：

$$\varepsilon_t=\int_{L_0}^{L}\frac{dL}{L}=\ln\left(\frac{L}{L_0}\right)=\ln(1+\lambda)$$

$$\psi_e=\int_{F_0}^{F}\frac{dF}{F}=\ln\left(\frac{F}{F_0}\right)=\ln(1-\psi)$$

$$\sigma_t=\sigma(1+\lambda)$$

在均匀塑性变形阶段，ε_t 和 ψ_e 之间的关系，可以用体积不变的假定求出：

$$\psi_e=\ln\left(\frac{F}{F_0}\right)=-\ln\left(\frac{L}{L_0}\right)=-\varepsilon_t$$

即真实应变 ε_t 和 ψ_e 在绝对值上是相等的。如果和条件应变相比，则只有在极小量变形的情况下，$\varepsilon_t(\psi_e)$、λ 和 ψ 的数值才比较接近。在其他情况下，λ 值最大，ψ 值最小。ψ 与 ε_t 之差要比 λ 与 ε_t 之差小。可见，条件应变中的 ψ 要比 λ 更接近于真实应变 $\varepsilon_t(\psi_e)$。

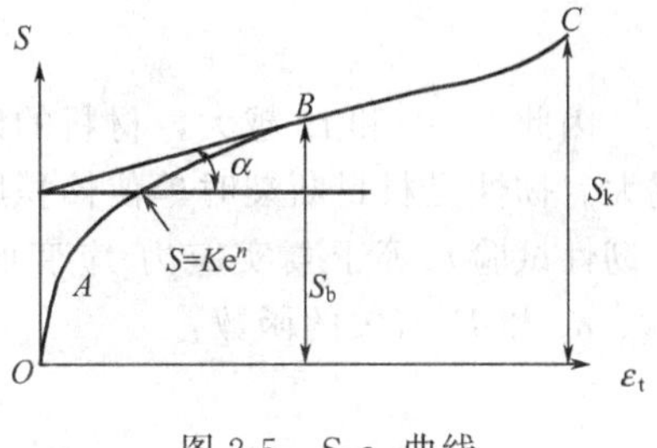

图 2-5　S-ε_t 曲线

真实应力和真实应变应该用真实载荷、截面面积和测量的引伸计长度来计算。

真实应力-应变曲线如图 2-5 所示。对于脆性材料来说，由于断裂前没有明显的塑性变形，σ_b 和 S_k 的数值事实上是一样的。相反，对于塑性材料来说，S_k 总是比 σ_b 大，这可以从真实应力-应变图上得到证实。

从图 2-5 可以看出，应力-应变曲线图上的两个直线段的长度分别对应着弹性变形和塑性变形行为。由于塑性变形一般比弹性变形重要得多，弹性应变的直线段斜率一般看成与 Y 轴重合，即认为钢的弹性变形是很小的。

2.2.6　形变强化模数和形变强化指数

金属在塑性变形阶段，衡量金属力学性能的一个很重要的指标就是形变强化指数 D，图 2-5 中曲线 OA 段是弹性变形部分，曲线 AB 段是产生缩颈前的均匀变形部分。该指数数值的大小等于真实应力-应变曲线上塑性变形阶段直线与斜线夹角的正切值，$S=dS/d\varepsilon_t$，如图 2-5 所示。D 随变形增大而减小。实验证明，均匀变形阶段，在双对数坐标下真实应力-应变曲线是一条直线，因此，在直角坐标中可用 $S=Ke^n$ 表示之，式中，n 为形变强化指数，K 为强度系数，它表示了金属被应变硬化的能力（也就是塑变硬化的能力）。一般来说，真实应力-应变曲线上塑性变形阶段的斜线的斜率越陡，应变硬化指数也就越大。也就是说，要达到一定的塑性变形，需要的应力也就越大。加工硬化指数 n 反映了材料开始屈服以后，继续变形时材料的应变硬化情况，它决定了材料开始发生颈缩时的最大应力。n 还决定了材料能够产生的最大均匀应变量。这一数值在冷加工成型工艺中是很重要的。

对于工作中的零件，也要求材料有一定的加工硬化能力；否则，在偶然过载的情况下，会产生过量的塑性变形，甚至有局部的不均匀变形或断裂，因此材料的加工硬化能力是零件安全使用的可靠保证。

形变硬化是提高材料强度的重要手段。不锈钢有很大的加工硬化指数 $n=0.5$，因而也有很高的均匀变形量。不锈钢的屈服强度不高，但如用冷变形可以成倍地提高。高碳钢丝经过铅浴等温处理后拉拔，可以达到 2000MPa 以上。但是，传统的形变强化方法只能使强度提高，而塑性损失了很多。现在研制的一些新材料中，注意到当改变了显微组织和组织的分布时，变形中既能提高强度又能提高塑性。

2.2.7 强度与塑性、韧性之间的关系

图 2-6 是近似的真实应力-应变关系曲线，这个曲线的方程可写成：

$$S=\sigma_{0.2}+\varepsilon_{t}\tan\alpha=\sigma_{0.2}+D\varepsilon_{t}$$

式中，D 为材料的形变强化模数。当 $S=S_{k}$，$\varepsilon_{t}=\varepsilon_{k}$ 时，材料的塑性 ε_{t} 与强度、S_{k} 及 D 之间有如下关系：

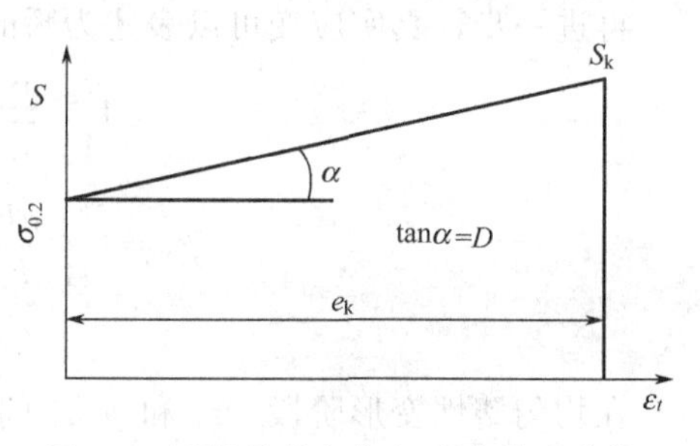

图 2-6 近似的真实应力-应变关系曲线

$$D=\tan\alpha=\frac{S_{k}-\sigma_{0.2}}{\varepsilon_{k}}$$

材料的延性取决于塑性变形阶段的长度：

$$\varepsilon_{k}=\frac{S_{k}-\sigma_{0.2}}{D}$$

因此，$\sigma_{0.2}$和 D 越大，材料的延性就越小。材料的断裂应力 S_{k} 越大，材料的延性也就越大。韧性是材料断裂时单位体积所吸收的变形功和断裂功之和。材料的韧性（见 2.4 节冲击韧性试验）等于真实应力-应变曲线上整条曲线下所包围的面积，它能够表示成以下与 S_{k}、σ_{s} 和 D 有关的函数：

$$\alpha_{k}=\frac{\varepsilon_{k}(S_{k}+\sigma_{0.2})}{2}$$

将 $\varepsilon_{t}=\dfrac{S_{k}-\sigma_{0.2}}{D}$带入上式可得：

$$\alpha_{k}=\frac{S_{k}^{2}-\sigma_{0.2}^{2}}{2D}$$

在上述公式中，由于 S_{k} 和 $\sigma_{0.2}$均是以平方的形式出现，因此，S_{k} 和 $\sigma_{0.2}$相对小的数值变化，可以较大地影响材料韧性，但它们对塑性的影响却相对较小。

2.2.8 影响断裂的因素

人们已经通过试验知道了材料的力学性能取决于试验条件。一般来说，降低温度或增加变形速率能够在不改变断裂强度的条件下，大幅度地增加塑性变形的阻力，因此，在低温（或高应变速率）的条件下，通常在常温（或者低应变速率）表现出较好延性的金属或合金，由于在屈服点以下应力就达到了断裂强度，从而表现出脆性断裂。断裂强度 S_{r} 越高，材料从延性断裂到脆性断裂的转变温度越低，也就是说材料产生脆性断裂的可能性就越小。

为了表示应力状态对材料塑性变形的影响，引入了应力状态系数 a，将其定义为：

$$a=\frac{\tau_{\max}}{S_{\max}}=\frac{\sigma_{1}-\sigma_{3}}{2\left[\sigma_{1}-\upsilon\left(\sigma_{2}+\sigma_{3}\right)\right]}$$

式中，σ_{1}，σ_{2}，σ_{3} 分别为第一、二、三主应力；υ 为泊松比。

应力状态系数 a 表示材料塑性变形的难易程度。a 越大表示在该应力状态下切应力分量越大，而塑性变形是由切应力产生的，所以，a 越大材料就越易塑性变形，相对于 a 较小的应力状态而言，就不易引起脆断。我们把 a 值较大的称作软的应力状态，a 值较小的称作硬的应力状态。

在拉伸试验中，由于正应力数值是切应力数值的 2 倍，所以正应力比切应力显得更为重要。因此，在对延性较低的高强度合金进行试验时，压缩试验和扭转试验经常被采用，因为在这两种试验中正应力的数值比切应力的数值要小得多。

图 2-7 所示的力学状态图表示了加载方式对最终断裂形式的定量影响。

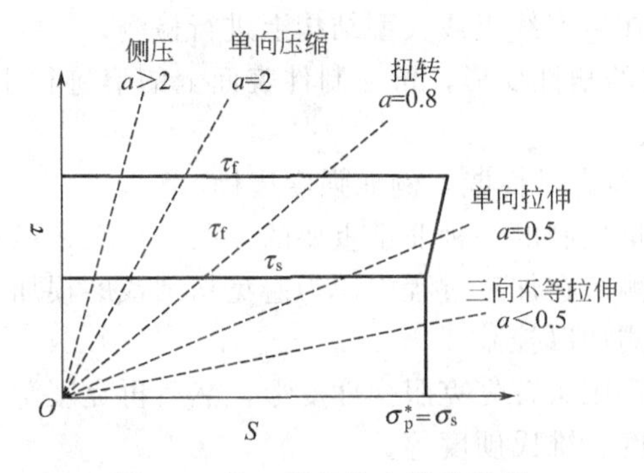

图 2-7　某一材料的力学状态图

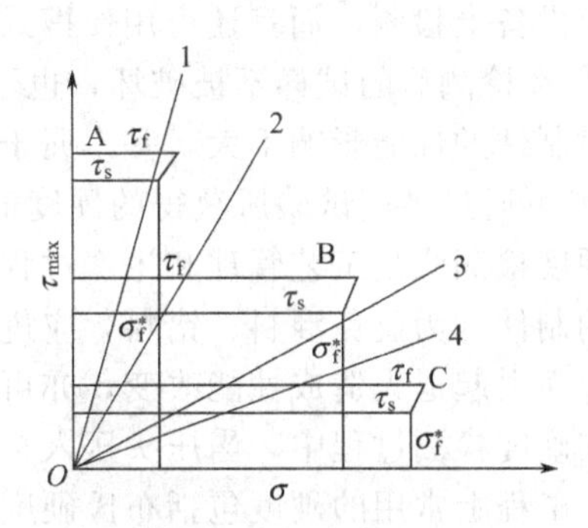

图 2-8　几种不同材料在不同应力状态下的表现

假如 $\tau_{max}>S_{max}$，也就是说，假如切应力与正应力相比，切应力大于正应力的话，应力状态将是“软的”，金属断裂是由切应力引起的，断裂前产生较大的塑性变形；与此相反，当 $S_{max}>\tau_{max}$时，应力状态将是“硬的”，金属断裂是由正应力引起的，断裂前不产生明显的塑性变形。

图 2-8 表示不同材料在不同应力状态下的表现。图中射线 1 表示三向不等压缩（如硬度试验的应力状态），射线 2 表示单向压缩，射线 3 表示扭转，射线 4 表示单向拉伸。材料 A 的抗剪能力强而抗拉能力弱，材料 C 抗剪能力弱而抗拉能力强，材料 B 介于两者之间。我们把易于拉断的材料叫作硬性材料，易于引起拉断的应力状态叫作硬性应力状态；把易于剪断的材料叫作软性材料，易于引起剪断的应力状态叫作软性应力状态。因此，材料从 A 到 C 是由硬到软，应力状态从 1 到 4 是从软到硬。对材料 A 压入试验可引起剪断，而单向压缩试验时，不能引起材料的屈服而直接脆断了。对材料 B 单向压缩可引起剪断，而扭转试验就表现出由正应力引起的拉断（脆断）。

材料有缺口时，对金属的力学性能有较大的影响。事实上，金属构件由于本身结构和加工制造的特点，总会有截面突变的台阶和缺口，如键槽、油孔、螺纹和退刀槽等。试样上的缺口等同于以不同形式存在于金属内部的缺陷（非金属夹杂物、铸铁中的石墨、裂纹等）。缺口会导致受力条件发生改变，造成硬的应力状态（a 值减小），不利于材料的塑性变形，使之趋于甚至处于脆性状态；同时导致缺口根部应力集中，促进裂纹的萌生和扩展，产生脆性断裂。此外，缺口会导致应力的不均匀分布，从而导致材料的延性降低。缺口将降低高强材料和脆性材料的极限强度。缺口越尖，对金属材料的力学性能影响越大。缺口敏感性定义为缺口试样力学性能的变化，它是材料的一个重要参量，由特殊试验来确定。

2.3　硬度试验

硬度是衡量材料软硬程度的指标，也是材料对局部塑性变形的抗力。生产中测量硬度常用的方法是压入法，并根据压入的程度来测定硬度值。此时硬度可定义为材料抵抗表面局部塑性变形的能力。因此硬度是一个综合的物理量，它与强度指标和塑性指标均有一定的关系，硬度也是一个重要的力学参量。硬度试验简单易行，可直接在零件上试验而不破坏零件。此外，材料的硬度值又与其他的力学性能及工艺性能有密切联系，所以，可以通过测量硬度来确定工件的其他力学性能。

硬度在金属和金属构件的质量控制过程中具有广泛应用，原因有以下几点。

① 硬度检测设备简单，易于掌握，价格便宜，通常不需要准备专门的试样，不仅可以

在固定设备上检测，而且还可用便携式硬度计，在生产线上或大型结构上进行检测。

② 经检测后的试样不被破坏，也不产生较大的塑性变形，留在制件表面上的痕迹很小，一般对制件的性能影响不大，基本属于无损检测。

③ 可通过硬度试验所获得的硬度值来估计其他力学性能，例如强度指标。

硬度检测法是工艺管理和生产过程中进行质量控制的一种非常重要的手段。如对未经热处理的制件，为避免混料、错料，应进行硬度检测。在加工过程中，为避免切削或磨损加工量过大而引起退火造成性能改变，亦可用硬度检测加以控制。

在硬度检测过程中，当压头压入金属表面时，压头首先克服弹性变形，然后再克服塑性变形。工程上常用的硬度包括布氏硬度、洛氏硬度、维氏硬度等。

2.3.1 布氏硬度

布氏硬度检测方法是由瑞典工程师布利奈尔（J. A. Brinell）在1899～1900年间提出来的。由于其压痕较大，硬度值受试样组织显微偏析及成分不均匀的影响轻微，检测结果分散度小，重复性好，这正是布氏硬度检测方法成为最广泛和常用的硬度检测方法之一的原因。

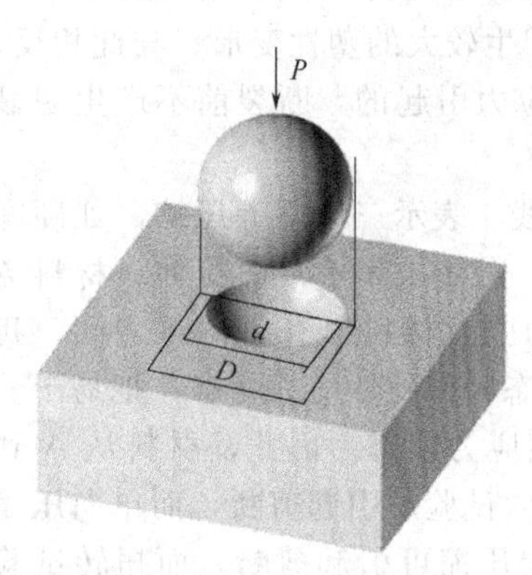

图 2-9 布氏硬度压痕示意

布氏硬度的检测是在规定的检测力（P）作用下，将一定直径的钢球（或硬质合金球）压入试样表面，保持一定时间，然后去除检测力。检测力 P 一般为 3000kgf（29.421kN）。测量试样表面上所压印痕直径（d），根据压痕直径可以计算出压痕面积（A），如图 2-9 所示。布氏硬度值是检测力除以球形压痕表面积所得的商，单位为 $\times 9.807\text{N/mm}^2$。压痕大表示钢球压入深，硬度值低；反之硬度值高。布氏硬度符号表示为 HBS［钢球压头适合测 450(HBS) 以下硬度］；HBW［硬质合金球压头适合测 450～650(HBW) 硬度］。

从图 2-9 的几何关系可知：

$$\text{HB}=\frac{P}{F}=\frac{2P}{\pi D[D-\sqrt{D^2-d^2}]}\quad(\text{kg/mm})$$

当试验压力的单位为牛顿（N）时，则：

$$\text{HB}=0.102\,\frac{2P}{\pi D[D-\sqrt{D^2-d^2}]}$$

一般布氏硬度检测时均不必用以上公式去计算，而是在测得压痕直径（d）后，通过查表得到硬度值。

2.3.2 洛氏硬度

洛氏硬度检测法最初是由美国人洛克威尔（S. P. Rockwell 和 H. M. Rockwell）在 1914 年提出来的。现在我国已生产出用数码管显示并自动打印的洛氏硬度计。洛氏硬度检测方法的特点是操作简单、测量迅速，并可从百分表或光学投影屏或显示屏上直接读数。同布氏硬度和维氏硬度检测法一样，是目前最常用的 3 种硬度检测方法之一。

洛氏硬度检测法采用 120°金刚石圆锥或淬火钢球（规定直径的）作为压头，在初始检测力 P_0 作用下，再加上主检测力 P_1，在总检测力 P 作用下，将压头压入试样表面。之后卸除主检测力，在保留初始检测力 P_0 测量压痕深度残余增量 e，用 100（或 130）减去 e 值（值以 0.002mm 为单位）即为洛氏硬度值。

根据洛氏硬度定义，一个洛氏硬度单位在特定条件下定义为 0.002mm 的压痕深度残余增量。一般规定洛氏硬度读数如下：用金刚石压头（A、C、D标尺）为100－e；用钢球压头（B、E、F、G、H、K标尺）为130－e，即HR＝$K－e$。所谓标尺，是用不同压头和总检测力的组合加以区别。例如用金刚石圆锥压头，总检测力为1471N（或150kgf）时，是C标尺HRC；如用1.587mm钢球作压头，总检测力为980.7N(100kgf）时，是B标尺HRB。

由HR＝$K－e$公式看出，压痕深度的残余增量越大，则洛氏硬度值越低；e越小，硬度值越高。式中，K为定义常数，用钢球压头为130，用金刚石压头为100。

HRA——适用于测定坚硬或薄硬材料硬度，如硬质合金、渗碳后淬火钢以及经硬化处理后的薄钢带、薄钢板等。因为对于＞67(HRC）的材料若仍用1471N检测力易于损坏金刚石压头。宜用检测力较小、压入深度较浅的HRA标尺。

HRB——适宜用于测定中等硬度的材料，如经过退火后的中碳钢和低碳钢、可锻铸铁、各种黄铜和大多数青铜以及经固溶处理时效后的硬铝合金等。适用范围是20～100(HRB)。当试样硬度小于20(HRB）时，因为这些金属的蠕变行为，试样在检测力作用下变形将持续很长时间，表上的指针或光学投影刻度将长时间缓慢移动，难以测量准确。而当＞100(HRB）时，因为钢球压入深度过浅，灵敏度降低，影响测量精度。

HRC——最适用于测定经淬火及低温回火后的碳素钢、合金钢以及工、模具钢，也适用于测定冷硬铸铁、珠光体可锻铸铁、钛合金等。一般＞100(HRB）的材料可用C标尺测定，当＜20(HRC）时，由于金刚石压头压入过深，压头圆锥的影响增大，产生下滑现象，影响测量准确性，宜换用HRB标尺测定。

2.3.3 维氏硬度

维氏硬度检测法是在1924年由史密斯（R. L. Smith）和桑德兰德（G. E. Sandland）合作首先推出的。以后由英国维克斯-阿姆斯特朗（Vickers-Armstrongs）公司在1925年第一个制造出这种硬度计，因而习惯称为维氏硬度检测方法。

维氏硬度检测方法是用面角136°的正四棱锥体金刚石压头，在一定的静检测力作用下压入试样的表面，保持规定时间后，卸除检测力，测量试样表面压痕对角线长度。并据此计算出压痕凹印面积，维氏硬度是检测力除以压痕表面积所得的商，压痕被视为具有正方形基面并与压头角度相同的理想形状。

依据这一原理，按检测力大小的差别，应采用3种类型的维氏硬度检测仪，相应的有《金属维氏硬度试验方法》、《金属小负荷维氏硬度试验方法》和《金属显微维氏硬度试验方法》3个国家标准。各标准按3个检测力范围规定了测定金属维氏硬度的方法（表2-2)。

表2-2 3种维氏硬度检测力范围

检测力范围/N	硬 度	检 测 名 称
$P \geqslant 49.03$	≥5(HV)	维氏硬度检测
$1.961 \leqslant P < 49.03$	0.2～5(HV)	小负荷维氏硬度检测
$0.09807 \leqslant P < 1.961$	0.01～0.2(HV)	显微维氏硬度检测

维氏硬度用HV表示，符号之前为硬度值，符号之后按如下顺序排列：选择的检测力值，检测力保持时间（10～15s不标注）。如60HV10/30，硬度值为60，检测力为10kgf(98.07N)，保持时间30s。

维氏硬度的计算公式为：

$$\frac{2P\sin\frac{\alpha}{2}}{d^2}=1.8544\frac{P}{d^2}$$

式中，P 为试验力，N；d 为压痕对角线长度；α 为四棱锥体的面角。

在实际应用中，一般不计算，按所用检测力及压痕对角线长度从对照表中查出。

维氏硬度检测方法广泛应用于材料检测和材料科学研究工作中。它能从很软的材料（如几个硬度单位）测试到很硬的材料（超过 3000 个单位）。

2.4 冲击韧性

2.4.1 冲击试验

无缺口试样的静载拉伸试验不能揭示金属脆性断裂的可能性大小。脆性断裂的倾向大小要由冲击弯曲（冲击试验）来确定。

试验中，设计了两种标准的试样用来测定材料的冲击能量，它们分别是夏氏冲击试样和梅氏冲击试样，如图 2-10 所示，有时候也称为缺口冲击韧性。

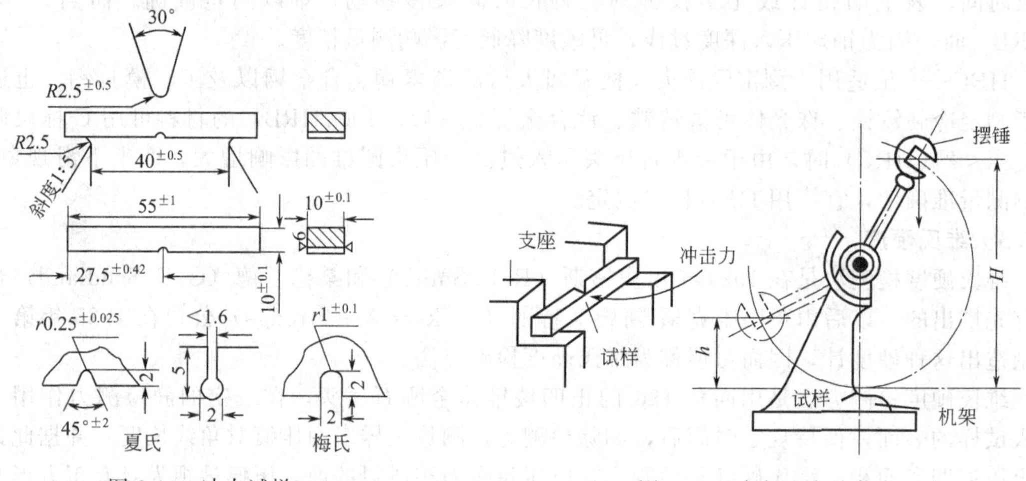

图 2-10 冲击试样　　　　图 2-11 冲击试验示意

相对来说，夏氏冲击试验（CVN）使用更为广泛。夏氏和梅氏冲击试验所用的试样都是一个正方形的长条，尺寸为 55mm×10mm×10mm。试验时缺口侧紧贴在试验机上冲击锤砸向缺口的背面（图 2-11）。将一定重量的摆锤 G 举至一定的高度 h_s，使其获得一定的位能（Gh_s），再将其释放，冲断试样后摆锤上升的高度为 h_f，摆锤的剩余能量为 Gh_f，则打断试样所需的能量为：

$$A=G(h_s-h_f)(\mathrm{J})$$

用试样缺口处的原始截面积 $F(\mathrm{cm^2})$，去除 A，即得到冲击韧性 a_k。

$$a_k=\frac{A}{F}(\mathrm{J/cm^2})$$

缺口试验的目的是研究应力集中和高速加载对材料断裂的同时影响。冲击韧性是考虑了韧性和强度的一个复杂的性能指标，但冲击韧性数值还不能用来进行结构设计计算。作为惯例，在出厂的钢材成分与性能说明书中要给出冲击韧性值。

在冲击试验中，断裂可能是脆性的，也可能是延性的。脆性断裂时冲击试样分成两部分，断口上没有明显的塑性变形。这种情况下一般是白亮色颗粒状或结晶状断口。延性断裂时，断口表面暗灰并具有纤维状，断口具有明显且较大的塑性变形。但通常的断裂可能是介于两者之间，一般由纤维区、放射区和剪切唇区3部分组成。一般来说，纤维区和剪切唇区面积越大，材料的韧性越好，冲击韧性值越高；相反，放射区面积越大，材料的韧性越差，冲击韧性值也就越低。

2.4.2 冷脆转变

材料断裂的类型主要取决于试验条件。当温度、应力状态、加载速率等发生不利变化时，材料的断裂将会从延性断裂转变为脆性断裂。一般来说工厂里完成的冲击试验大都是在室温条件下完成的，与实际工作条件可能会有一定的差别。

当温度降低到某一数值时，冲断试样所需的冲击能量急剧降低，材料由韧性断裂转变为脆性断裂，这种转变称为冷脆转变。材料由韧性状态向脆性状态转变的温度叫冷脆转变温度，用 T_k(℃) 表示。

必须注意的是包括钢铁、锌等在内的金属具有冷脆性。

金属冷脆转变温度的确定是通过一系列的试验完成的。每次试验的温度都比前一次的低，当冲断试样所需要的冲击能量降低到某一特定的数值时，即认为材料断裂已经完成了从延性到脆性的转变，以冲击韧性值 a_k 降低到某一特定数值时的温度作为 T_k（图2-12）。

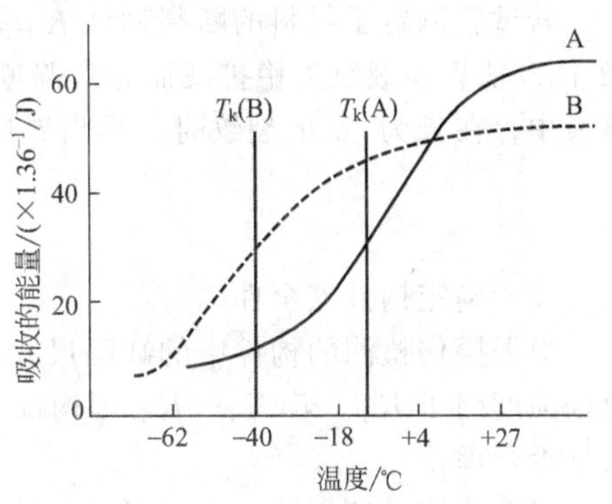

图 2-12　韧脆转变温度

工程上希望确定一个材料的冷脆转化温度，在此温度以上只要名义应力还处于弹性范围，材料就不会发生脆性破坏。在冷脆转化温度的确定标准一旦建立之后，实际上是按照冷脆转化温度的高低来选择材料。例如图2-12中的两种材料A和B，在室温以上A的冲击韧性高于B，但当温度降低时，A的冲击韧性急剧下降，如按冷脆转化温度来选择材料时应选材料B。

2.5 断裂韧性

工程上实际使用的材料中，由于材料在生产、加工和使用过程中会产生缺陷，例如气孔、夹杂物，这些缺陷破坏了材料的连续性，因此在评定材料或构件的安全性时必须用断裂力学来研究。断裂力学就是以构件中存在裂纹为讨论问题的出发点，研究含裂纹构件中裂纹的扩展规律，确定能反映材料抗裂性能的指标及其测试方法，以控制和防止构件的断裂。

由于缺陷的存在，缺口根部将产生应力集中，形成裂纹尖端应力场，按照断裂力学理论，裂纹尖端的应力集中大小可用应力场强度因子 K_1 来描述，K_1 可表达为：

$$K_1 = Y\sigma\sqrt{\pi a} \tag{2-1a}$$

式中，Y 为与试样和裂纹几何尺寸有关的量（无量纲）；σ 为外加应力，N·mm；a 为裂纹的半长，mm。

一个有裂纹的构件（或试样）上的拉伸应力加大，或裂纹逐渐扩展时，裂纹尖端的应力场强度因子 K_1 也随之逐渐增大，当 K_1 达到临界值时，构件中的裂纹将产生失稳扩展。这个应力场强度因子 K_1 的临界值称为临界应力场强度因子，也就是材料的断裂韧性。如果裂纹尖端处于平面应变状态，则断裂韧性的数值最低，称之为平面应变断裂韧性，用 K_{1c} 表示。它反映了材料抵抗裂纹失稳扩展即抵抗脆性断裂的能力，是材料的一个重要力学性能指标，其大小与材料的成分、热处理及加工工艺有关。

可以根据应力场强度因子 K_1 和平面应变断裂韧性 K_{1c} 的相对大小评定带裂纹物体是否会发生失稳脆断，其脆断判据如下：

$$K_1 = Y\sigma\sqrt{\pi a} \geqslant K_{1c} \tag{2-1b}$$

若上式成立，则构件将发生失稳脆断。根据式(2-1b)可以分析和计算一些实际问题。如判断构件是否发生脆断、计算构件的承载能力、确定构件中临界裂纹尺寸，为选材和设计提供依据，不同应用条件分述如下。

(1) 确定构件承载能力

若试验测定了材料的断裂韧性 K_{1c}，根据探伤检测了构件中的最大裂纹尺寸，就能按式(2-1b)估算使裂纹失稳扩展而导致脆断的临界载荷，即确定构件的承载能力。如在无限大厚板中存在长为 $2a$ 的裂纹时，其临界拉伸应力 σ_c 为：

$$\sigma_c \leqslant \frac{K_{1c}}{Y\sqrt{\pi a}} \tag{2-1c}$$

(2) 确定构件安全性

根据探伤检测的构件中的缺陷尺寸，并计算出构件工作应力，即可计算出裂纹尖端的应力场强度因子 K_1。若 $K_1 < K_{1c}$ 则构件是安全的，否则将有脆断危险，因而就知道了所选材料是否合理。

根据传统设计方法，为了提高构件的安全性，总是加大安全系数，这样势必提高材料的强度等级，对于高强度钢来说，往往造成低应力脆断。目前断裂力学提出了新的设计思想，为了保证构件安全，采用较小的安全系数，适当降低材料强度等级，增大材料的断裂韧性。

(3) 确定临界裂纹尺寸

若已知材料的断裂韧性和构件工作应力，则可根据断裂判据确定允许的裂纹临界尺寸：

$$a_c = \frac{1}{\pi}\left(\frac{K_{1c}}{\sigma Y}\right) \tag{2-1d}$$

如探伤检测出的实际裂纹尺寸 $a_0 < a_c$，则构件是安全的，由此可建立相应的质量验收标准。

2.6 疲劳

许多构件如轴、齿轮、弹簧等，都是在交变载荷下工作的，它们工作时所承受的应力不仅低于材料的抗拉强度，而且还低于材料的屈服强度。构件在这种变动载荷作用下，经过较长时间工作而发生断裂的现象叫作金属的疲劳。疲劳断裂与静载荷下的断裂不同，无论在静载下显示脆性或韧性的材料，在疲劳断裂时都不产生明显的塑性变形，断裂是突然发生的，因此具有很大的危险性，常常造成严重的事故。

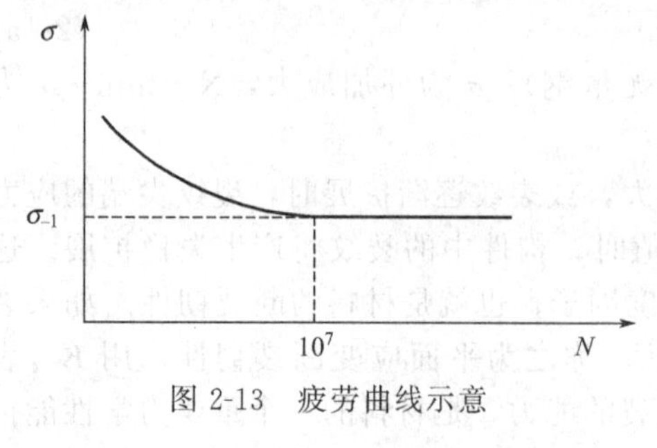

图 2-13　疲劳曲线示意

所谓交变载荷是指载荷大小和方向随时间发生周期变化的载荷。一般来说，疲劳断裂过程包括裂纹萌生、疲劳裂纹扩展、最终断裂 3 个基本过程。

在交变载荷下，金属承受的交变应力和断裂周次之间的关系，通常用疲劳曲线来描述，如图 2-13 所示。

由图 2-13 可看出，当应力低于某一数值时，应力交变到无数次也不会发生疲劳断裂，此应力称为材料的疲劳极限，它是指材料经过无限次应力循环不发生断裂的最大应力。对应于疲劳曲线上水平部分对应的应力值。

疲劳极限受材料内部和外部因素影响较大，如零件尺寸、表面质量、内部组织缺陷等。所以零件设计时应该避免应力集中，在加工时尽量使粗糙度达到设计要求。

工作应力小于疲劳极限，构件不发生疲劳断裂。工作应力大于疲劳极限，构件在一定的周次下断裂，该周次称为过载持久值。工作应力越大，过载持久值越低。

疲劳断口上可清楚显示疲劳裂纹源、疲劳裂纹扩展区和最后断裂区（图 2-14）。所以，根据断口就可判断是否发生疲劳断裂。

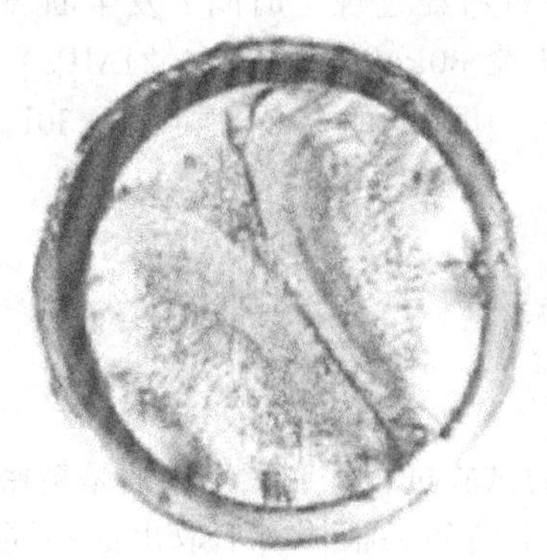

(a) 宏观疲劳断口

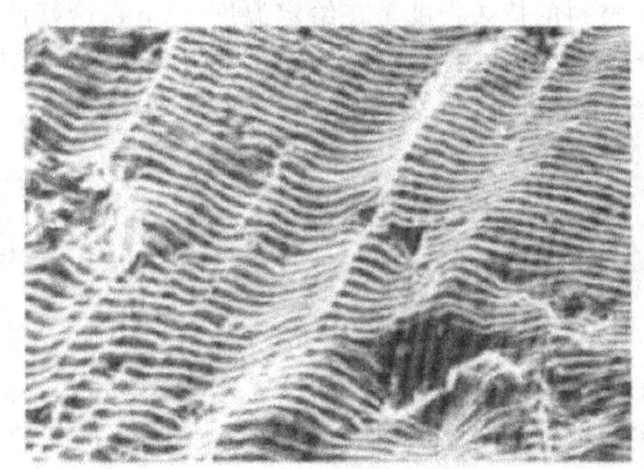

(b) 微观疲劳断口

图 2-14　疲劳断口

根据构件所受应力的大小、应力交变频率的高低，通常可以把金属的疲劳分为高周疲劳和低周疲劳。构件所受应力较低，应力交变频率较高情况下产生的疲劳称为高周疲劳，一般应力交变周次 $N_f>10^5$；与此相反，构件所受应力较高，应力交变频率较低情况下产生的疲劳称为低周疲劳，一般应力交变周次 $10^2<N_f<10^5$。

2.7　高温力学性能

很多金属构件工作在高温环境下。温度升高几乎对所有的力学性能都产生不利影响。研究表明，升高温度后，弹性模量、屈服点、抗拉强度，特别是塑性变形中的应变硬化指数都会降低。

将金属加热到再结晶温度以上，屈服点和强度极限将降低几倍，而应变硬化指数将降低数十至数百倍。

在高温，塑性变形产生的应变硬化和回复、再结晶产生的软化是同时进行的。纯金属和合金在高温受到恒载荷作用产生连续塑性变形并导致失效。

金属在长时间的恒温（特别是在高温）、恒载荷作用下，即使应力小于屈服强度，也会产生塑性变形的现象称为蠕变。由于这种变形而最终导致材料的断裂称为蠕变断裂。

金属在高温时的强度可以通过特殊的试验来完成，主要试验类型如下所述。

短时拉伸试验：与常温拉伸试验相似，不同之处该拉伸试验是在加热炉里完成的，试验的主要目的是确定在特定温度下的强度和塑性指标。

蠕变试验：该试验的目的是确定蠕变极限。蠕变极限是高温长时间载荷作用下材料对塑性变形抗力的指标。

蠕变极限一般有两种表示方法：一种是在给定温度 T 下，使试样产生规定蠕变速度的应力值，以符号 σ_{ε}^{T}（kgf/mm^2）表示。例如，$\sigma_{1\times10^{-5}}^{600}=6\text{kgf/mm}^2$(58.842MPa)，表示在温度为 600℃ 的条件下，蠕变速度为 1×10^{-5}%/h 的蠕变极限为 6kgf/mm^2(58.842MPa)。另一种是在给定温度 T 下和在规定的试验时间（t，h）内，使试样产生一定蠕变变形量（δ，%）的应力值，以符号 $\sigma_{\varepsilon/t}^{T}$（kgf/mm^2）表示。例如，$\sigma_{1/10^5}^{500}=10\text{kgf/mm}^2$(98.07MPa)，表示在温度为 500℃的条件下，10 万小时后变形量为 1%的蠕变极限为 10kgf/mm^2(98.07MPa)。

对于高温工作的材料还必须测定其在高温长时期载荷作用下抵抗断裂的能力，即持久强度。金属材料的持久强度是在给定温度 T 下，恰好使材料经过规定时间 t 发生断裂的应力值，以 σ_{t}^{T}（kgf/mm^2）表示。例如，某材料在 700℃承受 30kgf/mm^2(294.21MPa）的应力作用，经 1000h 后断裂，则称这种材料在 700℃、1000h 的持久强度为 30kgf/mm^2 (294.21MPa)，写成 $\sigma_{1\times10^3}^{700}=30\text{kgf/mm}^2$。

2.8 材料力学性能的变异

对于从相同的材料上取出的试样，虽然经过严格的试验过程控制，采用的是精密的实验设备，实验数据总是离散或有变异的。例如，从某种金属的一根棒料上取出的相同拉伸试样，随后在同一台拉伸试验机上测定它们的应力-应变曲线，这些测定的应力-应变曲线相互之间是有细微差别的，这将导致材料的弹性模量、屈服强度和抗拉强度数值的变化。一些因素导致了实验数据的不确定性。这些因素包括试验方法、试样制造过程中的尺寸变化、操作者的偏好、仪器设备的校准精度等。此外，相同的棒料中也会存在非均质性或成分以及其他方方面面的偏差。当然，测试过程中应该尽量减小测试误差的可能性并设法减轻这些影响因素导致的数据变异。

值得指出的是对于测定的其他性能指标，如密度、电导性、热膨胀系数等也是存在离散性的。对于设计工程师来说，必须充分地认识到材料性能数值的离散和变异是不可避免的，而且在进行结构设计时必须恰当地加以处理。有时实验数据必须经过数理统计处理并经过概率计算。例如，工程师应该习惯地提出这样的问题，即在给定环境和条件下这种合金的失效概率是多少？而不仅仅是提出这种金属的断裂强度是多少。

对于测量的性能指标期望给出典型数值和离散程度，这些问题通常采用平均值和标准差来解决。

习 题

1. 零件设计时，选取 $\sigma_{0.2}$(σ_s) 还是选取 σ_b，应以什么情况为依据？
2. δ 与 ψ 这两个指标，哪个能更准确地表达材料的塑性？试解释之。
3. 常用的测量硬度的方法有几种？其应用范围如何？
4. 有一碳钢制支架刚性不足，有人要用热处理强化方法；有人要另选合金钢；有人要改变零件的截面形状来解决。哪种方法合理？为什么？
5. 举例说明机器设备选材中物理性能、化学性能、工艺性能的重要性。

3 晶体结构与结晶

自然界的化学元素分为金属和非金属两大类，按固体材料的原子聚集状态来分，可分为晶体和非晶体。固态金属及其合金基本上都是晶体物质，如铜、钢铁、铝等。工业上应用较多的非金属材料也具有晶体结构，如金刚石、硅酸盐、氧化镁，而玻璃、松香则为非晶体结构。

3.1 金属的晶体结构

物理冶金是研究金属或合金的成分、组织结构与性能之间关系的一个科学分支。其主要目的是建立物理定律以控制合金的组织结构与性能，找到材料的最佳组成成分、生产工艺和处理方法，从而获得所需的力学性能。

3.1.1 晶体的概念

晶体是指原子按一定的几何形状作有规律的重复排列的物体，如图 3-1(a) 所示。

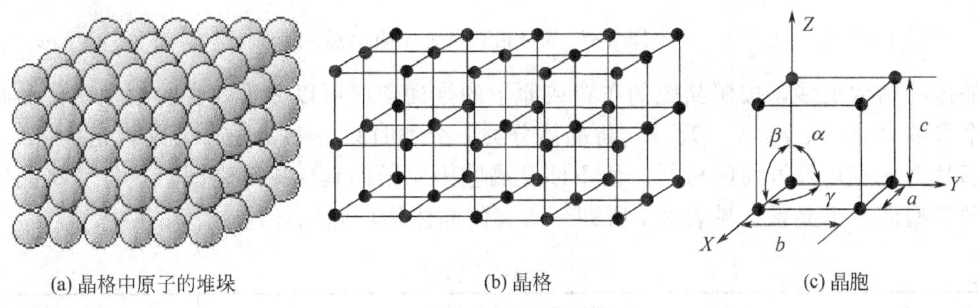

(a) 晶格中原子的堆垛　(b) 晶格　(c) 晶胞

图 3-1　晶体中原子排列模型

金属的一些性质取决于材料的金属结构以及原子、离子或分子的排列顺序。

所有金属和它们的金属合金都是晶体。与那些原子排列不规则的无定型的物质不同。晶体有确定的内部结构并在三维方向规则排列。假想原子的中心是通过直线连接的，那么整个结构系统就是由许多相同的平行六面体组成。这种表示晶体中原子排列形式的空间格子称为晶格，如图 3-1(b) 所示。各连线的交点称为结点，它们表示原子的中心位置。最小的平行六面体，在 3 个坐标方向上可以相互调换组成晶格，这种构成晶格的最基本的几何单元称为晶胞，如图 3-1(c) 所示。不同的晶体，晶胞的形状和大小不同。

晶面是晶体中各种方位的原子面，如图 3-2 所示。晶向是晶体中由原子所组成的任一直线，如图 3-3 所示。晶体的结构多种多样，都有各自的排列顺序。从简单的金属结构到相当复杂的结构，晶体的结构都不相同。

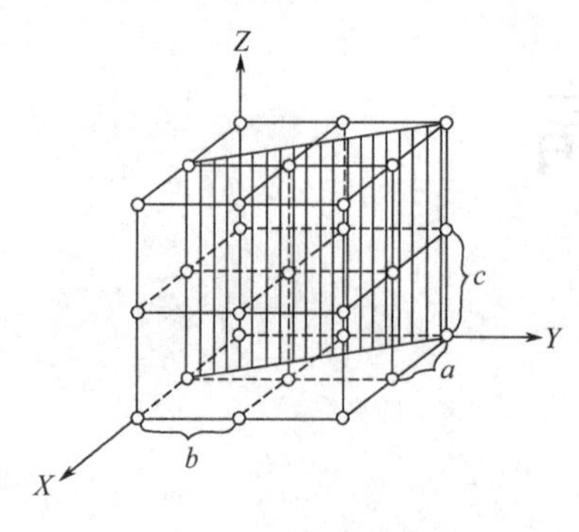

图 3-2　晶面示意

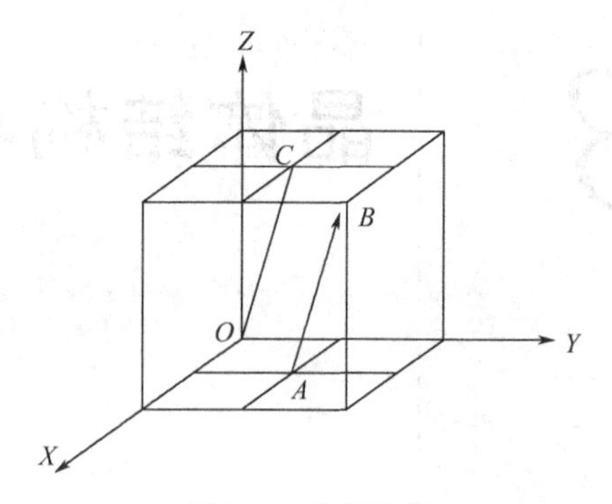

图 3-3　晶向示意

3.1.2　晶系

通过晶胞角上的某一阵点，沿其 3 个棱边作坐标轴 X、Y、Z（称为晶轴），则此晶胞就可由其 3 个棱边的边长 a、b、c（称为点阵常数，其大小用 Å 来表示，$1Å=10^{-10}m$）及晶轴之间的夹角 α、β、γ 这 6 个参数所完全表达出来（图 3-4）。

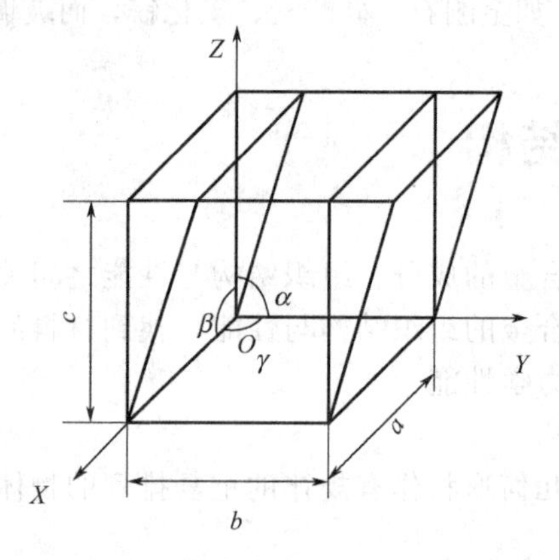

图 3-4　晶格指数及方位角示意

晶体的结构很多，按照晶胞的布置或原子的排列顺序可以分为几类。根据单位晶胞中上述 6 个参数（a、b、c、α、β、γ）将晶体分类，分类时只考虑 a、b、c 是否相等，α、β、γ 和它们是否成直角等方面的特征。而不涉及晶胞中原子的具体排列情况，这样就将晶体划分为 7 种类型即 7 个晶系，见表 3-1 所列。所有的晶体均可归纳在这 7 个晶系中。

表 3-1　晶系

晶　系	棱边长度及夹角关系	举　例
三斜晶系	$a\neq b\neq c,\alpha\neq\beta\neq\gamma\neq90°$	K_2CrO_7
单斜晶系	$a\neq b\neq c,\alpha=\gamma=90°\neq\beta$	β-S, $CaSO_4\cdot2H_2O$
正交晶系	$a\neq b\neq c,\alpha=\beta=\gamma=90°$	α-S, Ga, Fe_3C
六方晶系	$a_1=a_2=a_3\neq c,\alpha=\beta=90°,\gamma=120°$	Zn, Cd, Mg, NiAs
菱方晶系	$a=b=c,\alpha=\beta=\gamma\neq90°$	As, Sb, Bi
四方晶系	$a=b\neq c,\alpha=\beta=\gamma=90°$	β-Sn, TiO_2
立方晶系	$a=b=c,\alpha=\beta=\gamma=90°$	Fe、Cr、Cu、Ag、Au

根据晶胞的 6 个参数的差异，按照“每个阵点的周围环境相同”的要求，布拉菲（A. Bravais）首先用数学方法确定，只能有 14 种空间点阵，表 3-2 把它们归属于 7 个晶系。若 $a=b=c$，$\alpha=\beta=\gamma=90°$这种晶体结构就称为立方晶系。具有简单立方晶胞的晶格叫作简

单立方晶格。

表 3-2　空间点阵与晶系

序号	点阵类型	晶系	序号	点阵类型	晶系
1	简单三斜	三斜晶系	8	简单六方	六方晶系
2	简单单斜	单斜晶系	9	菱形(三角)	菱方晶系
3	低心单斜		10	简单四方	四方(正方)
4	简单正交	正交晶系	11	体心四方	
5	低心正交		12	简单立方	立方晶系
6	体心正交		13	体心立方	
7	面心正交		14	面心立方	

立方结构中，$a=b=c$，$\alpha=\beta=\gamma=90^\circ$，它具有最好的对称性，三斜晶中，$a\neq b\neq c$，$\alpha\neq\beta\neq\gamma$，对称性最差。

在研究金属材料时，经常指明一些特殊原子的晶面和晶向。为了便于表示各种晶向和晶面，需要确定一种统一的符号，称之为晶向指数和晶面指数。国际上通用的是米勒指数。

3.1.3　晶向指数

晶向是指两点间的直线，是矢量，下面是确定晶向的一般步骤。

① 以晶胞的某一阵点为原点，以晶胞的晶轴为坐标轴 X、Y、Z，以晶格常数（晶胞边长）作为坐标轴的长度度量单位。

② 把欲确定方向指数的阵点直线平移，使其通过原点。

③ 求直线上任一阵点（最好取距离原点最近的那个阵点）的坐标分量为 a、b、c。

④ 将此数化为最小整数并加上方括号，即为晶向指数，写成［uvw］的形式，这 3 个数不能用逗号隔开。

几个晶向指数的示例如图 3-5 所示。

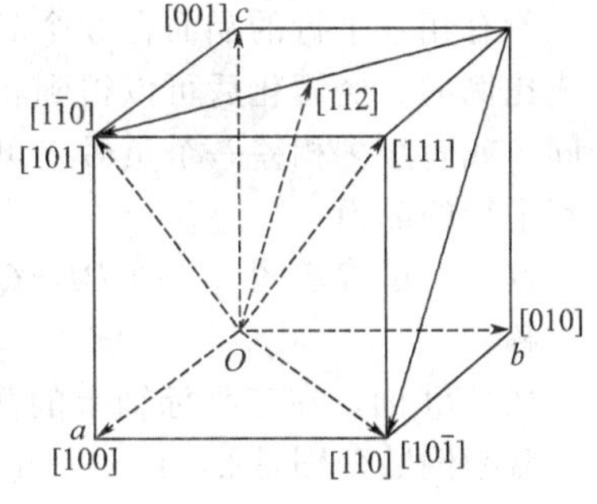

图 3-5　晶向指数确定和一些常用的晶向指数

晶向指数表示所有相互平行、方向一致的晶向。由于坐标轴有正负，这 3 个数也有正负。如果是负数就在数字上加一横线，代表负的指数。例如：$[1\bar{1}1]$ 中，y 方向是负的。改变所有的记号就会成为不平行的方向，也就是说 $[1\bar{1}1]$ 与 [111] 方向相反。在确定晶向时，有必要注明正负号，来保持一致性，正负号一旦确定就不能改变。

晶体中因对称关系而等同的各组晶向可归并为一个晶向族，用〈uvw〉表示。例如，对于立方晶系来说，[100]、[010]、[001] 和 $[\bar{1}00]$、$[0\bar{1}0]$、$[00\bar{1}]$ 等 6 个晶向，它们的性质是完全相同的，用符号〈100〉表示。可以看出，同一晶向族中的晶向指数的数字相同，只是排列的顺序和符号不同。如果不是立方晶系，改变晶向指数的顺序所表示的晶向可能不是等同的。例如，对于正交晶系 [100]、[010]、[001] 这 3 个晶向并不是等同晶向，因为以上 3 个方向上的原子间距分别为 a、b、c，沿着这 3 个方向，晶体的性质并不相同。

确定晶向指数的上述方法适用于任何晶系。但对于六方晶系，除上述方法之外，常用另一种表示方法，稍后还要介绍。

3.1.4 晶面指数

除了六边晶系，其他晶系都是用了3个弥勒指数来表示的。互相平行的平面是等效的，有相同的因数。3个指数 h、k、l 确定如下。

① 以晶胞的某一阵点为原点，以晶胞的晶轴为坐标轴 X、Y、Z，以晶格常数（晶胞边长）作为坐标轴的长度度量单位；如果选择的平面通过了原点，就转化为另一个平面，或者在另一晶胞上找到另一原点。

② 求出待定晶面在3个晶轴上的截距，晶面可能与坐标系相交，也可能平行，若该晶面与某轴平行，则截距为无穷，例如1、1、∞。

③ 取这些截距数的倒数，例如110。

④ 如果需要，可将这些倒数化为最小的简单整数（用公因子相除），并加上圆括号，即表示该晶面的指数，一般记为（$h\ k\ l$），这3个数不能用逗号隔开。例如（111）、（110）、（121）。如果所求晶面在晶轴上的截距是负的，就在指数上加一横线，代表负的指数。

立方晶系常见的晶面如图3-6所示。

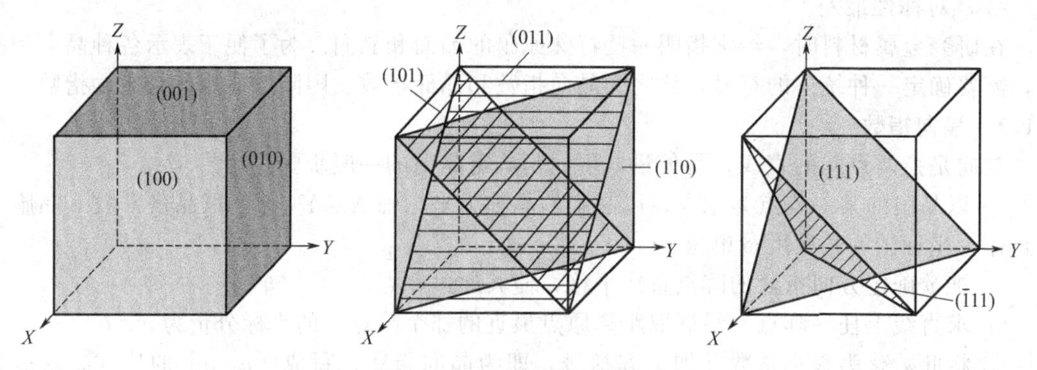

图3-6 立方晶系常见的晶面

所有相互平行的晶面在3个晶轴上的截距虽然不同，但它们是成比例的，其倒数也仍然是成比例的，经简化后可以得到相同的最小整数。因此，所有相互平行的晶面，其晶面指数相同，或者至多相差一个负号。可见，晶面指数所代表的不仅是某一晶面，而是代表着一组相互平行的晶面。

例题：试确定图3-7中 $PBEQ$ 面、AGE 面、$DBEG$ 面、$DCFG$ 面的晶面指数。

解：

$PBEQ$ 面，在三坐标轴上的截距分别是1/2，1，∞。

截距倒数分别是2，1，0；化为最小整数后的晶面指数（210）。

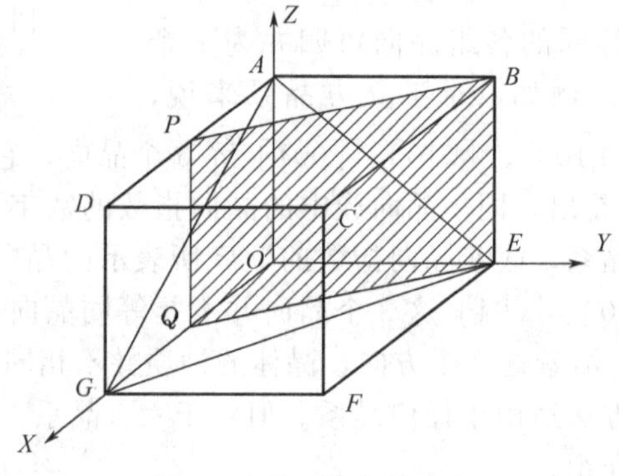

图3-7 晶面指数的确定

AGE 面，截距 1，1，1；倒数 1，1，1，晶面指数（111）。

DBEG 面，截距 1，1，∞；倒数 1，1，0，晶面指数（110）。

DCFG 面：截距 1，∞，∞；倒数 1，0，0，晶面指数（100）。

在晶体中，具有等同条件而只是空间位向不同的各组晶面（即这些晶面的原子排列情况和晶面间距等完全相同），可归并为一个晶面族，用 $\{h\ k\ l\}$ 来表示。

六方晶系的晶向指数和晶面指数同样可以用上述方法标定。这时取 a_1、a_2、c 为晶轴，而 a_1 轴与 a_2 轴的夹角为 120°，c 轴与 a_1、a_2 相垂直，如图 3-8 所示。但这样表示有缺点，会造成同类型的晶面其晶面指数不相类同，往往看不出它们之间的等同关系。例如：晶胞的 6 个柱面是等同的，但是按照上述三轴坐标系，其指数却分别为（100）、（010）、$(\bar{1}10)$、$(\bar{1}00)$、$(0\bar{1}0)$、$(1\bar{1}0)$。用这样的方法标定晶向指数也有同样的缺点，例如［100］和［110］实际上是等同的晶向，但晶向指数上反映不出来。为了克服这一缺点，通常采用另外一种专门用于六方晶系的指数标定方法。

六方晶系的指数标定采用了一种特殊的坐标系，即四轴坐标系。3 个横坐标为 a_1、a_2、a_3 轴，彼此间的夹角均为 120°，一个纵坐标为 c 轴，如图 3-8 所示。指数的标定步骤和前述一样，只是晶面指数要用 4 位数来表示（$h\ k\ i\ l$）。采用这种标定方法，等同的晶面可以从指数上反映出来。例如，图 3-8 中的 6 个柱面分别为：$(10\bar{1}0)$、$(01\bar{1}0)$、$(\bar{1}100)$、$(\bar{1}010)$、$(0\bar{1}10)$、$(1\bar{1}00)$，这 6 个晶面可归并为 {1010} 晶面族。由于三维空间中只有 3 个独立的变量，所以 h、k、i 中只有 2 个是独立的，可以证明它们之间存在着以下关系：

$$i=-(h+k)$$

或

$$h+k+i=0$$

因此，可以用前 2 个指数求得第 3 个指数，有时将第 3 个指数 i 略去，写成（hkl）。

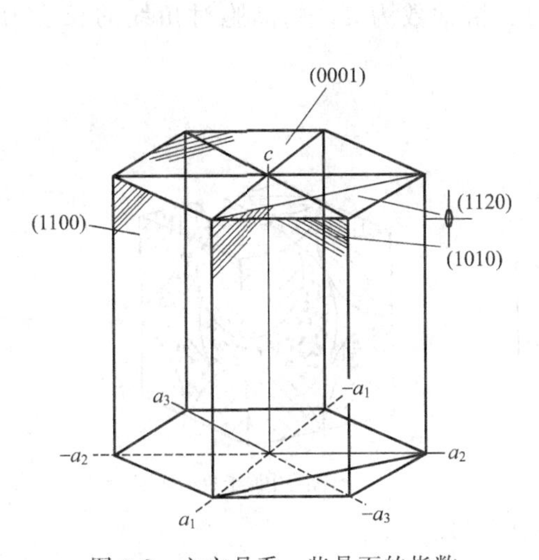

图 3-8 六方晶系一些晶面的指数

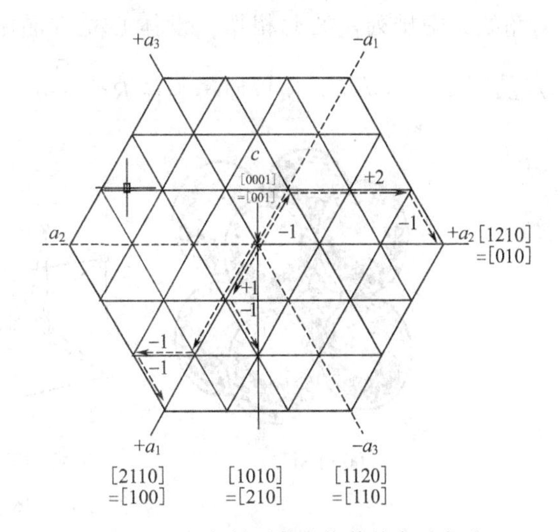

图 3-9 六方晶系晶向指数的表示方法

（c 轴与图面垂直）

采用四轴坐标时，晶向指数的确定原则上仍同前述，即把晶向 $\overrightarrow{OP}$ 沿 4 个晶轴分解为 4 个分矢量：

$$\overrightarrow{OP}=ua_1+va_2+ta_3+wc$$

则晶向指数就可用［$uvtw$］来表示。同样，u、v、t 3 个指数中只有 2 个是独立的，不然会出现无限解，因此参照上述晶面指数之间的关系，规定：

$$u+v=-t$$

或

$$u+v+t=0$$

这样就得到唯一解，每个晶向有确定的晶向指数。

晶向指数的具体标定方法如下：从原点出发，沿着平行于4个晶轴的方向依次移动，使之最后到达要标定方向上的某一节点。移动时必须选择适当的路线，使沿 a_3 轴移动的距离等于沿 a_1、a_2 两轴移动距离之和的负值，即 $u+v=-t$。将各方向移动距离化为最小整数，加上方括号，即表示该方向的晶向指数。晶向指数的标定示例如图3-9所示。此方法的优点是等同的晶向可以从晶向指数上反映出来，但其标定比较麻烦，故有时仍用前述的3个指数 $[uvw]$ 来表示。

六方晶系按两种晶轴系所得的晶向指数和晶面指数可以相互转换如下：对晶面指数来说，从 $(hkil)$ 转换成 (hkl) 只要去掉 i 即可，反之则加上 $i=-(h+k)$。

对于晶向指数，则 $[UVW]$ 与 $[uvtw]$ 之间的转换关系为：

$$U=u-t,\ V=v-t,\ W=w$$

$$u=\frac{1}{3}(2U-V),\ v=\frac{1}{3}(2V-U),\ t=-(u+v),\ w=W$$

3.1.5 常见的金属晶体结构

最常见的金属晶体结构有3种类型，即体心立方晶格、面心立方晶格和密排六方晶格。除了少数例外，绝大多数金属都属于这3类结构。

(1) 体心立方结构

体心立方晶格的晶胞如图3-10所示，在晶胞的8个角点上各有一个原子，在立方体的体积中心有一个原子。这种结构就叫作体心立方晶体结构，简称BCC。由于8个角点上的原子为相邻的8个晶胞所共有，所以晶胞中的原子数为1/8×8+1=2。体心和顶点原子沿对角线紧密排列，彼此相切。设体心立方晶胞的晶格常数为 a，则晶胞对角线的长度为：$\sqrt{(2a^2+a^2)}=\sqrt{3}a$，所以原子半径 $R=\frac{\sqrt{3}}{4}a$。

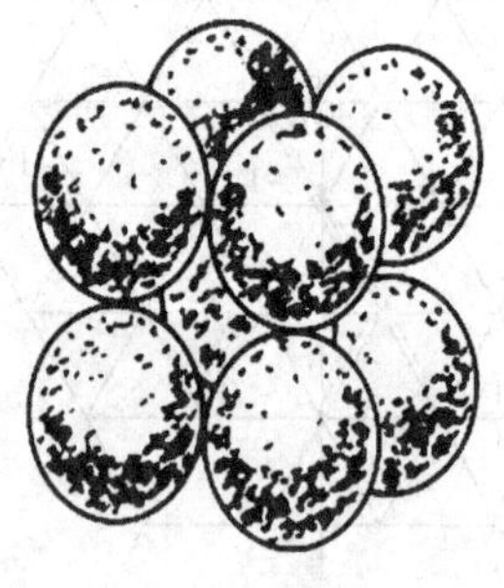

(a) 钢球模型

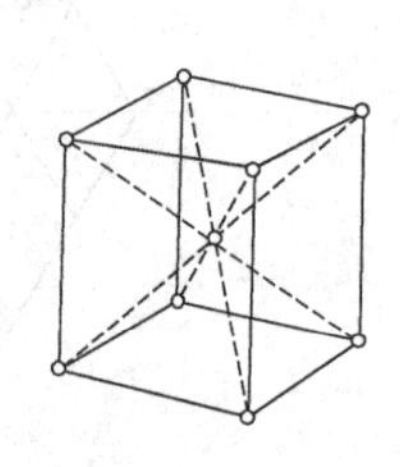

(b) 质点模型

(c) 晶胞中原子数示意

图3-10 体心立方结构

晶体中原子排列的紧密程度与晶体结构类型有关，为了定量地表示原子排列的紧密程度，通常用配位数和致密度两个参数来表示晶体中原子排列的紧密程度。

晶格的致密度：是指其晶胞中所包含的原子所占有的体积与该晶胞体积之比，用“K”表示。体心立方晶格中，有：

$$K=2\times\frac{4}{3}\frac{\left(\frac{\sqrt{3}}{4}a\right)^3\pi}{a^3}=0.68$$

即晶格中有 68%的体积被原子占有，其余为空隙。

配位数：是指晶体结构中，与任一原子最近邻并且等距离的原子数。体心立方的配位数为 8。

属于这种体心立方晶格的纯金属有 Fe(<912℃，α-Fe)、Cr、Mo、W、V、Nb 等约 30 种。

对于体心立方结构，其密排面为 {110}，密排方向为〈111〉。

(2) 面心立方结构

面心立方晶格的晶胞如图 3-11 所示，在晶胞的 8 个角点上各有一个原子，面心立方晶胞的 6 个面中心各有一个原子，由于 8 个角点上的原子为相邻的 8 个晶胞所共有，6 个面中心的原子为相邻的两个晶胞所共有，所以晶胞中的原子数为 1/8×8+1/2×6=4。面心和顶点原子沿对角线紧密排列，彼此相切。设面心立方晶胞的晶格常数为 a，则晶胞面对角线的长度为$\sqrt{2}a$，所以原子半径 $R=\frac{\sqrt{2}}{4}a$。

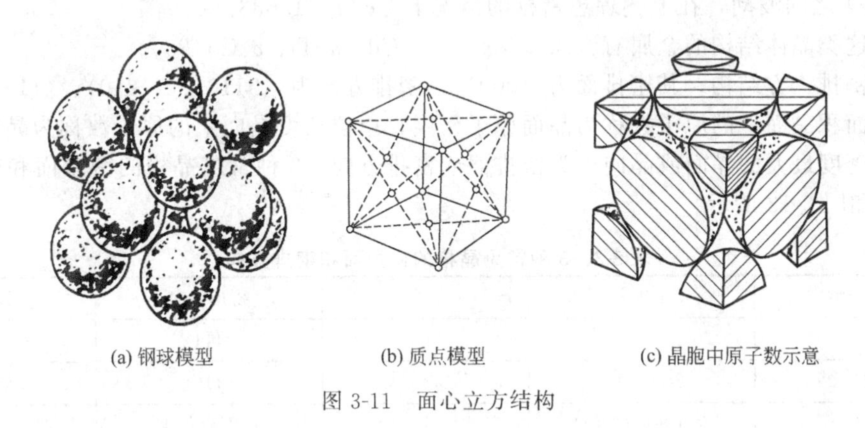

(a) 钢球模型　(b) 质点模型　(c) 晶胞中原子数示意

图 3-11 面心立方结构

各顶点处的原子是等效的，也就是原子从顶点处转化到面心时，晶体的结构不变。

面心立方晶胞的致密度为：

$$K=4\times\frac{4}{3}\frac{\pi\left(\frac{\sqrt{2}}{4}a\right)^3}{a^3}=0.74$$

此值表明，面心立方结构的金属晶体中，有 74%的体积为原子所占据，其余 26%则为空隙体积。

面心立方结构的金属晶体的配位数为 12。属于这类晶体结构的金属有：Cu、Ag、Au、Ca、Sr、Al、Pb、β-Ni、Rh、Pd、Ir、Pt 等。

对于面心立方结构，其密排面为 {111}，密排方向为〈110〉。

(3) 密排立方结构

密排六方晶格的晶胞如图 3-12 所示，是一个六方柱体。柱体的上下底面 6 个角及中心各有一个原子，柱体中心还有 3 个原子。

六方柱每个角上的原子属于 6 个相邻的晶胞所共有，上下底面中心的每个原子同时属于 2 个晶胞所共有，再加上晶胞内的 3 个原子，其晶胞内的原子数为 3+1/6×12+(1/2×2)=6。

在理想的密排情况下，以晶胞下底面中心的原子为例，它不仅与周围 6 个角上的原子相接触，还与其下的位于另一晶胞内的 3 个原子相接触，此外又与其上面的位于相同晶胞内的 3 个原子相接触，所以密排六方结构的配位数为 12。密排六方晶格常数有 2 个，底面正六边

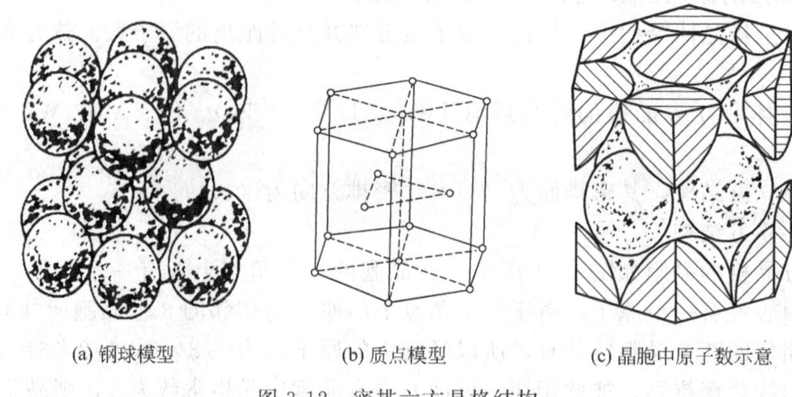

(a) 钢球模型　(b) 质点模型　(c) 晶胞中原子数示意

图 3-12　密排六方晶格结构

形的边长 a 和上下两底面之间的距离 c，c/a 称为轴比。实际六方晶格金属的 c/a 值一般在1.57～1.64之间波动，在上述理想密排的情况下，$c/a=1.633$。

属于这类晶体结构的金属有：Be、Mg、In、Cd、α-Ti、α-Co等。

对于密排六方结构，其密排面为{0001}，密排方向为〈2110〉、〈1210〉、〈1120〉。

单位面积晶面上的原子数称为晶面原子密度，单位长度晶向上的原子数称为晶向原子密度，原子密度最大的晶面或晶向称为密排面或密排方向。3种常见晶格的密排面和密排方向见表3-3和图3-13所示。

表 3-3　3种常见晶格的密排面和密排方向

晶体类型	密排面	数量	密排方向	数量
体心立方晶格	{110}	6	〈111〉	4
面心立方晶格	{111}	4	〈110〉	6
密排六方晶格	六方底面{0001}	1	底面对角线	3

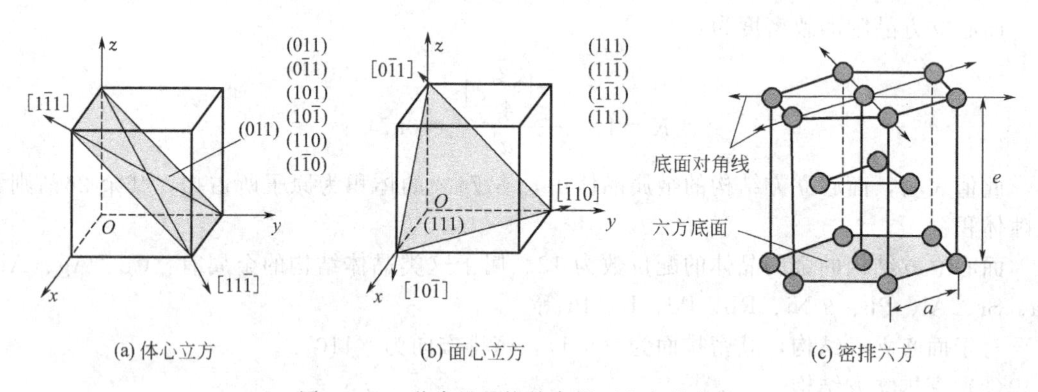

(a) 体心立方　(b) 面心立方　(c) 密排六方

图 3-13　3种常见晶格的密排面和密排方向

3.1.6　单晶体的各向异性

在晶体中，当原子的排列和堆积很完美或者说原子的排列没有受阻时，就会形成单晶体。所有的晶胞以同样的方式相互连接，而且有相同的方向。单晶体存在于自然界中，也可以人工生产，但生产很难，需要严格控制条件。在最近几年中，单晶体在许多领域扮演着越来越重要的角色，如在电子电路中，单晶硅就被广泛应用。

单晶的物理性质取决于晶向，例如：弹性模量、导电性、折射率在[100]和[111]中不同。这种不同晶向和晶面上各种性能不同的现象就叫作各向异性。对于大多数多晶体结构来说，每个晶体的晶向是任意的。在这种情况下，虽然每个晶粒各向异性，但是由很多晶粒组成的样品却是各向同性的。

3.2 实际金属结构

3.2.1 多晶体结构

在工业生产中，金属凝固常常是在许多部位同时发生，其结果是得到的不是“单晶体”，而是由许多细小晶体组成的“多晶体”组织，每个小晶体的晶格方向是一致的，而各小晶体之间彼此方位不同，如图 3-14 所示。由于每个细小晶体的外形都具有颗粒状，所以将每一个小晶体称为一个“晶粒”。晶粒与晶粒之间的界面称为“晶界”。

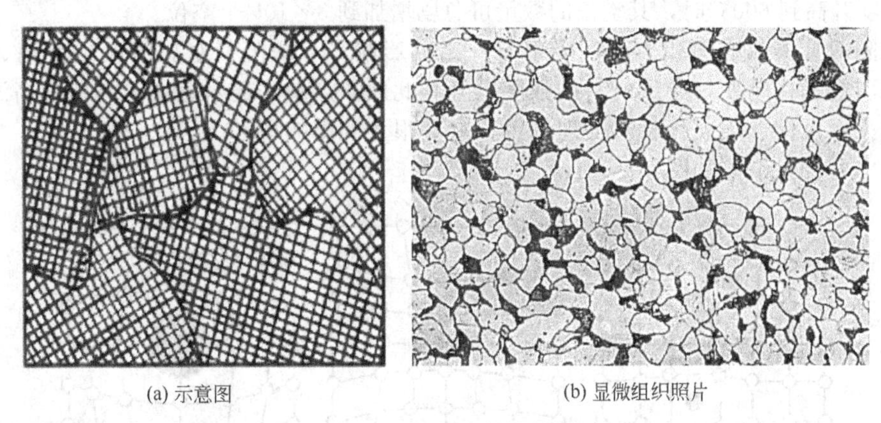

(a) 示意图　　(b) 显微组织照片

图 3-14　金属多晶体结构

由于组成多晶体的每个单晶体的取向都是随机分布的，所以一般来说，没有经过压力加工的多晶体不显示各向异性。

晶粒的尺寸一般在几个微米到几百个微米，只有通过金相显微镜才能观察到。在金相显微镜下观察到的各种晶粒的形态、大小、分布、相对含量、颜色等情况称为金相显微组织。有色金属如铜、铝、锌等的晶粒尺寸一般都比钢铁的晶粒尺寸大，通常用肉眼就可以看见，例如，镀锌钢板表面的锌花即为锌晶粒的大小，其尺寸通常在几个毫米到十几个毫米。

通过深入的科学研究和分析，在实际晶体中，原子的排列不可能像上节所讲的那样规则和完整，而是或多或少地存在着偏离理想晶体的区域，出现了不完整性，通常把这种偏离完整性的区域称为晶体缺陷。单晶体并不存在，或者说没有一种金属的原子是有规则排列的。

3.2.2 晶体缺陷

尽管实际晶体材料中所存在晶体缺陷的原子数目至多占原子总数的千分之一，但是这些晶体缺陷不但对晶体材料的性能，特别是对那些结构敏感的性能，如强度、塑性、电阻等产生极大的影响，而且还在扩散、相变、塑性变形和再结晶等过程中扮演着重要角色。例如，工业金属材料的强度随缺陷的增多而提高，导电性则与之相反。

根据晶体缺陷的几何形态，可将其分为点缺陷、线缺陷和面缺陷 3 大类。

（1）点缺陷

点缺陷是指在三维方向上的尺寸都很小（相当于原子的尺寸）。点缺陷主要包括空位、置换原子和间隙原子等。

空位：晶体中原子因某种原因离开平衡位置，形成空结点。离开空位的原子迁移到晶体的表面上，这样形成的空位叫作肖脱基缺陷，迁移到晶体点阵的间隙中形成的缺陷叫作弗兰克缺陷。

间隙原子与置换原子：在晶格结点以外位置上存在的原子称为间隙原子；占据晶格结点位置的异类原子称为置换原子。间隙原子一般为原子半径较小的异类原子，而置换原子的半径一般与基体原子的半径相当。

点缺陷形成的原因主要是由于原子在平衡位置不停地作热振动，在任何瞬间总有一些原子的能量大到足以克服周围原子对它的束缚，跳到晶界处或晶格间隙处，从而形成空位。

空位是一种热力学稳定的缺陷，即在一定的温度下，晶体中总有一定的平衡数量的空位和间隙原子。在金属晶体中，间隙原子的形成能较空位形成能高几倍，因此，在同一温度范围内间隙原子的浓度远低于空位的浓度，在通常情况下，晶体中间隙原子数目非常少，相对于空位可以忽略不计，但在高能粒子辐照后，产生大量的弗兰克缺陷，间隙原子数目增高，不能忽略。一般情况下，空位的数目随温度的升高而增加。例如，铝在室温时 $1cm^3$ 中有 8×10^{10} 个空位，当温度升高到 600℃时，其空位的数量可急剧增加到 3×10^{19} 个空位。

点缺陷对金属的物理和力学性能都有一定的影响。点缺陷使金属的电阻升高、体积增大，还会引起晶格畸变，导致材料的强度上升。此外，点缺陷还对金属的扩散、高温的塑性变形、退火、沉淀、表面化学热处理等过程有着很大的影响。

晶体中各种点缺陷如图 3-15 所示。

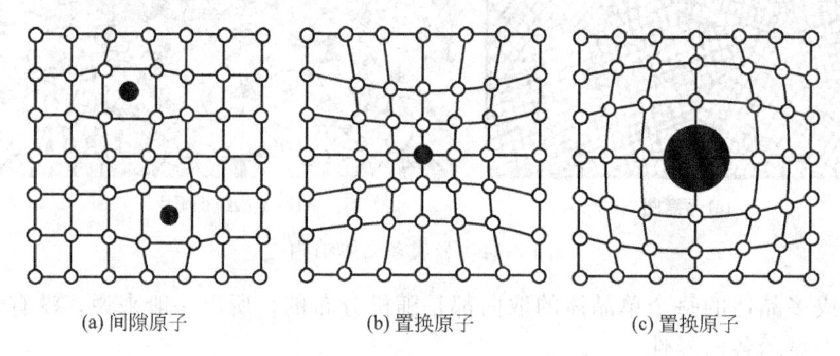

图 3-15 晶体中各种点缺陷示意

(2) 线缺陷

晶体中原子排列的不规则区在空间一个方向上的尺寸很大（几百至几千个原子间距），而在其余两个方向上的尺寸很小（只有几个原子间距），这种缺陷称为位错。位错是晶体中一种非常重要的微观缺陷。位错可认为是晶格中一部分晶体相对于另一部分晶体的局部滑移而造成的。滑移部分与未滑移部分的交界线即为位错线。位错分为两种形式，一种为刃型位错，另一种为螺型位错。晶格中出现多余的半个原子面，该多余半原子面的边沿就是位错线，因为多余半原子面的边缘好像插入晶体中的一把刀的刃口，故称为刃型位错，如图3-16所示。在多余半原子面的上半部晶体受到压应力，而下半部受到拉应力。刃型位错有正负之分，半个原子面位于滑移面的上半部时为正刃型位错，用符号⊥表示；反之为负刃型位错，用符号⊤表示。实际上正负只是相对而言的，两者之间并无实质上的区别，如图 3-17 所示。

实际晶体中存在大量的位错，一般用位错密度来表示位错的多少。单位体积内所包含的位错线总长度或单位面积上位错线的根数称为位错密度，其量纲为 cm/cm^3 或 $1/cm^2$。实际金属中有大量的位错，一般经过退火的多晶体金属中位错密度高达 $10^6\sim10^8cm/cm^3$，而经过剧烈冷塑性变形的金属，其内部位错密度可高达 $10^{11}\sim10^{12}cm/cm^3$，即在 $1cm^3$ 的金属中含有一百万到一千万公里长的位错线。透射电镜下观察到的位错线如图 3-18 所示。

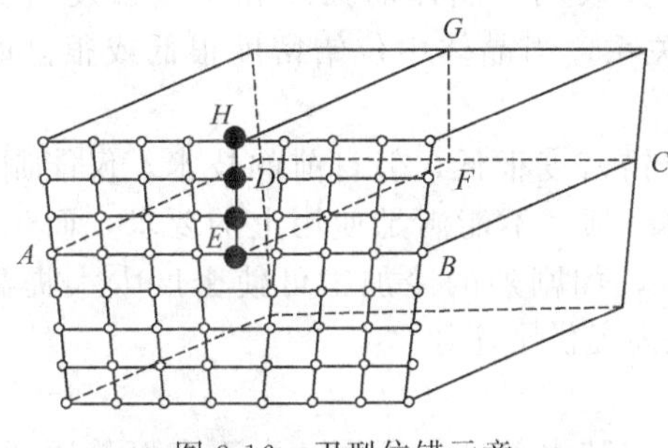

图 3-16 刃型位错示意

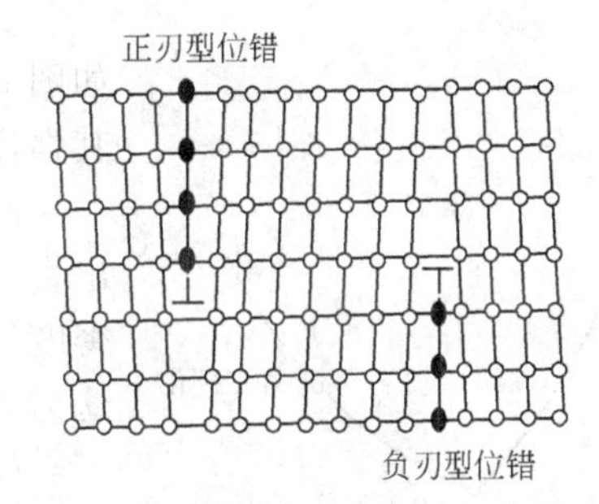

图 3-17 正刃型位错和负刃型位错示意

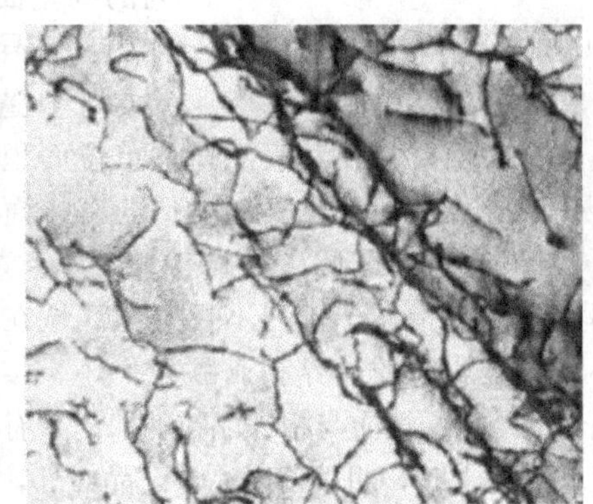

图 3-18 透射电镜下观察到的位错线

螺旋位错示意如图 3-19 所示。设想在简单晶体的右端施加一个切应力 τ，使其右端上、下两部分晶体沿滑移面 $ABCD$ 发生一个原子间距的相对切变，此时左半部分晶体仍未产生滑移（塑性变形），出现了已滑移区和未滑移区的边界，此即螺型位错位错线，如图 3-19(a) 所示。图 3-19(b) 给出了位错线附近原子排列的情况。

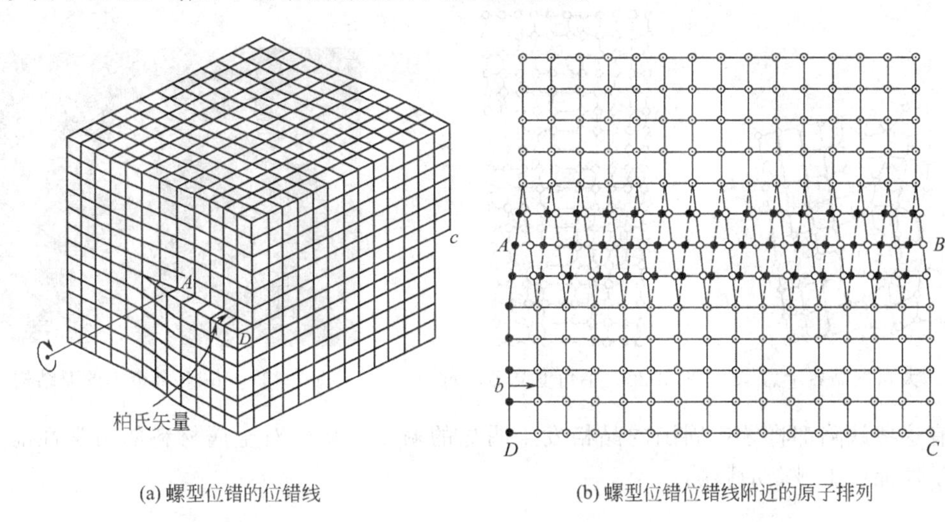

(a) 螺型位错的位错线

(b) 螺型位错位错线附近的原子排列

图 3-19 螺旋位错示意

螺旋位错分为左旋和右旋。以大拇指代表螺旋面前进方向，其他四指代表螺旋面的旋转方向，符合右手法则的称为右旋螺型位错，符合左手法则的称为左旋螺型位错。当然，螺型位错的右旋和左旋也是相对来说的。

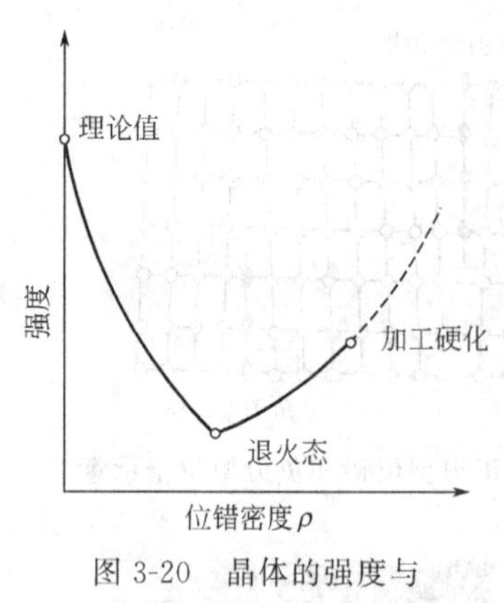

图 3-20　晶体的强度与位错密度的关系

实验和理论研究表明：晶体的强度和位错密度有关，如图 3-20 的对应关系，当晶体中位错密度很低或很高时，其强度都很高。

晶须材料的位错密度很低，但目前的技术，仅能制造出直径为几微米的晶须，不能满足使用上的要求。而位错密度很高则易实现，如剧烈的冷加工可使密度大大提高，这为材料强度的提高提供了途径。

(3) 面缺陷

晶体表面结构与其内部结构不同，由于表面是原子排列的终止面，另一侧无固体原子的键合，其配位数少于晶体内部，导致表面原子偏离正常位置，并影响了邻近的几层原子，造成点阵畸变，使其能量高于晶内。

晶体比表面能是使其表面增加单位面积所需要的能量，数值上与表面张力 σ 相等，以 γ 表示。一般外表面通常是表面能低的密排面。对于体心立方 {100} 表面能最低，对于面心立方 {111} 表面能最低。

面缺陷主要指原子排列不规则的区域在空间两个方向上的尺寸很大，而另一方向上的尺寸很小，如金属中的晶界和亚晶界。

晶界的结构、性质与相邻晶粒的取向差有关，当取向差约小于 10℃，叫小角度晶界，当取向差大于 10℃以上时，叫大角度晶界。晶界处，原子排列紊乱，使能量增高，即产生晶界能。

图 3-21、图 3-22 分别为大角度晶界和小角度晶界示意，由于晶界是相邻两晶粒之间不同晶格方位的过渡区，致使该区域内的原子排列不整齐，偏离其平衡位置，从而产生晶格畸变。

多晶体中，每个晶粒内部原子也并非十分整齐，会出现位向差极小的亚结构（通常小于 1°），亚结构之间的交界为亚晶界。Cu-Ni 合金中的亚结构如图 3-23 所示。很显然，亚晶界也是一种小角度晶界。

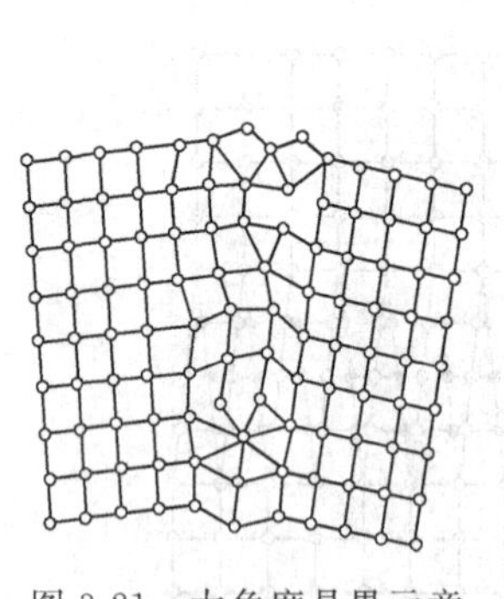

图 3-21　大角度晶界示意

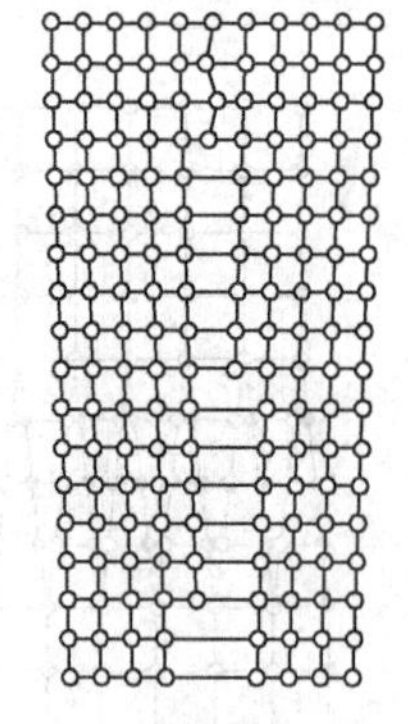

图 3-22　小角度晶界示意

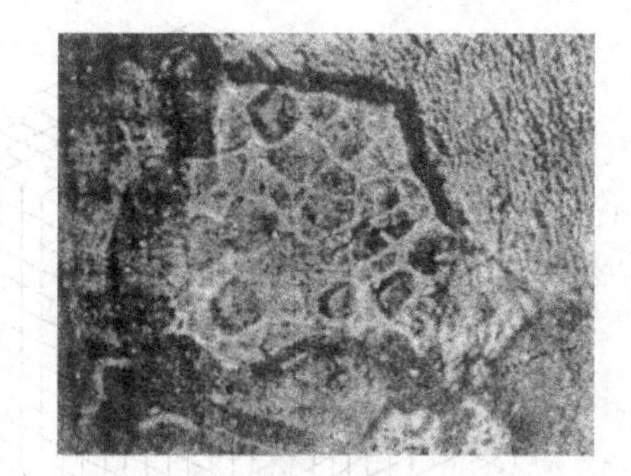

图 3-23　Cu-Ni 合金中的亚结构

所有这些缺陷都将导致周围的晶格发生明显的畸变，从而对金属材料的力学性能和物理、化学性能产生显著的影响。

3.3 金属的结晶

金属的力学性能取决于其内部的组织结构，而组织与结晶过程有着密切的关系，因为金属一般都要经过熔炼、浇注成形。金属结晶过程中冷却速度等因素直接影响到金属晶粒的大小，从而影响到金属的力学性能，因此，研究并控制金属材料的结晶过程，对改善金属材料的组织、提高其力学性能具有非常重要的意义。

3.3.1　金属结晶的概念

一切物质从液态到固态的转变过程称为凝固，如凝固后形成晶体结构，则称为结晶。金属在固态下通常都是晶体，所以金属自液态冷却转变为固态的过程，称为金属的结晶。

金属的结晶过程可以用热分析方法来测定，图 3-24 为纯金属结晶时的冷却曲线。

具体的测定方法如下：先将纯金属加热熔化为液体，然后缓慢冷却下来，同时每隔一定时间测一次温度，并把记录的数据绘在温度-时间坐标中，得到温度与时间的曲线，即冷却曲线 1，纯金属液体在无限缓慢的冷却条件下结晶的温度称为金属的理论结晶温度，用 T_0 表示。

可见，随时间的增长，温度逐渐降低，当到 T_0 温度时出现一个平台，说明这时虽然液体金属向外散热，但其温度并没有下降，这是由于在这一温度液体开始结晶向外散热，补偿了液体对外的热量散失，说明这一水平台阶对应的温度正是实际结晶温度。这一平台的开始时间即结晶的开始，终了时间即结晶的终了，结晶终了后就没有结晶潜热来补偿热量的散失，所以温度又开始下降。

金属处在平衡温度时，液体结晶的速率与晶体融化的速率相等，金属不能完成结晶过程。实际的金属液体在冷却过程中，要有一定的过冷才能进行，曲线 2 是实际金属的冷却曲线，金属的实际结晶温度低于理论结晶温度的现象称为过冷现象，实际结晶温度 T_1 与理论结晶温度 T_0 之间的差值 ΔT 称为过冷度。金属结晶时的过冷度取决于金属的性质、纯度和金属的冷却速度，同样条件下，金属液体的冷却速度越大，过冷度也越大。

图 3-25 为液态金属和固态金属的自由能（F）与温度的关系曲线。由于液体与固体的结构不同，其在同一温度下的自由能是不同的，液相与固相的自由能曲线的交点对应的温度即是理论结晶温度。当温度低于理论结晶温度时，由于液相的自由能高于固相，液相就会向固相转变，即发生结晶，结晶的推动力就是液相与固相的自由能差 ΔF，ΔF 越大结晶越容易。而过冷度 ΔT 越大，ΔF 就越大。

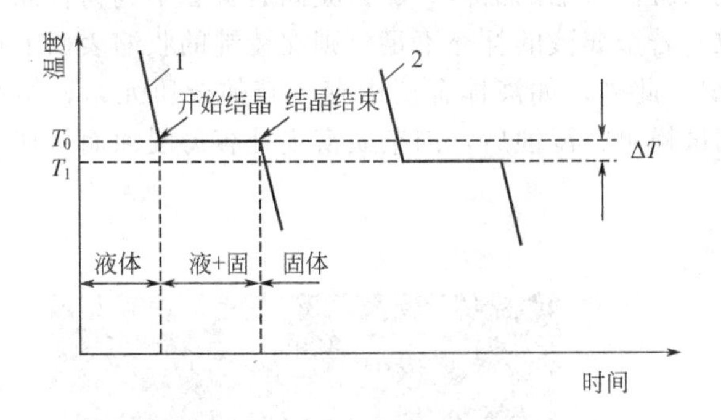

图 3-24　纯金属结晶时的冷却曲线

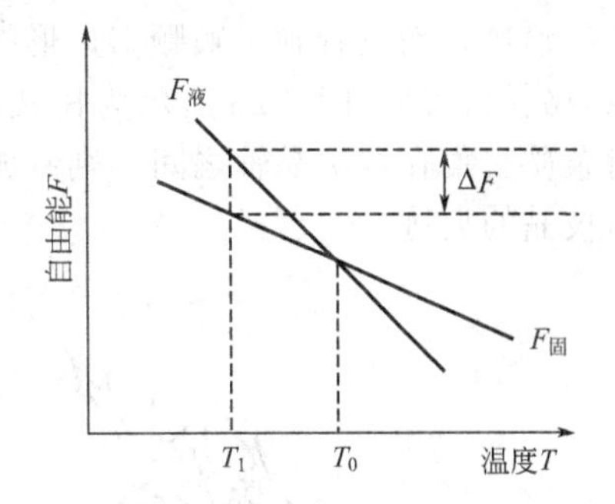

图 3-25　液态金属和固态金属的自由能与温度的关系

3.3.2　金属的结晶过程

金属的结晶过程从微观的角度看，当液体金属冷到实际结晶温度后，开始从液体中形成一些尺寸微小的、原子呈规则排列的晶体，称为晶核，这种已形成的晶核按照各自方向吸附周围的原子不断长大，同时液态金属的其他部位也产生新的晶核，新晶核又不断长大，直到液态金属全部消失，结晶结束，最后形成由许多形状不规则的晶粒组成的多晶体，如图3-26所示。

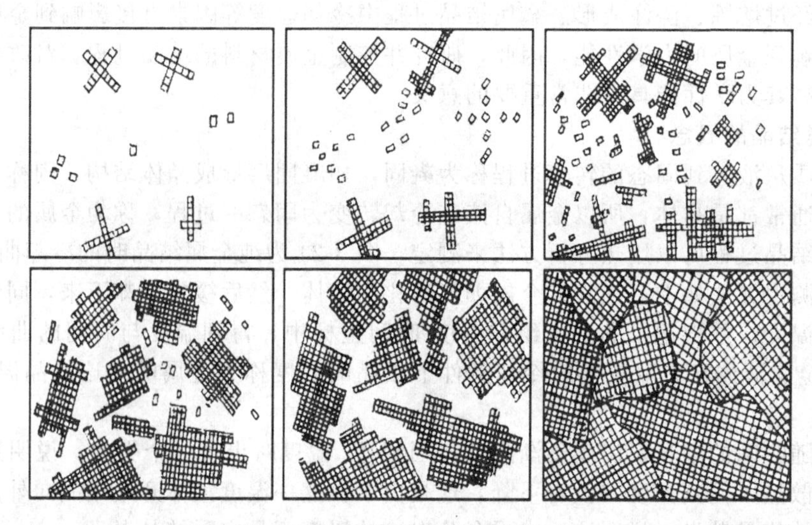

图 3-26　纯金属结晶示意

从液体结构内部自发形成晶核的过程叫作均匀形核或自发形核。但在实际金属中，往往存在一定量的杂质，高熔点的杂质在金属溶液中呈悬浮状，金属结晶时，原子依附在这些杂质颗粒表面上形成晶核并长大，这种形核方式称为非均匀形核或非自发形核。自发形核和非自发形核在金属结晶的过程中是同时存在的，非自发形核所需能量较少，它比自发形核容易得多，在实际金属和合金中，非自发形核比自发形核更重要，往往起优先和主导的作用。

金属在结晶过程中，晶核沿各个方向的生长速度是不一样的，如果晶核的棱角部分凸出到液相中，则能与温度更低（过冷度更大）的液体相接触，其生长速度必然增大，更加伸向液体中，从而生长成晶体的主干，成为主结晶轴，同时在这些晶轴上又会生长出二次晶轴，随着结晶过程的进行，二次晶轴上又长出三次晶轴，如图 3-27 所示。晶体的这种生长方式称为树枝状生长或称为树枝状结晶。

如果金属很纯，凝固时又能不断补充供凝固收缩的液体，那么凝固后就看不到树枝晶生长的痕迹，而只看到一颗颗多边形的晶粒。若金属液的补充不足，则在铸锭的收缩表面上可以看到树枝晶，图 3-28 所示为树枝晶组织。此外，如液体金属中存在其他杂质元素，结晶时杂质富集在各次晶轴之间，则制成金相试样再经浸蚀后，因杂质富集处容易浸蚀而呈现出树枝晶的痕迹。

图 3-27　树枝晶示意

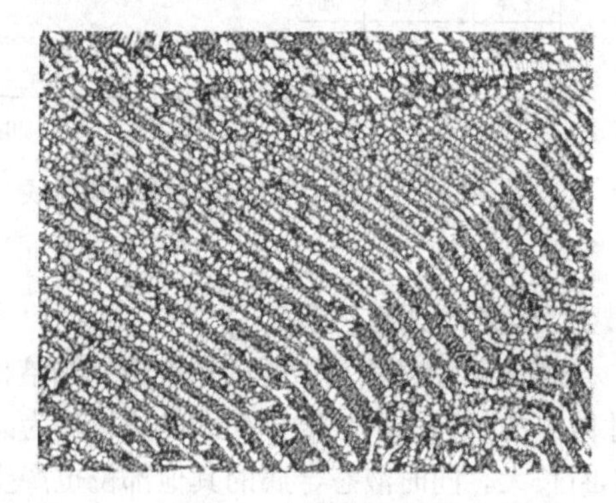

图 3-28　树枝晶组织

3.3.3　影响生核与长大的因素

晶粒大小对金属力学性能的影响较大，在常温下工作的金属其强度、硬度、塑性和韧性，一般是随晶粒细化而有所提高的。影响晶粒大小的因素有形核率 N 和长大速率 G。

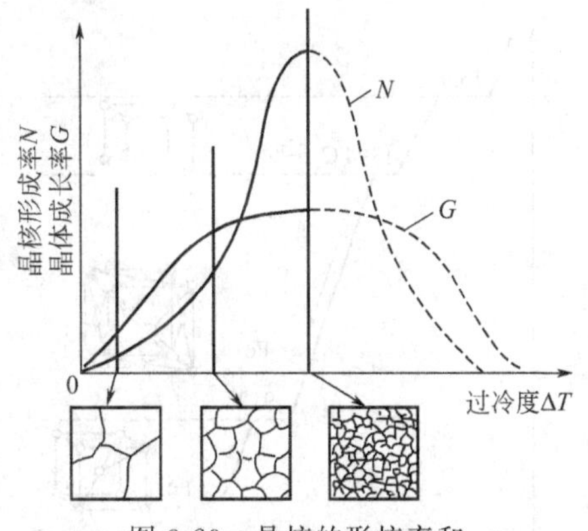

图 3-29　晶核的形核率和生长率与过冷度的关系

单位时间内，单位体积中所生成的晶核数目称为形核率。单位时间内，晶核表面向液体中推进的平均距离叫作晶核长大速率。

结晶温度越低，即过冷度越大时，金属由液体转变为固体的动力越大，生成的晶核数目也就越多。晶核的生长速度与过冷度也有密切的关系，过冷度越大，晶核长大的动力越大，晶核长大的速率也就越大。图 3-29 为晶核的形核率和生长率与过冷度的关系。从图中可以看出，随着过冷度的增加，形核率 N 和长大速度 G 都增加，但过冷度较小时，形核率比长大速率增长得要慢，但当过冷度较大时，形核率比长大速率增长得要快一些，达到一定过冷度时，两者均达到最大值。由于工业生产中的实际过冷度不可能达到很大，所以图中后半部分用虚线表示，即使能够达到很高的冷却速度，即形成很大的过冷度，此时形成的固体金属已不是晶体，而是非晶体了。快速冷却即在较大过冷度时，液相与固相的自由能差 ΔF 越大，形核率 N 大，而长大速度 G 相对小，则晶粒愈细，即 N 与 G 的比值大则晶粒细。慢速冷却时，过冷度小，液相与固相的自由能差 ΔF 小，形核率 N 小而长大率 G 大，则晶粒粗。尽管如此，实际生产中不是一味地靠增大过冷度来获得细晶粒组织，而是采用其他方法来实现细化晶粒的。因为对于一些大的铸件，增大过冷度不容易实现，同时还会引起铸件中很大的残余应力，不仅会给铸件带来诸多缺陷，更有甚者会引起铸件的开裂。

3.3.4　难熔杂质、振动和搅拌的影响

金属中的高熔点杂质，呈固态质点悬浮在金属液体中，这些未熔杂质在金属结晶过程中能够起到天然晶核的作用，可显著提高晶核的形成率，使金属晶粒细化，且这种作用远大于通过提高过冷度产生的影响。

在液态金属结晶前，特意加入某些合金或某些难熔固态粉末物质，造成大量可以成为非自发晶核的固态质点，使结晶时的晶核数目大大增加，从而提高了形核率，细化晶粒的处理方法称为变质处理。如在铝中加入微量的钛、铸铁中加入硅钙合金等。

实践证明，采用机械振动、超声波振动、电磁搅拌等方法使金属液体在振动或搅拌作用下凝固，可以得到细小的晶粒。通常认为，运动的液体散热快，使冷却速度增加，从而增加金属液体的形核率。此外，振动和搅拌可以破碎晶体，破碎的晶体又可作为新晶核，从而大幅度提高形核率。

3.3.5　金属的同素异构转变

金属结晶后都具有一定的晶体结构，有些物质在固态下其晶体结构会随温度的变化而发生变化。一种金属具有两种或两种以上的晶体结构称为同素异构性。如通常所说的锡疫即为四方结构的白锡在 13℃下转变为金刚石立方结构的灰锡。金属的晶体结构随温度的变化而改变的现象称为同素异构转变。同素异构转变同样也遵循形核、长大的规律，但它是一个固态下的相变过程，即固态相变。在金属中，除锡之外，铁、锰、钴、钛等也都具有同素异构转变。

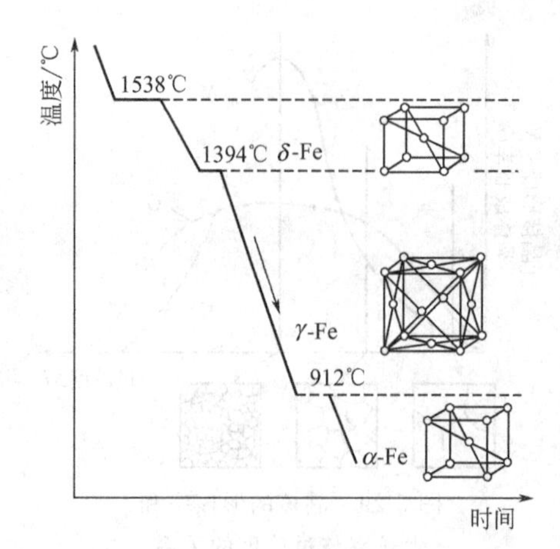

图 3-30 纯铁的同素异构转变

(1) 铁的同素异构转变

在金属晶体中，铁的同素异构转变最为典型，也是最重要的。纯铁的冷却曲线如图 3-30 所示。从图 3-30 中可见，纯铁在固态下的冷却过程中有两次晶体结构变化：

$$\delta\text{-Fe} \xrightleftharpoons{1394℃} \gamma\text{-Fe} \xrightleftharpoons{912℃} \alpha\text{-Fe}$$

δ-Fe、γ-Fe、α-Fe 是铁在不同温度下的同素异构体。δ-Fe 和 α-Fe 都是体心立方晶格，分别存在于熔点至 1394℃之间及 912℃以下。γ-Fe 是面心立方晶格，存在于 1394～912℃之间。

(2) 固态转变的特点

固态相变又称为二次结晶或重结晶，它有着与结晶不同的特点。

① 发生固态转变时，形核一般在某些特定部位发生（如晶界、晶内缺陷、特定晶面等）。因为这些部位或与新相结构相近，或原子扩散容易。

② 由于固态下扩散困难，因而固态转变的过冷倾向大。固态相变组织通常要比结晶组织细。

③ 固态转变往往伴随着体积变化，因而易产生很大的内应力，使材料发生变形或开裂。

3.3.6 金属铸锭组织与缺陷

(1) 金属铸锭组织

在实际生产中，液体金属是在铸锭模或铸型中完成结晶的。铸锭模或铸型形状、散热条件等将影响金属材料铸造后的组织形态。对于铸锭来说，它的组织包括晶粒大小、形状、取向、元素和杂质分布以及铸锭中的缺陷等。铸锭的组织对后续加工和使用性能都有很大影响。

由于凝固时表面和心部的结晶条件不同，铸锭的宏观组织是不均匀的，通常由表层细晶区、柱状晶区和心部等轴晶区 3 个晶区组成，如图 3-31所示。

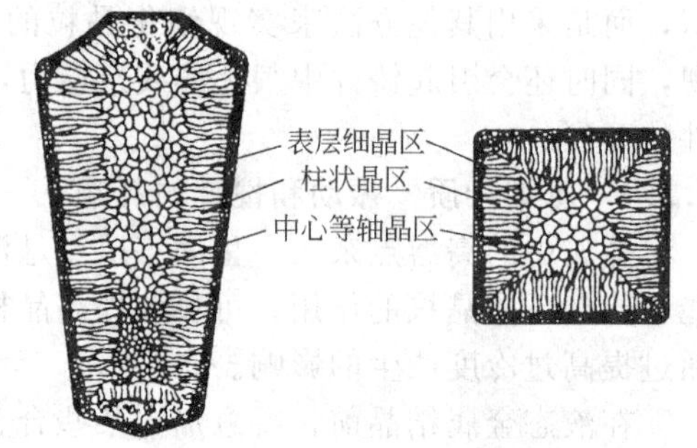

图 3-31 铸锭组织示意

① 表层细晶粒层 液体金属刚浇入锭模后，结晶首先从靠近模壁处开始。由于模壁温度较低，表层金属剧烈冷却，在该处因过冷度极大，晶核产生多，且模壁有人工晶核作用，这些核心长大时很快接触，形成细小的等轴晶粒层。所以铸锭的表层为细等轴晶粒区，晶粒细小，组织致密，成分均匀。

② 柱状晶粒层 表层细晶粒层形成后，铸锭的冷却速度下降，模壁温度已升高，过冷度减小，晶核的形成速率不如成长率大，与液体接触的小枝晶要长大，但在长大过程中很快地与上下左右的枝晶相撞，长大受到了限制。这时只有晶轴与模壁垂直的小枝晶向液体内伸展不受阻碍，而这时散热有了方向性，垂直模壁的方向散热最快，这样，这部分晶粒一致向液体内伸展，结果就形成了与模壁垂直的粗大柱状晶体，称为柱状晶区。这些垂直于模壁的彼此平行的柱状晶粒组织致密。

③ 中心粗大等轴晶粒区 一般情况下随着柱状晶的发展，模壁温度继续上升，柱状晶粒区成长到一定厚度时，方向性散热条件逐渐消失，剩余液体的温差越来越小，趋于均匀缓

慢冷却状态，柱状晶长大的趋势也渐趋减小。这时仍为液体的中心区域的温度也逐渐降低，并趋于均匀，加上杂质的作用会在这部分液体中同时形核。因为该区过冷度小，核心产生得少，且因散热无方向性，各方向的成长速度相同，于是在铸锭内部形成许多位向不同的粗大的等轴晶粒，形成晶粒粗大的等轴晶区，组织疏松，杂质多，力学性能较差。

铸锭的这 3 个晶区是在不同的条件下形成的，若改变液体金属的冷却条件（如模壁材料、模壁温度、模壁厚度）和浇注温度以及变质处理等凝固条件，则将改变 3 个晶区，特别是柱状晶区和等轴晶区的相对面积以及各自的晶粒大小。

冷却速度越快或铸模内外温差越大，则均有利于柱状晶的发展。例如改变模壁材料，就改变了金属的冷却条件。金属模可以比砂模获得更大的柱状晶区。如果将模子预热，其实质是降低了冷却速度。预热温度越高中心等轴晶区越大。

浇注温度愈高，浇注后沿铸锭截面的温差也越大，方向性散热时间越长，有利于柱状晶发展。同时液态金属过热程度愈大，非自发晶核的数目就愈少，这也减少了液体中成核的可能性，因此也促进了柱状晶的发展。

一般的铸锭都是作为坯料，还要进行轧制等各种加工，柱状晶由于方向性过于明显，而且晶粒之间往往结合较弱，且从相邻模壁长出的柱状晶粒的交界面处容易聚集杂质而形成弱面，轧制时容易在柱状晶处开裂，因此要尽量减少或避免形成明显的柱状晶区。根据柱状晶区的形成与温度梯度的方向性有直接的关系的特点，要减少柱状晶区，需从破坏稳定的温度梯度及柱状晶的稳定生长入手，如降低浇注温度、降低模具的散热条件、增加液体流动或震动以及变质处理等手段。

（2）金属铸锭的缺陷

铸锭的缺陷除组织不均匀外，还包括缩孔、疏松、气孔、夹杂和偏析等。

① 缩孔和疏松　大多数金属凝固时体积要收缩，如果没有足够的液体补充，便会形成孔隙。如果孔隙集中在凝固的最后部位，则称为缩孔。缩孔可以通过合理设计浇注工艺、预留出补缩的液体（如加冒口）等方法控制，一旦铸锭中出现缩孔则应切除掉。如果孔隙分散地分布于枝晶间，则称为疏松，可以通过压力铸造等方法予以消除。

② 气孔　金属在液态下比在固态下溶解气体多。液态金属凝固时，如果所析出的气体来不及逸出，就会保留在铸锭内部，形成气孔。内表面未被氧化的气孔在热锻或热轧时可以焊合，如发生氧化，则必须被去除。

③ 偏析　合金中各部分化学成分不均匀的现象称为偏析。铸锭在结晶时，由于各部位结晶先后顺序不同，合金中的低熔点元素偏聚于最终结晶区，或由于结晶出的固相与液相的密度相差较大，使固相上浮或下沉，从而造成铸锭宏观上的成分不均匀，称为宏观偏析。适当控制浇注温度和结晶速度可减轻宏观偏析。

习　题

1. 晶体物质具有哪些特点？
2. 何谓金属的同素异构转变？并以纯铁来说明。
3. 何谓理想晶体和实际晶体？何谓各向异性现象？为什么实际金属材料往往没有各向异性现象？
4. 试述晶粒大小对其力学性能有何影响？细化晶粒的方法有哪些？
5. 影响金属结晶过程的主要因素是什么？
6. 分析铸锭结晶后可形成三个不同晶粒区的成因。

4 金属的塑性变形与再结晶

金属材料在服役条件下或变形加工时，会发生形状的改变。如材料在拉伸时伸长，受压时收缩，对金属材料进行的锻造、轧制、冲压等压力加工时的形状改变，都是材料在外力作用下产生变形的结果。这种变形有弹性变形，也有塑性变形。其中，塑性变形不仅是金属材料得以成型的基础，还可以改善金属的组织和性能。了解金属塑性变形过程中组织变化的实质和变化规律，不仅对改进金属材料的加工工艺，而且对发挥材料的潜能、提高产品质量和使用的可靠性都具有重要意义。

4.1 金属的塑性变形

变形是物体在外力作用下外形和尺寸的变化。施加的机械外力或各种物理和化学作用（例如，由于相变或温度的变化而产生晶体体积的变化）是导致物体变形的主要原因。

变形由以下几个连续的阶段组成：弹性变形、塑性变形、断裂。

弹性变形通常被定义为随外力消失而消失的变形，其不会造成金属结构明显的变化。弹性负载会使原子的位置发生微小变化，而且会影响到与其相邻的原子，从而使晶体发生变形。拉力会增加单晶体原子间的距离，而压力会减小它们间的距离。由于原子间的斥力和引力作用，当外力撤去后，原子又会回到平衡时的位置，所以晶体也会恢复最初的形状和大小。使试样不产生永久变形的最大载荷或卸载后试样能恢复原状的最大载荷，称为弹性极限。

4.1.1 单晶体的塑性变形

当应力大于弹性极限时会产生塑性变形。塑性变形的实质是原子相对移动达到新的稳定位置，超过了晶格中的原子间距，因此产生永久变形，即塑性变形。实验表明，单晶体的塑性变形主要是通过滑移和孪生两种方式进行的，而滑移是主要的变形方式。

（1）滑移

滑移是在切应力的作用下，晶体的一部分相对另一部分沿着一定的晶面发生一定距离的移动，应力去除后不能恢复原状的变形形式。使晶体开始滑移所需的最小切应力，叫作临界切应力 τ_c。临界切应力 τ_c 值的大小主要取决于金属的本性，与原子间的结合力有关。晶体中能够发生滑移的晶面和晶向，分别称为滑移面和滑移方向。一个滑移面和此面上的一个滑移方向结合起来，组成为一个滑移系。每一个滑移系表示金属晶体在产生滑移时滑移动作可能采取的一个空间位向。

一块抛光和腐蚀的工业纯铁试样，未经变形时其显微组织是由等轴状铁素体晶粒和晶界组成，若将这块试样进行轻微变形后就会发现试样表面光洁度下降，铁素体晶粒外形不变，仍为等轴状，而在晶粒内部出现许多平行线条（图 4-1），称为滑移带。用分辨率更高的电子显微镜观察，发现每条滑移带都是由许多相互平行的滑移线所构成的（图 4-2）。对变形后的晶体作 X 射线结构分析，发现晶体结构类型没有变化，滑移带两侧的晶体取向亦未改变。

图 4-1　工业纯铁晶粒表面

许多关于滑移过程的实验表明，滑移容易发生在原子排列密度最大的晶面和方向上。在体心立方晶格结构的金属中（铁、铬、钨、钼等），滑移面是包含两相交体对角线的晶面 {110}；在面心立方晶格结构的金属中（铜、铝、镍、金等），滑移面是包含三邻面对角线相交的晶面 {111}；在密排六方晶格结构的金属中（镁、锌等），滑移面为六方底面 {0001}。

这是因为最密晶面之间的面间距和最密晶向之间的原子间距最大，因而原子结合力最弱，故在较小切应力作用下便能引起它们之间的相对滑移。由图 4-3 可以看出，Ⅰ-Ⅰ晶面是一个原子排列最紧密的晶面（原子间距小），面间距最大，面间结合力最弱，故常沿这样的晶面发生滑移。而Ⅱ-Ⅱ晶面是一个原子排列最稀的晶面（原子间距大），面间距较小，面间结合力较强，故不易沿此面滑移。同样也可解释为什么滑移总是沿滑移面（晶面）上原子排列最紧密的方向上进行。

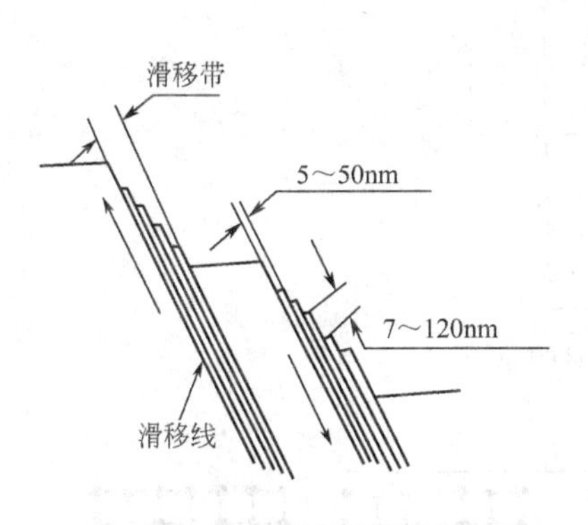

图 4-2　滑移带结构

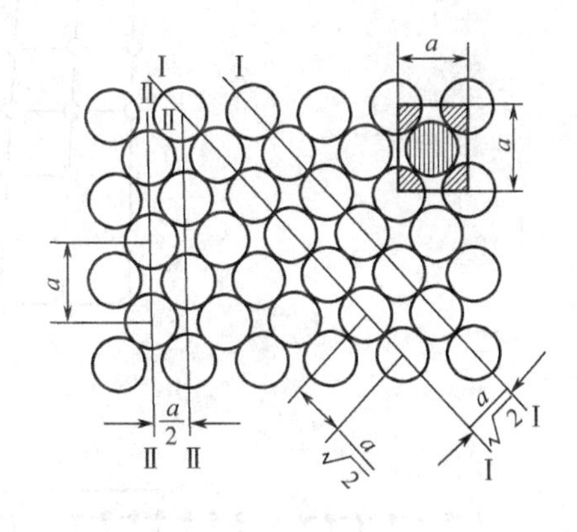

图 4-3　滑移面示意

3 种常见金属结构的滑移系见表 4-1 所列。一般来说，金属的滑移面和滑移方向越多，这种金属的塑性越好。然而，金属塑性的好坏，不只取决于滑移系的多少，还与滑移面上原子密排程度和滑移方向的数目等因素有关。例如体心立方 α-Fe，它的滑移方向没有面心立方结构多，同时滑移面的密排程度也较面心立方结构低，因而滑移面间的距离较小，即需要较大的应力才能开始滑移，所以它的塑性要比铜、铝、银、金等面心立方金属差一些。滑移面和滑移方向主要受温度变化、最初变形程度与合金组成的影响。例如，铝在不同温度下发生塑性变形，低温下滑移面是 {111}，高温下滑移面是 {100}。

表 4-1　3 种常见金属结构的滑移系

晶格	体心立方晶格		面心立方晶格		密排六方晶格	
滑移面	{110}×6	{110} ⟨111⟩	{111}×4	⟨110⟩ {111}	六方底面×1	六方面 对角线
滑移方向	{111}×2		{110}×3		底面对角线×3	
滑移系	6×2=12		4×3=12		1×3=3	

由于晶体滑移后使正应力分量和切应力分量组成了力偶，所以滑移的同时伴随着晶体的转动。计算表明，当滑移面和滑移方向与外力轴向都呈 45°角时，滑移方向上的切应力分量最大，因而最容易产生滑移。

滑移是位错运动的结果，不是晶体的一部分相对于另一部分作整体的刚性滑移。因为若为整体的刚性滑移，由此计算滑移所需的临界切应力 τ_c 与实际测出的结果相差很大。例如铜，理论计算值与实际测量值相差竟约为 1000 倍之多。通过大量的研究证明，滑移实际上是位错在切应力作用下运动的结果。如图 4-4 所示，晶体在切应力作用下，位错线上面的两列原子向右作微量移动到"·"位置，位错线下面的一列原子向左作微量移动到"·"位置，这样即使位错在滑移面上向右移动了一个原子间距。在切应力作用下，位错继续向右移动到晶体表面上，就形成了一个原子间距的滑移量（图 4-5）。结果晶体就产生了一定量的塑性变形。由上述分析可知，滑移量为原子间距的整数倍。

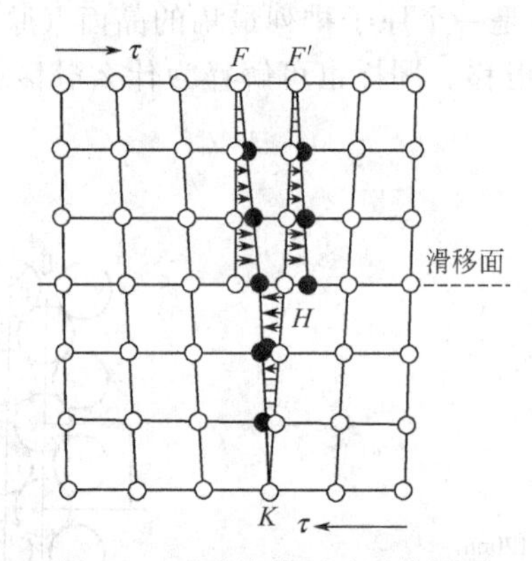

图 4-4　刃型位错运动时的原子

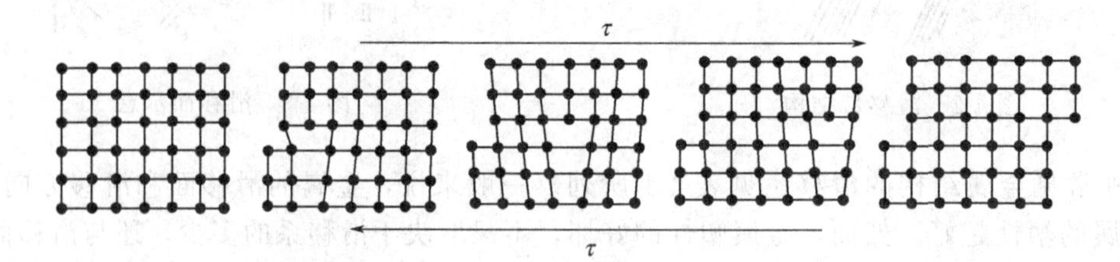

图 4-5　刃型位错移动产生滑移的示意

当位错前进一个原子间距时，一起移动的原子数目并不多（只有位错中心少数几个原子），而且它们的位移量都不大。因此，要使位错线沿滑移面移动所需的切应力是不大的。位错的这种容易移动的特点被称作位错的易动性。这就如同我们要整体拖动一块地毯，需花很大的气力，但如果我们先把地毯打一个折皱，然后再逐步推移折皱（图 4-6），也可使地毯移动一定距离是同一个道理。

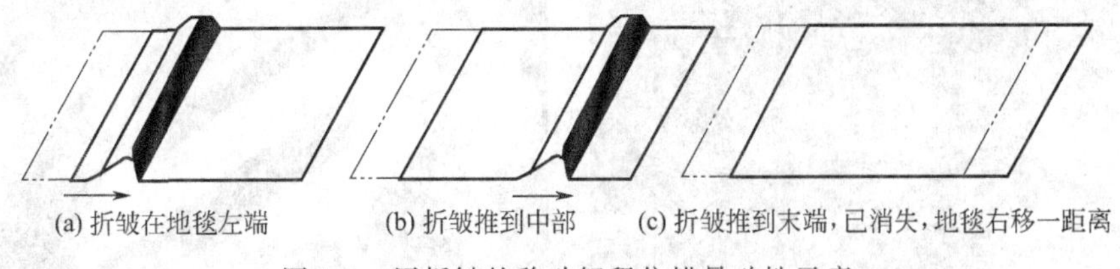

图 4-6　用折皱的移动解释位错易动性示意

（2）孪生

孪生是金属进行塑性变形的另一种基本方式，所谓孪生是指晶体的一部分沿一定晶面和晶向，相对于另一部分所发生的切变。发生孪生的部分称为孪生带或孪晶，沿其发生孪生的晶面称为孪生面。孪生的结果，使孪生面两侧的晶体呈镜面对称，如图 4-7 所示。

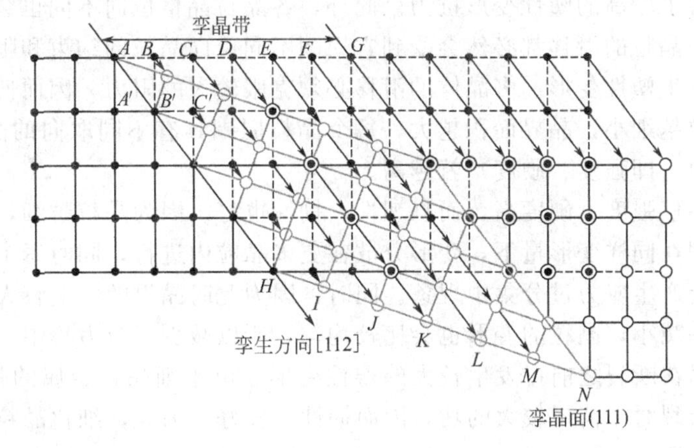

图 4-7　孪生示意

孪生与滑移变形的主要区别如下所述。

① 孪生是通过切变使晶格位向改变造成变形晶体与未变形晶体呈对称分布，而滑移不会引起晶格位向的变化。

② 孪生变形时，原子沿孪生方向的相对位移是原子间距的分数倍，而滑移变形时，原子在滑移方向的相对位移是原子间距的整数倍。

③ 孪生变形所需的切应力比滑移变形大得多，故孪生变形多在不易产生滑移变形的金属中进行。

④ 孪生产生的塑性变形量比滑移小得多。

⑤ 孪生变形通常很快，接近于声速。

由于密排六方结构的金属滑移系少，故常以孪生方式变形，如图 4-8(a) 所示。体心立方结构的金属滑移系较多，只有在低温或受到冲击时才发生孪生变形。面心立方结构的金属一般不发生孪生变形。但在面心立方结构金属的组织中常发现有孪晶存在，这是由于相变过程中原子重新排列时发生错排而产生的，称为退火孪晶，如图 4-8(b) 所示。

4.1.2　多晶体的塑性变形

多晶体中，单就一个晶粒来说，其塑性变形的方式与单晶体相似。但由于晶界的存在和各个晶粒的位向不同，所以多晶体的塑性变形过程比单晶体复杂得多。

晶界附近是两晶粒晶格位向过渡的地方。在这里，晶格排列紊乱，加上该区域杂质原子

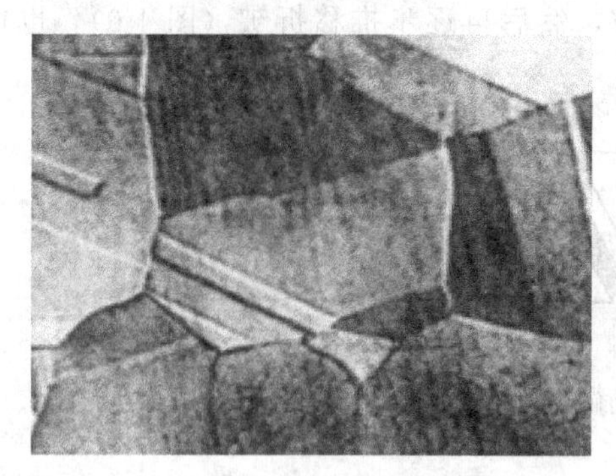

(a) 钛合金六方相中的形变孪晶

(b) 奥氏体不锈钢中退火孪晶

图 4-8　孪晶的显微照片

较多，增大了其晶格的畸变，因而在该处滑移时，位错运动受到的阻力较大，使之难以发生变形，因此就具有了较高的塑性变形抗力。此外，各晶粒晶格位向不同也会增大其滑移的抗力，因为其中任一晶粒的滑移都必然会受到它周围不同位向晶粒的约束和阻碍。各晶粒必须相互协调，才能发生塑性变形。多晶体的滑移必须克服较大的阻力，因而使多晶体材料的强度增高。金属晶粒越细小，晶界面积越大，每个晶粒周围具有不同取向的晶粒数目也越多，其塑性变形的抗力（即强度、硬度）就越高。

细晶粒金属不仅强度、硬度高，而且塑性、韧性也好。因为晶粒越细，在一定体积内的晶粒数目越多，则在同样变形量下，变形分散在更多晶粒内进行，同时每个晶粒内的变形也比较均匀，而不会产生应力过分集中现象。同时，因为此时晶界的影响较大，晶粒内部与晶界附近的变形量差减小，晶粒的变形也会比较均匀，所以减少了应力集中，推迟了裂纹的形成与扩展，使金属在断裂之前可发生较大的塑性变形。由于细晶粒金属的强度、硬度较高，塑性较好，所以断裂时需消耗较大的功，因而韧性也较好。因此，细化晶粒是金属的一种非常重要的强韧化手段。

多晶体的塑性变形极不均匀。由于各晶粒的晶向不同，所以各晶粒的变形程度不同。晶粒的不同位向影响了金属整个的滑移过程。在外力的作用下，最先产生滑移的将是滑移系与外力夹角等于或接近于 45°的晶粒。但它们的滑移会受到晶界及周围不同位向的晶粒阻碍，使得在其变形达到一定程度时，造成足够大的应力集中，晶粒自身发生位向的转动，滑移停止。当塞积位错前端的应力达到一定程度，加上相邻晶粒的转动，使相邻晶粒中原来处于不利位向滑移系上的位错开动，从而使滑移由一批晶粒传递到另一批晶粒，当有大量晶粒发生滑移后，金属便显示出明显的塑性变形。

4.2　塑性变形对金属组织和性能的影响

塑性变形可使金属的组织和性能发生重大变化，大致可以归纳为以下 4 个方面。

（1）晶粒沿变形方向拉长，性能趋于各向异性

金属经塑性变形后，不但外形要发生变化，其内部的晶粒形状也会发生相应的变化，通常是沿着变形方向晶粒被拉长。当变形量很大时，各晶粒将会被拉长成为细条状或纤维状，这种组织称为纤维状组织，如图 4-9 所示。此时，金属的性能将会具有明显的方向性，如纵向的强度和塑性远大于横向的。

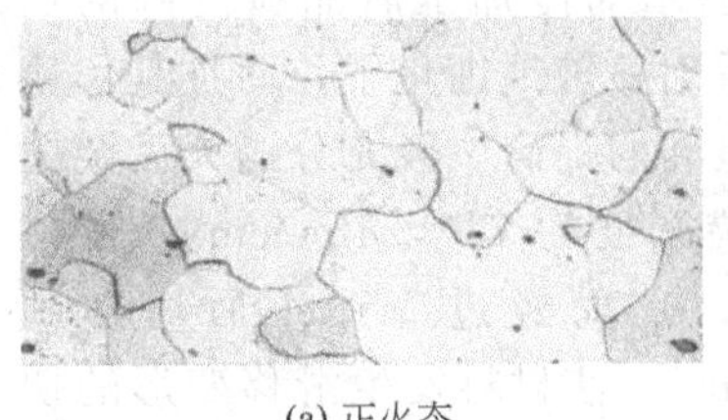

(a) 正火态

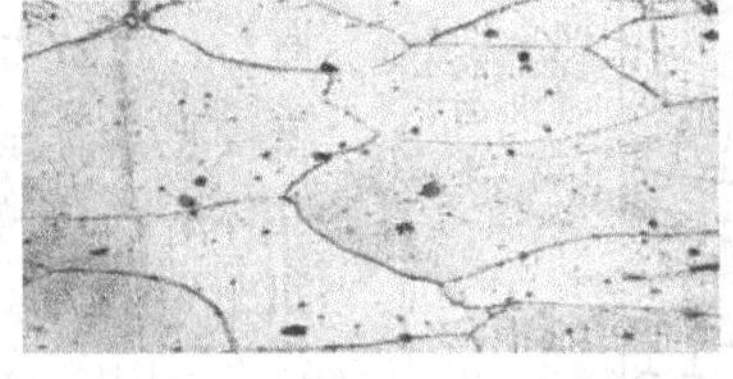

(b) 变形 40%

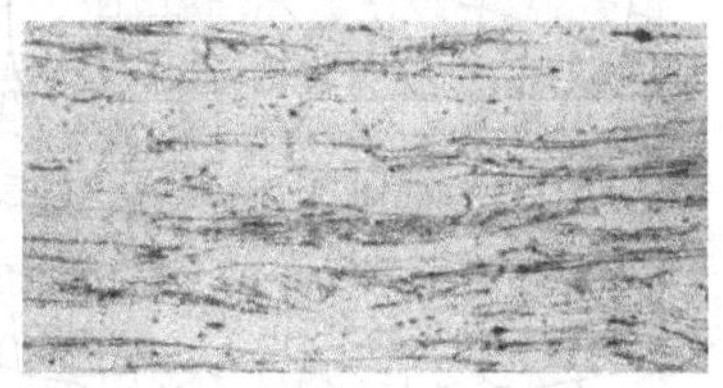

(c) 变形 80%

图 4-9　工业纯铁在塑性变形前后的组织变化

(2) 位错密度增加，产生加工硬化

经过塑性变形后，金属中的位错密度可以达到 $10^{10}/mm^2$。此外，晶界和内部缺陷，以及表面的不规则如由于应力集中产生的擦痕和刻痕，也可能在变形中产生位错。金属内部的位错数目的增加使金属材料产生加工硬化。加工硬化就是金属经过塑性变形后，硬度和强度显著提高，塑性和韧性下降的现象，如图 4-10 所示。加工硬化也称为形变强化，同时因为金属变形发生的温度相对其熔点较低，所以有时也可称作冷变形强化或冷作硬化。大多数金属在室温下也能产生加工硬化。人们常常利用加工硬化来提高金属的强度。

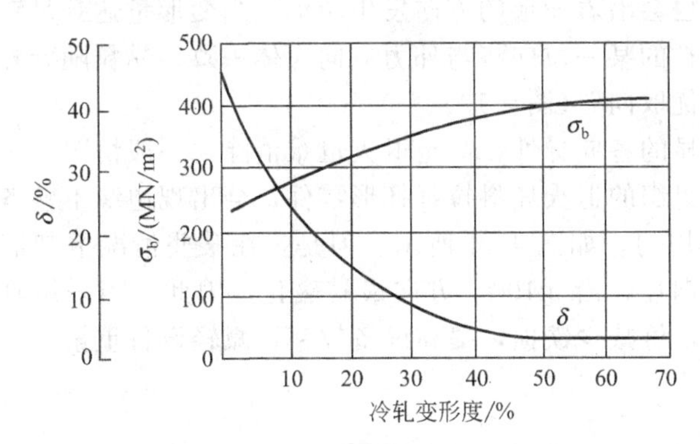

图 4-10　纯铜冷轧后力学性能的变化

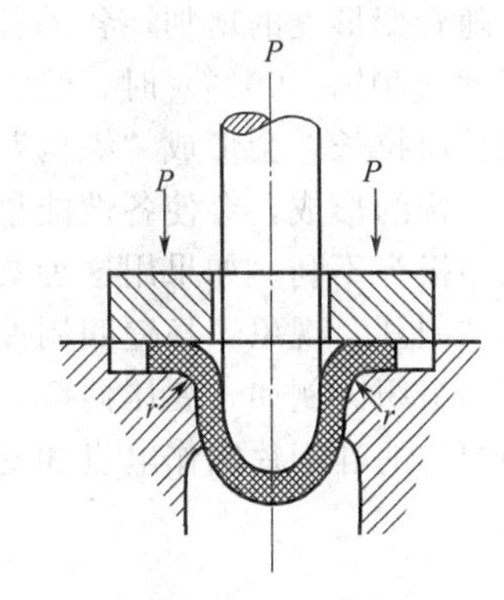

图 4-11　冲压示意

如自行车链条的链片是用 19Mn 钢带制造的，将 3.5mm 厚带料经过 5 次冷轧后其硬度由 150(HB) 提高到 275(HB)。因此，形变强化对一些用热处理不能强化的材料来说，显得更为重要了。

加工硬化也是某些压力加工工艺能够实现的重要因素。如冷拉钢丝拉过模孔的部分，由于发生了加工硬化，不再继续变形而使变形转移到尚未拉过模孔的部分，这样钢丝才可以继续通过模孔而成形。又如，金属材料在冷冲压过程中（图 4-11），由于 r 处变形最大，首先产生加工硬化，当金属在 r 处变形到一定程度后，随后的变形即转移到其他部分，这样便可以得到厚薄均匀的冲压件。

加工硬化虽然在工程上有着广泛的用途，但也有不利的一面。如冷轧材料时，由于加工硬化，会增加后续冷轧工艺的动力消耗。为此，需要增加中间处理如退火工序，这样就增加了金属制品的生产成本，延长了生产周期。

如前所述，金属的塑性变形是借助位错在晶体中的移动来实现的。但在冷加工过程中，塑性变形却越来越困难，亦即位错的移动越来越困难，位错移动所需的临界切应力越来越大。因为在塑性变形过程中，晶粒不断地细化，位错的数目大量增殖，位错的密度增加，位错与位错之间的距离越来越小，晶格畸变程度也急剧增大，因而彼此的干扰作用就越加显著。

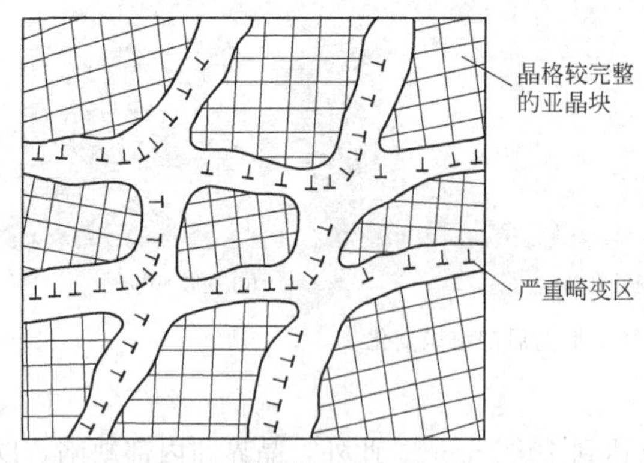

图 4-12 金属经冷加工变形后的亚结构

图 4-12 所示为冷加工后晶粒内部的亚晶粒，可以看出显著地细化了，而且其位错密度也具有显著的提高。经充分退火后金属晶体中的位错密度为 $10^6 \sim 10^8/\mathrm{cm}^2$，位错间距离约 $1\mu\mathrm{m}$，而经过冷加工后增加到 $10^{10} \sim 10^{12}/\mathrm{cm}^2$。使材料发生滑移变形的切应力 τ 和平均位错密度 ρ 之间，可用如下关系表示：

$$\tau = \tau_0 \alpha G b \rho^{1/2} \tag{4-1}$$

式中，τ_0 为退火状态的临界分切应力；G 为切变弹性模数；α 为常数；b 为柏氏矢量。

根据式(4-1)，对于纯铁，如将位错密度增加到 $10^{12}/\mathrm{cm}^2$ 时，则其滑移变形所需的切应力约为 1000MPa。

(3) 择优取向

随着变形度的增加，各晶粒的位向也会沿着变形的方向发生转动，当变形量达到足够大的程度（70%～90%）时，绝大部分晶粒的某一位向将与外力方向大体一致，晶粒随着外形的拉长而拉长，会形成“织构”或“择优取向”(图 4-13)。

织构的形成，会使各性能呈现出明显的各向异性，甚至退火也难消除，一般情况下对加工成型极为不利。如果用这种具有织构组织的退火坯料拉延杯形零件，会出现边缘不整齐的所谓“制耳”现象，杯壁四周厚度亦不均匀，如图 4-14 所示。但是，在某些情况下却需要有织构组织。例如，变压器铁芯用的硅钢片，沿 [100] 方向最易磁化，因此，当采用具有这种织构的硅钢片制作电机和变压器时，可减少铁损，提高设备效率，减轻设备重量，节约钢材。

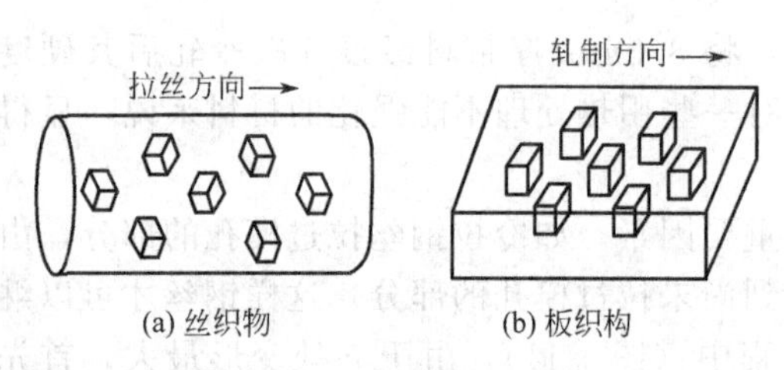

图 4-13 形变织构示意

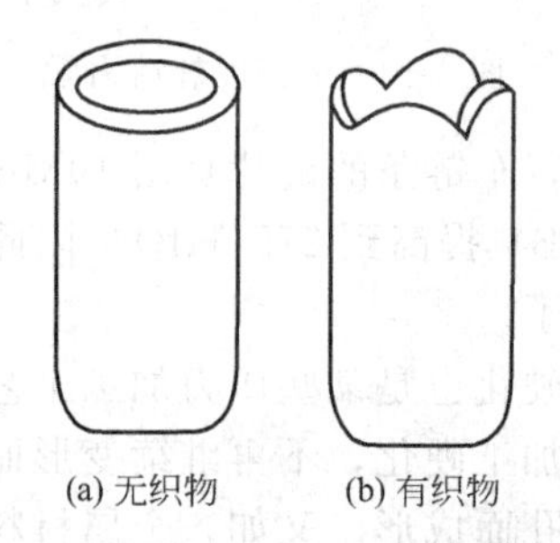

图 4-14 因形变织构造成的制耳

(4) 残余内应力

塑性变形后的金属除了有加工硬化、变形织构外，还会在变形材料中产生残余内应力。这种内应力的产生主要是材料在塑性变形时各部分之间的变形不均匀所引起的。

金属塑性变形后内应力的存在会影响工件的变形与开裂。如圆钢冷拉时，圆钢表面层的变形量较小，而心部的变形量较大，在冷拉之后，圆钢表面层因受到心部的牵制产生拉应力，心部产生压应力，两者相互抵消，使整体应力处于平衡状态。若将这根圆钢表面车去一层，则圆钢中的应力平衡会遭到破坏，从而引起圆钢中宏观内应力的重新分布，使工件产生变形。又如当工件内部存在有微观内应力，同时又承受外力作用，两者叠加，某些局部部位的应力可能很大，从而使工件在不大的外力作用下产生微裂纹，加速断裂。因而，在一般情况下，不希望工件中存在内应力，必须采取措施加以消除。但有时也利用工件变形产生一定的压应力来抵消外部拉应力的作用，可以延长工件寿命。如对承受交变载荷的零件进行喷丸强化或滚压强化，零件经喷丸或滚压后，在表面变形层中产生残余压应力，显著提高疲劳强度。例如汽车钢板弹簧经喷丸强化后其使用寿命可提高 2.5～3 倍；45 钢曲轴轴颈滚压强化后可使其弯曲疲劳强度由原来的 80MPa 提高到 125MPa。

塑性变形除了影响金属的力学性能外，还会使金属的物理性能及化学性能发生变化，如使电阻增加、抗蚀性降低。

4.3　变形金属在加热时的组织和性能的变化

在前面的论述中已经提到，金属经冷变形后，晶粒被拉长或压扁，晶粒破碎，其内部原子排列发生畸变，晶体缺陷增多，内应力升高，因而其内部能量较冷变形前高，处于不稳定状态。有自发恢复到变形前的稳定组织状态的倾向。但在低温或室温时，由于原子活动能力弱，此过程不易进行，仍保持这种不稳定的变形组织。若对其加热，原子活动能力提高，其组织将随加热温度升高依次通过回复、再结晶、晶粒长大 3 个阶段发生变化，因而性能也发生相应的变化，如图 4-15 所示。

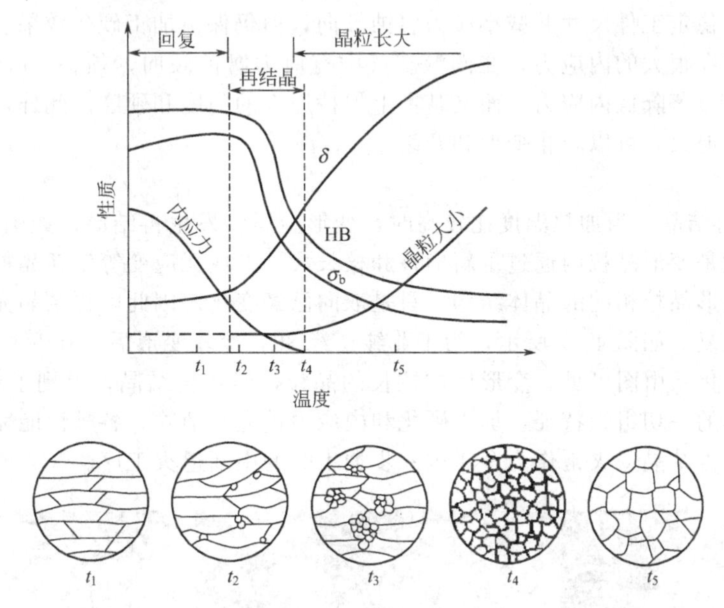

图 4-15　冷加工硬化的金属在加热时组织和性能的变化示意

(1) 回复（低温回复）

在回复的初期阶段（t_1 温度），冷加工硬化的金属晶体内部，形成了许多缺陷，处于不稳定状态。加热时，原子热运动能量的增加，必将促进其回复到稳定状态。对钢来说，其原子的热运动（或扩散）速度从常温到 350℃之间是极小的，400～450℃以上才急剧增大。因此，钢在 350℃以下温度加热时，金属晶体内已被冷加工改变了的晶粒形状是不能回复到冷加工前的多边形状的，仅是晶粒内部的原子空位、晶格畸变程度有所减小和消除，冷加工所造成的内应力有所降低而已。由于空位的减少，材料的密度得以复原。金属的强度和塑性无任何变化。在回复的后期阶段（t_1～t_2），有的位错被消灭，晶粒内呈无序分布的位错，通过移动形成在亚晶粒边界有序分布的位错壁和位错网，可以使刃型位错间的作用力达到最小，使晶体处于较为稳定的状态。这样的微观组织的形成过程叫作多边化。由刃型位错有序排列而成的边界称为小角度晶界（图 4-16）。小角度晶界两侧的亚晶粒位向稍有偏差。

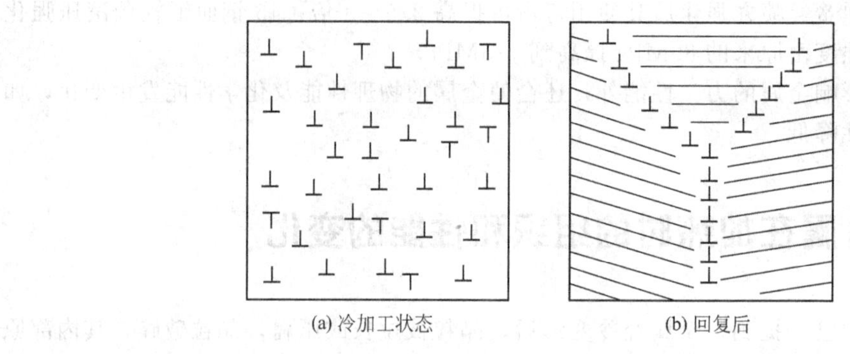

(a) 冷加工状态　　(b) 回复后

图 4-16　位错的移动及小角度晶界的形成

在回复过程中，位错密度、内应力、电阻等都逐渐回复到冷加工前的初始状态，强度和硬度有明显下降。而光学显微镜观察到的金属组织尚无变化。回复对高温下的变形或蠕变过程有着重要影响，此处不再讲述。

工业上对冷变形金属应用的去应力退火即回复处理，就是利用回复过程使冷加工的金属件降低内应力、稳定工件尺寸并减小应力腐蚀倾向，但仍保留加工硬化效果。例如，经冷冲压的黄铜件，存在很大的内应力，在潮湿空气中有应力腐蚀倾向，须在 190～260℃进行去应力退火，可以显著降低内应力，而又基本上保持原来的强度和硬度。此外，对铸件和焊件及时进行去应力退火，可以防止变形和开裂。

（2）再结晶

① 金属的再结晶　当加热温度比较高时，变形金属将发生再结晶，如图 4-15 中 $t_2 \sim t_4$ 所示。再结晶就是变形晶粒内通过重新形核和核长大，形成无应变等轴新晶粒的过程。这种新晶粒具有和变形晶粒相同的晶体结构，只是取向已经变化。因此，再结晶完成后，材料的性质得到完全恢复。如图 4-17 所示，为工业纯铁经 80％冷轧变形后，在 650℃、670℃加热后显微组织的变化。由图可见，变形后被拉长的晶粒，经过再结晶，得到了新的等轴晶粒，消除了变形金属的一切组织特征，加工硬化和内应力被完全消除，各种性能完全恢复到变形前的状态。所以再结晶退火常作为金属进一步加工时的中间退火工序。

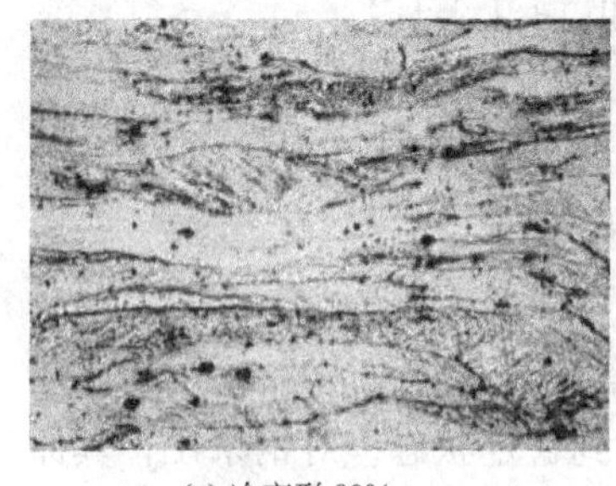

(a) 冷变形 80%

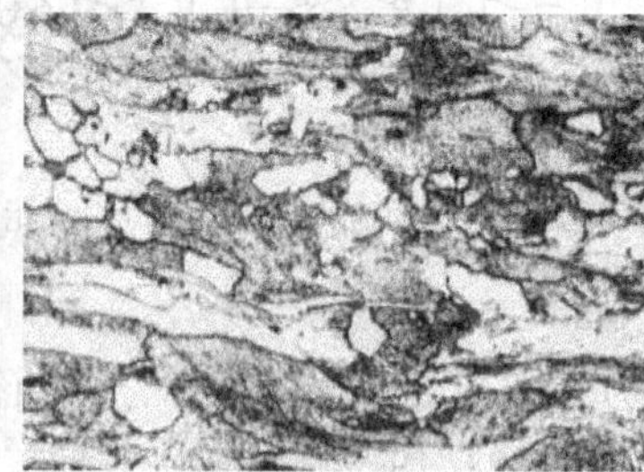

(b) 650 ℃加热

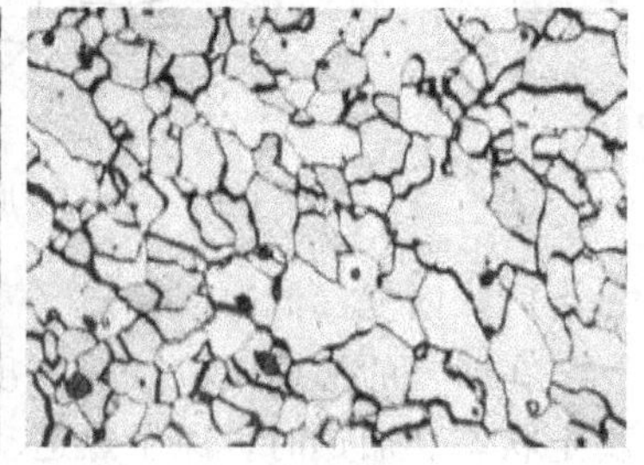

(c) 670 ℃加热

图 4-17　经 80％冷轧后的工业纯铁在不同温度加热时显微组织的变化

金相观测表明，无应变新晶粒的形核是在位错等缺陷密集、加工硬化严重的区域（如晶界等晶格严重变形处）形成，如图 4-18 所示。而核心的长大则是通过核心和变形基体之间的界面即一种大角度晶界的移动来实现的。和回复一样，再结晶形核和长大的驱动力仍然是

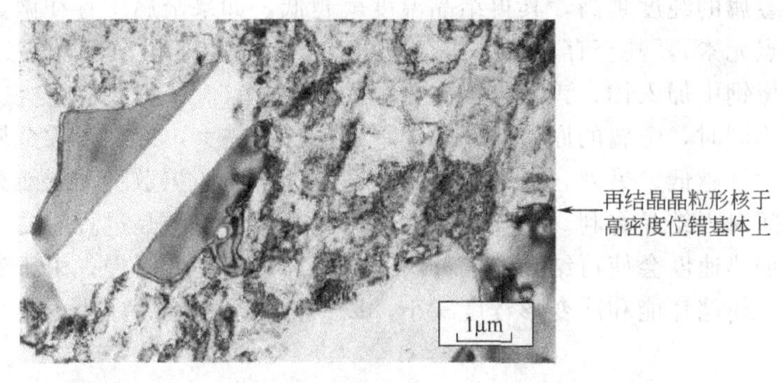

图 4-18 冷变形奥氏体不锈钢加热时的再结晶形核

变形过程中存积在材料内部的能量。

② 再结晶温度　再结晶不是一个恒温过程，它是自某一温度开始，在一个温度范围内连续进行的过程，发生再结晶的最低温度称为再结晶温度。工业上通常以经 1h 保温能完成再结晶的最低退火温度作为材料的再结晶温度。再结晶温度并不是一个物理常数，而是以一个自某一温度开始的温度范围。金属冷变形程度越大，产生的位错等晶体缺陷便越多，内能越高，组织越不稳定，再结晶温度便越低，如图 4-19 所示。当变形量达到一定程度后，再结晶温度将趋于某一极限值，称为最低再结晶温度。大量实验结果表明，许多工业纯金属的最低再结晶温度 T_R 与其熔点 T_m 按热力学温度存在式(4-2) 的经验关系：

$$T_R \approx (0.4 \sim 0.5) T_m \tag{4-2}$$

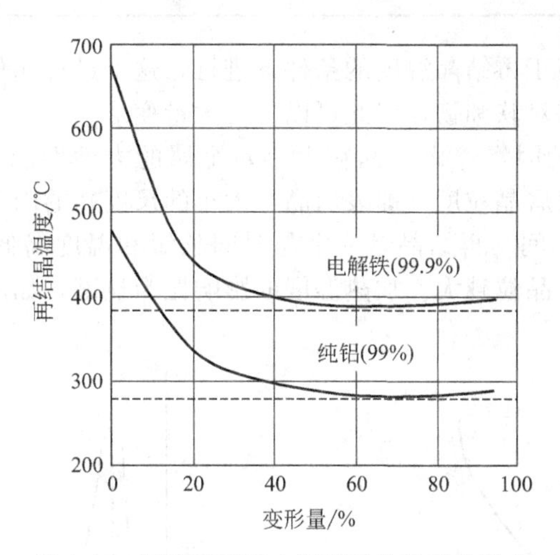

图 4-19 预变形度对金属再结晶温度的影响

表 4-2 列出了一些金属的最低再结晶温度。

表 4-2 金属材料的最低再结晶温度

材料	最低再结晶温度/℃	材料	最低再结晶温度/℃
Al	150	Pt	450
黄铜($w_{Zn}=30\%$)	375	Ag	200
Au	200	碳钢($w_C=0.2\%$)	460
Fe	450	Ta	1020
Pb	0	Sn	0
Mg	150	W	1210
Ni	620	Zn	15

一般来说，金属的纯度越高，其再结晶温度就越低，如果金属中存在微量杂质和合金元素（特别是高熔点元素），甚至存在第二相杂质，就会阻碍原子扩散和晶界迁移，可显著提高再结晶温度。像钢中加入铂、钨就可提高再结晶温度。

在其他条件相同时，金属的原始晶粒越细，变形抗力越大，冷变形后金属储存的能量越高，其再结晶温度就越低。另外，退火时保温时间越长，原子扩散移动越能充分地进行，故增加退火保温时间对再结晶有利，可降低再结晶温度。因为再结晶过程需要一定的时间才能完成，所以提高加热速度会使再结晶温度升高；但若加热速度太缓慢，由于变形金属有足够的时间进行回复，使储存能和冷变形程度减小，以致再结晶驱动力减小，也会使再结晶温度升高。

为充分消除加工硬化并缩短再结晶周期，生产中实际采用的再结晶退火温度要比最低再结晶温度高100～200℃，此时晶粒大小也得到了有效控制。表4-3列出了常用金属材料的再结晶退火和去应力退火的加热温度。

表4-3 常见工业金属材料的再结晶退火和去应力退火的温度

金属材料		去应力退火温度/℃	再结晶退火温度/℃
钢	碳素结构钢及合金结构钢	500～650	680～720
	碳素弹簧钢	280～300	
铝及铝合金	工业纯铝	约100	250～300
	普通硬铝合金	约100	350～370
铜合金(黄铜)		270～300	600～700

塑性变形经常也在高于再结晶温度的条件下进行，这个过程叫作热加工。因为它不会发生加工硬化，材料一般相对软和韧，因此可以进行大量变形。

③ 影响再结晶粒度的因素　由于晶粒大小对金属的力学性能具有重大的影响，因此，应当了解影响再结晶退火后晶粒度（即表示晶粒大小的尺度）的因素。

a. 加热温度和保温时间　再结晶是一个与时间长短和温度高低有关的过程。再结晶温度越高，保温时间越长，晶粒越大。加热温度的影响尤为显著，如图4-20所示。

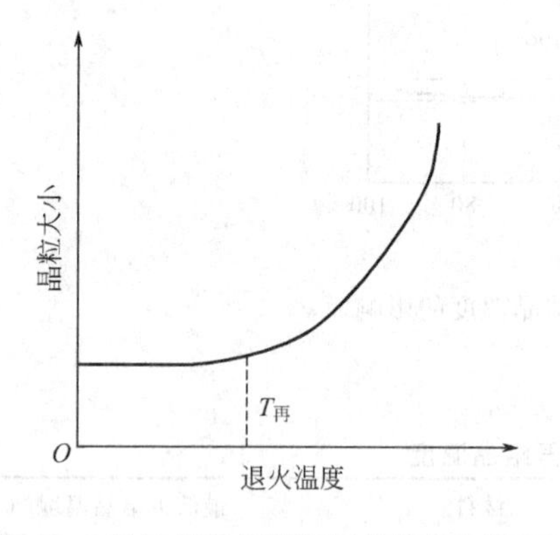

图4-20　再结晶退火温度与晶粒大小的关系

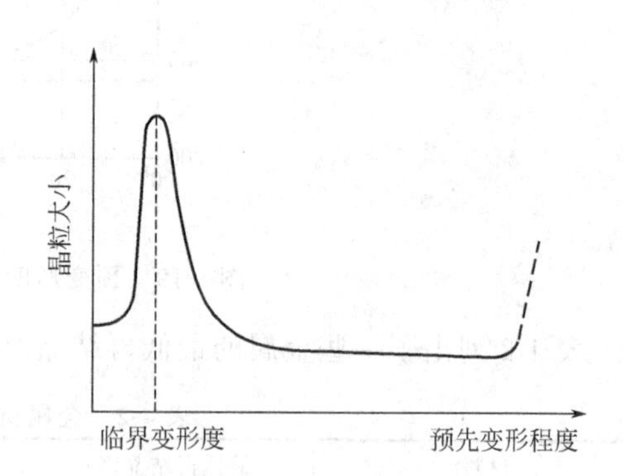

图4-21　预先变形度对再结晶晶粒度的影响

b. 预先变形度的影响　预先变形度的影响实际是变形均匀程度的影响。变形度越大，再结晶的速度越大，再结晶的温度越低。变形度越大，变形越均匀。如图4-21所示，当变形度很小时，由于金属的晶格畸变很小，不足以引起再结晶，所以晶粒度保持原样。

当变形程度达2%～10%时，只有部分晶粒发生变形，变形极不均匀，再结晶时晶粒大小相差悬殊，晶粒容易相互吞并长大，因而再结晶后晶粒特别粗大，这个变形程度叫作“临界变形度”。在临界变形的范围内进行塑性变形时，金属的韧性会有所下降，所以生产中应避免在这个范围内加工变形。

超过临界变形度之后，随变形程度增加，变形越来越均匀，再结晶时形核量大而且均匀，使再结晶后晶粒细而均匀。达到一定变形量后，晶粒度基本不变。一般工业上采用30％～60％的变形度。

对于某些金属（如 Fe），当变形量相当大时（超过 90％），再结晶后的晶粒又重新出现粗化现象。一般认为这与金属中形成织构有关。

（3）晶粒长大

再结晶阶段完成之后，如果金属试样继续升高温度或延长保温时间，晶粒将会继续长大，这个现象叫作晶粒的再生长，如图 4-15 中 t_5 温度所示。

晶粒的长大可以减少金属晶界的总面积，使金属的能量进一步降低，这是一个自发过程。晶粒长大是通过晶界的迁移进行的，是大晶粒吞并小晶粒的过程。在变形不均匀时，再结晶后得到的晶粒大小也不均匀，更容易出现大晶粒吞并小晶粒的现象。因此，应特别注意再结晶后的晶粒度。如图 4-22 所示，晶界由某些大晶粒向一些较小晶粒推进，而使大晶粒逐渐吞并小晶粒，晶界本身趋于平直化，且 3 个晶粒的晶界的交角趋于 120°，使晶界处于平衡状态，从而实现晶粒均匀长大，即正常晶粒长大。

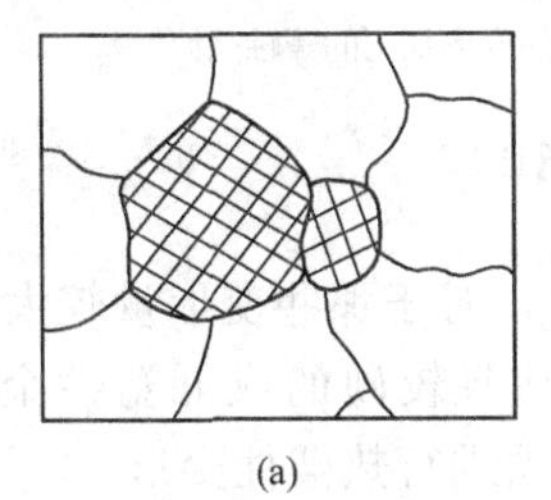
(a)

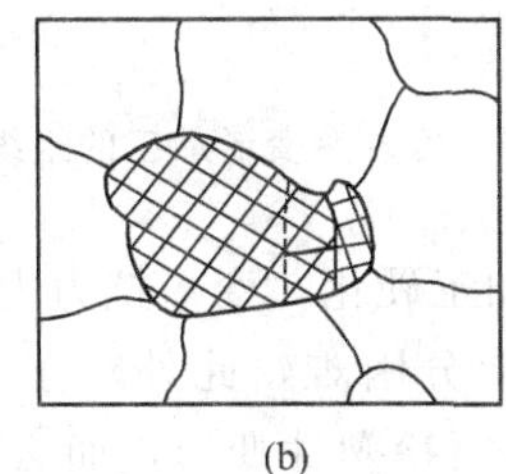
(b)

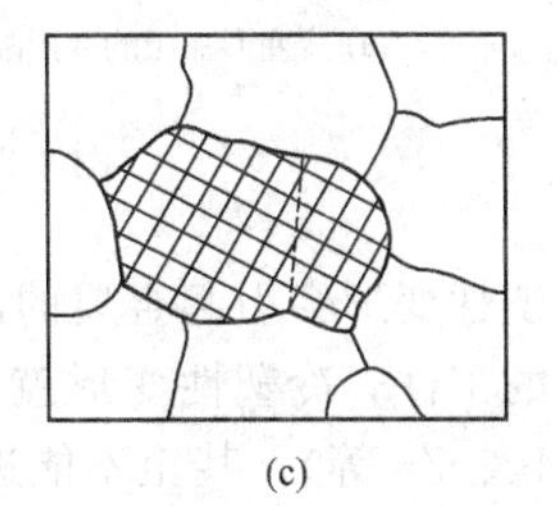
(c)

图 4-22　晶粒长大示意

（a）、（b）晶界移动以减少晶界面积；（c）小晶粒被吞并

对许多多晶体材料，晶粒大小与时间有如下关系：

$$d^n - d_0^n = Kt \tag{4-3}$$

式中，d_0 是 $t=0$ 时的晶粒大小；K 和 n 是时间常数；n 的值通常大于或等于 2。

值得注意的是，第二相微粒的存在会影响正常晶粒长大。当正常晶粒长大受阻时，可能由于某种原因（例如温度升高导致第二相微粒聚集长大，甚至固溶入基体），会有少数大晶粒急剧长大，将周围的小晶粒全部吞并掉。这种异常的晶粒长大称为二次再结晶，而前面讨论的再结晶称为一次再结晶。二次再结晶使得晶粒特别粗大，导致金属的力学性能（如强度、塑性和韧性）显著降低，并增大材料冷变形后的表面粗糙度，对一般结构材料应予避免。但对于某些软磁合金，如硅钢片等，却可以利用二次再结晶获得粗大的晶粒，进而获得所希望的晶粒择优取向，使其磁性最佳。

4.4　金属的热加工

4.4.1　热加工的概念

金属的加工工艺被传统地分为热加工和冷加工。金属热加工和冷加工的界限是以金属的再结晶温度来区分的。高于再结晶温度的加工变形为热加工，而低于再结晶温度的变形为冷加工，并不以具体加工温度的高低来区分。如铅和锡的再结晶温度低于室温，故它们在室温下进行的加工变形也属于热加工；而铁的最低再结晶温度为 450℃，所以，在那个温度以下都属于冷加工。对于热加工，工作温度十分重要，因为加工后任何残留的热量都会使晶粒生长，进而会影响到金属的力学性能。

金属材料冷变形加工后晶粒被拉长，在变形过程中不发生再结晶，金属将保留加工硬化效应。而金属材料的热变形加工是在再结晶温度以上的变形加工，其特征是在变形过程中产生的变形晶粒及加工硬化，由于同时进行着的再结晶过程而被消除，故金属将不显示加工硬化效应。金属材料经冷、热变形加工后的组织状态如图 4-23 所示。

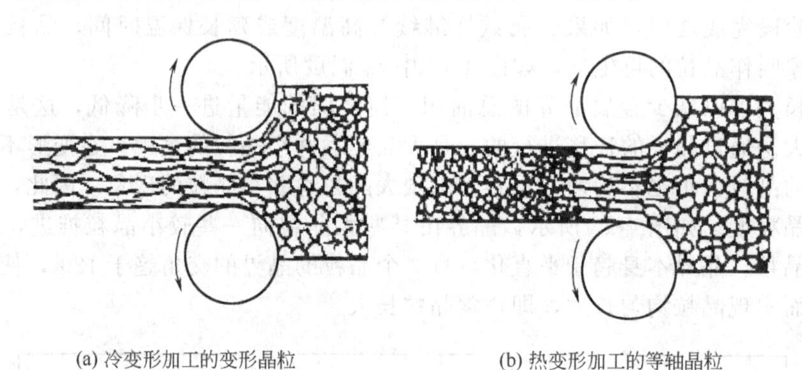

(a) 冷变形加工的变形晶粒　　(b) 热变形加工的等轴晶粒

图 4-23　冷、热变形加工的组织比较

由于冷塑性变形会引起金属的加工硬化，变形抗力大，对于那些变形量较大，特别是截面尺寸较大的工件，冷塑性变形就十分困难，此外对于某些较硬的或低塑性金属（如 W、Mo、Cr、Mg、Zn 等），甚至不能进行冷塑性变形，而必须进行热塑性变形。

4.4.2　热加工的优点和缺点

(1) 优点

① 粗大的柱状晶和枝晶经热塑性变形被击碎并形成等轴细晶粒组织，改善了性能。

② 改善材质，提高性能。通过热加工能使铸锭或铸件中的气泡、疏松等焊合起来，使钢材十分致密均匀。此外，铸锭的粗大晶粒或柱状晶经高温不断地加工和再结晶，晶粒呈等轴状且大大细化，这些都使钢材的性能显著改善。表 4-4 所列 35 锻钢的性能优于 35 铸钢，其原因即如上所述。

表 4-4　35 铸钢和锻钢的力学性能（技术条件）

牌　号	状　态	力学性能(不低于)				
		σ_b/MPa	σ_s/MPa	δ/%	ψ/%	α_k/(J/cm^2)
ZG35	铸造、正火＋回火	550	280	16	25	28
35	热轧，正火	540	320	20	45	56

③ 热加工可使铸态金属中的枝晶偏析和非金属夹杂的分布发生变化，将沿着变形的流动方向破碎和拉长，并沿着被拉长的金属晶粒的晶界分布，形成所谓的热加工“纤维组织”或称“流线”。从而使金属的性能具有明显的各向异性。由于夹杂和偏析有方向性的排列使金属的力学性能有明显的各向异性，纵向的强度、塑性和韧性显著

地大于其横向，见表 4-5 所列。

表 4-5　45 钢加热后力学性能与纤维方向的关系

取样方向	σ_b/MPa	σ_s/MPa	δ/%	ψ/%	a_k/J
顺纤维	7150	470	17.5	62.8	49.6
垂直纤维	6720	440	10.0	31.0	24

因此某些锻件在热加工要求其流线要有正确的分布。热轧齿轮使其形成连续纤维齿轮；曲轴锻坯，其流线沿曲轴的轮廓分布，它在工作时的最大拉应力将会与其流线平行，而冲击应力与其流线垂直，于是曲轴不易发生断裂。如果流线分布不当，则易沿流线方向发生断裂。如图 4-24(a) 所示，曲轴锻坯流线合理分布，而图 4-24(b) 中曲轴是由锻钢切削加工而成，其流线分布不合理，在轴肩处易发生断裂。

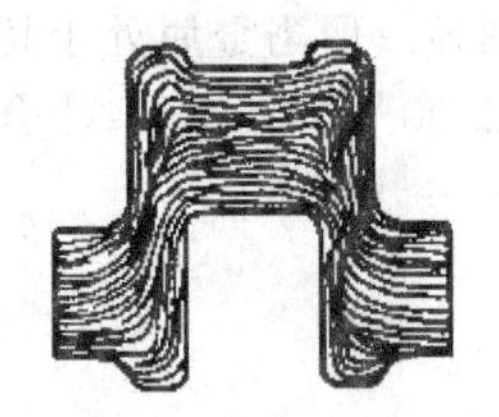
(a) 锻造变形

(b) 切削加工

图 4-24　曲轴中的流线分布

④ 因为金属的温度大于再结晶温度，而且也不会产生加工硬化现象，能够顺利地进行大量的加工变形。

⑤ 因为在高温下采用热处理，金属的塑性好，所以可以顺利进行大量的加工变形。甚至脆的金属也能进行热处理。

⑥ 因为金属在高温下的变形抗力小，所以金属变形所需外力较小。

在金属加工过程中，晶粒可以继续变形，如果适当控制加工的温度和速率，可以形成较好的晶粒，进而可以改善力学性能。

（2）缺点

① 一些金属由于在高温下相当脆，所以不能进行热处理。

② 金属在热加工时易发生表面氧化现象，产品的表面不光洁。另外，钢铁在高温时易发生脱碳。

③ 由于金属的受热膨胀以及较难控制工件的温度，所以金属在热加工时尺寸的精确度不高。

④ 金属的加热和保温都不易操作。

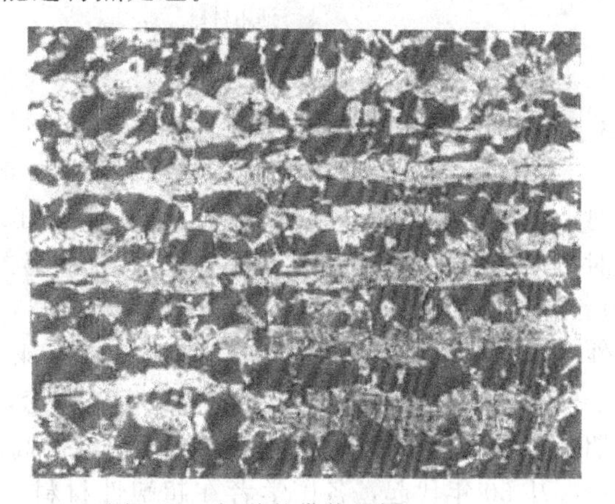
图 4-25　钢种的带状组织（100×）

可见通过热加工可使铸态金属的组织和性能得到一系列的重大改善。所以工业上凡受力复杂、负荷较大的重要工件大多数要经过热加工方式来制造。但上述的改善应在正确的热加工工艺条件下才能达到。如果加热温度过高，就会得到极大晶粒；热加工温度过低会引起加工硬化而带来残余内应力，甚至产生裂纹。有时会由于热加工而出现“带状组织”，如图 4-25 所示。带状组织是由于夹杂物轧制后沿轧制方向伸长呈纤维状，奥氏体向铁素体转变时，铁素体往往在伸长的夹杂物中形核、长大，使铁素体呈带状排列，于是珠光体也呈带状排列。这种组织呈明显的层状特征，使钢的力学性能变坏，它不易用一般的热处理方法来改善，而经常需要再通过一些复杂的热处理才能加以消除。

4.5 超塑性

4.5.1 超塑性的概念

超塑性是指材料在一定的内部（组织）条件（如晶粒形状及尺寸、相变等）和外部（环境）条件下（如温度、应变速率等），呈现出异常低的流变抗力、异常高的流变性能（例如大的延伸率）的现象，如图 4-26 所示。在一般冷变形加工条件下，黑色金属的 $\delta \leqslant 30\%$，有色金属的 $\delta \leqslant 60\%$。某些金属材料，例如铸铁与高碳钢的 δ 仅为 1%～3%。但当金属处于超塑性状态时，铸铁的 $\delta = 100\%$，有色金属的 $\delta = 1200\%$，甚至可达 2200%（Zn-22% Al 合金）。利用材料的超塑性，能成型出形状极其复杂的零件。

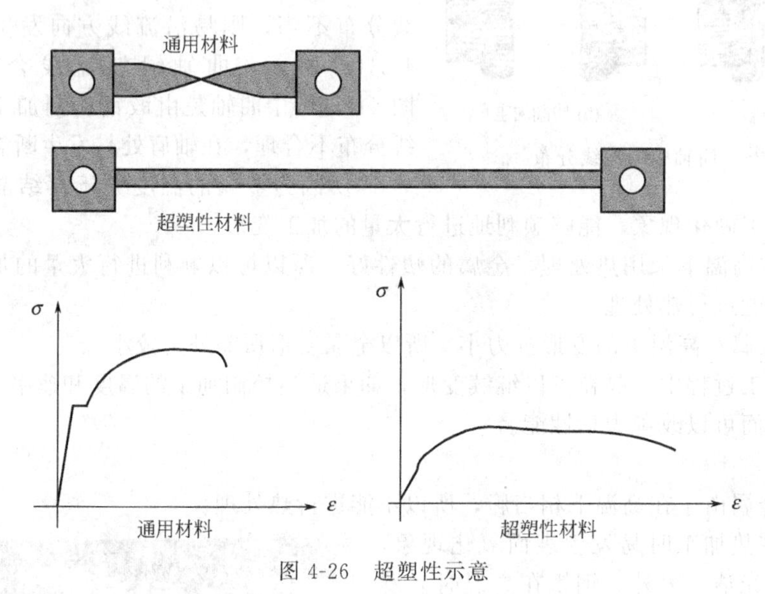

图 4-26 超塑性示意

4.5.2 超塑性的历史及发展

超塑性现象最早的报道是在 1920 年，Rosenhain 等发现 Zn-4Cu-7Al 合金在低速弯曲时，可以弯曲近 180°。1934 年，英国的 C. P. Pearson 发现 Pb-Sn 共晶合金在室温低速拉伸时可以得到 2000% 的延伸率。但是由于第二次世界大战，这方面的研究没有进行下去。1945 年前苏联的 A. A. Bochvar 等发现 Zn-Al 共析合金具有异常高的延伸率并提出“超塑性”这一名词。1964 年，美国的 W. A. Backofen 对 Zn-Al 合金进行了系统的研究，并提出了应变速率敏感性指数——m 值这个新概念，为超塑性研究奠定了基础。20 世纪 60 年代后期及 70 年代，世界上形成了超塑性研究的高潮。

从 60 年代起，各国学者在超塑性材料、力学、机理、成形等方面进行了大量的研究，并初步形成了比较完整的理论体系。特别引人注意的是，近几十年来金属超塑性已在工业生产领域中获得了较为广泛的应用。一些超塑性的 Zn 合金、Al 合金、Ti 合金、Cu 合金以及黑色金属等正以它们优异的变形性能和材质均匀等特点，在航空航天以及汽车的零部件生产、工艺品制造、仪器仪表壳罩件和一些复杂形状构件的生产中起到了不可替代的作用。同时超塑性金属的品种和数量也有了大幅度的增加，除了早期的共晶、共析型金属外，还有沉淀硬化型和高级合金；除了低熔点的 Pb 基、Sn 基和著名的 Zn-Al 共析合金外，还有 Mg 基、Al 基、Cu 基、Ni 基和 Ti 基等有色金属以及 Fe 基合金（Fe-Cr-Ni、Fe-Cr 等）、碳钢、低合金钢以及铸铁等黑色金属，总数已达数百种。除此之外，相变超塑性、先进材料（如金属基复合材、金属间化合物、陶瓷等）的超塑性也得到了很大的发展。

近年来超塑性在我国和世界上的发展方向主要有如下3个方面。

① 先进材料超塑性的研究，这主要是指金属基复合材料、金属间化合物、陶瓷等材料超塑性的开发，因为这些材料具有若干优异的性能，在高技术领域具有广泛的应用前景。然而这些材料一般加工性能较差，开发这些材料的超塑性对于其应用具有重要意义。

② 高速超塑性的研究：提高超塑变形的速率，目的在于提高超塑成形的生产率。

③ 研究非理想超塑材料的超塑性变形规律，探讨降低对超塑变形材料的苛刻要求；而提高成形件的质量，目的在于扩大超塑性技术的应用范围，使其发挥更大的效益。

4.5.3 超塑性的分类及工艺特点

早期由于超塑性现象仅限于Bi-Sn和Al-Cu共晶合金、Zn-Al共析合金等少数低熔点的有色金属，也曾有人认为超塑性现象只是一种特殊现象。随着更多的金属及合金实现了超塑性，以及与金相组织及结构联系起来研究以后，发现超塑性金属有着本身的一些特殊规律，这些规律带有普遍的性质。而并不局限于少数金属中。因此按照实现超塑性的条件（组织、温度、应力状态等）一般分为以下几种。

（1）恒温超塑性或第一类超塑性

根据材料的组织形态特点也称之为微细晶粒超塑性。

一般所指超塑性多属这类超塑性，其特点是材料具有微细的等轴晶粒组织。在一定的温度区间（$T_s \geqslant 0.5T_m$，T_s 和 T_m 分别为超塑变形和材料熔点温度的绝对温度）和一定的变形速度条件下（应变速率 $\dot{\varepsilon}$ 在 $10^{-4} \sim 10^{-1}/s$ 之间）呈现超塑性。这里指的微细晶粒尺寸，大都在微米级，其范围在 0.5～5μm 之间。一般来说，晶粒越细越有利于塑性的发展，但对有些材料来说（例如Ti合金）晶粒尺寸达几十微米时仍有很好的超塑性能。还应当指出，由于超塑性变形是在一定的温度区间进行的，因此即使初始组织具有微细晶粒尺寸，如果热稳定性差，在变形过程中晶粒迅速长大的话，仍不能获得良好的超塑性。

（2）相变超塑性或第二类超塑性

亦称转变超塑性或变态超塑性。

这类超塑性，并不要求材料有超细晶粒，而是在一定的温度和负荷条件下，经过多次的循环相变或同素异形转变获得大延伸。例如碳素钢和低合金钢，加以一定的负荷，同时在某一温度上下施以反复的一定范围的加热和冷却，每一次循环发生（$\alpha \rightleftharpoons \gamma$）的两次转变，可以得到二次式的均匀延伸。D. Oelschlagel等用AISI1018、1045、1095、52100等钢种试验表明，延伸率可达到500%以上。这样变形的特点是：初期时每一次循环的变形量（$\Delta\varepsilon/N$）比较小，而在一定次数之后，例如几十次之后，每一次循环可以得到逐步加大的变形，到断裂时，可以累积为大延伸。

有相变的金属材料，不但在扩散相变过程中具有很大的塑性，并且淬火过程中奥氏体向马氏体转变，即无扩散的脆性转变过程（$\gamma \rightarrow \alpha$）中，也具有相当程度的塑性。同样，在淬火后有大量残余奥氏体的组织状态下，回火过程中，残余奥氏体向马氏体单向转变过程，也可以获得异常高的塑性。另外，如果在马氏体开始转变点（M_s）以上的一定温度区间加工变形，可以促使奥氏体向马氏体逐渐转变，在转变过程中也可以获得异常高的延伸，塑性大小与转变量的多少、变形温度及变形速度有关。这种过程称为“转变诱发塑性”，即所谓“TRIP”现象。Fe-Ni合金、Fe-Mn-C等合金都具有这种特性。

(3) 其他类型的超塑性

在消除应力退火过程中在应力作用下可以得到超塑性。Al-5% Si 及 Al-4% Cu 合金在溶解度曲线上下施以循环加热也可得到超塑性，根据 Johnson 试验，在具有异向性热膨胀的材料如 U、Zr 等，加热时可有超塑性，称为异向超塑性。有人把 α-U 在有负荷及照射下的变形也称为超塑性。球墨铸铁及灰铸铁经特殊处理也可以得到超塑性。

有时把上述的第二类及第三类超塑性称为动态超塑性或环境超塑性。

4.5.4 典型的超塑性材料

目前已知的超塑性金属及合金已有数百种，按基体区分，有 Zn、Al、Ti、Mg、Ni、Pb、Sn、Zr、Fe 基等合金。其中包括共析合金、共晶合金、多元合金、高级合金等类型的合金。部分典型的超塑性合金见表 4-6 所列。

表 4-6　典型的超塑性合金

合金成分/%(质量)		M	延伸率 δ/%	变形温度/℃
共析合金	Zn-22Al	0.5	>1500	200～300
	Zn-5Al	0.48～0.5	300	200～360
	Al-33Cu	0.9	500	440～520
	Al-Si	—	120	450
	Cu-Ag	0.53	500	675
共晶合金	Mg-33Al	0.85	2100	350～400
	Sn-38Pb	0.59	1080	20
	Bi-44Sn	—	1950	20～30
	Pb-Cd	0.35	800	100
	Al-6Cu-0.5Zr	0.5	1800～2000	390～500
	Al-25.2Cu-5.2Si	0.43	1310	500
	Al-4.2Zn-1.55Mg	0.9	100	530
Al 基合金	Al-10.72Zn-0.93Mg-0.42Zr	0.9	1550	550
	Al-8Zn-1Mg-0.5Zr	—	>1000	—
	Al-33Cu-7Mg	0.72	>600	420～480
	Al-Zn-Ca		267	500
Cu 基合金	Cu-9.5Al-4Fe	0.64	770	800
	Cu-40Zn	0.64	515	600
	Fe-0.8C		210～250	680
	Fe-(1.3,1.6,1.9)C		470	530～640
	GCr15	0.42	540	700
Fe-C 合金(钢铁)	Fe-1.5C-1.5Cr		1200	650
	Fe-1.37C-1.04Mn-0.12V		817	650
	AISI01(0.8C)	0.5	1200	650
	52160	0.6	1220	650
	901	—	400	900～950
	Ti-6Al-4V	0.85	>1000	800～1000
高级合金	IN744Fe-6.5Ni-26Cr	0.5	1000	950
	Ni-26.2Fe-34.9Cr-0.58Ti	0.5	>1000	795～855
	IN100	0.5	1000	1093
	Zn(商业用)	0.2	400	20～70
	Ni		225	820
纯金属	U700	0.42	1000	1035
	Zr 合金	0.5	200	900
	Al(商业用)		6000(扭转)	377～577

注：1. 延伸率与试样尺寸、形状有关，不能准确比较。

2. 超塑性满足 $\sigma=K\varepsilon^{m}$ 关系，m 称为应变速率敏感常数，其值由于测量方法不同，也不能精确比较。

4.5.5 超塑性的应用

一般认为在应力作用下，超塑性成形主要不是依靠各晶粒内滑移伸长，而是依靠晶界在特定条件下的性质，能让各晶粒间产生滑移和移动，从而使金属产生极大的宏观变形。超塑性理论比较复杂，且尚无统一、完整的理论，这里不作详细介绍。

由于金属在超塑状态具有异常高的塑性、极小的流动应力、极大的活性及扩散能力，可以在很多领域中应用，包括压力加工、热处理、焊接、铸造，甚至切削加工等方面。

(1) 超塑性压力加工方面的应用

超塑性压力加工，属于黏性和不完全黏性加工，对于形状复杂或变形量很大的零件，都可以一次直接成形。成形的方式有气压成形、液压成形、挤压成形、锻造成形、拉延成形、无模成形等多种方式。其优点是流动性好、填充性好、需要设备功率吨位小、材料利用率高、成形件表面精度质量高。相应的困难是需要一定的成形温度和持续时间，对设备、模具润滑、材料保护等都有一定的特殊要求。

(2) 相变超塑性在热处理方面的应用

相变超塑性在热处理领域可以得到多方面的应用，例如钢材的形变热处理、渗碳、渗氮、渗金属等方面都可以应用相变超塑性的原理来增加处理效应。相变超塑性还可以有效地细化晶粒，改善材料品质。

(3) 相变超塑性在焊接方面的应用

无论是恒温超塑性和相变超塑性都可以利用其流动特性及高扩散能力进行焊接。将两块金属材料接触，利用相变超塑性的原理，即施加很小的负荷和加热冷却循环即可使接触面完全粘合，得到牢固的焊接，我们称之为相变超塑性焊接（TSW）。这种焊接由于加热温度低(在固相加热)，没有一般熔化焊接的热影响区，也没有高压焊接的大变形区，焊后可不经热处理或其他辅助加工即可应用。相变超塑性焊接所用的材料，可以是钢材、铸铁、Al 合金、Ti 合金等。焊接对偶可以是同种材料，也可以是异种材料。原则上具有相变点的金属或合金都可以进行超塑性相变焊接。

(4) 相变诱发塑性（TRIP）的应用

根据 TRIP 的特性，可在许多方面获得应用。实际上在热处理及压力加工方面已经在不自觉地应用了。例如淬火时用卡具校形，在紧固力并不太高的情况下能控制马氏体转变时的变形。有些不锈钢（AISI301）在室温压力加工时可以得到很大的变形，其中就有马氏体的诱发转变。如果在变形过程中能够控制温度、变形速度及应变量，使马氏体徐徐转变，则会得到更良好的效果。

在改善材质方面，有些材料经 TRIP 加工，可以在强度、塑性和韧性等方面获得很高的综合力学性能。一种典型的超塑性工艺——超塑成形-扩散焊复合工艺已在航空航天制造业中发挥着日益重要的作用。

习　题

1. 金属的塑性变形有几种方式？其本质是什么？
2. 为什么晶粒越细，金属的强度越高，塑性、韧性就越好？
3. 什么是加工硬化现象？试举生产或生活中的实例来说明加工硬化现象的利弊。
4. 什么是再结晶退火？再结晶退火的温度与再结晶温度有何关系？
5. 热加工对金属的组织和性能有何影响？
6. 铅（熔点为 327℃）在 20℃、钨（熔点为 3380℃）在 1100℃时的变形分别属于哪种变形？为什么？

5 二元合金

人类在生产和生活中所应用的金属材料包含纯金属及其合金。虽然某些纯金属例如纯铜、纯铝以及金、银、铂、锡等纯金属以它们特有的优良的导电性、导热性、化学稳定性及美丽的金属光泽等性能获得一定的应用，但是由于纯金属通常其强度、硬度、耐磨性等力学性能都比较低，不适宜制造力学性能要求较高的各种机械零件或工程结构件，而且提纯金属的生产成本很高。真正有实用价值的纯金属种类不过几十种，因此在工业上广泛应用的金属材料基本是合金。

在生产中可以通过配制不同成分的合金来显著改变金属材料的结构、组织和性能。于是，合金不仅在强度、硬度、耐磨性等力学性能方面比纯金属高，而且在电、磁、化学稳定性等物理化学性能方面也能与纯金属相媲美或更好，所以对合金的研究与使用更有实际意义。

由两种或两种以上的金属元素或金属和非金属元素组成的具有金属性质的物质，称为合金。例如应用最广泛的碳钢和铸铁是由铁和碳组成的合金；黄铜是由铜和锌组成的合金等。

组成合金的独立的、最基本的单元称为组元（简称元）。组元可以是组成合金的元素或稳定的化合物。由 2 个组元组成的合金称为二元合金，由 3 个组元组成的合金是三元合金，由 3 个以上组元组成的合金为多元合金。

5.1 合金相结构

在工业生产中熔炼合金时，多数合金在液态下其组元间均能相互溶解，形成化学成分均匀一致的合金溶液，即只具有一个液相。但是，在合金结晶完成后，由于各组元的原子结构、晶体结构等不同，各组元间的相互作用不同，在固态合金中将出现成分和晶体结构不同的聚集状态，亦即不同的相结构。

在金属或合金中，凡是化学成分相同、晶体结构相同，与其他部分有明显分界的均匀组成部分，称为相。若合金是由成分、结构都相同的同一种晶粒构成的，则各晶粒虽有界面分开，却属于同一种相，这一合金为单相合金。若合金是由成分、结构互不相同的几种晶粒所构成，它们将属于几种不同相，这一合金为多相合金。

合金可以是单相组成，也可以由多相组成。合金的性能就是由组成合金的各相本身的结构和各相构成的显微组织共同决定的。通常所说的显微组织实质上是指在显微镜下观察到的各相晶粒的形态、数量、大小和分布的组合。

固态合金中的相，按其晶格结构的基本属性来分，可以分为固溶体和金属间化合物两大类，两者的区别为：固溶体的晶格结构与合金的某一组成元素的晶格结构相同；金属间化合物的晶格结构与合金的各组成元素的晶格结构均不相同。以下分别进行讨论。

5.1.1　固溶体

合金在固态下，组元间会相互溶解，形成一种在某一组元晶格中包含有其他组元的新相，这种新相称为固溶体。晶格与固溶体相同的组元为固溶体的溶剂，其他组元为溶质。根据溶质原子在溶剂晶格中所占的位置，可将固溶体分为置换固溶体与间隙固溶体。固溶体原子模型如图 5-1 所示。

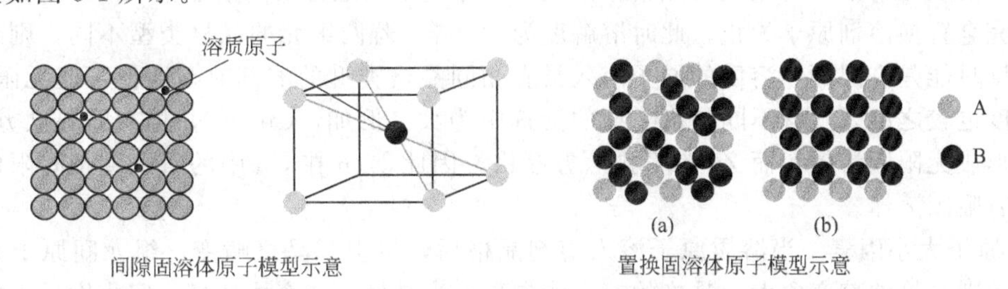

图 5-1　固溶体原子模型示意

A—溶剂；B—溶质

（1）固溶体的分类

固溶体的分类见表 5-1 所列。

表 5-1　固溶体的分类

分类方法	种　　类
溶质原子的位置	置换固溶体 间隙固溶体
溶解度	有限固溶体 无限固溶体
分布有序度	有序固溶体 无序固溶体

按照溶质原子在溶剂晶格中的位置可将固溶体分成置换固溶体和间隙固溶体。

① 置换固溶体　溶质原子置换溶剂晶格结点上的溶剂原子而形成的固溶体称为置换固溶体。当溶质原子与溶剂原子的直径、电化学性质等相近时，一般形成置换固溶体。如 Mn、Cr、Si、Ni、Mo 等元素都能与铁形成置换固溶体。

在置换固溶体中，按照溶质原子在溶剂晶格结点上的分布规律，可将其分为有序固溶体和无序固溶体。溶质原子在溶剂晶格结点上呈无序分布的置换固溶体称为无序固溶体；但在某些固溶体中，在一定条件下，溶质原子和溶剂原子各自占据溶剂晶格中的一定位置而呈现有规律的分布时，这种置换固溶体称为有序固溶体。

② 间隙固溶体　当溶质原子在溶剂晶格中不占据晶格结点位置，而是嵌入各结点间的间隙中，称为间隙固溶体。间隙固溶体仍保持着溶剂金属的晶格类型。

实验表明，只有当溶质元素与溶剂元素的原子半径之比 $r_{质}/r_{剂}<0.59$ 时才能形成间隙固溶体。一般过渡族元素与原子尺寸较小的非金属碳、氮、硼、氢等之间容易形成间隙固溶体。间隙固溶体都是无序固溶体。

按照溶解度可将固溶体分为有限固溶体和无限固溶体。

① 有限固溶体　在一定条件下，溶质组元在固溶体中的浓度有一定的限度，超过了这

个限度就不再溶解了，这个限度称为溶解度，这种固溶体称为有限固溶体。大部分固溶体都属于这一类。

② 无限固溶体　溶质能以任意比例溶入溶剂，溶解度可达100%，这种固溶体称为无限固溶体。无限固溶体只可能是置换固溶体。例如铜和镍的原子半径相差很小，都是面心立方晶格，且处于同一周期相邻的元素，所以可以形成无限固溶体。

在置换固溶体中，溶质元素溶入固溶体的溶解度主要取决于下述因素。

① 晶体结构因素　在置换固溶体中，晶格类型相同是组元间形成无限固溶体的必要条件。只有溶质与溶剂具有相同的晶格，溶质原子才能不断地置换溶剂晶格中的原子，直到溶质原子完全置换溶剂原子为止，此时溶解度为100%。若两组元的晶格类型不同，则组元间的溶解度只能是有限的。溶质的原子溶入具有相同晶格类型的溶剂时，即使不能无限互溶，其溶解度也较之溶入具有不同晶格类型的溶剂中为大。例如，Cu和Ni均为面心立方晶格，因而能形成无限固溶体。而Zn为密排六方晶格，因此，Zn在Cu中的溶解度是有限的，只能形成有限固溶体。

② 原子大小因素　当溶质原子溶入溶剂晶格后，将引起晶格畸变，组元间原子直径差别愈大，则晶格的畸变愈大，晶格的畸变能愈高。当晶格的畸变能达到一定程度后，固溶体的结构将不再是稳定的，这时，若再增加溶质原子，固溶体中将析出新相。因此，只有组元的原子直径差别不大时，才有可能形成无限固溶体。如果直径差别较大，则只能形成有限固溶体。原子直径差别越大，溶质在溶剂中的溶解度越小。例如，在以Fe为溶剂的固溶体中，只有当Fe与溶质原子直径相对差别小于8%，而且具有相同的晶格时才有可能形成有限固溶体；在以Cu为溶剂的固溶体中，只有当原子直径的相对差别小于10%～12%时才有可能形成无限固溶体，否则，只能形成有限固溶体。

③ 电负性因素　电负性是指元素的原子从其他原子夺取电子而转变为负离子的能力。元素间的电负性越接近，越有利于形成无限固溶体。若由于受其他因素的影响而只能形成有限固溶体时，也是电负性越接近，其溶解度越大。当元素间电负性的差别大到一定程度后，就难于形成固溶体，而倾向于形成化合物。例如，S和P等位于周期表右侧，其电负性较大；Fe位于周期表的左侧，其电负性较小，因而S在α-Fe中最大溶解度只有0.02%，P为2.55%，并且易于和Fe形成化合物。

除上述内在因素之外，外在因素如温度、压力等均对固溶体的溶解度构成影响。通常在1atm(101325Pa)下，对于大多数固溶体来说，固溶体的溶解度是随着温度下降而减少的。例如常压下，在铁碳合金中，碳在γ-Fe中的溶解度，在1148℃时为2.11%，随着温度下降，溶解度减小，至727℃时碳在γ-Fe中的溶解度仅为0.77%。

（2）固溶强化

由于溶质原子溶入溶剂晶格产生晶格畸变而造成材料硬度升高，塑性和韧性没有明显降低。溶质原子使固溶体的强度和硬度升高的现象，称为固溶强化。固溶体中溶入的溶质元素数量越多，则晶格畸变越严重，固溶强化的效果越明显。固溶强化是提高金属材料力学性能的重要途径之一。

造成固溶强化的原因是：无论形成的是置换固溶体，还是间隙固溶体，均会导致溶剂晶格的畸变，置换原子、间隙原子都可视为点缺陷。于是在固溶体中的溶质原子周围便会形成应力场，该应力场将增加位错运动的阻力，使变形困难，导致固溶体合金对塑性变形抗力的提高，表现为强度与硬度的升高。

通常，在相同条件下间隙原子造成的晶格畸变程度往往比置换原子造成的晶格畸变程度大些，所以间隙原子较置换原子的固溶强化效果明显。

正是由于固溶体有可能达到强度与塑性之间良好的配合，即具有优良的综合力学性能。因此，实际应用的合金，绝大多数都以固溶体为基体。同样，在固溶体中也存在着空位、位错、晶界、亚晶界等各种缺陷，这些都将对合金的力学性能、物理性能等发生不同程度的影响。

应该指出，通过单纯的固溶强化方式所达到的强化效果往往还不能满足人们对结构材料更高的要求，仍需进一步探讨其他的强化方式。把金属间化合物作为一类强化相引入固溶体基体中去，便是其中很重要的一种方式。

5.1.2　金属间化合物

在合金中，当溶质含量超过固溶体的溶解度时，将出现新相，若新相的晶格结构与合金中某一组成元素相同，则新相是以这一组成元素为溶剂的固溶体。若新相的晶格结构不同于任一组成元素，则新相将是组成元素间发生相互作用而生成的一种新物质，称为金属间化合物，一般用化学式 A_mB_n 表示其组成。金属间化合物的特点是：除有离子键和共价键作用外，还有一定程度的金属键作用，从而使化合物具有明显的金属特性，如碳钢中渗碳体 Fe_3C。除金属间化合物外，合金中还有另一类为非金属间化合物，没有金属键作用，没有金属特性，如 FeS、MnS，称为非金属间化合物。在合金中，金属间化合物可以成为合金材料的基本组成相，而非金属间化合物是合金原料或熔炼过程带来的，数量少且对合金性能影响很坏，因而称为非金属夹杂物。

金属间化合物的分类如下所述

根据形成条件及结构特点，化合物可分为正常价化合物、电子化合物及间隙化合物。

① 正常价化合物　周期表中相距较远、电化学性质相差较大的两种元素形成正常价化合物。这类化合物完全符合一般化合物的原子价规律，成分固定并可用化学式表示，如 Mg_2Si、Mg_2Pb 等。

正常价化合物具有很高的硬度和脆性。在合金中如果能弥散分布于固溶体中，则将使合金强化，起强化相的作用，如 Al-Mg-Si 合金中的 Mg_2Si 就是一个强化相。

② 电子化合物　这类化合物是由第Ⅰ族元素、过渡族元素与第Ⅱ至第Ⅴ族元素结合而成。它们与正常价化合物不同，不遵循原子价规律，而是按照一定的电子浓度形成的化合物。电子浓度不同，所形成的化合物晶格类型也不同。电子化合物的晶格结构与电子浓度的对应关系见表 5-2 所列。

表 5-2　合金中常见的电子化合物及其结构类型

合金系	电子浓度		
	$\frac{3}{2}\left(\frac{21}{14}\right)\beta$ 相	$\frac{21}{13}\gamma$ 相	$\frac{7}{4}\left(\frac{21}{12}\right)\varepsilon$ 相
	晶体结构		
	体心立方晶格	复杂立方晶格	密排六方晶格
Cu-Zn	CuZn	Cu_5Zn_8	$CuZn_3$
Cu-Sn	Cu_3Sn	$Cu_{31}Sn_8$	Cu_3Sn
Cu-Al	Cu_3Al	Cu_9Al_4	Cu_3Al_3
Cu-Si	Cu_3Si	$Cu_{31}Si_3$	Cu_3Si

电子化合物虽然可以化学式表示，但实际上是一个成分可以在一定范围内变动的相，可以溶解一定量的组元，形成以电子化合物为基的固溶体。例如在 Cu-Zn 合金中，β 相（CuZn）的含 Zn 量为 36.8%～56.5%。

电子化合物为金属键结合，具有明显的金属性。它的熔点和硬度都很高，但塑性差。电子化合物和固溶体适当配合，可以使合金强化。

③ 间隙化合物　间隙化合物的形成主要受组元原子尺寸的控制，一般是由原子直径较大的过渡族金属元素（Fe、Cr、Mo、W、V 等）和原子直径较小的非金属元素（C、N、B、H 等）所组成。

根据晶体结构特点，间隙化合物又可分为间隙相（又称简单结构的间隙化合物）和复杂结构的间隙化合物。

a. 间隙相　当非金属原子半径与金属原子半径的比值小于 0.59 时，将形成具有简单结构的间隙化合物，称为间隙相。过渡族金属的氮化物、氢化物及钨、钼、钒、钛、铌等的碳化物，都是简单结构的间隙化合物。

在这类化合物中，过渡族金属元素的原子形成与它本身晶格类型不同的简单晶格结构，非金属原子位于晶格的间隙中。图 5-2 为 VC 的晶格结构。在 VC 中，V 原子形成与它本身晶格类型（体心立方晶格）不同的面心立方晶格，碳原子位于晶格的间隙中。

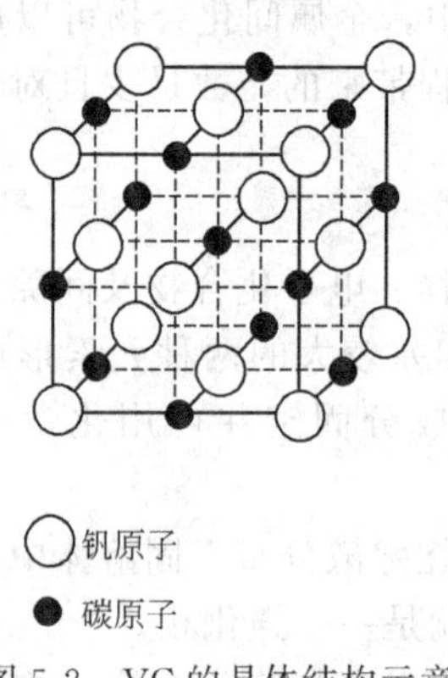

图 5-2　VC 的晶体结构示意

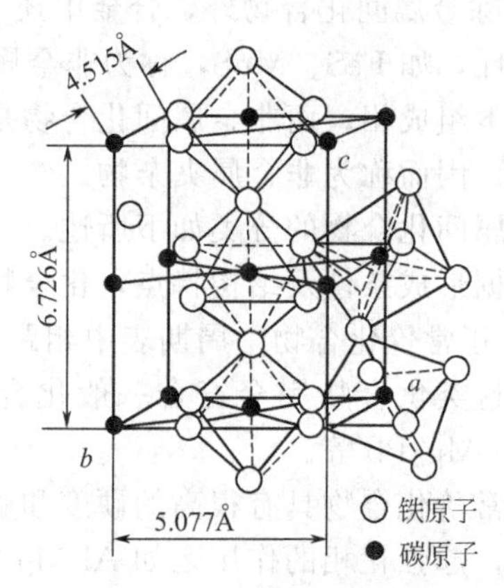

图 5-3　Fe_3C 的晶体结构示意

间隙相中组成元素间的比例一般能满足简单的化学式：M_4X、M_2X、MX、MX_2（M 代表金属元素，X 代表非金属元素），它们的化学式与晶格类型还具有一定的对应关系。间隙相的成分往往又可在一定范围内变动，这时由于有些间隙相晶格的间隙未被填满，即某些本应为非金属原子占据的位置出现空位，亦有某些本应为金属原子所占据的位置上出现空位，这就相当于以间隙相为基的固溶体，这种以缺位的方式形成的固溶体称为缺位固溶体。

间隙相具有极高的熔点和硬度，是高合金工具钢及硬质合金的重要组成相。

b. 复杂结构的间隙化合物　当非金属原子半径与金等属原子半径的比值大于 0.59 时，则形成具有复杂结构的间隙化合物。例如碳钢中 Fe_3C，合金钢中的 $Cr_{23}C_6$、Cr_7C_3、FeB、Fe_2B 等均属于这一类。

Fe_3C 是钢铁中的一种最重要的具有复杂结构的间隙化合物，碳原子直径与铁原子直径之比为 0.61，Fe_3C 的晶体结构如图 5-3 所示。Fe_3C 又称为渗碳体，具有复杂的斜方晶格，其中的铁原子可以部分地被其他金属原子所置换，形成以渗碳体为基体的固溶体 $(Fe,Mn)_3C$、$(Fe,Cr)_3C$ 等，称为合金渗碳体。

这类化合物主要是金属键结合，也有很高的熔点和硬度，这类化合物也是高合金工具钢的重要组成相。

5.2 二元合金相图

5.2.1 合金相图概述

纯金属结晶后只能得到单相的固溶体，而合金结晶后，既可获得单相的固溶体，也可获得单相的金属间化合物，但更常见的是获得既有固溶体又有金属间化合物的多相组织。合金的组元不同，获得的固溶体和化合物的类型也不同，即使组元确定以后，结晶后所获得的相的性质、数目及相对含量也随着合金成分和温度的变化而变化，即在不同的成分和温度时，合金将以不同的状态存在。

相图是描述平衡条件下，相和相变与温度、成分、压力之间的关系的图解。因此，它又被称为状态图或平衡图。利用相图，可以一目了然地了解到不同成分的合金在不同温度下的平衡状态，它存在哪些相、相的成分和相对含量如何，以及在加热和冷却时可能发生哪些转变等。显然，相图是研究金属材料的一个十分重要的工具。

（1）基本概念

在介绍相图之前，先以 Cu-Ni 二元合金相图（图 5-4）为例，介绍几个基本概念。

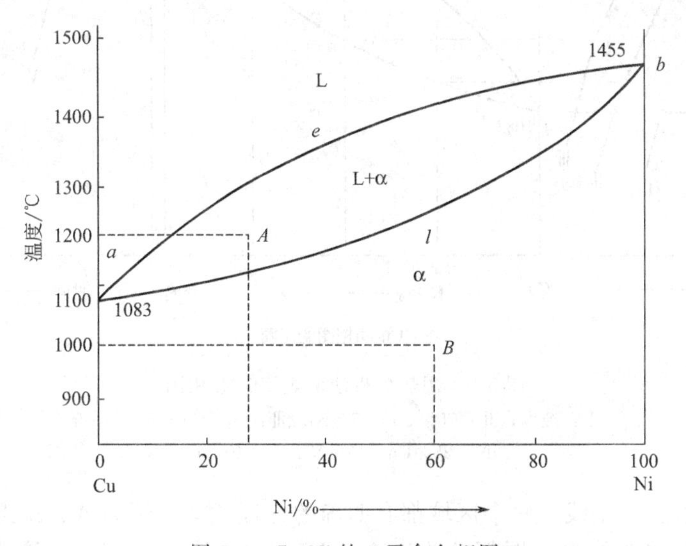

图 5-4 Cu-Ni 的二元合金相图

① 组元 通常把组成合金的最简单、最基本、能够独立存在的物质称为组元。图 5-4 中的组元为 Cu 和 Ni。在大多数情况下，组元就是元素。但在所研究的范围内，不分解的稳定化合物，也可以作为组元。如铁碳合金中的 Fe_3C 可视为组元。

② 合金系 由给定组元可以配制成一系列成分不同的合金，这些合金组成一个合金系统。称为合金系。由两个组元组成的合金系称为二元系，3 个组元组成的合金系称为三元系，更多组元组成的合金系称为多元系。

③ 平衡相、平衡组织 如果合金在某一温度停留任意长的时间，合金中各个相的成分都是均匀不变的，各相的相对质量也不变，那么该合金就处于相平衡状态，此时合金中的各相称为平衡相，而由这些平衡相所构成的组织称为平衡组织。相平衡是合金的自由能处于最低的状态，也就是合金最稳定的状态。合金总是力图通过原子扩散趋于这种状态。

（2）相图的建立

目前，合金状态图主要是通过实验测定的，且测定合金状态图的方法很多，但应用最多的是热分析法。这种方法是将合金加热熔化后缓慢冷却，绘制其冷却曲线。当合金发生结晶或固态相变时，由于相变潜热放出，抵消或部分抵消外界的冷却散热，在冷却曲线上形成拐点。拐点所对应的温度就是该合金发生某种相变的临界点。

现以 Cu-Ni 合金为例说明用热分析法建立相图（图 5-5）的具体步骤。

① 配制不同成分的 Cu-Ni 合金，如Ⅰ：纯铜，Ⅱ：75％Cu＋25％Ni，Ⅲ：50％Cu＋50％Ni，Ⅳ：25％Cu＋75％Ni，Ⅴ：纯 Ni。

② 作出各合金的冷却曲线，并确定其相变临界点。

③ 画出温度-成分坐标系，在相应成分垂线上标出临界点温度。

④ 将图中具有相同含义的临界点连接起来，即得到 Cu-Ni 合金相图。

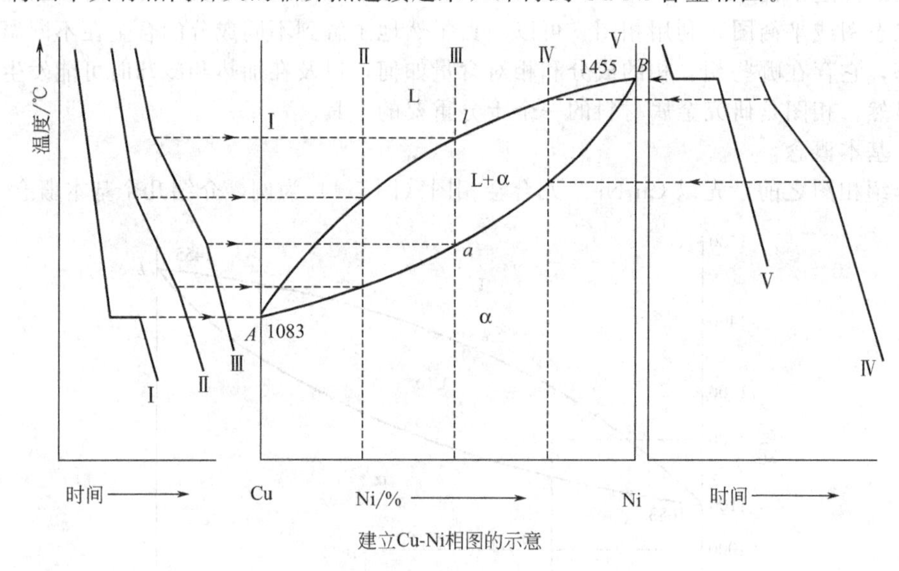

图 5-5 用热分析法测定 Cu-Ni 相图

Ⅰ：纯铜；Ⅱ：75％Cu＋25％Ni；Ⅲ：50％Cu＋50％Ni；
Ⅳ：25％Cu＋75％Ni；Ⅴ：纯 Ni

相图上每个点、每条线、每个区域都有明确的物理意义。例如 A、B 点分别为 Cu 和 Ni 的熔点。连接起来的曲线将相图划分为 3 个相区。AlB 线为液相线，该相以上为液相区，合金为液态。AaB 为固相线，该线以下为固相区，合金为固态。当合金加热至固相线温度时，便开始熔化产生液相，在液相线与固相线之间的区域为液相、固相平衡共存的两相区。

5.2.2 二元合金相图

（1）匀晶相图

两组元在液态无限互溶，在固态也无限互溶的二元合金系所形成的相图，称为匀晶相图。具有这类相图的合金系有：Cu-Ni、Fe-Cr、Au-Ag、Au-Ag、W-Co 等。

合金结晶时都是从液相结晶成固溶体，这种结晶过程称为匀晶转变。现以 Cu-Ni 相图为例进行讨论（图 5-6）。

① 相图分析 图中 A、B 两点分别代表纯铜和纯镍的熔点。图中有两条曲线，上面一条曲线是液相线，下面一条曲线是固相线。这两条曲线将相图分成为 3 个区域。液相线以上为液相单相区，以 L 表示；固相线以下为固相单相区，由于固相是 α 固溶体故以 α 表示；在液相线和固相线之间是液相和固相共存的两相区，以 L＋α 表示。

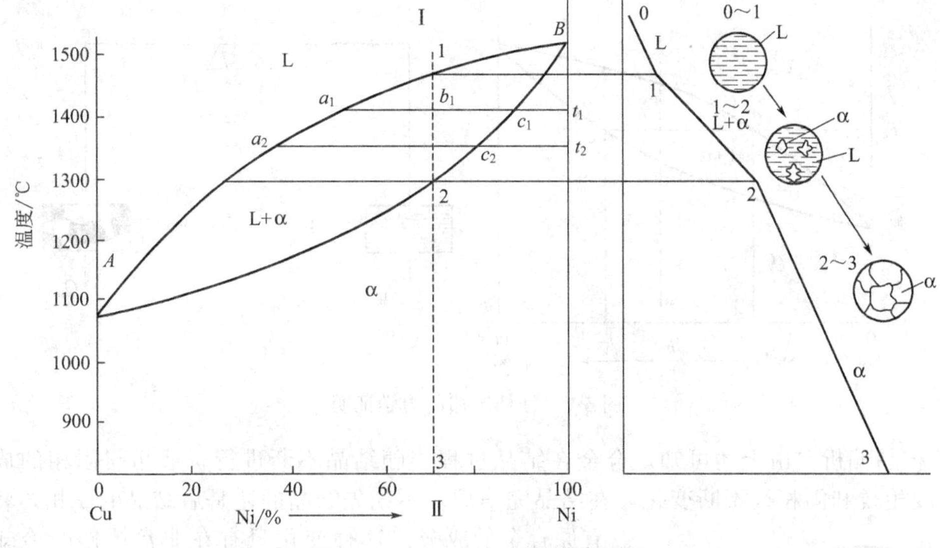

图 5-6 Cu-Ni 合金相图结晶过程

② 匀晶转变的结晶过程　任意成分 Cu-Ni 二元合金，在结晶时都将发生匀晶转变，由液相 L 中结晶出单相的 α 固溶体。图 5-6 以合金Ⅰ为例来讨论形成固溶体合金的平衡结晶过程。过点Ⅰ作一平行于温度坐标轴的成分垂线Ⅱ，与液相线交于 1（对应温度为 t_1），与固相线交于 2（对应温度为 t_2），当合金处于 t_1 温度以上温度时，为单一的液相，成分为Ⅰ。从温度 t_1 起，温度下降时液态合金中开始结晶出 α 固溶体。随着温度的进一步下降，合金的结晶过程继续进行，α 相的数量不断增加，液相的数量不断减少，直至冷却至 t_2，合金全部转变成 α 相。在 t_2 以下，合金不再发生变化，α 相一直保持至室温。

在 t_1～t_2 温度区间，合金处于两相共存状态，且随着温度的改变，液相、固相的化学成分及相对质量都发生改变。可以通过某一温度点作一水平线的方法来确定在该温度下的液、固相成分。这条水平线和液相线及固相线分别有两个交点，交点所对应的成分分别为在此温度下液相和固相的成分。因此可得到一个重要结论：合金在缓慢冷却的条件下，液、固两相平衡共存时，随温度的改变液相成分沿液相线变化，固相成分沿固相线变化。

对于两相共存区两相的相对质量，可以通过杠杆定律来进行计算。

③ 杠杆定律　如图 5-7 所示，设合金的质量为 1，在某温度 T_1 时，液相的相对质量为 Q_L，固相的相对质量为 Q_α。已知液相中含 Ni 量为 a，固相中含 Ni 量为 c，合金中含 Ni 量为 b。因此可得：

$$Q_L + Q_\alpha = 1$$
$$Q_L a + Q_\alpha c = b$$

求得：

$$Q_L = \frac{c-b}{c-a} = \frac{bc}{ca}; \quad Q_\alpha = \frac{b-a}{c-a} = \frac{ab}{ca}$$

即有：

$$\frac{Q_\alpha}{Q_L} = \frac{ab}{bc}$$

可见，液、固两相的相对量的关系，如同力学中的杠杆定律，故称为杠杆定律。杠杆定律的力学证明如图 5-7 所示。

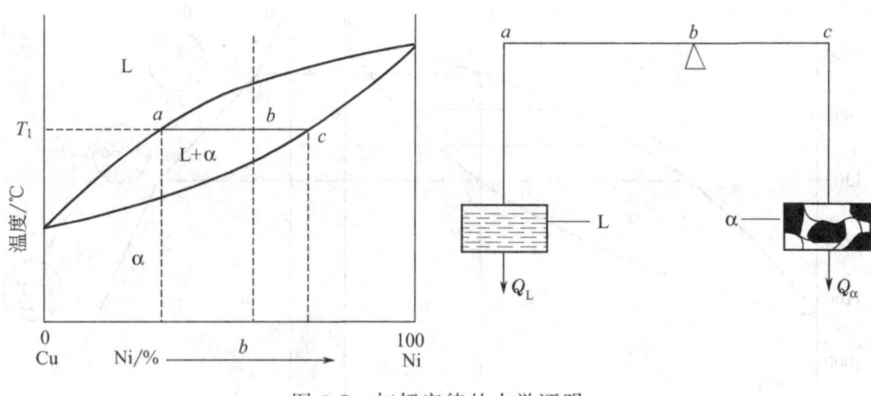

图 5-7　杠杆定律的力学证明

④ 枝晶偏析　由上述可知，合金在结晶过程中随结晶不断进行，液相与固相的成分将分别沿液相线和固相线不断变化，在结晶完毕后，不论先结晶的还是后结晶的 α 相，将都具有原合金的成分。这种变化只有在非常缓慢的冷却条件下，在固、液两相内部及固、液两相界面之间的原子扩散得到充分进行的条件下才能实现。但在实际铸造条件下，一般冷却较快，此时合金内部尤其是固相内部的原子扩散来不及充分进行，使先结晶出的 α 相含 Ni 量较高，后结晶出的 α 相含 Ni 量较低。对于某一晶粒来说，则表现为心部含 Ni 量较高，表层含 Ni 量较低。固溶体合金晶核往往以树枝状方式长大，如图 5-8 所示，先结晶的枝干富 Ni，不易浸蚀，故呈白亮色；后结晶的枝间富 Cu，易被浸蚀而成暗黑色。这种在一个晶粒内化学成分不均匀的现象称为枝晶偏析。枝晶偏析的存在严重影响合金的力学性能和耐蚀性，对加工工艺性也有损害，生产上要设法加以消除或改善。一般采用扩散退火或称均匀化退火处理，即将铸件加热到固相线以下 100～200℃的温度，进行较长时间的保温，使原子充分扩散，达到成分均匀化。

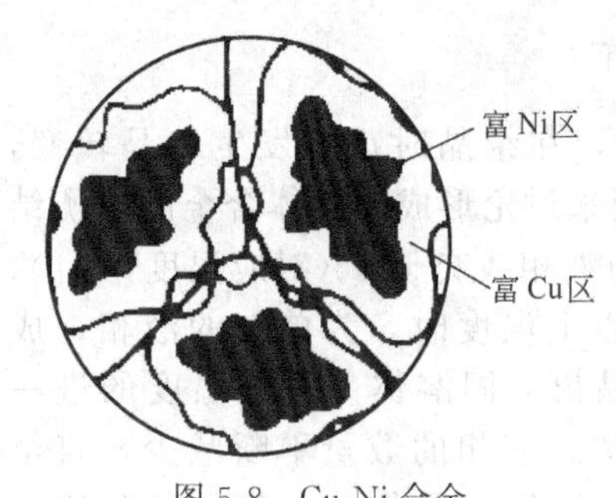

图 5-8　Cu-Ni 合金枝晶偏析示意

(2) 共晶相图

两组元在液态无限互溶，在固态有限互溶，并发生共晶反应时所构成的相图称为共晶相图。具有这类相图的合金系有 Pb-Sn（图 5-9）、Al-Si、Ag-Cu 等。

① 相图分析　Pb-Sn 合金相图如图 5-9 所示。adb 为液相线。$acdeb$ 为固相线，a 为 Pb 的熔点，b 为 Sn 的熔点，cf、eg 分别为 Sn 溶于 Pb 及 Pb 溶于 Sn 的溶解度曲线，又称为固溶线。合金系有 3 个相：液相 L、固相 α 和 β，α 相是 Sn 溶于 Pb 的固溶体，β 相是 Pb 溶于 Sn 的固溶体。

相图中有 3 个单相区：L、α 和 β。3 个两相区：L＋α、L＋β 及 α＋β。还有 1 个三相共存的水平线，即 cde 线。

c 点以左的合金，结晶完毕时，都是 α 固溶体；e 点以右的合金，结晶完毕时，都是 β 固溶体；对于成分在 c 与 e 两点之间的合金在结晶温度达到水平线 cde 时将发生以下恒温反应：

$$L \longrightarrow \alpha_c + \beta_e$$

这种由固定成分的液相同时结晶出两种固定成分固相的反应，称为共晶反应。

对于二元系统，二元共晶反应是在恒温下进行，而且在反应进行过程中 3 个相的成分也

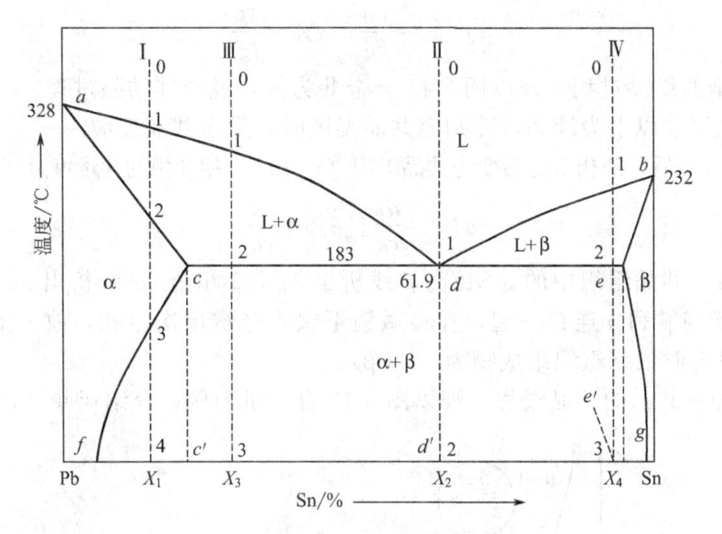

图 5-9　Pb-Sn 合金相图及成分线

固定不变。发生共晶反应的温度称为共晶温度，共晶反应的产物称为共晶组织。d 点称为共晶点，成分对应于共晶点的合金称为共晶合金；成分位于 cd 之间的合金称为亚共晶合金；成分位于 de 之间的合金称为过共晶合金。cde 线为共晶线。

② 典型合金的结晶过程

a. 含 Sn 量小于 c 点的合金结晶过程　现以图 5-10 合金Ⅰ为例，说明其结晶过程。当合金Ⅰ缓慢冷却到 1 点时，开始从液相中结晶出 α 固溶体。随着温度的不断降低，α 固溶体的数量不断增多，液相的数量不断减少，两者的成分分别沿着固相线 ac 和液相线 ad 发生变化，合金冷却到 2 点时，结晶完毕，全部结晶成单相 α 固溶体，其成分和合金Ⅰ的成分相同。这一结晶过程与匀晶合金的结晶过程相同。

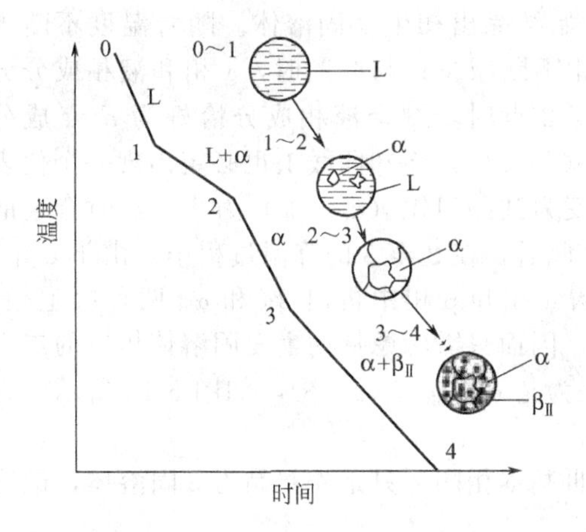

图 5-10　合金Ⅰ的结晶过程示意

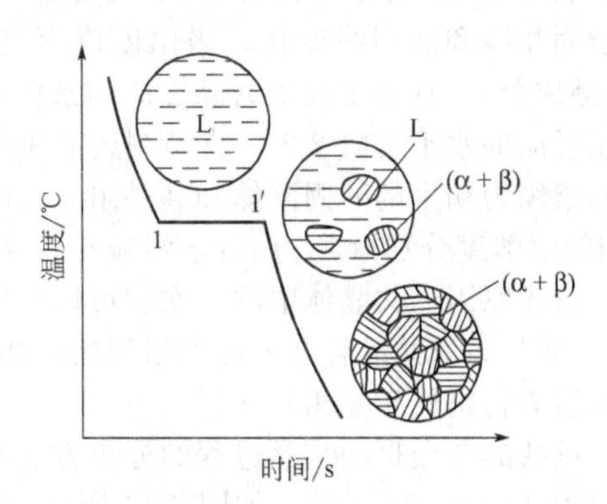

图 5-11　合金Ⅱ共晶合金的结晶过程示意

随着温度的继续下降，在 2～3 点温度范围内，α 固溶体成分将不发生改变。当温度下降到 3 点以下时，呈过饱和状态的 α 相，将不断析出富 Sn 的 β 相。此时，α 相的成分将随温度的降低沿 cf 线变化。这种从 α 固溶体中析出的 β 固溶体叫作二次 β 相，以 $β_{Ⅱ}$ 表示。

室温下其显微组织由 α＋$β_{Ⅱ}$ 组成，它们的相对量可用杠杆定律计算：

$$\beta_{\text{II}}\% = \frac{f4}{fg}; \ \alpha\% = \frac{4g}{fg}$$

b. 共晶合金的结晶过程　现以图 5-11 合金Ⅱ为例，说明其结晶过程。

合金在共晶温度以上为液态，冷却至共晶温度时，发生共晶反应。

待共晶反应完成后，液相全部转变为共晶组织（α+β）。α 相 β 相的含量可由杠杆定律求出：

$$\alpha\% = \frac{de}{ce}; \ \beta\% = \frac{cd}{ce}$$

继续冷却时，共晶组织中的 α 相沿 cf 线析出 β_{II}，β 相沿 eg 线析出 α_{II}。次生相 β_{II} 和 α_{II} 数量较少又常与 β 和 α 连在一起，在显微镜下很难分辨出次生相，故一般不予考虑。因此，共晶合金室温时最终组织组成物为（α+β）。

c. 亚共晶和过共晶的结晶过程　现以图 5-12 合金Ⅲ为例，介绍亚共晶合金的结晶过程。

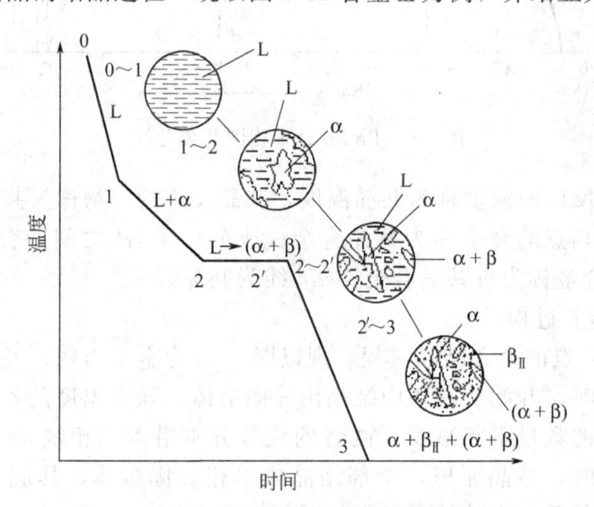

图 5-12　合金Ⅲ亚共晶合金的结晶过程示意

当液相温度从 0 点降至 1 点时，从液相中开始结晶出初生 α 固溶体。随着温度不断下降，从 1 至 2，初生 α 相数量不断增多，剩余液相不断减少；与此同时，α 相和液相成分分别沿固相线和液相线变化。当温度降至共晶温度 2 点时，剩余液相成分恰好为 d 点成分(共晶成分)，具备了发生共晶反应的条件，发生共晶反应，冷却曲线上也必定出现一个代表共晶反应的水平台阶 2-2′，直至剩余液相全部转变为共晶组织（$\alpha_c+\beta_e$）为止。这时合金的固态组织为初生的 α 固溶体和共晶组织（α+β）。此后，在 2 至 3 的降温过程中，由于 α 相、β 相的溶解度分别沿着 cf、eg 线减小，必然要从 α 相和 β 相中析出 β_{II} 和 α_{II} 两种次生相。由于前述原因，共晶体中的二次相可以不予考虑，因而只需考虑从初生 α 固溶体析出的二次相 β_{II} 数量。亚共晶合金最终的组织组成物可以认为是 $\alpha+\beta_{\text{II}}+(\alpha+\beta)$，如图 5-13 所示。它的相组成物仍然是 α 相和 β 相。

过共晶合金Ⅳ的结晶过程的分析方法与合金Ⅲ基本相同，只是先共晶为 β 固溶体，最终组织为 $\beta+(\alpha+\beta)+\alpha_{\text{II}}$，如图 5-14 所示。

通常在显微镜下能清楚地区别开，把具有一定形态特征的组成部分称为组织组成物。组织组成物可以是一种相，也可以由几种相复合组成。上面提到的 α、α_{II}、β、β_{II}、(α+β) 都是组织组成物。

为了分析研究组织的方便，常常将合金的组织组成物标注在合金的相图上，如图 5-15 所示。这样，相图上表明的组织与显微镜下所观察到的显微组织相互对应，便于了解合金系中任一合金在任一温度下的组织状态以及该合金在结晶过程中的组织变化。

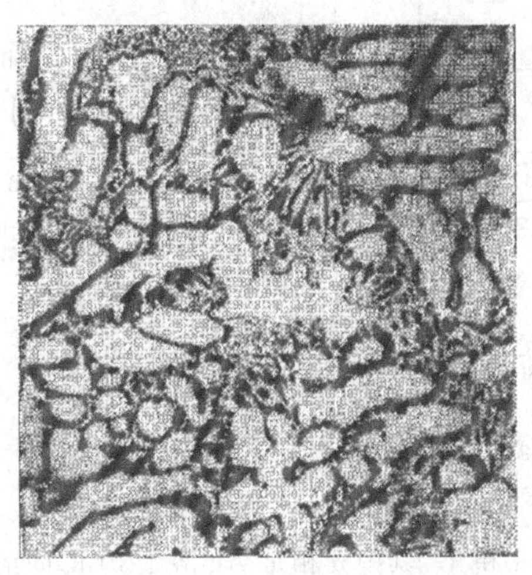
图 5-13 Pb-Sn 合金亚共晶组织

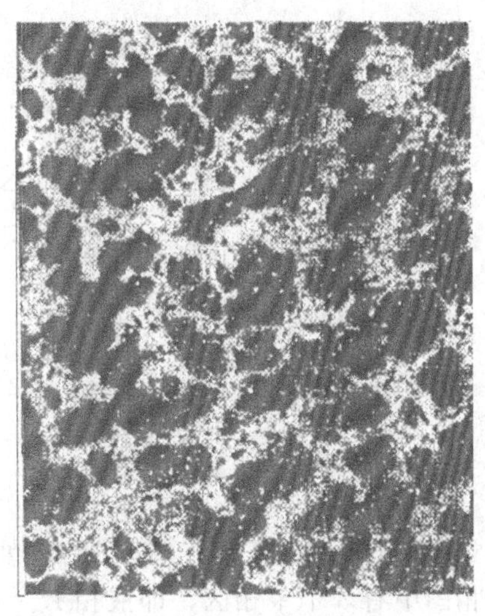
图 5-14 Pb-Sn 合金过共晶组织

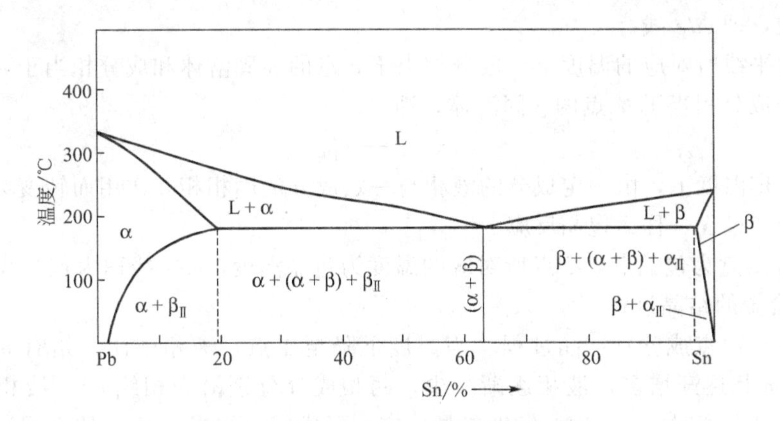

图 5-15 标注组织组成物的 Pb-Sn 相图

③ 密度偏析　共晶合金系中的亚共晶或过共晶合金，先共晶析出的晶体的密度大于或小于剩余液体的密度时，先析出的相会在剩余液体相中下沉或上浮，使结晶后的合金上、下部分的成分产生不均匀的现象，称为密度偏析，也叫比重偏析。

合金组元的密度相差愈大，初晶与剩余液相的成分差别愈大，则初晶与剩余液相的密度相差也愈大，因而合金的密度偏析愈严重。此外，结晶时冷却速度愈小，则初晶在液相中有更多的时间上浮或下沉，也将增加密度偏析的程度。

消除措施：

a. 加大结晶时的冷却速度，使偏析相来不及上浮或下沉；

b. 加入某种元素形成熔点高、密度与液相相近的化合物，结晶时先析出形成枝晶骨架，阻止偏析；

c. 振荡搅拌。

(3) 包晶相图

当两组元在液态时无限互溶，在固态时形成有限固溶体，并发生包晶反应的相图叫包晶相图。具有这类相图的二元系有 Pt-Ag、Ag-Sn、Al-Pt、Fe-C 等，现以 Pt-Ag 相图为例进行分析。

① 相图分析　Pt-Ag 相图如图 5-16 所示。aeb 是液相线，$acdb$ 是固相线，cf 和 dg 分

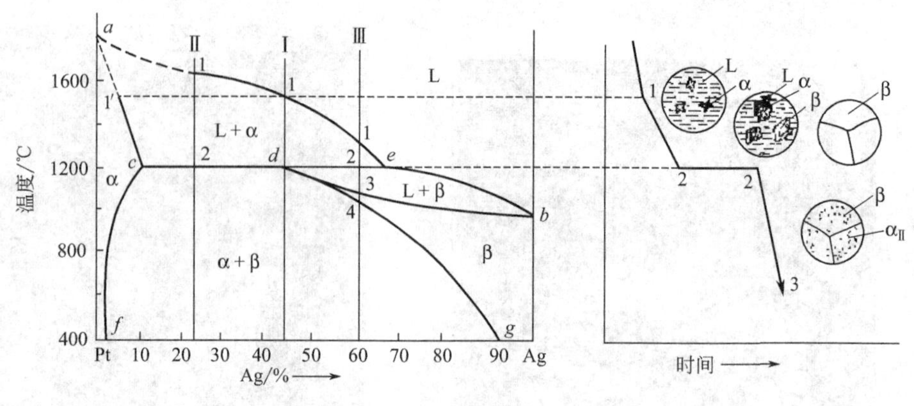

图 5-16　Pt-Ag 相图及结晶过程

别是 Ag 溶于 Pt 和 Pt 溶于 Ag 的溶解度曲线。

相图中有 3 个单相区，即液相 L 及固相 α 和 β，其中 α 相是 Ag 溶于 Pt 的固溶体，β 是 Pt 溶于 Ag 的固溶体。单相区之间有 3 个两相区，即 L+α、L+β 和 α+β 相。两相区之间存在三相共存线，即 *cde* 线。

在 *cde* 水平线所对应的温度下，成分相当于 *c* 点的 α 固溶体和成分相当于 *e* 点的液相作用，形成一个成分相当于 *d* 点的 β 固溶体，即：

$$\alpha_c + L_e \longrightarrow \beta_d$$

这种在一定温度下，由一定成分的液相与一定成分的固相相互作用而转变为另一个一定成分固相的转变过程，称为包晶反应。

相图中的 *d* 点为包晶点，*d* 点所对应的温度为包晶温度，*cde* 线称为包晶线。

② 典型合金的结晶过程

a. 合金Ⅰ（*d* 点成分）结晶过程　当温度下降至 1 点，液相中便开始有 α 相析出，温度继续下降，α 相逐渐增多，液相逐渐减少，两相成分分别沿固相线 *ac*、液相线 *ae* 变化。当温度降至包晶温度时，α_c 和 L_e 发生包晶反应，形成成分相当于 *d* 点的 β 固溶体。反应结束后，参加反应的液相和 α 固溶体全部转变为 β 固溶体。在继续降温的过程中，由于 Pt 在 β 固溶体中的溶解度随温度下降而减小，故不断有 $\alpha_{\text{Ⅱ}}$ 二次相的析出。合金Ⅰ的室温组织组成物为 $\beta+\alpha_{\text{Ⅱ}}$。

b. 合金Ⅱ（成分在 *c*、*d* 之间）的结晶过程　当温度降至 1 点，液相中便开始有 α 相析出。随着温度下降，α 相逐渐增多，液相逐渐减少，两相成分分别沿固相线 *ac*、液相线 *ae* 变化。当温度降至包晶温度时，发生包晶反应。反应结束后，α 相有剩余，合金由 α 和 β 两相组成。合金继续冷却时，将分别从 α 和 β 固溶体中析出 $\beta_{\text{Ⅱ}}$ 与 $\alpha_{\text{Ⅱ}}$。合金Ⅱ的最终室温组织组成物为 $\alpha+\beta+\beta_{\text{Ⅱ}}+\alpha_{\text{Ⅱ}}$。

c. 合金Ⅲ（成分在 *d*、*e* 之间）的结晶过程　当温度降至 1 点时，开始结晶，冷至包晶温度 2 时，α 相与液相的成分分别相当于 *c* 点和 *e* 点的成分。在此温度下，发生包晶转变。在包晶转变结束时，液相有剩余。继续冷却时，液相不断结晶出 β 固溶体，当合金冷却至 3 点时，合金凝固完毕，成为单一的 β 相，当冷却到 4 点温度时，将从 β 相中析出 $\alpha_{\text{Ⅱ}}$，合金Ⅲ的最终室温组织组成物为 $\beta+\alpha_{\text{Ⅱ}}$。

（4）共析相图

从一个固相中同时析出成分和晶体结构完全不同的两种新的固相转变过程，称为共析转变。图 5-17 即为二元共析相图。图中 A、B 为组元，合金凝固后获得 γ 固溶体，γ_c 在恒温

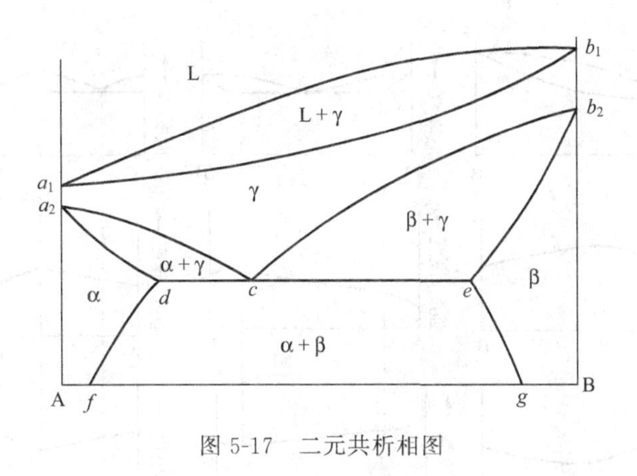

图 5-17　二元共析相图

下进行共析转变：

$$\gamma_c \longrightarrow \alpha_d + \beta_e$$

($\alpha_d+\beta_e$) 称为共析体，c 点为共析点，dce 为共析线，对应的温度为共析温度。

共析反应产物也是两相机械混合物，称为共析组织或共析体。共析反应与共晶反应不同的是，共析反应的母相是固相，而不是液相，因而共析转变也是固态相变，和同素异构转变一样，固态相变又称为二次结晶或重结晶，它有着与结晶不同的特点。

① 发生固态转变时，形核一般在某些特定部位发生（如晶界、晶内缺陷、特定晶面等），因为这些部位或与新相结构相近，或原子扩散容易。

② 由于固态下扩散困难，因而固态转变的过冷度大，与共晶体相比，共析体组织较细而均匀。

③ 固态转变往往伴随着体积变化，因而易产生很大的内应力，使材料发生变形或开裂。

共析转变对合金的热处理强化具有重大意义，钢铁和钛合金的热处理就是建立在共析转变的基础上的。

5.3　合金性能与相图的关系

相图不仅表明了合金成分与组织间的关系，而且反应了不同合金的结晶特点。合金性能取决于合金的成分和组织，而合金的某些工艺性能（如铸造性能）又与其结晶特点有关。掌握了这些规律，便可利用相图大致判断合金的性能，作为配制合金、选择材料和制定工艺的参考。

(1) 合金的使用性能与相图的关系

图 5-18 表示了合金的使用性能与相图的关系。可见，当合金形成单相固溶体时，随溶质溶入量的增加，合金的强度、硬度升高，而电导率降低，呈透镜形曲线变化，在合金性能与成分的关系曲线上有一极大值或极小值。当合金形成两相混合物时，其性能是两相性能值的算术平均值。随着成分的变化，合金的强度、硬度、电导率等性能在两组成相的性能间呈线性变化，对应共晶成分或共析成分的合金，其性能还与两组成相的致密度有关，组织愈细，性能愈好，如强度等就会偏离与成分的直线变化关系，而出现如图中虚线所示的高峰，而其峰值的大小随着组织细密程度的增加而增加。当合金形成稳定化合物时，在化合物处性能出现极大值或极小值。

(2) 合金的工艺性能

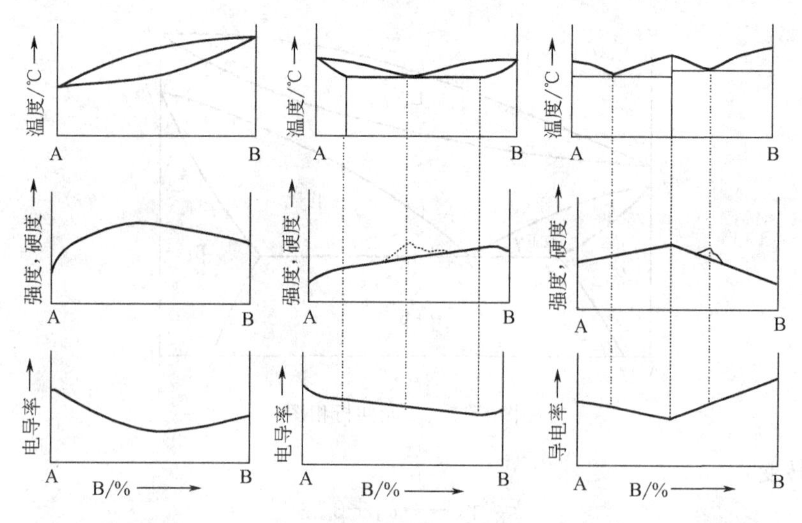

图 5-18 合金的使用性能与相图的关系示意

图 5-19 为合金的铸造性能与相图的关系。

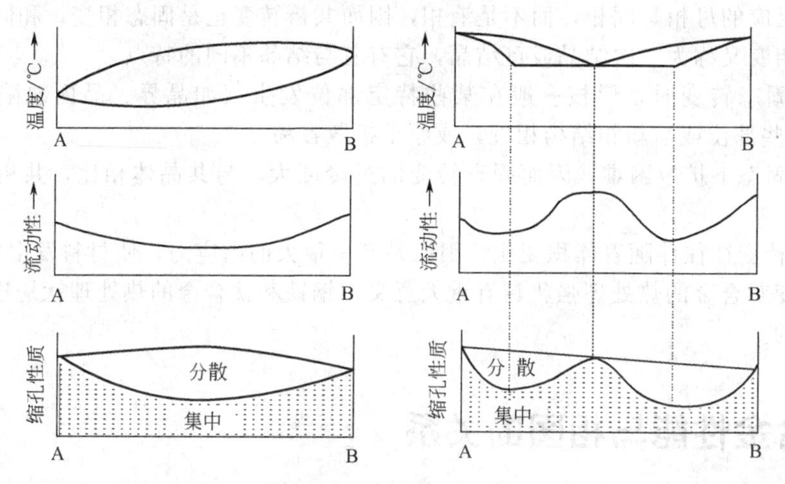

图 5-19 合金的铸造性能与相图的关系示意

合金的铸造性能主要表现在流动性（即液体填充铸型的能力）、缩孔、偏析及热裂倾向等方面。合金的铸造性能，从相图上看，首先取决于液相线与固相线的水平距离及结晶的温度间隔，即垂直距离。实践表明，液、固相线的水平距离和垂直距离愈大时，树枝晶愈发达，形成枝晶偏析的倾向性也愈大。同时，先结晶出的树枝晶阻碍未结晶液体的流动，并将金属液分割成许多细小而分散的封闭区域，其间液体凝固收缩时，会因无液体补充而形成空洞，这种分散而细小的空洞就是缩松。这将导致强度、塑性、韧性等力学性能下降。

共晶成分的合金铸造性能最好，即流动性好，易形成集中缩孔，分散缩孔少，偏析程度小，因为它是在恒温下结晶（即结晶温度区间为零），所以铸造合金常选用共晶成分或接近共晶成分的合金。

单相固溶体塑性好，变形抗力小，故适用于压力加工。当合金形成两相机械混合物，特别是组织中存在较多化合物时，因化合物很脆，所以压力加工性能很差。

另外，单相固溶体切削加工性差，表现为容易粘刀、工件表面粗糙度高等缺点。当合金形成两相混合物时，切削加工性得以改善。

单相固溶体合金不能进行热处理，只有相图中存在同素异构转变、共析转变、固溶度变化的合金才能进行热处理。

习　题

1. 二元相图有哪些最基本的类型？何为匀晶转变、共晶转变、包晶转变、共析转变。
2. 何为“杠杆定律”？“杠杆定律”的应用范围及用途。
3. 简述枝晶偏析形成过程和消除方法。
4. 何谓相组成物和组织组成物？请举例说明之。
5. A和B元素形成的合金相图为共晶相图，其共晶反应式为：
   $L(W_B=75\%) \longrightarrow \alpha(W_B=15\%)+\beta(W_B=95\%)$
   试求：(1) $W_B=50\%$的合金完全凝固时初晶α相与共晶$(\alpha+\beta)$相的重量百分数，以及共晶体中α相与β相的重量百分数；
   (2) 若已知显微组织中β初晶与$(\alpha+\beta)$共晶各占一半，求该合金的成分。
6. 试举例说明相图的应用。

6 铁碳合金

钢铁材料具有一系列优良的力学性能和工艺性能，是现代工农业生产中应用最广泛的金属材料，钢铁材料就是铁碳合金，即以铁和碳作为基本元素的合金，改变其化学成分和工艺条件，可获得不同的组织和性能，从而能满足生产和使用的多种需要。因此学会分析和掌握铁碳合金是学习钢铁材料的基础。

铁碳合金相图是研究平衡条件下铁碳合金的成分、温度和组成相之间关系及其变化规律的图形。利用它还可以进一步研究不同成分铁碳合金的组织状态和性能，它也是制定铁碳合金热加工工艺的主要依据。

6.1 铁碳合金的相结构与性能

铁系过渡族元素，在常压下的熔点为1583℃，在20℃时的密度是7.87g/cm^3。

铁的一个重要特性是具有同素异构转变（即某些固态金属由于温度或压力改变而发生的从一种晶格向另一种晶格的转变），如图6-1所示。当纯铁由液态冷至1583℃时，将发生结晶，结晶产物为具有体心立方晶格的δ-Fe；冷至1394℃时，δ-Fe将发生同素异构转变，变为具有面心立方晶格的γ-Fe；当冷至912℃时，γ-Fe发生同素异构转变，变成具有体心立方晶格的α-Fe，此后不再发生变化。

同素异构转变过程与液态金属结晶过程类似，也是一个形核、长大过程。习惯上将这种固态下的相转变过程称为重结晶。每进行一次重结晶，就可以使晶粒细化一次。

在金相显微镜下观察到的金属内部结构称为显微组织，平衡状态的显微组织是指合金在极为缓慢的冷却条件下所得到的组织。所有碳钢和白口铸铁的室温均由铁素体（F）和渗碳体（Fe_3C）这两个基本相所组成。但由于碳的质量分数不同，铁素体和渗碳体的相对数量、析出条件以及分布情况均有所不同，因而呈现出各种不同的组织状态。

铁碳合金中的基本相铁和碳在液态时无限互溶，形成均匀的液相。在固态时，由于含碳量和温度的不同，铁原子和碳原子相互作用可以形成铁素体、奥氏体、δ-铁素体、渗碳体等基本相。

（1）铁素体

碳溶于体心立方晶格α-Fe中形成的间隙固溶体，称为铁素体或α固溶体，常用字母F或α表示。

体心立方晶格的α-Fe的致密度为0.68，晶格间隙相对多且分散，其中最大间隙尺寸为0.0719nm，而碳原子直径为0.154nm。由于α-Fe的晶格间隙尺寸比碳原子直径小得多，所

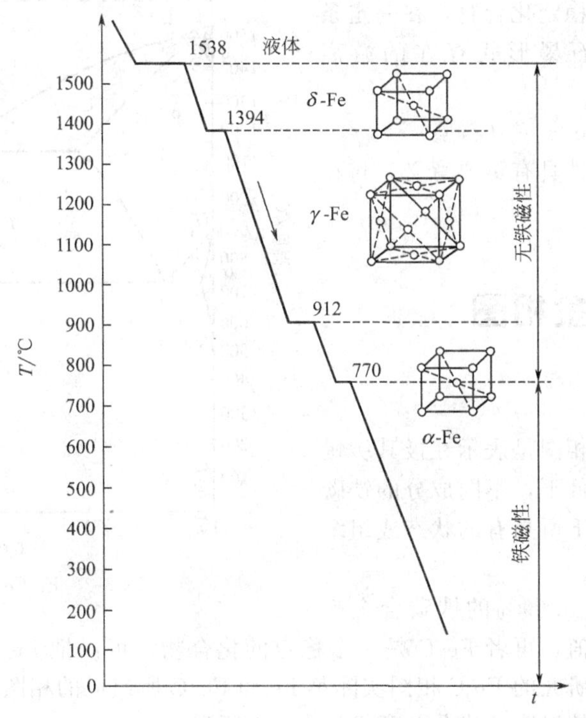

图 6-1 铁的冷却曲线与同素异构转变示意

以碳原子很难溶入晶格间隙，一般存在于晶格缺陷处。碳在 α-Fe 中的溶解度很小，最大溶解度为 727℃时 0.0218%，室温时溶碳量仅为 0.0008%。铁素体的力学性能与纯铁的力学性能相似，强度、硬度不高，但具有良好的塑性和韧性。

(2) 奥氏体

碳溶于面心立方晶格的 γ-Fe 之中所形成的间隙固溶体，称为奥氏体，常用字母 A 或 γ 表示。

面心立方晶格的 γ-Fe 的致密度为 0.74，晶格间隙相对少，但比较集中。γ-Fe 中最大间隙尺寸 0.107nm，而碳原子直径为 0.154nm，由于 γ-Fe 的晶格间隙尺寸比 α-Fe 大，所以 γ-Fe 的溶碳能力比 α-Fe 强，在 727℃时溶碳量为 0.77%，随着温度升高，溶碳量增加，在 1148℃时溶碳量最大为 2.11%。

奥氏体一般在高温（>727℃）时存在，其强度、硬度不高，但塑性很好。因此，钢材热压力加工时，一般都加热到远高于其再结晶温度下的奥氏体状态进行。

(3) δ-铁素体

碳溶于体心立方晶格的 δ-Fe 中所形成的间隙固溶体，称为 δ-铁素体或高温铁素体，常用字母 δ 表示。高温铁素体与铁素体本质相同，两者的区别仅在于高温铁素体存在温度范围较铁素体高，在 1394℃以上存在，在 1495℃时具有最大溶碳量，为 0.09%。

(4) 渗碳体

渗碳体是具有复杂晶体结构的间隙化合物，含碳量为 6.69%，熔点为 1227℃，因为它在受热时易分解，所以熔点难测，此数据是热力学计算而得。

渗碳体的硬度很高 [约 800(HBW)]，可以刻划玻璃，但脆，塑性几乎为零。渗碳体在钢和铸铁中，一般呈片状、网状或球状存在，它的形状、大小、数量和分布对钢的性能影响很大，是铁碳合金的重要强化相。

渗碳体是一个亚稳定化合物，在一定条件下，能分解成以石墨形式存在的游离碳，即：

$$Fe_3C \longrightarrow 3Fe + C\ (石墨)$$

这一反应对于铸铁具有重要意义，将在铸铁一章中详细介绍。

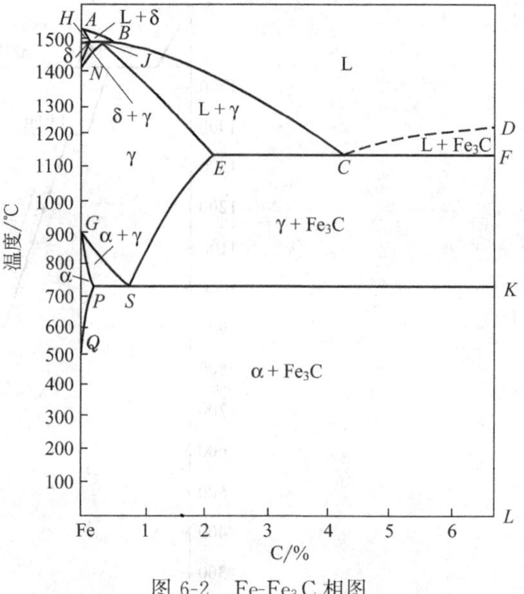

图 6-2 Fe-Fe_3C 相图

6.2 铁碳合金相图

6.2.1 相图分析

所谓的铁碳合金相图是表示在极其缓慢加热（或冷却）的条件下，不同成分的铁碳合金，在不同的温度下所具有的状态或组织及其变化规律的图形。

由于含碳量大于 6.69% 的铁碳合金脆性极大，没有使用价值，再者 Fe_3C 是一个稳定的化合物，可以把 Fe_3C 作为一个独立的合金组元。因此，我们研究的 Fe-C 相图实际是 Fe 和 Fe_3C 所组成的相图，如图 6-2 所示。

相图中各特性点的温度、成分及意义见表 6-1 所列。

表 6-1 Fe-Fe_3C 相图中的特性点

点的符号	温度/℃	含碳量/%	说　明
A	1538	0	纯铁的熔点
B	1495	0.53	包晶反应时液态合金的成分
C	1148	4.30	共晶点
D	1227	6.69	渗碳体的熔点
E	1148	2.11	碳在 γ-Fe 中的最大溶解度
F	1148	6.69	渗碳体的成分
G	912	0	α-Fe、γ-Fe 同素异构转变点
H	1495	0.09	碳在 δ-Fe 中的最大溶解度
J	1495	0.17	包晶点
K	727	6.69	渗碳体的成分
N	1394	0	γ-Fe、δ-Fe 同素异构转变点
P	727	0.0218	碳在 α-Fe 中的最大溶解度
S	727	0.77	共析点
Q	室温	0.0008	碳在 α-Fe 中的溶解度

图中 *ABCD* 为液相线，*AHJECF* 为固相线。

图中有 5 个基本相，相应有 5 个单相区，它们是：

ABCD 以上——液相区（L）

AHNA——δ 固溶体区（δ）

NJESGN——奥氏体区（A）

GPQ 以左——铁素体区（F）

DFKL——渗碳体区（Fe_3C）

相图中有 7 个两相区：L+δ、L+γ、L+Fe_3C、δ+γ、γ+α、γ+Fe_3C、α+Fe_3C。它们分别位于两相邻单相区之间。

相图中有3个三相区，即3条水平线，代表着3个三相平衡转变，$Fe\text{-}Fe_3C$相图中就由这3个基本转变所组成，现分别说明如下：

(1) 包晶反应

HJB 线为包晶线，当含碳量在0.09%～0.53%的铁碳合金冷却到此线时，在1495℃恒温下发生包晶反应，反应式为：

$$L_B + \delta_H \longrightarrow \gamma_J$$

包晶反应的反应产物为奥氏体。

(2) 共晶反应

ECF 线为共晶线，当含碳量在2.11%～6.69%的铁碳合金冷却到此线时，在1148℃恒温下发生共晶反应，反应式为：

$$L_C \longrightarrow \gamma_E + Fe_3C$$

共晶反应的反应产物是奥氏体和渗碳体的机械混合物，称为莱氏体，用字母Ld表示。

(3) 共析反应

PSK 线为共析线，当含碳量在0.0218%～6.69%的铁碳合金冷却到此线时，在727℃恒温下发生共析反应，反应式为：

$$\gamma_S \longrightarrow \alpha_p + Fe_3C$$

共析反应的反应产物是铁素体和渗碳体的机械混合物，称为珠光体，用字母P表示。

此外，相图中还有三条重要的特性线，分别是 *ES*、*PQ* 和 *GS* 线。

ES 线是碳在奥氏体中的固溶线。奥氏体的最大溶碳量是在1148℃时，可溶碳2.11%；而在727℃时，溶碳量仅为0.77%。因此，含碳量大于0.77%的合金，自1148℃冷至727℃的过程中，将从奥氏体中析出渗碳体，这种渗碳体称为二次渗碳体。*ES* 线又称为 A_{cm}线。二次渗碳体往往沿奥氏体晶界析出呈网状分布，使钢变脆，生产上要设法消除其不利影响。

PQ 线是碳在铁素体中的固溶线。铁素体的最大溶碳量是在727℃时，可溶碳0.0218%；而在室温时，仅能溶解0.0008%C，所以一般铁碳合金由727℃冷却到室温时，将由铁素体中析出渗碳体，这种渗碳体称为三次渗碳体（$Fe_3C_{Ⅲ}$）。对于工业纯铁和低碳钢，由于三次渗碳体沿晶界析出，使其塑性、韧性下降，因而要重视其数量及分布。在含碳量较高的铁碳合金中，$Fe_3C_{Ⅲ}$可忽略不计。

一次、二次、三次、共析、共晶渗碳体只在于其来源、形态、分布不同，但并没有本质区别，其含碳量、晶格类型及渗碳体本身的性能完全相同。

GS 线称为 A_3 线，它是冷却过程中，由奥氏体中析出铁素体的开始线，或者说是在加热时，铁素体完全溶入奥氏体的终了线。

6.2.2 典型合金的结晶过程

根据成分不同及室温组织的不同，铁碳合金常进行以下分类。

① 工业纯铁（含碳量<0.0218%） 室温平衡组织为铁素体和极少量的三次渗碳体。

② 钢（含碳量在0.0218%～2.11%之间） 其特点是高温固态组织为具有良好塑性的奥氏体，因而宜于锻造。根据室温组织的不同，分为：亚共析钢（含碳量在0.0218%～0.77%之间），其室温平衡组织为铁素体和珠光体；共析钢（含碳量为0.77%），其室温平衡组织为珠光体；过共析钢（含碳量在0.77%～2.11之间），其室温平衡组织为珠光体和二次渗碳体。

③ 白口铸铁（含碳量2.11%～6.69%之间） 其特点是液相结晶时都有共晶转变发生，故合金的流动性好，成分偏析小，分散缩孔少，具有良好的铸造性能。它们的断口白亮光

泽，故称为白口铸铁。根据室温组织的不同又将其分为：亚共晶白口铸铁（含碳量在2.11%～4.3%之间），其室温平衡组织为珠光体、二次渗碳体和莱氏体；共晶白口铸铁（含碳量为4.3%），其室温平衡组织为莱氏体；过共晶白口铸铁（含碳量在4.3%～6.69%之间），其室温平衡组织为渗碳体和莱氏体。

下面列举6个典型的铁碳合金，分析其结晶过程。

（1）共析钢的结晶过程分析

共析钢的结晶过程如图6-3所示。共析钢的含碳量为0.77%，超过了包晶线上最大的含碳量0.53%，因此冷却时不发生包晶转变。在1～2间合金按匀晶转变结晶出奥氏体。在2～3点之间，不发生组织转变。到达3～3′之间，发生共析转变：$\gamma_{0.77} \rightarrow \alpha_{0.0218} + Fe_3C$，从奥氏体相中同时析出铁素体相和渗碳体相（即珠光体）。反应结束后，奥氏体全部转变为珠光体。3′以后，继续冷却会从珠光体的铁素体中析出少量的三次渗碳体，但是它们往往依附在共析渗碳体上，难于分辨。因此，共析钢的室温组织为100%的珠光体，如图6-4所示。由图6-4可以看出，珠光体是铁素体与渗碳体片层相间的组织，呈指纹状，其中白色的基底为铁素体，黑色的层片为渗碳体。

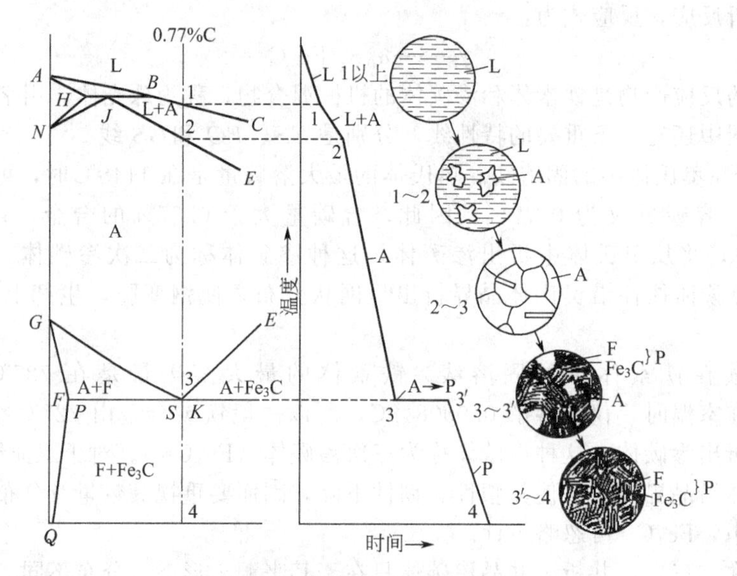

图6-3　共析钢的结晶过程示意

图6-4　共析钢的显微组织示意

共析转变结束时，珠光体含碳量为 0.77%，其中铁素体和渗碳体的相对量可借助杠杆定律求得：

$$Q_{\alpha}=\frac{6.69-0.77}{6.69-0.0218}=88.78\%$$

$$Q_{Fe_3C}=1-Q_{\alpha}=11.22\%$$

室温下珠光体中两相的相对质量百分比为：

$$Q_{\alpha}=\frac{6.69-0.77}{6.69-0.00008}\times 100\%=88.50\%$$

$$Q_{Fe_3C}=100\%-88.50\%=11.50\%$$

(2) 亚共析钢的结晶过程分析

含碳量在 0.09%～0.53%之间的亚共析钢结晶时将发生包晶反应。以含 0.4%C 的钢为例分析亚共析钢的结晶过程，其冷却曲线及组织转变示于图 6-5 所示。合金在 1～2 之间按匀晶转变析出 δ 固溶体。冷至 2 点（1495℃）时，δ 固溶体的含碳量为 0.09%，液相的含碳量为 0.53%。此时液相和 δ 固溶体发生包晶转变：$L_{0.53}+\delta_{0.09}\longrightarrow\gamma_{0.17}$。包晶转变结束后，除了新形成的奥氏体外，还有过剩的液相存在。这些液相在 2～3 点之间冷却时继续按匀晶过程转变为奥氏体。这时包晶转变产物的成分也沿 *JE* 线变化。冷却到 3 点，合金全部为含碳量 0.4%的奥氏体。温度降至 4 点时，开始从奥氏体中析出铁素体，随着温度下降铁素体不断增多，铁素体含碳量沿 *GP* 线变化，而剩余奥氏体的含碳量沿 *GS* 线变化。当温度降至 5 点时（727℃）时，剩余奥氏体的含碳量为 0.77%，发生共析转变形成珠光体，此时合金组织为铁素体和珠光体。727℃以下，铁素体中将析出三次渗碳体 $Fe_3C_{Ⅲ}$，但数量很少，一般可以忽略。室温下该合金显微组织为铁素体加珠光体。

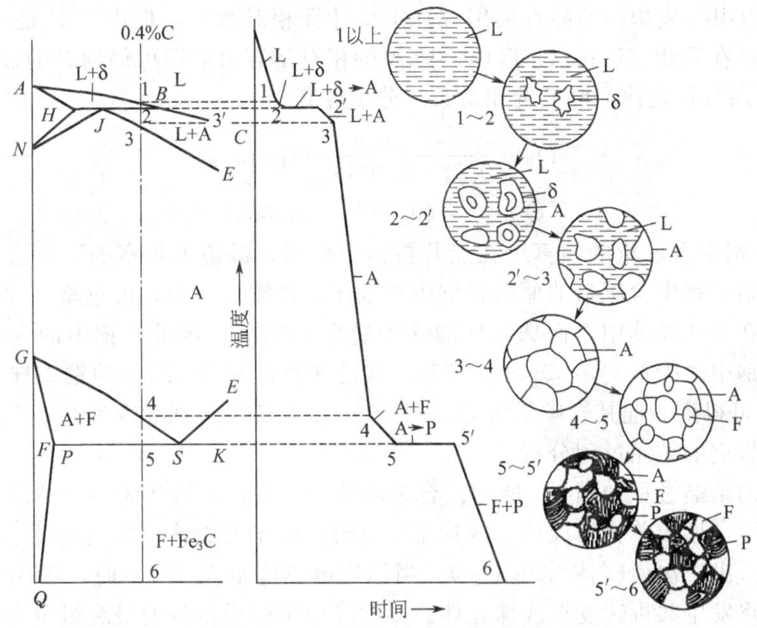

图 6-5 亚共析钢的结晶过程示意

应当注意的是：相图中，所有亚共析钢的室温平衡组织都是由铁素体和珠光体组成的，其差别仅在于其中的珠光体和铁素体的相对含量不同，含碳量越高，则珠光体越多，铁素体含量越少。亚共析钢经硝酸酒精溶液腐蚀后，在显微镜下观察其显微组织，铁素体呈白亮色块状，而珠光体呈层片状，在低放大倍数下呈黑色块状，如图 6-6 所示。

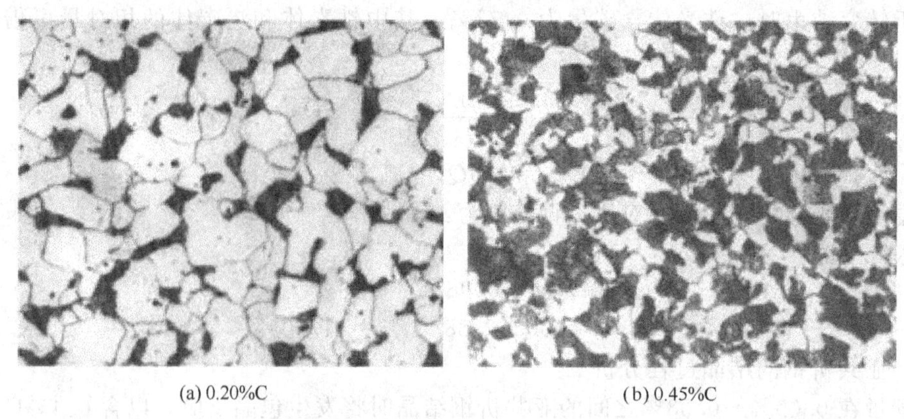

(a) 0.20%C (b) 0.45%C

图 6-6 亚共析钢的显微组织（400×）

室温下所有亚共析钢的平衡组织都是由铁素体和珠光体组成，所有亚共析钢都是由铁素体和渗碳体两相组成。以含碳量0.4%的亚共析钢为例，它们的相对数量以及根据钢的显微组织求其中含碳量的计算方法如下。

① 相（F和Fe_3C）的相对数量计算　该合金在室温下的相组成为F和Fe_3C，可用杠杆定律计算，它们的相对数量分别为：

$$Q_F=\frac{6.69-0.4}{6.69-0.0008}=94\%$$

$$Q_{Fe_3C}=1-94\%=6\%$$

② 组织（F和P）的相对数量计算　含碳量0.4%的铁碳合金在室温下的平衡组织为F和P，因为是组织组成物，不能直接用杠杆定律计算相对数量，但由于P是由A转变得到的，所以可选择在两相（F和A）区内，把A的相对量算出后即可得到P的数量。在两相F和A区域内可用杠杆定律，它们的相对数量分别计算为：

$$Q_F=\frac{0.77-0.4}{0.77-0.0218}=49.45\%$$

$$Q_A=1-49.45\%=50.55\%$$

③ 亚共析钢中含碳量的估算　在亚共析钢中根据显微镜下观察的平衡组织中珠光体的相对面积，可估算钢中含碳量的原因是钢中铁素体的含碳量很少，可忽略。这样可以认为钢中的碳完全存在于珠光体中，而珠光体的含碳量为0.77%。因此，钢中的含碳量可近似用下式计算，即钢中含碳量$Q_c=Q_p\times0.77\%$。从已知含碳量为0.4%的钢中珠光体的相对数量为51%，即可得到验证其含碳量为$Q_c=50.55\%\times0.77\%\approx0.39\%\approx0.4\%$。

（3）过共析钢的结晶过程分析

过共析钢的结晶过程如图6-7所示。合金冷却到1点，开始从液相中结晶出奥氏体，直至2点凝固完毕，形成单相奥氏体，冷却至3点时，由于奥氏体中碳达到过饱和而开始从奥氏体的晶界上析出二次渗碳体（Fe_3C_{II}）。当温度继续降低至727℃时，奥氏体成分达到S点时，奥氏体将发生共析转变形成珠光体。温度降至室温后得到的最终组织为珠光体和二次渗碳体。图6-8为过共析钢的显微组织示意。

室温下所有过共析钢的平衡组织是由珠光体和二次渗碳体组成，所有过共析钢都是由铁素体和渗碳体两相组成。以含碳量1.2%的过共析钢为例，它们的相对数量的计算方法如下所述。

① 相（F和Fe_3C）的相对数量计算　此合金在室温下的相组成为F和Fe_3C，可用杠杆

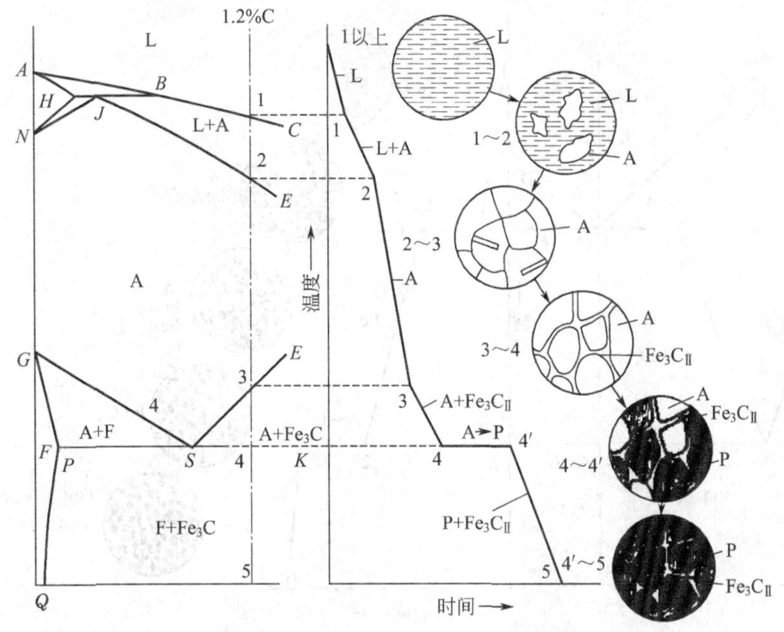

图 6-7　过共析钢的结晶过程示意

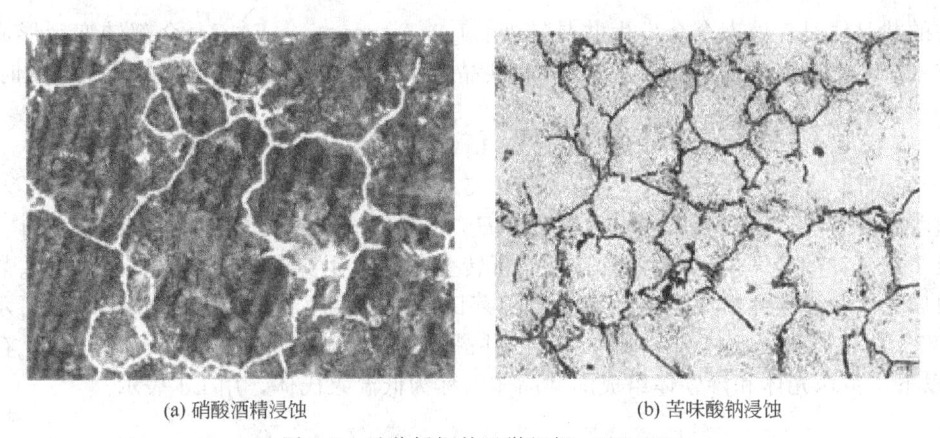

(a) 硝酸酒精浸蚀　　(b) 苦味酸钠浸蚀

图 6-8　过共析钢的显微组织（400×）

定律计算，它们的相对数量分别为：

$$Q_F=\frac{6.69-1.2}{6.69-0.0008}=82\%$$

$$Q_{Fe_3C}=1-82\%=18\%$$

② 组织（P 和 Fe_3C_{II}）的相对数量计算　含碳量为 1.2%的铁碳合金在室温下的平衡组织为 P 和 Fe_3C_{II}，因为是组织组成物，不能直接用杠杆定律计算相对数量，但由于 P 是由 A 转变得到的，所以可选择在两相（A 和 Fe_3C_{II}）区内，把 A 的相对量算出后即可得到 P 的数量。在两相 A 和 Fe_3C_{II} 区域内可用杠杆定律，它们的相对数量分别计算为：

$$Q_{Fe_3C_{II}}=\frac{1.2-0.77}{6.69-0.77}=7\%$$

$$Q_A=1-7\%=93\%$$

（4）共晶白口铁的结晶过程分析

共晶白口铁的结晶过程如图 6-9 所示。合金在 1 点（C 点）以上为液相。当温度降至 C

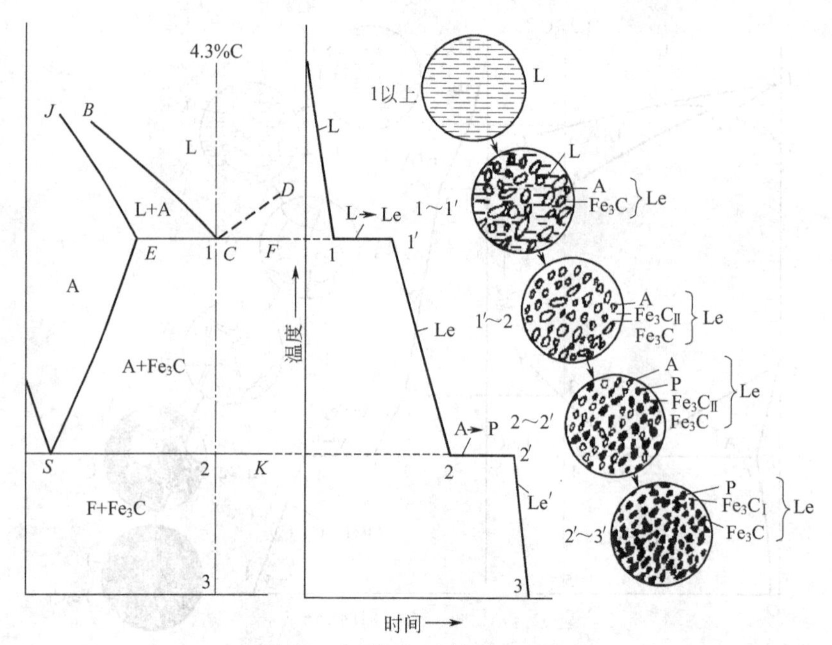

图 6-9 共晶白口铁结晶过程示意

点所在的共晶线时，液态合金发生共晶转变：$L_{4.3} \longrightarrow \gamma_{2.11} + Fe_3C$，全部转变为形成高温莱氏体（Ld），高温莱氏体是共晶奥氏体和共晶渗碳体的机械混合物，呈蜂窝状。此时：

$$Q_{\gamma}=\frac{6.69-4.3}{6.69-2.11}\times 100\%=52.2\%$$

$$Q_{Fe_3C}=100\%-52.2\%=47.8\%$$

随着温度下降，碳在奥氏体中的含量沿 *ES* 线变化并不断从奥氏体中析出 $Fe_3C_{Ⅱ}$。当温度降至 2 点（727℃）时，奥氏体具备了共析转变条件产生珠光体。因此，室温时共晶白口铁是由珠光体和渗碳体组成，这种组织也称莱氏体，其显微组织示意图如图 6-10 所示。存在于 727℃以上，由奥氏体和渗碳体组成的共晶体，称为高温莱氏体，以 Ld 表示，存在于 727℃以下，由珠光体和渗碳体组成的共晶体，称为低温莱氏体，用 Ld′表示。

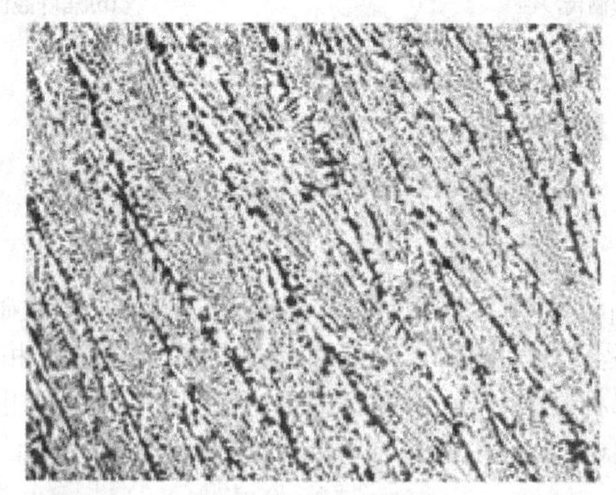

图 6-10 共晶白口铸铁的显微组织（400×）

（5）亚共晶白口铁的结晶过程分析

以含 3.0%C 的亚共晶白口铸铁为例进行分析，亚共晶白口铁的结晶过程如图 6-11 所示。1 点以上为液相，1 点时开始从液相中结晶出奥氏体固相。随着温度的降低，剩余液相

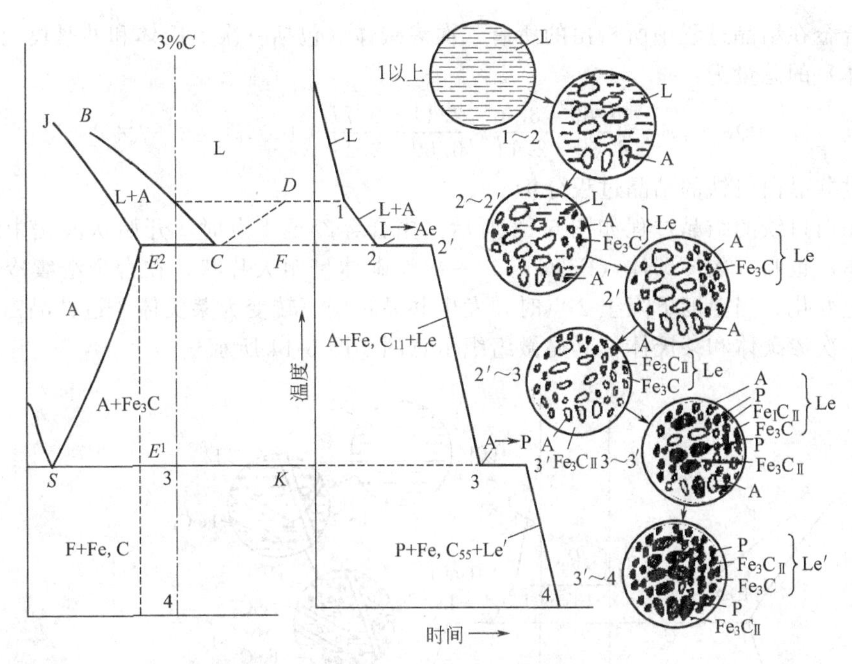

图 6-11 亚共晶白口铁的结晶过程示意

不断减少其成分沿 AC 线变化。奥氏体固相不断增多其成分沿 AE 线变化。当温度降至 2 点（1148℃）时，剩余液相成分达到 C 点，发生共晶转变形成高温莱氏体。温度继续下降，奥氏体中不断析出 Fe_3C_{II} 且成分沿 ES 线变化。当温度降至 3 点（727℃）时，奥氏体达到 S 点成分时，奥氏体将发生共析转变形成珠光体。亚共晶白口铁在室温下的组织是珠光体、二次渗碳体和低温莱氏体 Ld′，其显微组织示意图如图 6-12 所示，图中树枝状的黑色粗块为珠光体，其周围被莱氏体中珠光体衬托出的白圈为二次渗碳体，其余为低温莱氏体。

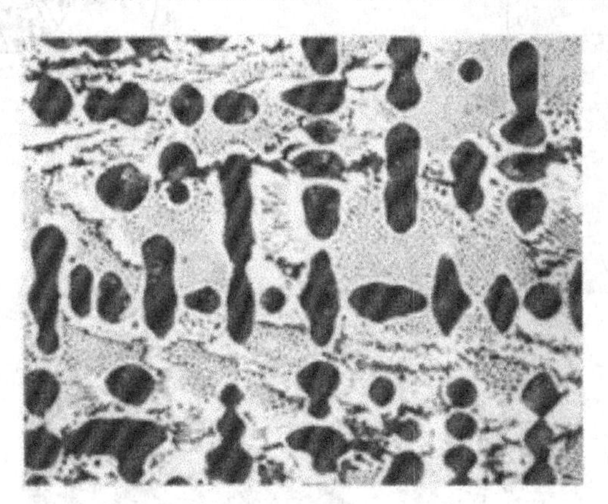

图 6-12 亚共晶白口铸铁的显微组织（400×）

室温下，含 3.0%C 白口铸铁中 3 种组织组成物的相对重量百分比为：

$$Q_{Le'}=Q_{Le}=\frac{3.0-2.11}{4.3-2.11}\times100\%=40.64\%$$

$$Q_{Fe_3C_{II}}=\frac{4.3-3.0}{4.3-2.11}\times\frac{2.11-0.77}{6.69-0.77}\times100\%=13.44\%$$

$$Q_P=100\%-Q_{Le'}-Q_{Fe_3C_{II}}=100\%-40.64\%-13.44\%=45.92\%$$

而该合金在结晶过程中所析出的所有二次渗碳体（包括一次奥氏体和共晶奥氏体中析出二次渗碳体）的总量为：

$$Q_{Fe_3C_{Ⅱ}总}=\frac{6.69-3.0}{6.69-2.11}\times\frac{2.11-0.77}{6.69-2.11}\times100\%=23.57\%$$

（6）过共晶白口铁的结晶过程分析

过共晶白口铁的结晶过程如图 6-13 所示。当合金冷至 1 点时，开始从液相中结晶出先共晶渗碳体，也叫一次渗碳体（$Fe_3C_{Ⅰ}$），一次渗碳体呈粗大片状，在合金继续冷却的过程中不再发生变化。当温度下降至 2 点时，发生共晶转变，转变为莱氏体。过共晶白口铁的室温组织为一次渗碳体和莱氏体，其显微组织示意图如图 6-14 所示。

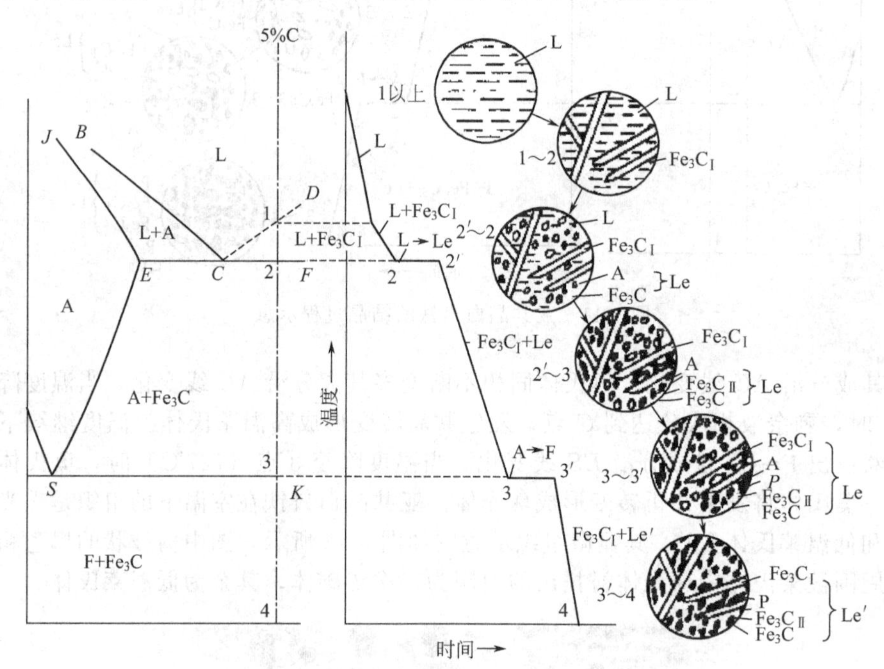

图 6-13　过共晶白口铁的结晶过程

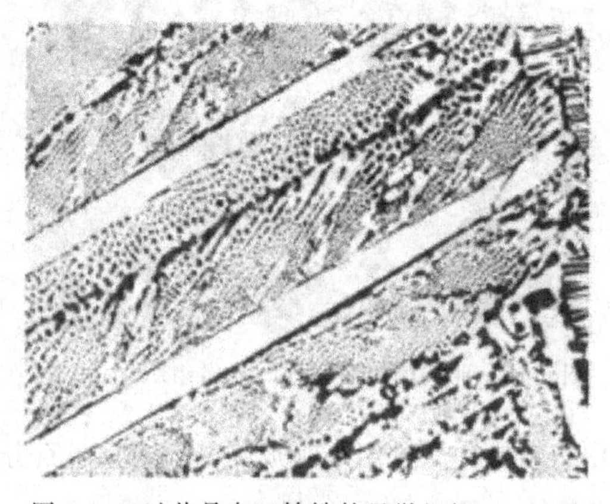

图 6-14　过共晶白口铸铁的显微组织（400×）

至此，我们已经学过一次渗碳体（$Fe_3C_{Ⅰ}$）、二次渗碳体（$Fe_3C_{Ⅱ}$）、三次渗碳体（$Fe_3C_{Ⅲ}$）、共晶渗碳体（莱氏体中的渗碳体）、共析渗碳体（珠光体中的渗碳体）五种不同的渗碳体组织组成物。它们都具有相同的含碳量（6.69%）和相同的晶体结构，故同属于一种相组成物——渗碳体相。但是，由于它们各自形成条件的不同，因而分别具有不同的组织形态。通过以后内容的学习，我们会看到它们对铁碳合金的性能将具有不同的影响。

6.2.3 含碳量对铁碳合金平衡组织和性能的影响

（1）含碳量对平衡组织的影响

根据前面对铁碳合金平衡结晶过程的分析，可得到如图 6-15 所示的按组织组成物区分的简化的 $Fe\text{-}Fe_3C$ 相图。随着含碳量的增加，合金的显微组织将发生如下变化：

$$F+Fe_3C_{Ⅲ}\longrightarrow F+P\longrightarrow P+Fe_3C_{Ⅱ}\longrightarrow P+Fe_3C_{Ⅱ}+Le'\longrightarrow Le'\longrightarrow Le'+Fe_3C_{Ⅰ}$$

可见，随着含碳量增加，不仅渗碳体的数量增加，而且渗碳体的形态也在发生变化，在亚共析钢和共析钢中，渗碳体呈片状或粒状（球状）形成分布在铁素体基体上（珠光体），含碳量超过 0.77%时，出现渗碳体呈网状分布在晶界上（$Fe_3C_{Ⅱ}$），当形成莱氏体时，渗碳体又成为基体。

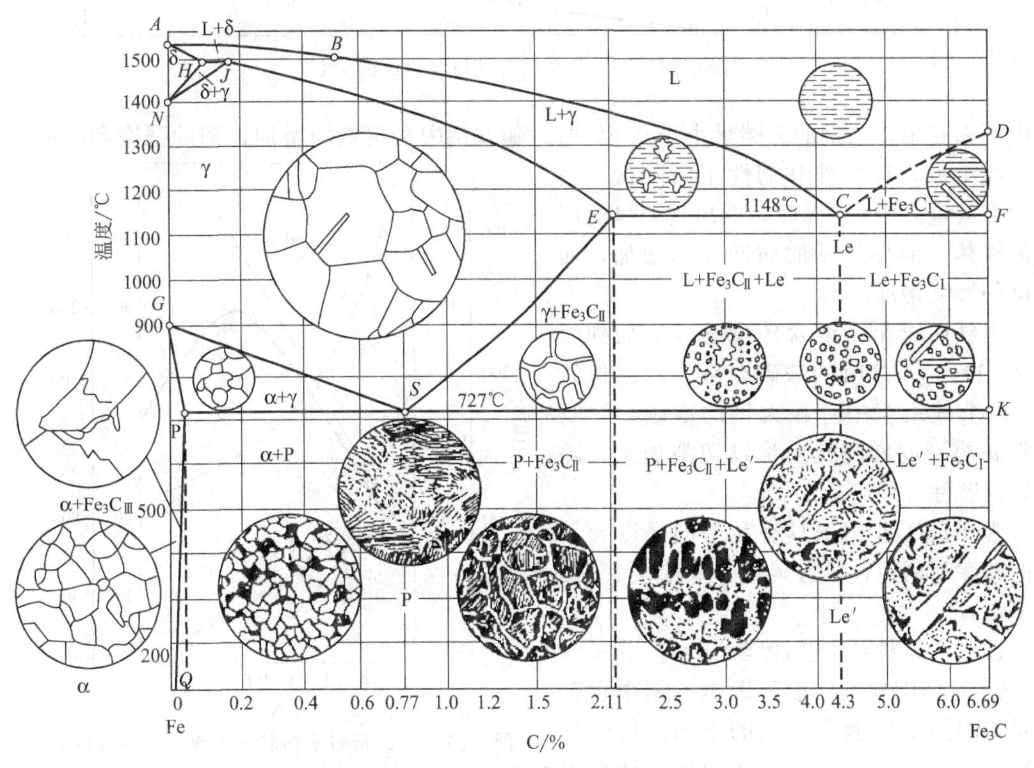

图 6-15 以组织组成物表示的 $Fe\text{-}Fe_3C$ 相图

图 6-16 为铁碳合金的含碳量与组织的关系。

（2）含碳量对力学性能的影响

室温下铁碳合金由铁素体和渗碳体两个相组成，而且随含碳量增加，铁素体量减少，渗碳体量增加。铁素体是软、韧的相，渗碳体是硬、脆相。所以，铁碳合金随含碳量增加，硬度增加，塑性和韧性下降。

铁素体和渗碳体的相对数量和分布状况等对铁碳合金的性能有重要影响，特别是渗碳体的数量和分布形态对合金的影响更显著。当合金基体是铁素体时，渗碳体数量越多，合金的强度和硬度越高，但塑性和韧性有所下降。当渗碳体明显地以网状形态分布在珠光体边界上，尤其是作为基体或以条状形态存在时，将使合金的塑性和韧性急剧下降，强度也随之降低，这就是高碳钢和白口铸铁脆性高的原因。图 6-17 为含碳量对钢的力学性能的影响。从

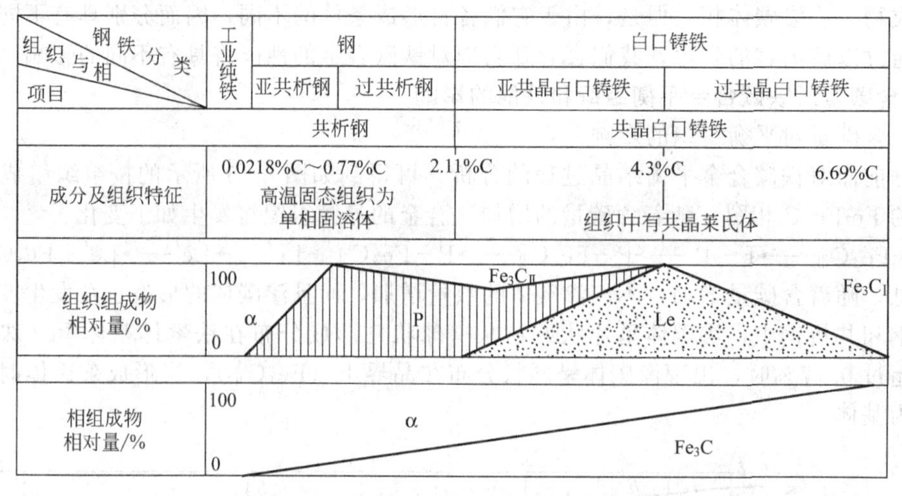

图 6-16　铁碳合金的含碳量与组织的关系

图中可以看出，当钢的含碳量小于0.9%时，随着钢中含碳量的增加，钢的强度和硬度几乎呈直线上升，而塑性和韧性不断降低。当钢中含碳量大于0.9%时，因出现明显的网状渗碳体，而导致钢的脆性大幅增加，而硬度仍继续增加。

当铁碳合金中的含碳量继续增加到大于2.11%时，这时的铁碳合金，即白口铸铁，由于其组织中存在大量的渗碳体，具有很高的硬度和脆性，难以切削加工，除少数耐磨件外很少应用。

为保证工业用钢具有足够的强度及一定的塑性和韧性，其含碳量一般都在1.3%以下。

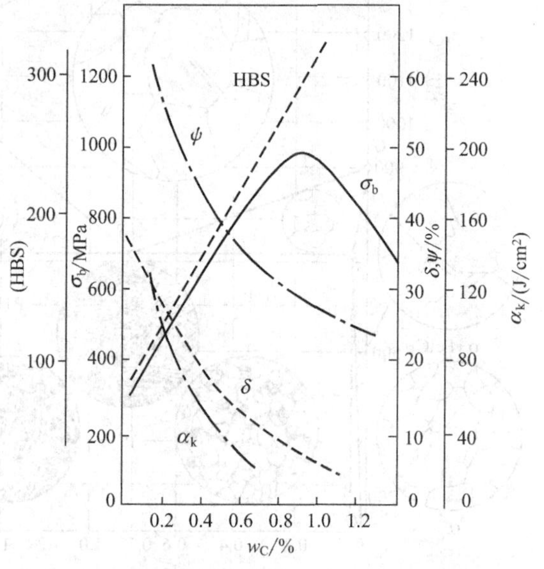

图 6-17　含碳量对平衡状态下钢力学性能的影响

(3) 含碳量对工艺性能的影响

① 对切削加工性能的影响　钢中含碳量对切削加工性能有一定的影响。低碳钢的平衡结晶中铁素体较多，塑性、韧性很好，但切削加工时产生的切削热较大，容易粘刀，影响表面粗糙度。因此，切削加工性能较差。高碳钢中渗碳体较多，硬度较高，严重磨损刀具，切削性能也不好。中碳钢中铁素体和渗碳体的比例适当，硬度和塑性也比较适中，切削加工性能较好。一般来说，钢的硬度在170～230(HB) 时切削加工性能比较好。

② 对可锻性的影响　由于钢加热到高温能得到塑性良好的单相奥氏体，因此其可锻性良好。白口铸铁即使加热到高温，仍然以渗碳体为基体，且不可能获得单相奥氏体，所以不适宜锻造。

③ 对铸造性能的影响　碳钢熔点高，易氧化，流动性差，其铸造性能不如铸铁。随着含碳量的增加，铁碳合金凝固温度下降。共晶成分的铸铁，其开始凝固的温度最低，而且凝固温度区间为零，是在恒温下结晶，流动性最好，热裂倾向最小，容易形成集中缩孔等，故其铸造性最佳，越接近共晶成分的合金，其铸造性越好。

综上所述，铁碳合金的含碳量决定着它的结构和组织，而结构和组织又决定着铁碳合金的性能。

6.3 碳钢

目前工业上使用的钢铁材料中，碳钢占有很重要的地位。由于碳钢比较容易冶炼、加工，能够满足工业生产上的一般要求，加之碳钢的价格低廉，所以在国民经济各部门得到广泛的应用。

6.3.1 常存杂质对碳钢性能的影响

实际应用的碳钢并非单纯的铁碳合金，其中或多或少包含一些杂质元素。在钢的熔炼过程中，由于炼钢原料及工艺等因素，不可避免而带入的杂质元素，称为常存杂质元素。常存杂质元素主要有 Mn、Si、S 和 P 等四种，下面作简要介绍。

（1）锰

钢中的锰来自炼钢生铁及脱氧剂锰铁。一般认为，锰在钢中是一种有益元素。在碳钢中含锰量通常小于 0.80%；在含锰合金钢中，含锰量一般控制在 1.0%～1.2%范围内。锰大部分溶于铁素体中，形成置换固溶体，并使铁素体强化；另一部分锰溶于 Fe_3C 中，形成合金渗碳体，这些都使钢的强度提高。锰与硫化合成 MnS，能减轻硫的有害作用。当锰含量不多，在碳钢中仅作为少量杂质存在时，它对钢的性能影响并不明显。

（2）硅

硅也是来自生铁和脱氧剂硅铁，在碳钢中含硅量通常小于 0.35%。硅与锰一样能溶于铁素体中，使铁素体强化，从而使钢的强度、硬度、弹性提高，而塑性、韧性降低。有一部分硅则存在于硅酸盐夹杂中。当硅含量不多，在碳钢中仅作为少量杂质存在时，它对钢的性能影响并不显著。

（3）硫

硫是在炼钢时由矿石、燃料带进钢中来的，硫不溶于铁，而以 FeS 的形式存在，FeS 和 Fe 形成低熔点的共晶体，熔点为 985℃，分布在晶界，当钢材在 1000～1200℃进行热加工时，共晶体熔化，使钢材变脆，这种现象称为热脆性。为此，钢中含硫量必须严格控制。

增加钢中含锰量，可消除硫的有害作用。Mn 和 S 形成熔点为 1620℃的 MnS，MnS 在高温时有一定的塑性，因而可避免热脆现象。

（4）磷

磷一般是炼钢时由原料生铁带入钢中的。磷全部溶于铁素体，虽然可使铁素体的强度、硬度得到提高，但却使室温下钢的塑性、韧性急剧下降，使钢变脆。这种脆化现象在低温时更为严重，故称为“冷脆”。当含磷量较高时，会使钢的韧脆转化温度升高。磷的存在还使焊接性能变坏。因此，磷在钢中是有害杂质，其含量也必须严格控制。

6.3.2 碳钢的分类

碳钢的分类方法很多，这里主要介绍以下 3 种。

（1）按钢的含碳量分

低碳钢：含碳量不大于 0.25%

中碳钢：含碳量在 0.25%～0.6%之间

高碳钢：含碳量大于 0.6%

（2）按钢的质量分

即按含有杂质元素 S、P 的多少分。

普通碳素钢：钢中 S、P 的含量分别不大于 0.055％和 0.045％

优质碳素钢：钢中 S、P 的含量均不大于 0.040％

高级优质碳素钢：钢中 S、P 的含量分别不大于 0.030％和 0.035％

(3) 按用途分

碳素结构钢：用于制造各种工程构件（如桥梁、船舶、建筑构件等）及机器零件（如齿轮、轴、连杆、螺钉、螺母等）。

碳素工具钢：用于制造各种刀具、量具、模具等，一般为高碳钢，在质量上都是优质钢和高级优质钢。

6.3.3　碳钢的编号和用途

钢的品种很多，为了在生产、加工处理和使用过程中不致造成混乱，必须对各种钢进行命名和编号。

(1) 普通碳素结构钢

普通碳素结构钢生产成本较低、价格便宜，一般情况下不进行热处理而直接在供应状态下使用。

国标 GB/T 700—1988 对普通碳素结构钢的牌号表示方法及符号做了如下规定：钢的牌号用 Q＋数字表示，Q 为钢材屈服点“屈”字汉语拼音首位字母，数字表示屈服强度数值(MPa)。若牌号后面标注字母 A、B、C、D，则表示钢材质量等级不同，即 S、P 含量不同。A、B、C、D 级质量等级依次提高。若牌号后面标注“F”表示沸腾钢，“b”为半镇静钢。“Z”为镇静钢，“TZ”为特殊镇静钢。一般 Z 和 TZ 按规定给予省略。

例如：Q235-A.F 表示屈服强度为 235MPa 的 A 级沸腾钢。

这类钢按其屈服点数值可分为 5 种牌号：Q195、Q215、Q235、Q255、Q275。进一步由于质量等级与脱氧方法的不同又可细分为若干种，见表 6-2 所列。

表 6-2　普通碳素结构钢的牌号、化学成分和力学性能

牌号	等级	化学成分/％(质量)					力学性能			脱氧方法
							σ_s/MPa	δ_s/％	σ_b/MPa	
		C	Mn	Si	S	P	钢材厚度(直径)＜16mm			
				不大于			不小于			
Q195	—	0.06～0.12	0.25～0.50	0.30	0.050	0.045	(195)	33	315～430	F、b、Z
Q215	A	0.09～0.15	0.25～0.55	0.30	0.050	0.045	215	31	335～450	F、b、Z
	B				0.045					
Q235	A	0.14～0.22	0.30～0.65	0.30	0.050	0.045	235	26	375～500	F、b、Z
	B	0.12～0.20	0.30～0.70		0.045					
	C	＜0.18	0.35～0.80		0.040	0.040				Z
	D	＜0.17			0.035	0.035				TZ
Q255	A	0.18～0.28	0.40～0.70	0.30	0.050	0.045	255	24	410～550	F、b、Z
	B				0.045					
Q275	—	0.28～0.38	0.50～0.80	0.35	0.050	0.045	275	20	490～630	b、Z

注：Q—钢的屈服点“屈”字汉语拼音首字母；A、B、C 和 D 分别为质量等级；F—沸腾钢；b—半镇静钢；Z—镇静钢；TZ—特殊镇静钢。

Q195、Q215 碳含量低、强度较低，但塑性高，焊接性能及冲压性良好，主要用于制造强度要求不高的普通铆钉、螺钉、螺母、垫圈等。

Q235 强度与塑性居中，可用作转轴、心轴、拉杆、摇杆、吊钩、链等。

Q255、Q275 碳含量较高、强度也较高，可用作工具：轧辊、主轴、摩擦离合器、刹车钢带等。

(2) 优质碳素结构钢

这类钢中有害杂质及非金属夹杂物含量较少，化学成分控制得比较严格，塑性和韧性较高，一般都要经过热处理以提高力学性能。

这种钢的编号方法是以平均含碳量万分数表示，例如 45 钢，表示钢中平均含碳量为 0.45%；08 钢，表示钢中平均含碳量为 0.08%。

优质碳素结构钢主要用于制造机械零件，故又称为机械零件用钢。它的产量大，价格比合金钢便宜，并可通过热处理强化，应用广泛，机械产品中各种大小结构部件都普遍应用。

优质碳素结构钢的牌号及化学成分、力学性能，见表 6-3 所列。

表 6-3 优质碳素结构钢的化学成分和力学性能

牌号	化学成分/%(质量)							
	C	Si	Mn	P	S	Ni	Cr	Cu
				不大于				
08F	0.05～0.11	≤0.03	0.25～0.50	0.035	0.035	0.25	0.10	0.25
10F	0.07～0.14	≤0.07	0.25～0.50	0.035	0.035	0.25	0.15	0.25
08	0.05～0.12	0.17～0.37	0.35～0.65	0.035	0.035	0.25	0.10	0.25
10	0.07～0.14	0.17～0.37	0.35～0.65	0.035	0.035	0.25	0.15	0.25
15	0.12～0.19	0.17～0.37	0.35～0.65	0.035	0.035	0.25	0.25	0.25
20	0.17～0.24	0.17～0.37	0.35～0.65	0.035	0.035	0.25	0.25	0.25
25	0.22～0.30	0.17～0.37	0.50～0.80	0.035	0.035	0.25	0.25	0.25
30	0.27～0.35	0.17～0.37	0.50～0.80	0.035	0.035	0.25	0.25	0.25
35	0.32～0.40	0.17～0.37	0.50～0.80	0.035	0.035	0.25	0.25	0.25
40	0.37～0.45	0.17～0.37	0.50～0.80	0.035	0.035	0.25	0.25	0.25
45	0.42～0.50	0.17～0.37	0.50～0.80	0.035	0.035	0.25	0.25	0.25
50	0.47～0.55	0.17～0.37	0.50～0.80	0.035	0.035	0.25	0.25	0.25
55	0.52～0.60	0.17～0.37	0.50～0.80	0.035	0.035	0.25	0.25	0.25
60	0.57～0.65	0.17～0.37	0.50～0.80	0.035	0.035	0.25	0.25	0.25
65	0.62～0.70	0.17～0.37	0.50～0.80	0.035	0.035	0.25	0.25	0.25

牌号	优质碳素结构钢的力学性能(GB/T 699—1999)										
	试样毛坯尺寸/mm	推荐热处理/℃			力学性能					钢材交货状态硬度(HBS)	
					σ_b/MPa	σ_s/MPa	δ_s/%	ψ/%	A_k/J	不大于	
					不小于					未热处理	退火处理
08F	25	930			295	175	35	60		131	
10F	25	630			315	185	33	55		137	
08	25	930			325	195	33	60		131	
10	25	930			335	205	31	55		137	

续表

牌号	优质碳素结构钢的力学性能(GB/T 699—1999)										
	试样毛坯尺寸/mm	推荐热处理/℃			力学性能					钢材交货状态硬度(HBS)	
					σ_b/MPa	σ_s/MPa	δ_s/%	ψ/%	A_k/J	不大于	
					不小于					未热处理	退火处理
15	25	920			375	225	27	55		143	
20	25	910			410	245	25	55		156	
25	25	900	870	600	450	275	23	50	71	170	
30	25	880	860	600	490	295	21	50	63	179	
35	25	870	850	600	530	315	20	45	55	197	
40	25	860	840	600	570	335	19	45	47	217	107
45	25	850	840	600	600	335	16	40	39	229	187
50	25	830	830	600	630	375	14	40	31	241	207
55	25	820	820	600	615	380	13	35		255	217
60	25	810			675	400	12	35		255	229
65	25	810			695	410	10	30		255	229

08～25钢属于低碳钢，其强度较低，塑性很好，冲压、焊接性能良好，常用作冲压件、焊接件、渗碳件等。其中08、08F、10、10F钢具有优良的冷成形性能和焊接性能，常冷扎成薄板，用于制造仪表外壳、汽车和拖拉机驾驶室的蒙皮等。08F、10F是沸腾钢，是炼钢末期对钢液仅进行轻度脱氧，而是相当数量的FeO留在钢液中，当钢液注入定模后，钢中的碳与FeO发生化学反应，析出大量一氧化碳气体，引起浇注时钢液沸腾，所以这种钢叫做沸腾钢。沸腾钢成材率较高，并具有良好的塑性，但组织不致密，力学性能不均匀，而且冲击韧度值较低，所以对力学性能较高的零件应采用镇静钢。

35～50钢属于中碳钢，其强度较高，塑性、韧性较好，尤其经调制处理后具有优良的综合力学性能，常用来制造各种机械结构件，如齿轮、连杆、轴等零件；当要求表面强化时，还可进行表面淬火。其中40钢、45钢应用最多。

60～70（乃至75、80、85）属于高碳钢，其强度、硬度高，经热处理后可具有较高的弹性和一定的韧性，常用来制造各种弹簧、钢丝绳、车轮、钢轨等。

(3) 碳素工具钢

这类钢的牌号是用“碳”或“T”字后加数字表示。数字表示钢中平均含碳量的千分之几。如T8、T10分别表示钢中平均含碳量为0.80%和1.00%的碳素工具钢。若为高级优质碳素工具钢，则在钢号最后加“A”或“高”字。如T12A钢。

碳素工具钢的牌号、化学成分及性能见表6-4所列。

碳素工具钢经热处理（淬火＋低温回火）后具有高硬度，用于制造尺寸较小要求耐磨的量具、刃具、模具等。

T7、T7A用作受振动、冲击，要求硬度较高韧性较好的工具，如模垫、铆钉模、顶尖、剪刀、铁锤、小尺寸冷冲模等。

T8、T8A、T8Mn、T8MnA用于需要足够韧性和较高硬度的工具，如木工工具、锉刀、冲头、锯条、剪刀、钻凿工具等。

T9、T9A用于略具韧性但要求高硬度的工具，如各种冷冲模、冲头、木工工具等。

表 6-4 碳素工具钢的牌号及化学成分

<table>
<tr><th rowspan="2">牌号</th><th colspan="5">化学成分/%(质量)</th></tr>
<tr><th>C</th><th>Mn</th><th>Si</th><th>S</th><th>P</th></tr>
<tr><td>T7</td><td>0.65～0.75</td><td rowspan="2">≤0.40</td><td rowspan="17">≤0.35</td><td rowspan="8">≤0.030</td><td rowspan="8">≤0.035</td></tr>
<tr><td>T8</td><td>0.75～0.84</td></tr>
<tr><td>T8Mn</td><td>0.80～0.90</td><td>0.40～0.60</td></tr>
<tr><td>T9</td><td>0.85～0.94</td><td rowspan="7">≤0.40</td></tr>
<tr><td>T10</td><td>0.95～1.04</td></tr>
<tr><td>T11</td><td>1.05～1.14</td></tr>
<tr><td>T12</td><td>1.15～1.24</td></tr>
<tr><td>T13</td><td>1.25～1.35</td></tr>
<tr><td>T7A</td><td>0.65～0.75</td><td rowspan="9">≤0.020</td><td rowspan="9">≤0.030</td></tr>
<tr><td>T8A</td><td>0.75～0.84</td></tr>
<tr><td>T8MnA</td><td>0.80～0.90</td><td>0.40～0.60</td></tr>
<tr><td>T9A</td><td>0.85～0.94</td><td rowspan="5">≤0.40</td></tr>
<tr><td>T10A</td><td>0.95～1.04</td></tr>
<tr><td>T11A</td><td>1.05～1.14</td></tr>
<tr><td>T12A</td><td>1.15～1.24</td></tr>
<tr><td>T13A</td><td>1.25～1.35</td></tr>
</table>

T10、T10A用作不受突然冲击的锋利工具、刀具、如锉刀、刮刀、要求不高的丝锥等。T11、T11A除与T10相同外，可做刻锉刀纹的凿子、钻岩石的钻头等。

T12、T12A、T13、T13A用作高硬度、耐磨的工具、如刮刀、低速切削的丝锥、钟表工具、剃刀、低精度量具、外科医疗工具等。

(4) 铸钢

在机械制造业中，有些零件形状比较复杂，难以通过锻造或切削加工成形，并且受力较大，铸铁不能满足性能要求，因此采用铸钢件。例如大型水压机的汽缸，上、下横梁和立柱、轧钢机的机架，汽车及拖拉机齿轮叉，气门摇臂等。

根据国家标准GB 11352—89规定，铸钢代号用铸和钢二字的汉语拼音字头“ZG”表示，后面有两组数字，第一组数字代表最低屈服强度（MPa），第二组数字代表最低抗拉强度值（MPa）。

铸钢和铸铁相比，流动性差，而且在结晶过程中收缩率较大。为改善流动性，需采用较高的浇注温度。为防止铸钢件在结晶时收缩开裂，除加大浇注冒口外，应严格限制铸钢成分。含碳量一般选在0.15%～0.60%范围以内，含碳量过高，塑性不足，会产生开裂。硫、磷含量最好限制在0.05%以下，因为硫有促进热裂的倾向，磷使钢的脆性增加。

铸钢件由于浇注温度高，铁素体晶粒粗大，且成粗大针状，使钢的塑性和韧性降低。因此，铸钢件常采用正火或退火处理消除上述组织缺陷，改善性能，并消除铸造应力。

习 题

1. 纯铁的三个同素异构体是什么？其晶体结构如何？其溶碳能力有无差别？
2. 铁碳合金中基本相有哪几种？其力学性能如何？

3. 铁碳合金中基本组织是哪些？并指出哪些是单相组织、哪些是双相混合组织。
4. 试分析含碳量为1.2%铁碳合金从液体冷却到室温时的结晶过程。
5. 两块钢样，退火后经显微组织分析，其组织组成物的相对含量如下。

   第一块：珠光体占40%，铁素体60%；

   第二块：珠光体占95%，二次渗碳体占5%。

   试问它们的含碳量约为多少（铁素体中含碳量可忽略不计）？
6. 说明碳钢中含碳量变化对力学性能的影响。
7. 写出铁碳相图上共晶和共析反应式及反应产物的名称。
8. 简述 Fe-Fe_3C 相图可以应用在哪些方面？
9. 试分析含碳量为0.6%的铁碳合金从液态冷却到室温时的结晶过程。
10. 钢中常存的杂质元素对钢的力学性能有何影响？
11. 结合 Fe-Fe_3C 相图指出 A_1、A_3 和 A_{cm} 代表哪个线段，并说明该线段表示的意思。
12. 试归纳国家标准中碳钢牌号的命名规律。

7 钢的热处理

在日常生活中我们会发现，在火炉中烧过的钉子会变软，这是因为钉子在火炉中先加热再冷却的过程中，其组织和性能发生了改变。在机械制造过程中，往往在零件加工之前，为了改善其加工性能，也进行类似的热处理；而在零件加工完成之后也进行热处理来改变其组织，以赋予零件更好的使用性能，延长使用寿命。由此可见，热处理在现代机械制造中占有重要的地位。

7.1 概 述

热处理是将固态金属或合金在一定介质中加热、保温和冷却，以改变材料整体或表面组织，从而获得所需性能的工艺。

热处理能够有效地改变钢铁的组织和性能。也就是说，可以通过热处理工艺来获得所需的力学性能。很多重要的零部件都需要经过合适的热处理后才能满足使用性能。

案例 汽车变速箱齿轮

通常汽车变速箱中的齿轮比车床上的齿轮要承受更高的负荷（包括冲击载荷，弯曲疲劳载荷，接触疲劳载荷等）。所以用于汽车变速箱的齿轮必须具有更高的硬度，更高的接触疲劳强度和抗磨损能力。内部应该有高的强度，韧性和塑性。

怎样才能获得这些性能呢？汽车变速箱中的齿轮一般用渗碳钢 20CrMnTi 制造。图 7-1 是汽车变速箱齿轮的一般加工过程。

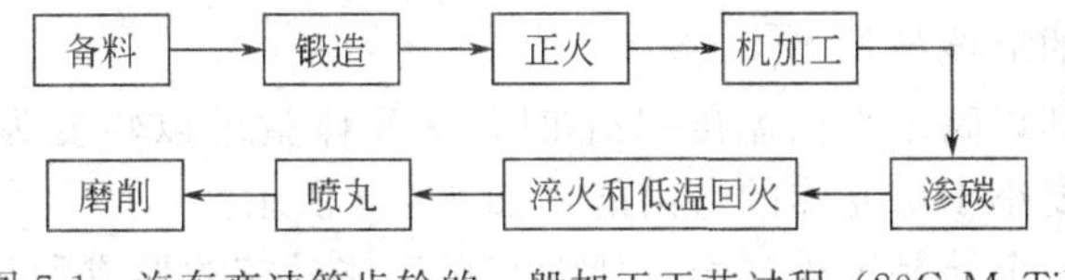

图 7-1 汽车变速箱齿轮的一般加工工艺过程（20CrMnTi）

正火的作用：

① 提高材料的机械加工性。适宜加工的硬度一般在 180～230(HB)。

② 改善锻造后的显微结构

一些高碳钢锻造之后常常需要退火，以消除网状碳化物。不同的钢材锻造后，什么时候用正火，什么时候用退火，需要根据钢中的含碳量以及合金元素来确定。

③ 去除锻造应力。

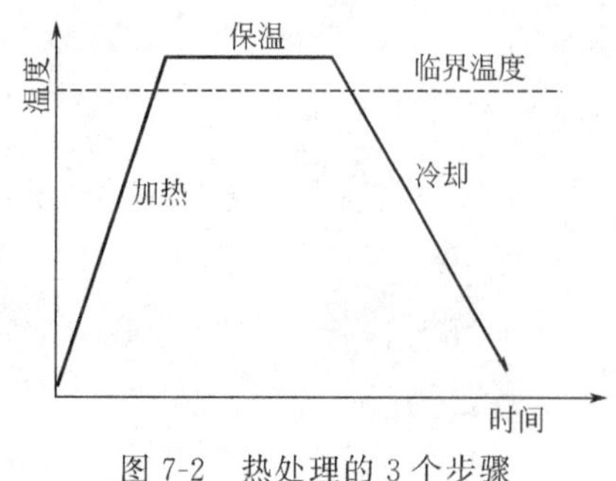

图 7-2 热处理的 3 个步骤

渗碳的作用：增加表面碳的含量（最多为 0.85%～1.05%）。

淬火的作用：淬火是为了在齿轮表面获得高的接触疲劳强度、高的硬度［58～62(HRC)］和耐磨性，在齿轮的内部获得高强度，韧性和塑性，通常心部硬度控制在 30～45(HRC)。

低温回火的作用：低温回火是为了去除淬火内应力，防止磨削裂纹以及获得高的抗冲击性能。

钢的热处理工艺过程一般包含加热、保温和冷却 3 个步骤，如图 7-2 所示。

7.2 钢加热时的奥氏体的转变

在实际生产中，加热和冷却并不是极缓慢的，因此不可能在平衡临界点进行组织转变。如图 7-3 所示，实际加热时各平衡临界点的位置要分别从 A_1、A_3 和 Ac_m 变为 Ac_1、Ac_3 和 Ac_{cm}，而实际冷却时各临界点的位置要分别从 A_1、A_3 和 Ac_m 变为 Ar_1、Ar_3 和 Ar_{cm}。

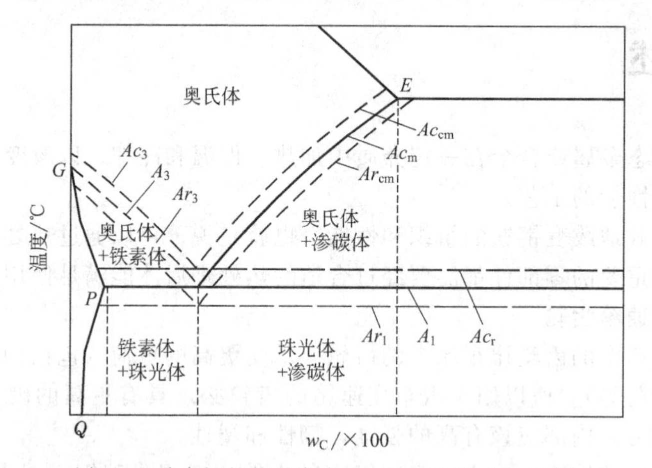

图 7-3 碳素钢的临界点在 $Fe\text{-}Fe_3C$ 相图上的位置

7.2.1 奥氏体的形成（以共析钢为例）

（1）奥氏体晶核的形核与长大

当钢的温度加热到略高于平衡温度 Ac_1 时，珠光体就可以转变为奥氏体，所以奥氏体的自由能在该温度下要小于珠光体的自由能，如图 7-4 所示。

奥氏体的形成是一个结晶过程，而且伴随有奥氏体晶核的形成和晶粒的长大。从扩散能量的观点，首先形成的一批奥氏体晶粒应该在铁素体和渗碳体的边界上。许多研究表明在珠光体向奥氏体转变过程的最初阶段，奥氏体晶粒会出现在铁素体和渗碳体的界面处（图 7-5Ⅰ)，因为铁素体和渗碳体的界面面积很大且晶界面上的原子排列不规则，处于能量较高状态。首先形成的晶粒是指同时形成的许多小晶粒。转变公式可以写成：

α	+	Fe_3C	$\longrightarrow$	γ
0.0218%C		6.69%C		0.77%C
体心立方晶格		复杂正交晶系		面心立方晶格

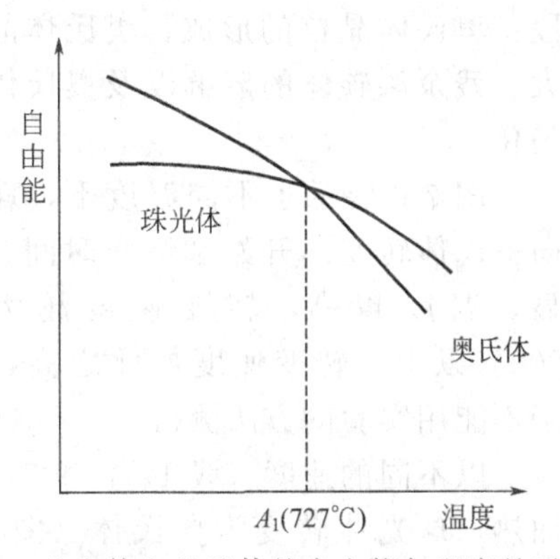

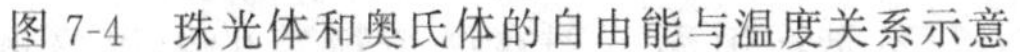

图 7-4 珠光体和奥氏体的自由能与温度关系示意

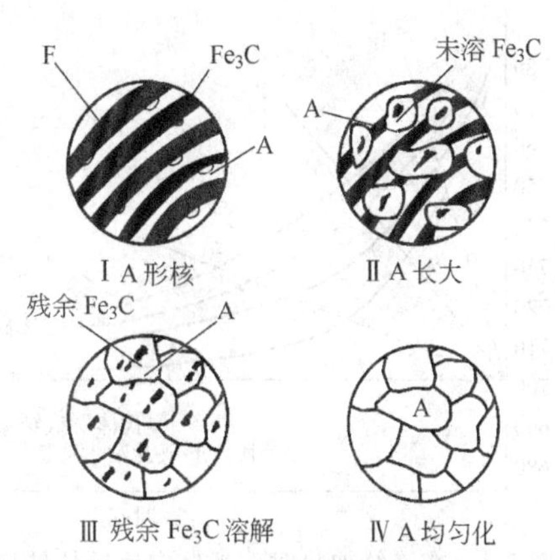

图 7-5 珠光体向奥氏体转变过程示意

形成的奥氏体的成分和渗碳体以及铁素体各自的成分有很大的不同。所以，珠光体向奥氏体的转变是属于扩散型相变，而且伴随着碳原子的相当长距离的扩散。

实际上，这个转变由两个过程组成。一个是 $\alpha\rightarrow\gamma$，另一个是渗碳体的溶解。珠光体的加热温度（在临界点上）越高，珠光体和奥氏体自由能的差值越大，奥氏体形核的临界尺寸越小，成核的速度越快，晶粒长大的速度也越大。

例如，如果温度从 740°升到 800℃，成核的速率会增大 280 倍，晶粒长大的速率会增大 82 倍。在给定温度形成的奥氏体晶核伴随着钢中碳含量的增加以及原始组织中渗碳体的弥散程度的提高而增多。珠光体转变成奥氏体时，如果原始珠光体的层片结构细密，那么转变为奥氏体的速率越大；反之珠光体的层片结构越粗，那么转变为奥氏体的速率越小。粒状珠光体具有最小的转变速率。这是因为前者铁素体与渗碳体相界面的面积大，形成奥氏体晶核的概率高。所以细片状珠光体的奥氏体形成速度快。

共析钢中珠光体向奥氏体的转变如图 7-5 所示。因此，邻近渗碳体的奥氏体将富含更多的碳。

奥氏体的晶核形成后，便开始长大。奥氏体的长大是一个自发过程，因为奥氏体晶粒长大可以使表面能降低。奥氏体的长大是靠铁、碳原子的扩散，使其邻近的铁素体晶格改组为面心立方的奥氏体和与其邻近的渗碳体不断溶入奥氏体而进行的，如图 7-5Ⅱ所示。这一阶段一直进行到铁素体全部转变为奥氏体为止。

（2）残余渗碳体的溶解

奥氏体晶核的形成是因为渗碳体的溶解和铁素体的转变。铁素体对奥氏体晶粒长大的速率影响较渗碳体的溶解要大一些，或者说由于渗碳体的晶体结构和含碳量都与奥氏体差别很大，所以，铁素体向奥氏体转变的速率比渗碳体向奥氏体的溶解要快，在铁素体转变完了之后，奥氏体中还残存有一定量的渗碳体（图 7-5Ⅲ）。如果温度再升高或继续保温，残余渗碳体也会溶解在奥氏体中，如图 7-5Ⅳ所示。

（3）奥氏体的均匀化

在铁素体消失以后（图 7-5Ⅲ）和渗碳体全部溶解之后（图 7-5Ⅳ），即使在奥氏体的一个晶粒中碳的含量也是非均匀的。

临近渗碳体的奥氏体区域以及原来是未溶碳渗体的区域碳浓度较高，而原先是铁素体的地方碳浓度较低。只有继续加热或延长保温时间，才能增强碳原子的扩散，最终才能获得均匀的奥氏体，如图 7-5Ⅳ所示。因此，为了获得均匀的奥氏体，不仅仅需要把珠光体加热到向奥氏体转变的临界点以上，还需要保温一定的时间使奥氏体中的碳均匀化。

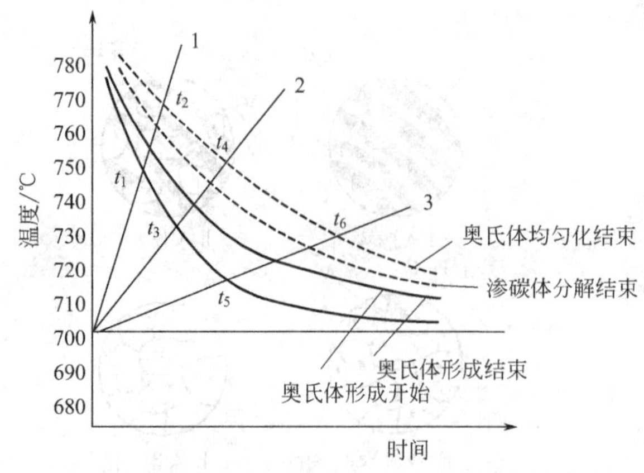

图 7-6 在连续加热时珠光体向奥氏体转变的曲线

珠光体-奥氏体的转变包括 4 个阶段：奥氏体晶核的形成、奥氏体晶核长大、残余渗碳体的溶解以及奥氏体的均匀化。

图 7-6 展示了不同温度下，珠光体向奥氏体转变的开始和终止时间。很明显，温度越高，转变速度越大。在 800℃以上，转变速度如此之高，以至于不能用实验的方法测得。

以不同的速度（线 1、2 和 3）连续加热，珠光体转变为奥氏体（图 7-6），不是在恒温下，在一个特定的温度区间（$t_1 \sim t_2$、$t_3 \sim t_4$ 和 $t_5 \sim t_6$）完成的。加热的速率越大，转变的温度也就越高。

7.2.2 影响奥氏体化的因素

在不同温度下转变所需时间（取决于过热度）显示出温度越高，转变越快（时间越短），加热速度越快，开始转变的温度越高。

（1）加热温度的影响

加热温度对奥氏体的形成速度有非常大的影响，这是因为加热温度越高，原子的扩散能力越大，铁素体的晶格改组和铁、碳原子的扩散速度越快，从而加速了奥氏体的形成。

（2）加热速度的影响

加热速度越快，奥氏体化温度越高，过热度越大，相变驱动力也越大；同时由于奥氏体化温度高，原子扩散速度也加快，提高形核与长大的速度，从而加快奥氏体的形成。

（3）化学成分的影响

钢中含碳量增加，碳化物数量相应增多，F 和 Fe_3C 的相界面增多，奥氏体晶核数增多，其转变速度加快。

钢中的合金元素不改变奥氏体的形成过程，但能影响奥氏体的形成速度。因为合金元素能改变钢的临界点，并影响碳的扩散速度，且它自身也存在扩散和重新分布的过程，所以合金钢的奥氏体形成速度一般比碳钢慢，尤其高合金钢，奥氏体化温度比碳钢要高，保温时间也较长。

（4）原始组织的影响

钢中原始珠光体越细，其片间距越小，相界面越多，越有利于形核，同时由于片间距小，碳原子的扩散距离小，扩散速度加快导致奥氏体形成速度加快。同样片状 P 比粒状 P 的奥氏体形成速度快。

例如，快速加热到 780℃并保温，珠光体转变为奥氏体只需 2min，加热到 740℃并保温，转变需要 8min。加热温度越高，奥氏体转变的速率越大。加热速度越大，奥氏体转变的速率越大。铁素体和渗碳体的相界面积越大，奥氏体转变的速率越大。

亚共析钢和过共析钢与共析钢的区别是有先共析相。其奥氏体的形成过程是先完成珠光体向奥氏体的转变，然后再进行先共析相的溶解。这个 P→A 的转变过程同共析钢相同，也是经过前面的 3 个阶段。

对于亚共析钢，平衡组织 F＋P，当加热到 Ac_1 以上温度时，P→A，在 $Ac_1 \sim Ac_3$ 的升温过程中，先共析的 F 逐渐溶入 A，同样，对于过共析钢，平衡组织是 Fe_3C_{II} ＋P，当加热到 Ac_1 以上时，P→A，在 $Ac_1 \sim Ac_{cm}$ 的升温过程中，二次渗碳体逐步溶入奥氏体中。

7.2.3　奥氏体晶粒在加热时的生长

在选择钢的加热速率时，必须考虑奥氏体随温度升高而长大的问题。热处理后，奥氏体晶粒尺寸的大小将严重影响到钢的力学性能，特别是钢的冲击韧性。

奥氏体的晶粒度：晶粒度是表示晶粒大小的尺度。我们前面已经讨论过，奥氏体晶粒的生长是自发的，因为晶粒的总表面面积会减小（表面能降低）。

以下 3 个概念必需区分。

① 起始晶粒度　当珠光体刚刚全部转变为奥氏体时的奥氏体晶粒度，称为起始晶粒度。它的尺寸大小取决于单位时间、给定体积的形核率以及它们的长大速率。原始组织中渗碳体越弥散，奥氏体的起始晶粒度越小。

奥氏体的起始晶粒通常很小（500～1000μm^2），随着在给定温度下长时间保温或升高温度，奥氏体晶粒将迅速长大。

② 本质晶粒度　本质晶粒度描述的是钢在热处理时，奥氏体晶粒长大的倾向。从这个观点来说，钢可以根据其奥氏体晶粒长大倾向分成两类，当钢的加热温度低于某个温度时，奥氏体晶粒不容易长大，或者说长大很小，而当温度超过某个温度时（900～950℃），奥氏体晶粒开始急剧长大，这类钢称为本质细晶粒钢；与此相反，随着加热温度的升高，奥氏体晶粒迅速长大，这类钢称为本质粗晶粒钢，如图 7-7 所示。

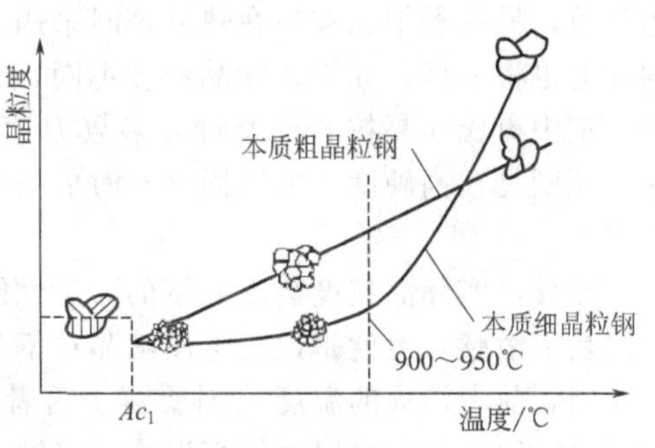

图 7-7　钢的本质晶粒度示意

晶粒的生长是由于某些晶粒的长大而另外一些小晶粒被吞并，因为这些小晶粒可能在热力学上是不稳定的。把奥氏体放在恒温下保温，开始并不会出现明显的长大。这个就是所谓的孕育期。温度越高，孕育期越短。不均匀晶粒更易引起奥氏体晶粒的长大。此后，晶粒生长会停止而且在这个温度下保温，晶粒会产生均匀化。

钢材的晶粒长大倾向主要取决于炼钢时所采用的脱氧方法和所使用的脱氧剂。单独采用锰铁或采用锰铁加硅铁脱氧的钢是本质粗晶粒钢；采用铝脱氧的钢（或者采用含有钒、钼、钛等的脱氧剂）是本质细晶粒钢。实验证明铝溶解在钢中会使奥氏体晶核的数目增加，并使其生长速率下降。所以加入铝后能形成本质细晶粒钢。另外的研究表明，铝会减少晶界和表面的能量，还会增加活动的能量，例如，铝能阻止相变（奥氏体晶核形成和生长）中的原子之间的运动。另外一些研究指出，铝容易与钢中的氧、氮化合，形成极细的化合物，如 Al_2O_3 和 AlN，这些陶瓷颗粒分布在奥氏体的晶界上，能够阻止奥氏体晶粒的生长。在更高的温度下，部分在奥氏体的晶界上的 Al_2O_3 和 AlN 会溶解，从而导致奥氏体晶粒开始迅速生长（图 7-7）。必须强调的是，本质粗晶粒钢和本质细晶粒钢不是晶粒大小的实际度量，而是表示钢在特定的加热条件下，奥氏体晶粒长大的倾向。

在非常高的温度下，本质细晶粒钢的晶粒可能比本质粗晶粒钢大。这个结论可以从图 7-7 中得到证明。所以我们采用实际晶粒度来描述钢在某一具体的温度或特定热处理条件下获得的奥氏体晶粒。

③ 实际晶粒度　在一定条件下（热处理或热加工）实际获得的奥氏体晶粒度，实际晶粒度决定钢的性能。

钢经过处理后获得的晶粒尺寸和先前奥氏体的晶粒度有关。因此，在正常温度下测得的实际晶粒度，取决于加热的温度和时间。在随后的冷却过程中，晶粒度不变。因此，实际晶粒度是由钢加热时的温度高低和加热过程中晶粒长大的趋势决定的。

钢的实际晶粒度决定了它最后的力学性能。粗晶粒对拉伸强度，硬度以及相对伸长量的影响较小，但是会带来以下两个重大问题：降低冲击韧性；提高塑性向脆性的转变温度。

应该指出的是，当亚共析钢加热的温度远远超过临界点 Ac_3 后，除了造成晶粒长大外，在随后的冷却过程中，过剩的铁素体会以长片状（或针状）形态，穿过整个珠光体晶粒沉淀出来。这种组织称为魏氏组织。过热形成的魏氏组织将进一步降低冲击强度。钢材过热后，由于其裂纹是沿着粗大晶粒的晶界扩展，所以断口表现出粗晶断口；相反如果奥氏体的晶粒很细，则断口将是细晶断口。本质晶粒度的大小将影响到钢的制造工艺性能，例如，本质细晶粒钢可以加热到较高温度，而不用担心过热，也就是说不用担心晶粒的过分长大。

7.2.4 不同奥氏体晶粒度的应用

钢的性能是由实际晶粒度而不是本质晶粒度决定的。如果两种相同等级的钢（一种本质粗晶粒，另一种细晶粒）在热处理时采用不同的热处理温度下具有相同的实际晶粒度，它们的性能也将一样，如果实际晶粒度不同，它们的性能就会不同。

钢中奥氏体晶粒的长大对大多数力学性能基本上没有影响，但是能够降低钢的冲击韧性，特别是在高硬度（低温回火）时更是如此。这是因为晶粒长大会提高延性向脆性转变的温度。

相反，实际晶粒度会影响钢的力学性能，本质晶粒度决定热加工的过程。本质细晶粒钢对过热不敏感，也就是说，本质细晶粒钢晶粒的过分长大温度要高于本质粗晶粒钢。由于这个原因，前者淬火的温度范围要宽于后者。本质细晶粒钢能在较高的温度下进行压力加工（锻造加工），并且可以在较高温度下终锻而不用担心晶粒粗化。

7.3 奥氏体在冷却过程中的分解

冷却时热处理过程的第三步，也是非常关键的一步。冷却速度的快慢将直接影响钢的最终热处理组织，从而影响钢的力学性能。为了了解奥氏体在冷却过程中的变化规律，通常采用两种方法：一种是把钢加热到奥氏体化后，快速冷却到临界温度 A_1 以下在某一特定温度等温，如图 7-8(a) 所示，测定奥氏体在不同等温时间的转变数量，绘出奥氏体等温转变曲线；另一种是在不同冷却速度（如空冷、油冷等）的连续冷却过程［图 7-8(b)］中测定奥氏体的转变过程，绘出奥氏体的连续冷却转变曲线。

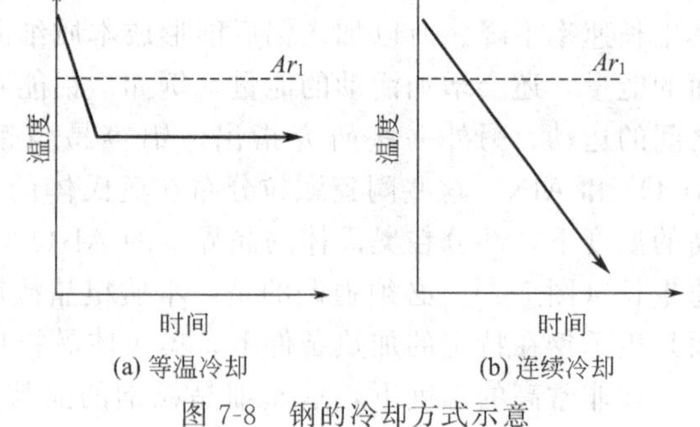

(a) 等温冷却　(b) 连续冷却

图 7-8　钢的冷却方式示意

7.3.1 等温转变曲线

等温转变曲线也叫做 TTT 曲线（time, transformation, temperature）。因为曲线的形状像英文字母 C 的形状，故也称之为 C 曲线。是表示奥氏体化的钢在临界温度（A_1）以下的不同温度保温时，等温时间和转变量之间的关系，它对制订钢的热处理工艺具有重要的指导意义。

（1）等温转变曲线的绘制

为了绘制 TTT 曲线，把特定钢材（以含碳量 0.77％的共析钢为例）加热到形成稳定奥氏体的温度，然后迅速冷却到一些给定的温度（700℃、650℃、550℃、450℃、350℃等）。过冷奥氏体在这些事先设定好的等温温度保温，直到奥氏体全部分解。用预先设定的时间间隔来记录转变量及衡量奥氏体分解的程度。从不同的试样可以确定任意给定温度下转变量，同时也可确定出转变的开始点和终了点。这些点可以绘制在以时间和温度为坐标轴建立的图上，通过这些点，就可以画出奥氏体等温转变曲线，如图 7-9 所示。

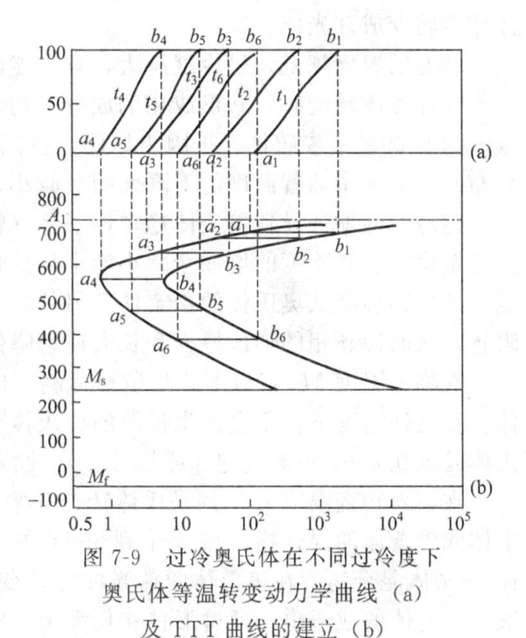

图 7-9 过冷奥氏体在不同过冷度下奥氏体等温转变动力学曲线（a）及 TTT 曲线的建立（b）

（2）TTT 曲线的分析

不考虑纵轴和横轴，图上有 5 条线。下面分别讨论这 5 条线的含义。

① 临界线 A_1

② 转变的开始线 左边的 C 曲线决定了转变开始的时间，也就是决定了奥氏体处于过冷状态的时间，从纵轴到左边的 C 曲线的距离是过冷奥氏体稳定性的度量，叫做孕育期。温度在 500～600℃范围内的距离最短，即在该温度区间内转变所需的时间最短。

③ 转变的终了线 右边的 C 曲线表示在一定过冷度下需要完成转变的时间。

④ 马氏体转变开始线（M_s 线） 在 TTT 图上 C 曲线下面的水平线决定了无扩散的马氏体转变开始的温度。M_s线是马氏体开始转变线，马氏体是以不同的转变机理进行的，我们将在后面讨论。

⑤ 马氏体转变终了线（M_f 线） M_f 线表示马氏体转变的结束。

注意：图 7-9 所示的 TTT 图的横坐标是对数坐标，这样做是为了更方便看等温转变曲线。因为珠光体形成的速率不同（在临界线 A_1 附近时间为几千秒，在曲线的鼻子处才 1～2s）。

曲线上有 5 个区域，分别如下所述。

① 奥氏体区域 奥氏体在 A_1（727℃）以上是稳定的，因为它的自由能要低于铁素体-渗碳体的混合物。在此区域奥氏体不会向珠光体转变。

② 过冷奥氏体区 从图 7-9 可以看到，在孕育阶段，过冷奥氏体没有分解。从纵轴到左边 C 曲线的距离是过冷奥氏体稳定性度量。这个区域叫做过冷奥氏体区。

③ 部分转变区 左边 C 曲线和右边 C 曲线所包围的部分表示过冷奥氏体发生了部分转变。

④ 完全转变区 右边 C 曲线的右侧代表完全转变区，即在该温度等温时过冷奥氏体已全部转变成应该转变的产物。

⑤ 马氏体转变区 在马氏体转变开始线（M_s）和马氏体转变终了线（M_f）之间，过冷奥氏体要向马氏体转变，该区域称之为马氏体转变区。

7.3.2 过冷奥氏体转变产物的组织与性能

（1）珠光体转变

奥氏体向珠光体的转变在本质上是奥氏体分解并形成纯的铁素体和渗碳体。在平衡温度时，由于原始奥氏体的自由能和最终的产物珠光体的自由能相等，故转变不会发生。只有达到一定过冷度时，转变才能发生，也就是珠光体的自由能低于奥氏体的自由能时，过冷奥氏体才会转变成珠光体。

转变的温度越低，过冷度越大，自由能的差别越大，转变的速率越大。

在珠光体转变时，新形成相的成分与初始相相差很大，新相是几乎不含碳的铁素体和含碳量为6.69%的渗碳体。正因为如此，奥氏体转变为珠光体时伴随着碳原子的扩散和重新分布。扩散速率随着温度的下降而明显减小，因此，转变会随着过冷度的增大而推迟。

过冷度的增加导致奥氏体稳定性下降（转变速率增加）是因为奥氏体和珠光体自由能差值逐渐增大。过冷度的增加会减小能生长的临界晶核度，还会增加奥氏体中能形成晶核的区域。这些都会降低奥氏体的稳定性。另外，在高过冷度下奥氏体稳定性的增加是由于扩散被阻止，从而使新相的形成速率和长大速率降低。

在临界温度M_s点以下，扩散被抑制，也就不会形成铁素体和渗碳体的混合物——珠光体。在这种情况下，不会发生扩散的奥氏体瞬间靠切变转变成一种硬化组织——马氏体。马氏体是碳在α-Fe中的过饱和固溶体，这种转变是另一种方法，我们将在后面讨论。

在临界转变温度Ar_1到马氏体转变开始点M_s这个温度范围内，奥氏体的分解产物是铁素体和渗碳体的混合物。在Ar_1到550℃的温度范围，奥氏体将分解为具有片状结构的铁素体-渗碳体混合物。在奥氏体向珠光体的转变过程中，要发生晶格的改组和铁、碳原子的扩散。珠光体的成形也是通过形核和长大来完成的。

过冷奥氏体分解的温度越低（过冷度越大），铁素体和渗碳体的片间距越小，即组织变得更细。在过冷度较小时（Ar_1～650℃），获得片间距离较大（>0.4μm）的珠光体组织，如图7-10(a)所示。它在500倍光学显微镜下就能分辨出片状形态，这种组织称为珠光体，用符号P表示。在较高的过冷度下（650～600℃），得到片间距离较小（0.4～0.2μm）的细珠光体组织，这种组织称为索氏体，如图7-10(b)所示，用符号S表示，它要在800～1000倍光学显微镜下才能辨认清楚片状组织。在500～550℃范围的临界温度，将获得片间距更小（<0.2μm）的极细珠光体组织，这种组织称之为屈氏体，如图7-10(c)所示，用符号T表示。它在高倍光学显微镜下也分辨不清片状形态，而呈黑色团状组织，只有在电子显微镜下才能分辨清楚。

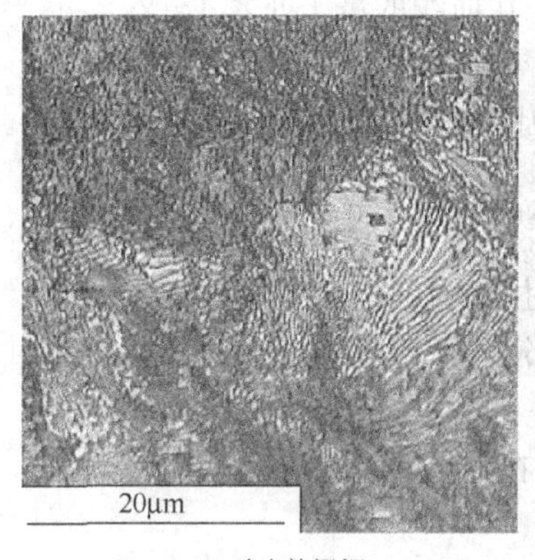

(a) 珠光体组织

(b) 索氏体组织

(c) 屈氏体组织

图7-10　珠光体组织

因此，珠光体、索氏体和屈氏体都是铁素体-渗碳体的混合物，都是片状结构，只有通过它们的片间距离的大小才能区分彼此。

在奥氏体向珠光体转变时，两个新相几乎是同时形成，但其中之一还是处于领先地位，在较低过冷度时（Ar_1～550℃）奥氏体向珠光体转变的领先相是渗碳体。首先在奥氏体晶

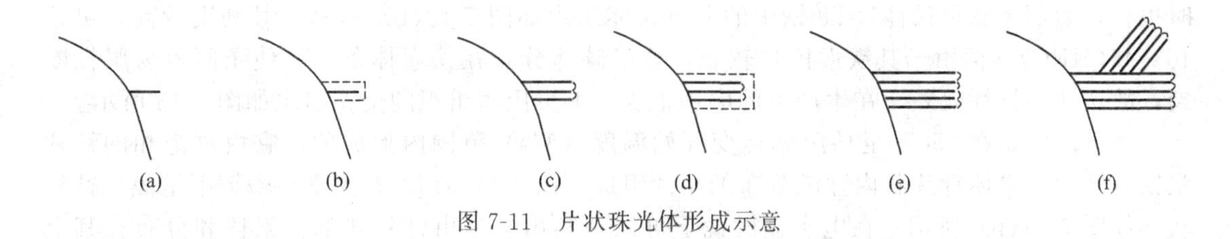

图 7-11 片状珠光体形成示意

界上生成渗碳体的晶核，如图 7-11(a) 所示，渗碳体依靠其周围奥氏体不断地供应碳原子而长大。与此同时，它周围奥氏体的含碳量不断地降低，如图 7-11(b) 所示，低碳奥氏体区域为铁素体的形成创造了有利条件，使这部分奥氏体转变为铁素体［图 7-11(c)］。由于铁素体的溶碳能力很低（727℃时为 0.0218%），所以碳被排斥到铁素体和奥氏体的边界上，使与铁素体相邻的奥氏体区域的碳含量升高，这又促进了下一个渗碳体片的形成［图 7-11(d)］。这样连续不断地进行下去，就形成了所谓的珠光体层片状组织。在奥氏体晶界的其余地方或不同位相的铁素体与奥氏体的相界面上出现渗碳体晶核后也按上述规律转变［图 7-11(f)］，直到珠光体晶粒相互紧密地接触并且奥氏体全部转变为珠光体为止。

我们可以得出一个很重要的结论：过冷（降低转变温度）对转变的速率有两种相反的影响。一方面，在较低的温度（更大的过冷度）转变时，奥氏体和珠光体的自由能差别更大，会加速转变的速率；另一方面，它减小碳原子扩散速率，从而减慢了转变的速率。两方面的综合影响是随着过冷度的增大，转变速率先增加，当转变速率增大到最大值后，随着过冷度的继续增大而导致转变速率减小。奥氏体的稳定性随着过冷度的增大而急剧减小。它在 500～550℃时达到最小值，然后又增加。

（2）贝氏体转变

① 贝氏体的分类及形貌 奥氏体在最小稳定温度（500～550℃）到 M_s 点温度范围内等温停留时，将转变为针片状铁素体和渗碳体的混合物，即贝氏体组织，用符号 B 表示。贝氏体转变属于半扩散型转变，由于转变温度较低，只有碳原子的扩散，而无铁原子的扩散。

等温温度不同，贝氏体的形态不同，其性能也不同。按照组织形态及转变温度，可将贝氏体分为上贝氏体和下贝氏体，分别用 $B_{上}$ 和 $B_{下}$ 表示。上贝氏体是在 550～350℃温度范围内形成的。它由许多平行的过饱和的铁素体片和片间断续细条状渗碳体组成［图 7-12(a)］。

在光学显微镜下，铁素体呈黑色，渗碳体呈白色，从整体上看呈现羽毛状特征，所以有

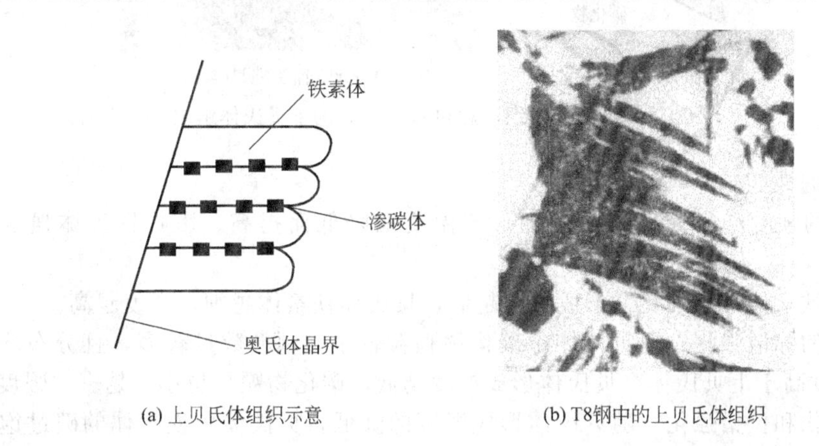

(a) 上贝氏体组织示意　　(b) T8钢中的上贝氏体组织

图 7-12 上贝氏体组织示意和 T8 钢中的上贝氏体组织

时也称之为羽毛状贝氏体，T8 钢中的上贝氏体组织如图 7-12(b) 所示。其硬度较高，可达 40～45(HRC)，但由于其铁素体片较粗，且渗碳体分布在铁素体条间，使条间容易脆性断裂，故塑性和韧性较差，在生产中的应用很少。上贝氏体组织的金相组织如图 7-13 所示。

下贝氏体是在 350℃至马氏体转变开始温度（M_s）范围内形成的。它由过饱和的针片状铁素体和铁素体针片状内弥散分布的小片组成［图 7-14(a)］。在光学显微镜下呈黑色针片状，如图 7-14(b) 所示。在电子显微镜下可以观察出它是由针片状的铁素体和分布在其上的极为细小的渗碳体颗粒组成，极易腐蚀，故呈黑色针片状。共析碳钢下贝氏体硬度较高，可达 50～55(HRC)，下贝氏体组织中的针状铁素体细小且无方向性，碳的过饱和程度大，而且渗碳体沉淀在针状铁素体内，弥散度大，因此它具有较高的强度、硬度、塑性和韧性，即具有优良的综合力学性能。因此生产中对中碳合金钢和高碳合金钢采用等温淬火方法来获得下贝氏体组织。

图 7-13　钢的上贝氏体组织

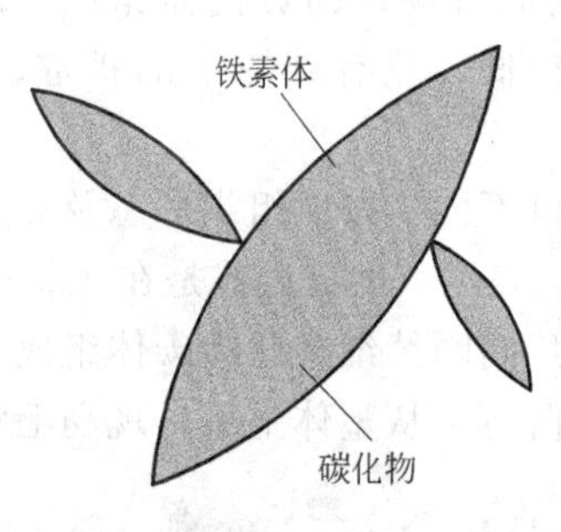

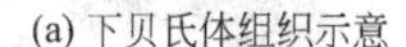
(a) 下贝氏体组织示意

(b) GCr15钢的下贝氏体组织

图 7-14　下贝氏体组织示意和 GCr15 钢的下贝氏体组织

② 贝氏体的性能

a. 贝氏体的强度　贝氏体的强度随形成温度的降低而提高。影响贝氏体强度的因素如下。

ⓐ 贝氏体铁素体细化强化　形成温度越低，贝氏体铁素体越细，强度越高。

ⓑ 碳化物的弥散强化　下贝氏体中碳化物颗粒较小，颗粒数量较多，且分布均匀，故下贝氏体的强度高于上贝氏体。贝氏体形成温度越低，碳化物颗粒越小、越多，强度越高。

ⓒ 固溶强化和位错强化　随贝氏体形成温度的降低，贝氏体中铁素体的碳过饱和度及位错密度均增加，导致强度增加。

b. 贝氏体的韧性　在350℃以上，组织中大部分为上贝氏体时，冲击韧性大大下降。

上贝氏体的韧性大大低于下贝氏体的原因如下。

ⓐ 上贝氏体由彼此平行的BF板条构成，好似一个晶粒；而下贝氏体的BF片彼此位向差很大，即上贝氏体的有效晶粒直径远远大于下贝氏体。

ⓑ 上贝氏体碳化物分布在贝氏体中的铁素体板条之间。

总之，随着贝氏体形成温度的降低，强度逐渐增加，韧性并不降低，反而有所增加，所以下贝氏体具有优良的综合力学性能。

（3）马氏体转变

将过冷奥氏体快速冷却到马氏体开始转变线（M_s）以下，将发生马氏体转变。其转变产物称为马氏体，用字母M表示。由于马氏体转变温度很低，铁原子和碳原子都不能扩散，故马氏体转变属于非扩散型相变。

马氏体是体心正方晶格（图7-15）。最早是由N. Y. Selyakov、N. T. Gudtsov和G. V. Kurdyumov研究得出的。在室温的平衡状态下，碳在α-铁中的固溶度不会超过0.025%，但马氏体中碳的含量和初始奥氏体相同，因此，马氏体是碳在α-Fe中的过饱和固溶体，并使c轴伸长，a轴缩短，c/a称为马氏体晶格的正方度，其值大于1。马氏体中碳的含量越高，其正方度越大。

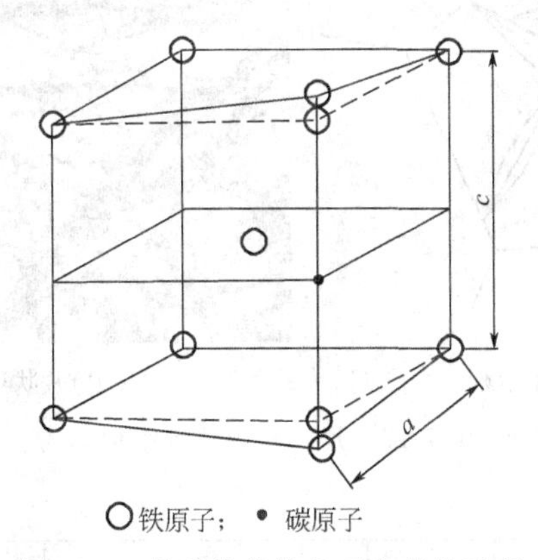

图7-15　马氏体的体心正方晶格示意

过冷奥氏体转变成的马氏体组织形态取决于奥氏体中的含碳量。当奥氏体含碳量低于0.2%时，转变形成的马氏体称为低碳马氏体，在光学显微镜下呈现为平行成束的板条状组织，如图7-16所示，故也称之为板条马氏体。在每个板条状内存在有高密度位错，因此板条状马氏体还可称为位错马氏体。当奥氏体的含碳量高于1%时，转变得到的马氏体称之为高碳马氏体，在光学显微镜下呈现为针片状，如图7-17所示，故也称之为片状马氏体。在每个针片内有着大量孪晶，因此片状马氏体还可称为孪晶马氏体。含碳量介于两者之间的马氏体，则为板条状马氏体和片状马氏体的混合组织。

马氏体的硬度主要取决于马氏体的含碳量，如图7-18所示，随着马氏体含碳量的增加，正方度增大，马氏体的硬度也随之增高。

马氏体的塑性和韧性也与其含碳量有关。含碳量越低，马氏体过饱和度越小，晶格畸变也越小，低碳板条状马氏体中碳的过饱和程度小，淬火内应力低，而且不存在显微裂纹，同时板条状马氏体中的高密度位错是不均匀分布的，存在低密度区，为位错提供了活动的余地，故板条状马氏体具有较高的强度和塑韧性，即具有较好的综合力学性能；随着马氏体的含碳量增加，晶格的正方畸变大，淬火内应力也较大，往往存在许多显微裂纹。片状马氏体

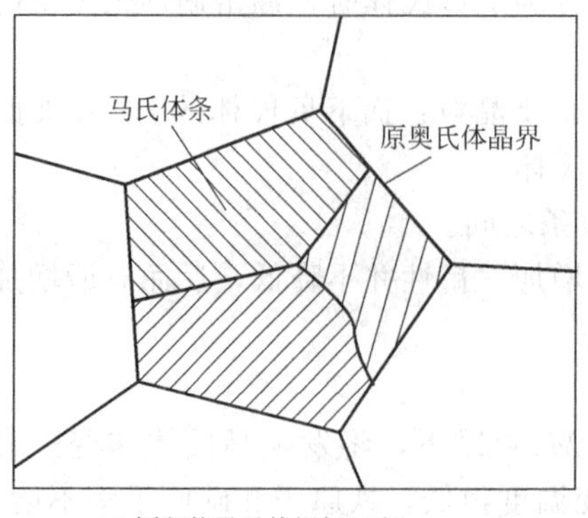

(a) 板条状马氏体组织示意

(b) 板条马氏体(400×)

图 7-16　板条状马氏体组织形态

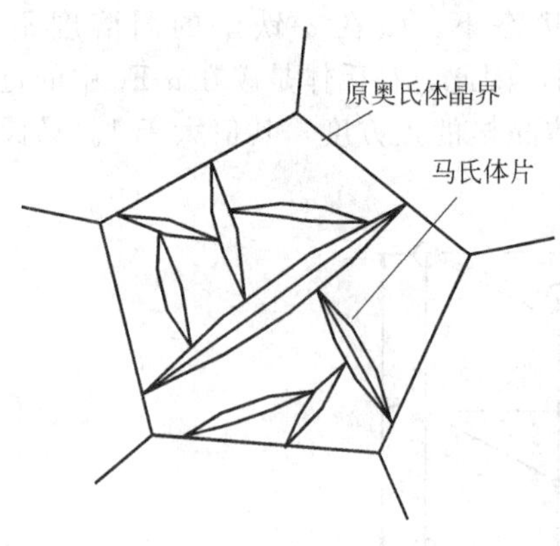

(a) 片状马氏体组织示意

(b) 片状马氏体(400×)

图 7-17　片状马氏体组织形态

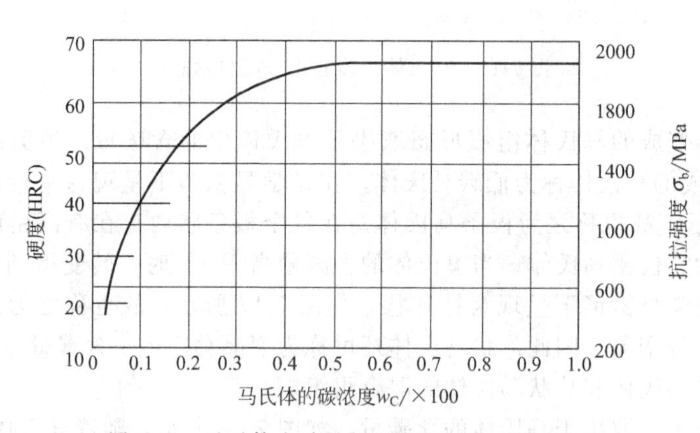

图 7-18　马氏体含碳量与强度和硬度之间的关系

中的微细孪晶破坏了滑移系，也使脆性增大，所以塑性和韧性都很差。

此外，马氏体转变时，无论是板条马氏体还是片状马氏体，其板条或针片都可以贯穿整个奥氏体晶粒，但不会越过奥氏体晶界，故马氏体板条或针片的大小由奥氏体的实际晶粒度决定。奥氏体实际晶粒越粗，形成的马氏体板条或针片也就越粗大。粗大的马氏体板条或针片将降低马氏体的韧性。

马氏体转变具有以下几个主要特征：

① 马氏体在低温转变时，具有极高的生核速率和长大速率（约 10^{-7}s）；

② 无论是板条还是针片瞬时长大到一定尺寸便停止长大；

③ 停止冷却时转变速度将迅速衰减并停止；

④ 从 M_s 开始，随着温度的降低，马氏体的转变量不断增多，直至冷却到 M_f，转变停止但此时不可能获得 100%的马氏体，而是保留了一定数量的奥氏体。这部分未转变的奥氏体称为残余奥氏体，用符号 A′表示。

由于马氏体形成和结束的温度随奥氏体含碳量的增加而降低，因此残余奥氏体量也就随着含碳量的增加而增多。如图 7-19、图 7-20 所示。大量的残余奥氏体不仅会降低钢的硬度，还会降低构件的尺寸稳定性，因此对于高碳钢或高碳合金钢在淬火后经常进行冷处理，即淬火到室温后，立即将工件放入干冰酒精等深冷介质中，使残余奥氏体继续转变为马氏体，既可以减少残余奥氏体数量、提高硬度，又可以提高工件的尺寸稳定性，特别是精密轴承和量具更是如此。

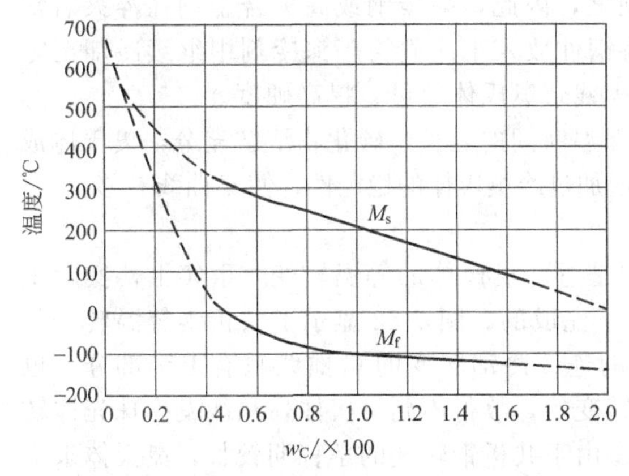

图 7-19 奥氏体的含碳量对 M_s、M_f 的影响（一）

图 7-20 奥氏体的含碳量对 M_s、M_f 的影响（二）

（4）影响 C 曲线的因素

影响 C 曲线的因素很多，主要包括以下几点。

① 含碳量　亚共析钢和过共析钢的 C 曲线与共析钢的相比，形状基本相似，如图 7-21 所示。只是亚共析钢的 C 曲线上多出了一条先共析铁素体析出线；而过共析钢的 C 曲线上多出了一条先共析渗碳体析出线。在正常加热条件下，共析钢的过冷奥氏体最稳定，即 C 曲线最靠右；亚共析钢的 C 曲线随着含碳量的增加向右移，即过冷奥氏体越稳定；过共析

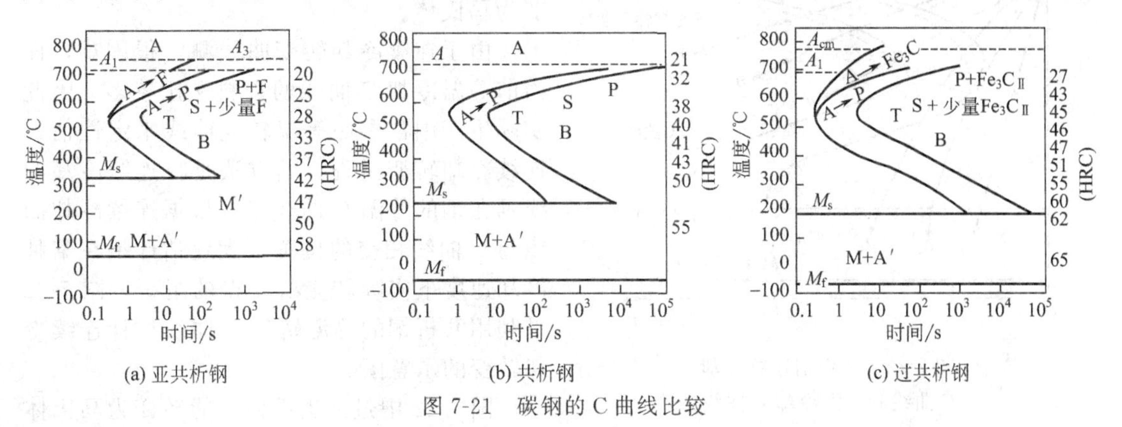

图 7-21 碳钢的 C 曲线比较

钢的C曲线随着含碳量的增加向左移，即过冷奥氏体越不稳定。

② 合金元素　除Co以外，所有合金元素均能将C曲线推向右侧，即增加钢的过冷奥氏体稳定性。例如，用碳钢做成的零件，由于其C曲线很靠左（离纵轴只有1～2s），要想获得马氏体，必须在水中淬火，即便如此，零件稍大时也不能获得内外一致的组织，特别是在零件形状较复杂时，还容易引起淬火变形或开裂，从而导致废品率增加或增加校正工艺，使得生产成本增加。如果改用合金钢制作，由于其C曲线靠右，即使在油中冷却也能得到内外一致的组织，并减少淬火变形与开裂倾向。在加入Cr、Mo、W、V等合金元素时，不仅将C曲线向右移，在他们的含量达到一定数量时，还能将一个C曲线分成两个C曲线，即珠光体转变与贝氏体转变均各自形成一个独立的C曲线，两者之间出现一个过冷奥氏体非常稳定的区域，很多形变热处理就是利用该区域完成的。合金元素不仅影响C曲线左右移动，除钴和铝外，其他合金元素溶入奥氏体后都使奥氏体等温转变图上M_s和M_f点降低，从而导致钢淬火后残余奥氏体量增多。例如，共析钢的M_f点为－50℃，淬火后室温下保留3%～6%的残余奥氏体；过共析钢的M_f点为－100℃，淬火后室温下残留奥氏体量可达8%～15%左右。大量残余奥氏体会降低钢的硬度，因此，高碳钢或高碳合金钢在淬火后常常进行“冷处理”，即在淬火至室温后，立即将钢件放入干冰酒精等深冷剂中继续冷却至零下温度，使残余奥氏体继续转变为马氏体以减少残余奥氏体数量、提高硬度。

③ 加热温度和保温时间　随温度的提高和保温时间的延长，碳化物溶解充分，奥氏体成分均匀，晶粒粗大（总形核部位减少），这些都增加过冷奥氏体的稳定性，使C曲线右移。

(5) 奥氏体连续冷却的转变

① 共析钢的连续冷却C曲线　以上讨论的是过冷奥氏体的等温转变。事实上，实际生产中过冷奥氏体的分解大多是在连续冷却条件下完成的。图7-22显示了共析钢等温转变与连续转变曲线的比较。从图中可看出，奥氏体的连续冷却转变的C曲线只有上半部分，也就是说共析钢在连续冷却条件下是没有贝氏体转变的，故得不到贝氏体，只能发生珠光体转变或马氏体转变，得到珠光体或马氏体。原因是由于共析钢转变的孕育期较长，奥氏体来不及通过扩散而形成铁素体-渗碳体混合物，当过冷奥氏体连续冷却通过贝氏体转变区内尚未发生转变时就已经过冷到M_s线。奥氏体将会转变为马氏体。从而发生马氏体转变。同样，过共析碳钢在连续冷却过程中也不会出现贝氏体转变。而亚共析碳钢则不然，它在连续冷却时在一定温度范围内其过冷奥氏体会转变成贝氏体。

在大的冷却速率时（图7-22，曲线v_4），不是所有的奥氏体都有足够的时间在高温下分解，并且伴随着铁素体-渗碳体混合物的形成，部分奥氏体过冷到M_s点以下，而且转变为马氏体。

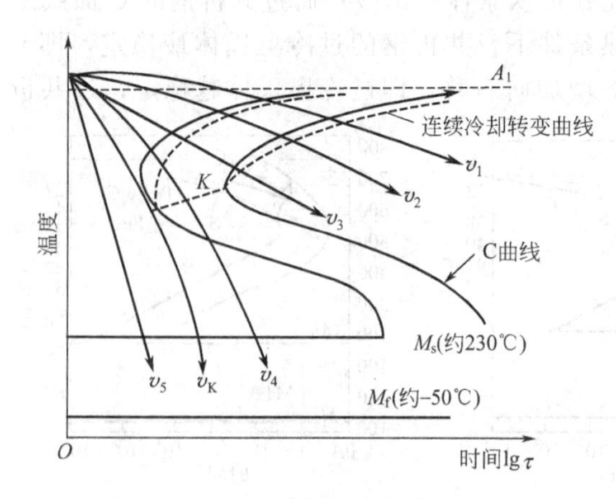

图7-22　共析钢连续冷却C曲线和等温冷却C曲线

由于连续冷却转变曲线测定很困难，而当前等温冷却C曲线的资料又比较多，因此实际生产中常参照等温转变曲线来定性估计连续冷却转变过程。其方法是将连续冷却曲线画在钢的等温C曲线上，根据连续冷却曲线与C曲线相交的位置来大致估计钢在某种冷却速度下实际转变所获得的组织。图7-22是利用共析钢的等温转变C曲线估计连续冷却转变的示意图。

图7-22中过冷奥氏体只能转变为马氏体

组织的最小冷却速度称为临界冷却速度，用 $v_{临界}$ 或 v_K 表示。它与过冷奥氏体开始转变线相切。临界过冷速率的大小取决于过冷奥氏体的稳定性。过冷稳定性越高（C曲线越靠右边），临界冷却速率越小，获得马氏体的能力就越强。

图7-22中冷却速度 v_1 相当于随炉冷却的速度（退火工艺），根据它和C曲线相交的位置，可以估计出过冷奥氏体将转变为珠光体组织。v_2 相当于在静止空气中冷却（正火工艺），根据它和C曲线相交的位置，可以估计出过冷奥氏体将转变为索氏体组织。v_3 相当于油中冷却（油介质淬火工艺），虽然冷区曲线与C曲线相割于550℃，但未与转变终了线相交（右边的C曲线），只有一部分过冷奥氏体转变为屈氏体，未转变的过冷奥氏体将转变为马氏体，故根据它和C曲线相交的位置，可以估计出过冷奥氏体将转变为屈氏体与马氏体的混合组织。v_5 相当于在水中的冷却速度（水介质淬火工艺），由于其冷却速度大于临界冷却速度，没有非马氏体组织生成，故最后所获得的组织为马氏体和残余奥氏体。

② 过共析和亚共析碳钢的连续冷却C曲线　应当指出，过共析碳钢的连续冷却C曲线与共析钢相比，除了多出一条先共析渗碳体的席出线外，其他基本相似。但亚共析碳钢的连续冷却C曲线与共析钢却大不相同，它除了多出一条先共析铁素体的析出线外，还出现了贝氏体转变区域，因此亚共析碳钢在连续冷却后可以出现由更多产物组成的混合组织。例如，45钢经过油冷淬火后得到铁素体＋屈氏体＋上、下贝氏体＋马氏体的混合组织。

7.4 钢的退火

钢的退火是把钢加热到高于或低于临界点（Ac_3 或 Ac_1）的某一温度，保温一定时间，然后缓慢冷却（以图7-22中的 v_1 冷却速度），以获得接近平衡组织的一种热处理工艺。常用的退火工艺有完全退火、等温退火、球化退火、去应力退火、再结晶退火、扩散退火等。退火工艺的分类及应用见表7-1所列。

表7-1 常用退火工艺分类及应用

类别	主要目的	工艺特点	应用范围
扩散退火	成分均匀化	加热到 Ac_3(Ac_{cm})＋150～200℃，长期保温后缓冷	铸钢件及有成分偏析的锻轧件
完全退火	细化组织和降低硬度	加热至 Ac_3 以上30～50℃，保温后缓慢冷却	亚共析钢锻、焊、轧件
等温退火	细化组织、降低硬度、防止产生白点	加热至 Ac_3 以上30～50℃（亚共析钢）或 A_1 以上20～40℃（共析钢或过共析钢），保持一段时间，随冷却到 Ar_1 的温度进行等温转变，然后空冷	碳钢、合金钢以及高合金钢的锻件、冲压件等。较完全退火的组织和性能更均匀且缩短工艺周期
球化退火	碳化物球状化、降低硬度、提高塑性	加热到 A_1 以上20～30℃，保温后等温冷却或直接缓慢冷却	共析钢或过共析钢件（如工具、模具、轴承钢等）
不完全退火	细化组织、降低硬度	加热到 A_1 以上40～60℃保温后缓慢冷却	中、高碳钢及低合金钢的锻轧件，组织细化程度低于完全退火
再结晶退火	消除加工硬化、使冷变形晶粒再结晶为细小等轴晶粒	加热到 A_1－50～150℃或再结晶温度以上150～200℃，保温后空冷	冷变形钢材和零件
消除应力退火	消除内应力、使工件形状达到稳定状态	加热到 A_1－100～200℃，保温后空冷或炉冷到200～300℃后出炉	铸件、锻轧件、焊接件以及机械加工件

(1) 完全退火

完全退火是将工件加热至 Ac_3 以上 30～50℃，保温一定时间后，随炉缓慢冷却（或埋在砂或石灰中冷却）到 550℃以下，然后出炉空冷至室温的工艺过程。完全退火由于加热温度高于临界点以上，奥氏体经历了全部的重结晶，故称为完全退火。该方法的主要目的是细化晶粒、改善组织、消除应力、降低钢的硬度以利于切削加工。对于强度要求不高的零件也可作为最终热处理，或作为一些重要零件的预先热处理。主要适用于亚共析的碳钢或合金钢铸件、锻件。最后获得的组织是铁素体与珠光体的混合物。

(2) 等温退火

完全退火工艺所需时间很长，对于必须迅速冷却以得到低硬度的钢尤其如此。特别是对于某些奥氏体比较稳定的合金钢，必须采用非常缓慢的冷却速度以得到低硬度。完全退火是一种非常浪费时间的热处理工序，往往需要几十个小时。为了缩短退火时间，提高生产率，从奥氏体化温度降到等温炉对应温度时可在空气中快速冷却，在等温炉中结束等温转变后也可自炉中取出空冷，如图 7-23 所示。等温退火与完全退火的目的相同，但等温退火所需时间较短（与完全退火相比可节约一半的时间），可以大幅度地节约工时、降低生产成本，而且所获的组织也比较均匀。在这个过程中，钢就像普通的退火一样被加热，然后较快冷却（空冷或炉冷）到点 Ar_1 以下（通常是 50～100℃以下，和 TTT 曲线中奥氏体转变相一致）。钢在这个温度下保温一段时间，使其发生完全的奥氏体转变。然后快速冷却。

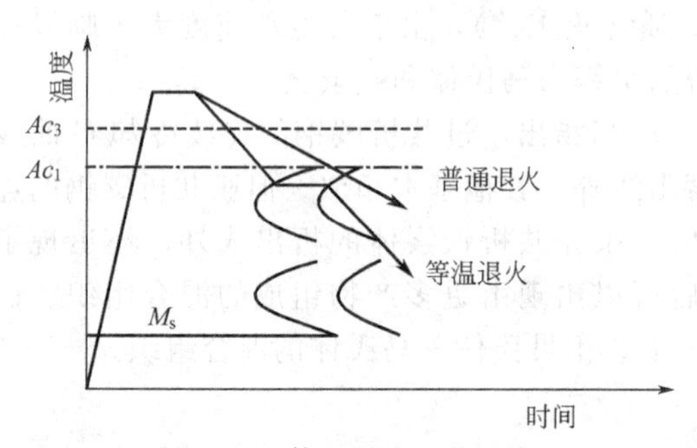

图 7-23　等温退火工艺示意

(3) 球化退火

过共析钢中网状碳化物的存在，在切削加工时，对刀具的磨损很大，使切削加工性变坏，为了克服这一缺点，可采用球化退火。

球化退火是把钢加热到 A_1 以上 20～30℃，保温后等温冷却或直接缓慢冷却，以25～30℃每小时的速率冷却到 500～600℃后空冷，获得颗粒状的渗碳体。主要适用于共析或过共析钢。

在保温过程中，片状渗碳体发生不完全溶解而断开，成为许多细小的点状渗碳体，弥散分布在奥氏体基体上；同时由于低温短时加热，奥氏体的成分极不均匀，故在随后的缓慢冷却过程中，或以原有的细小渗碳体质点为核心，或在奥氏体中富碳区域产生新的核心，均匀地形成粒状渗碳体。这种在铁素体基体上均匀分布着球状渗碳体的组织，称为球状珠光体，如图 7-24 所示。

退火温度只是稍微大于 Ac_1。加热到过高温度将会很难得到颗粒状的渗碳体而且还会形成片状渗碳体。在低过冷度下，缓慢冷却会得到奥氏体转变的产物，颗粒状的渗碳体会凝结在一起。这个过程可以保证退火后，钢的低硬度。退火钢的含碳量为 0.7%～0.9%和1.0%～1.3%。颗粒状渗碳体形成的温度范围在共析钢中非常窄。共析钢退火最合适的温度是 750℃，过共析钢退火最适

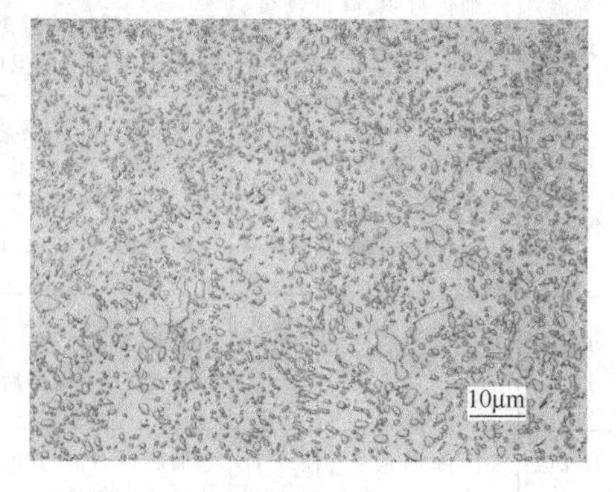

图 7-24　T12 钢球化退火后的显微组织

宜的温度为 770℃。

冷却速度和等温温度也会影响碳化物的球化效果，冷却速度快或等温温度低，珠光体在较低温度下形成，碳化物颗粒太细，聚集作用小，容易形成片状碳化物，从而使硬度偏高。如果冷却速度过慢或等温温度过高，形成碳化物颗粒较粗大，聚集作用也很强烈，易形成粗细不等的粒状碳化物，使硬度偏低。

(4) 再结晶退火

把经过冷加工变形的钢材加热到高于其再结晶温度，使之进行重新成核和晶粒长大，以获得和原来晶体结构相同（无相变）而没有内应力的新的稳定组织，这种热处理叫再结晶退火。其主要目的是消除加工硬化，恢复其加工变形能力；对冷变形后的成品，消除内应力，降低硬度，提高塑性。一般冷轧钢板、钢带和冷拔钢丝、棒及冷轧和冷拔无缝钢管的软化处理，都采用再结晶退火。利用再结晶退火可增大铁素体晶粒尺寸以改善其电磁性能。由于影响再结晶温度的因素较多，所以再结晶退火的温度通常比理论再结晶温度约高 100～150℃。

(5) 不完全退火

不完全退火是将钢加热到临界温度 Ac_1～Ac_3 之间的某个温度，达到不完全奥氏体化，并在这个温度下保温，然后缓慢冷却。不完全退火的目的是细化组织和降低硬度，可以去除内应力，增强钢的机械性能。它和部分晶粒再结晶有关，亚共析钢中剩余的铁素体或者渗碳体不会溶解在固溶体中，也不会再结晶。不完全退火主要应用于中、高碳钢及低合金钢的锻轧件，组织细化程度低于完全退火。

(6) 扩散退火

把合金钢铸锭或铸件加热到 Ac_3 以上 150～200℃，保温 10～15h 后缓慢冷却以消除化学成分不均匀现象的热处理工艺，称之为扩散退火。

扩散退火可以阻止扩散引起的单个晶体内的化学成分的不均匀，因此主要用于质量要求高的合金钢铸锭、铸件、锻件。

高温扩散退火生产周期长，消耗能量大，工件氧化、脱碳严重，成本很高。只是一些优质合金钢及偏析较严重的合金钢铸件及钢锭才使用这种工艺。对于一般尺寸不大的铸件或碳钢铸件，因其偏析程度较轻，可采用完全退火来细化晶粒，消除铸造应力。

(7) 去应力退火

为去除由于塑性变形加工、焊接等工艺造成的应力以及铸件内存在的残余应力而进行的退火称为去应力退火。

将工件缓慢加热到 Ac_1 以下 100～200℃（500～600℃）保温一定时间（1～3h）后随炉缓冷至 200℃，再出炉冷却。

钢的加热温度一般在 500～600℃；铸铁的加热温度一般在 500～550℃，超过 550℃时容易造成珠光体的石墨化；焊接件一般为 500～600℃。

去应力退火可以消除铸、锻、焊件，冷冲压件以及机加工工件中的残余应力，以稳定钢件的尺寸，减少变形，防止开裂。

7.5 钢的正火

将钢件加热到 Ac_3（或 Ac_{cm}）以上 30～50℃，保温适当时间后，在静止空气中冷却的热处理工艺称为钢的正火。

正火用来消除在其前一道加工工序所产生的粗晶粒组织结构，增强中碳钢的强度（和退火钢进行对比），改善低碳钢的切削加工性能，改善焊缝的组织结构，并减少内应力，阻止过共析钢中网状渗碳体的形成等。

正火后碳钢的组织对于亚共析钢来说是珠光体和铁素体，对于过共析钢来说组织是珠光体和渗碳体。

正火采用的空气冷却，导致奥氏体在更低的温度下转变。这个过程增加了铁素体-渗碳体混合物（珠光体）的弥散度，增加了共析组织的数量。因此，正火过的钢与退火钢相比，具有较高的强度和硬度，45 钢正火和退火后的力学性能见表 7-2 所列。

表 7-2　钢正火和退火后的力学性能比较

状态	力学性能				
	抗拉强度/MPa	屈服强度/MPa	延伸率 δ/%	断面收缩率 ψ/%	布氏硬度(HB)
正火	670～720	340	15～18	45～50	170～240
退火	532	281	32.5	49.3	160～220

合金钢在正火的空冷过程中，因为奥氏体很稳定，所以导致奥氏体在较大的过冷度下转变。在这种情况下有可能产生硬度很高的马氏体。在正火后，必须在 550～650℃时进行高温回火，使其能进行切削加工。

正火经常用来提高钢铸件的性能。经过正火的铸件的屈服极限、抗拉强度和冲击强度比退火的铸件都高。

对于含碳量小于 0.25%的碳素钢，可以用正火代替退火，以提高材料的硬度，改善切削加工性能，防止“粘刀”，提高工件的表面光洁度，常用于 15、20Cr、20MnVB、20CrMnTi 等。对于含碳量为 0.25%～0.5%的中碳钢，也可采用正火代替退火。

正火工艺可用于消除过共析钢中的网状碳化物，以利于球化退火；作为中碳钢以及合金结构钢淬火前的预先热处理，可以细化晶粒，使组织均匀化，从而减少淬火工序产生的缺陷。此外，也可作为要求不高的普通结构钢的最终热处理，以及用于淬火返修件以消除内应力，防止重新淬火时零件变形和开裂。

正火与退火相比，操作简单，生产周期短，能量消耗少故在可能的情况下，应优先采用正火。

7.6　钢的淬火

淬火是将钢加热到高于临界点的温度，并在这个温度下保温一定时间，然后以大于临界冷却速度在水中、油中或盐水等冷却介质中急速冷却，使过冷奥氏体转变为马氏体或下贝氏体组织的工艺方法。一般用以提高零件的硬度、强度和耐磨性。

7.6.1　淬火温度的选择和加热时间

淬火温度的选择，由钢的化学成分、工件形状及尺寸、工件的技术要求、奥氏体晶粒长大倾向、淬火时采用的加热方式和冷却介质等因素来综合考虑的。亚共析钢适宜的淬火温度一般为 Ac_3+30～50℃，共析钢和过共析钢加热温度为 Ac_1+30～50℃，亚共析钢的亚温淬火温度为 Ac_1～Ac_3。碳钢的淬火加热温度可以用 Fe-Fe_3C 相图来选择，如图 7-25 中打剖面线区域所示。过共析钢在 Ac_1+30～50℃加热后，一定量的渗碳体残留在钢中，使得淬火后的组织成为马氏体和颗粒状渗碳体组成，有二次渗碳体颗粒的存在，会明显提高钢的硬度和耐磨性，此外组织中也会产生一定量的板条马氏体，从而提高材料的韧性。如果加热温度过高，超过Ac_{cm}，不仅会得到粗片状马氏体组织，导致材料脆性增加，而且由于奥氏体含碳量过高，使淬火钢中残留的奥氏体更多，从而降低钢的耐磨性和硬度。

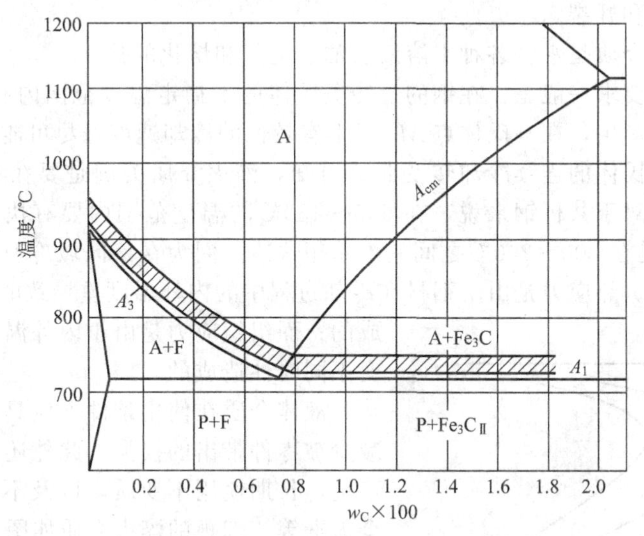

图 7-25 碳钢的淬火加热温度范围

同一钢种的工件，尺寸小、形状复杂、结构容易产生变形或开裂、冷却介质冷却能力强，则应选用较低的淬火加热温度。本质细晶粒钢可以适当提高淬火温度。

淬火加热时间是指工件在加热过程中升温、烧透和组织转变所需时间的总和。生产中所说的淬火加热时间，一般是指空炉升温到预定的淬火温度，工件入炉后控温仪表回升到预定淬火温度起，直到工件出炉淬火前这段加热时间。淬火加热时间受零件成分、有效厚度、装炉量、所用加热炉类型、入炉时炉温高低等诸多因素影响。工件的实际加热时间，一般应通过生产时间来确定，也可按经验式(7-1)来估算。

$$\tau=\alpha KD \tag{7-1}$$

式中，τ 为淬火加热时间，min；α 为淬火加热时间系数，见表 7-3 所列；K 为工件装炉时的修正系数；D 为工件的有效厚度，mm。

表 7-3 常用钢在不同加热介质中加热时的加热系数 α 单位：min/mm

工件材料	直径/mm	<600℃箱式炉预热	750～850℃盐浴炉中加热或预热	800～900℃箱式炉和井式炉中加热	1100～1300℃高温盐浴炉加热
碳钢	≤50		0.3～0.4	1.0～1.2	
低合金钢	>50		0.4～0.5	1.2～1.5	
高合金钢	≤50		0.45～0.5	1.0～1.2	
高速钢	>50		0.5～0.55	1.5～1.8	
		0.35～0.4	0.3～0.35		0.17～0.2
			0.3～0.35	0.65～0.85	0.16～0.18

圆柱体的有效厚度 D 可以按直径确定，若高度小于直径则按高度确定；高度和壁厚之比不大于 1.5 的空心圆柱可以按高度确定，不小于 1.5 按壁厚确定，内外径之比小于 1/7，则按实心圆柱体确定；球体可按 0.6 倍的直径确定；圆锥体则按离小端 2/3 高度处的直径确定；正方形和矩形截面可分别按工作部位尺寸和工件最大厚度部位来确定 D 值。

7.6.2　淬火介质

淬火介质必须保证钢在淬火时的冷却速度高于临界冷却速度以上，从而避免产生珠光体和其他中间转变产物，而在马氏体的转变温度范围内，有较小的冷却速度以避免高的内应力、淬火件的变形和开裂。

最常用的淬火介质是水、各种水溶液、油、空气和熔化的盐。

对淬火介质的要求一般是：在钢的过冷奥氏体的不稳定温度范围内有足够的冷却速度，以避免非马氏体的产生，在马氏体点 M_s 以下有较低的冷却速度，尽可能减少淬火过程中产生缺陷。由过冷奥氏体的连续冷却转变曲线可知，淬火介质关键是要在 C 曲线的鼻子区域有快的冷却速度，对于共析钢来说，在 650～450℃的温度范围内要有快的冷却速度。而在 400℃以下，特别是在 300～200℃之间并不希望快冷。因为在该区域冷速过快会产生较大的热应力和组织应力。热应力是由于钢材在冷却过程中的内外温度差导致的热胀冷缩不一致造成的；而组织应力是由于内外温度差导致的组织转变不同时性造成的。

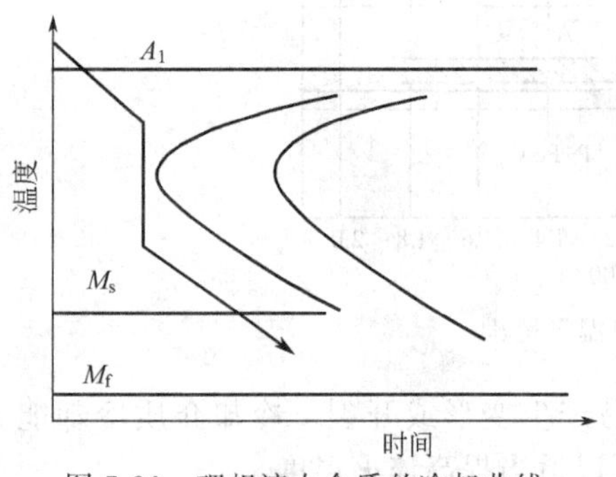

图 7-26　理想淬火介质的冷却曲线

液体介质在使用条件下应具有合适的黏度，以减少被零件带出的损失。此外还要求淬火介质成分稳定，长期使用不变质，以及不易燃、不易爆、安全无毒等。理想的淬火介质如图 7-26 所示。

常用的淬火介质主要有水和油。

水是常用而且又经济的淬火介质。在过冷奥氏体不稳定区域虽然有比较大的冷却速度，但在低温区的冷却速度也非常高，即使工件能淬透，其热应力和组织应力也很大，易引起工件的变形和开裂，采用循环水或摆动可以提高钢在过冷奥氏体不稳定区域的冷却速度，但在低温区域只能采用在 300℃左右提前出水或淬入油中加以克服。

淬火油几乎全部为矿物油，普通矿物油依黏度、闪点不同其冷却速度有区别，使用温度也不同。由于其冷却速度较缓慢，特别是在“鼻尖”温度区域冷却速度较低，对于截面较大的碳钢及低合金钢不易淬硬，而且淬油后表面易沾污，不够光洁，所以使用上有一定的局限性。主要应用在形状复杂的中小型合金钢工件淬火。

为了改善油的冷却能力，还可以采用适当提高油温、强力搅拌循环以及加入添加剂等方法。提高油温后，油的黏度显著下降，从而有助于对流传热。由此在低于 80℃的温度范围内适当提高油温增加了流动性反而使油的冷却能力提高。

7.6.3　钢的淬透性

（1）淬透性的概念

钢的淬透性是指钢在淬火时获得马氏体的能力，它是钢材本身固有的一个属性。由于不同钢种在淬火时获得马氏体的能力不同，因而由表面到内部工件截面上淬成马氏体组织的深度也不同。淬成马氏体组织的深度愈大，该钢的淬透性就越高。钢中淬火的深度决定于临界冷却速率，因为金属表面和心部的冷却速度不同，如果心部的实际冷区速率超过了临界值，那么钢可以完全淬透。

如果表面的冷却速率超过临界值，而心部冷却速率小于临界值，只有表层被淬透，在这种情况下，心部的组织结构就会包含屈氏体或珠光体，如图 7-27 所示。完全淬透的金属整体上具有相同的性能。

钢的淬透性的好坏，取决于钢的过冷奥氏体的稳定性，或者说取决于钢的临界冷却速

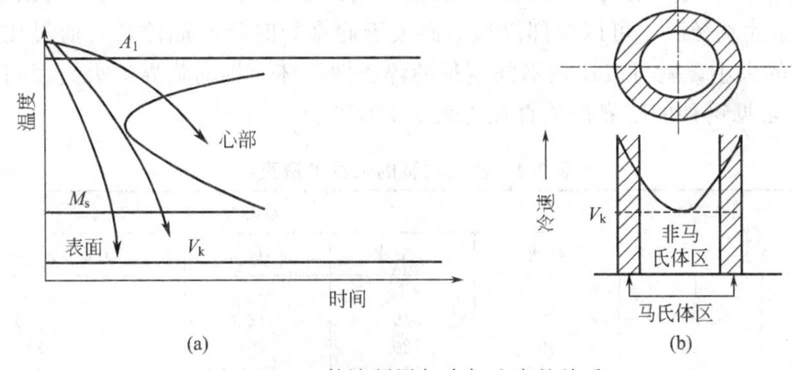

图 7-27　工件淬硬层与冷却速度的关系

度，即过冷奥氏体的稳定性越高，临界冷却速度就越小，钢的淬透性也就越好。一般规定钢件淬火后由表面到半马氏体区域（50%马氏体＋50%非马氏体）的距离 h 作为淬透层的深度。如果工件的中心部位在淬火后获得了 50%以上的马氏体组织，则认为该工件已被淬透。必须区分两个不同的概念：一是钢的淬透性，它主要取决于钢的临界冷却速度，除金属钴外，绝大多数合金元素都能显著增加过冷奥氏体的稳定性，从而大大提高钢的淬透性。所以，合金钢因为过冷奥氏体的高稳定性和相对较低的临界冷却速率而比一般碳素钢具有更大的淬透性。二是淬硬性，它是指钢在淬火时的硬化能力，用淬火后马氏体所能达到的最高硬度表示，它主要取决于马氏体的含碳量，淬透性好的钢，它的淬硬性不一定高。

应当特别指出，钢的淬透性与工件中的淬透深度（淬硬深度）之间并不能混为同一个概念，钢的淬透性乃是钢材本身所固有的属性，它不取决于其他外部因素。而工件中的淬透深度除取决于钢材的淬透性外，还与所采用的冷却介质、工件尺寸等外部因素有关。

例题 1：试说明下列各组零件的淬透性情况

① ϕ30mm 与 ϕ300mm 的两根轴，均为 45 钢，奥氏体化条件相同；

② ϕ30mm 的两个 45 钢零件，奥氏体化条件相同，一个水淬，一个油淬；

③ 4 个 ϕ30mm 的零件，其材料分别为：40 钢、60 钢、Cr12 钢、40Cr 钢，均油淬。

答：①中两零件材料化学成分相同，奥氏体化条件相同，所以淬透性也相同；②中两个零件化学成分相同，奥氏体化条件相同，所以淬透性也相同；③因 4 个零件材料化学成分不同，淬透性则不同，从 40 钢、60 钢、40Cr 钢到 Cr12 钢淬透性依次提高。

（2）淬透性的测量

钢的淬透性测量可以大体上分为计算法和实验法两大类。计算法是根据钢材的主要成分与奥氏体晶粒度，通过一系列对钢淬透性影响系数的连乘积而估算钢的理想临界直径（D）。实验方法则是通过测定在标准试样上的淬透直径或深度，或是标准试样在顶端淬火试验后半马氏体硬度区与淬火顶端间的距离大小来评价钢的淬透性。

钢的淬透性和具体淬火条件下工件的淬透层深度是有区别的。在相同奥氏体化条件下，同一种钢的淬透性是完全相同的，但在具体条件下工件淬透层深度则还要受冷却介质、工件体积、形状、表面状态等因素的影响。工件体积小、表面积大、工件易于冷却以及冷却介质冷却能力强、工件表面干净（无涂料、锈迹）等，则淬透层深；反之，则淬透层浅。

淬透性不同的钢，淬火后所得到的淬透层深度不同，金相组织也不同，因而沿截面分布的力学性能也不同。完全淬透的钢，整个截面上的力学性能均匀一致；未淬透的钢，经回火后虽然也能使整个截面上的硬度趋于一致，但未淬透部分的屈服强度和冲击韧性均有所下降。

① 临界直径法　生产中常用临界淬火直径表示钢的淬透性。临界淬火直径是采用圆棒

试样在某介质中淬火时所能得到的最大淬透直径（即心部被淬成半马氏体的最大直径），用 D_o 表示。低于此直径时，可以全部淬透，而大于此直径时就不能淬透。通过比较在相同淬火介质中 D_o 的大小，就可以比较不同钢材的淬透性好坏。钢的临界淬火直径可以通过试验的方法确定。常见钢种的临界淬透直径见表 7-4 所列。

表 7-4 常见钢种的临界淬透直径 单位：mm

钢号		冷却介质			
		静油	20℃水	40℃水	20℃ 5%NaCl 水溶液
优质碳素结构钢	15	2	7	5	7
	30	7	15	12	16
	45	10	20	16	21.5
	60	12	24	19.5	25.5
合金结构钢	45Mn	17	31	26	32
	50Mn2	28	45	41	46
	42Mn2V	25	42	38	43
	20Cr	10	20	16	21.5
	40Cr	22	38	35	40
	45Cr	25	42	38	43
	20CrMnTi	15	28	24	29
	38CrMoAl	47	69	65	70
	25Cr2MoV	35	52	50	54
	12CrNi2	11	22	18	24
	45B	10	20	16	21.5
	40MnVB	22	38	35	40
弹簧钢	65	12	24	19.5	26
	65Mn	20	36	31.5	37
	60Si2Mn	22	38	35	40
轴承钢	GCr6	22	32	29.5	35.5
	GCr15	35	—	—	—
工具钢	T10	6	26	22	28
	9Mn2V	33	—	—	—
	9SiCr	32	—	—	—
	9CrWMn	75	—	—	—
	Cr12	200	—	—	—

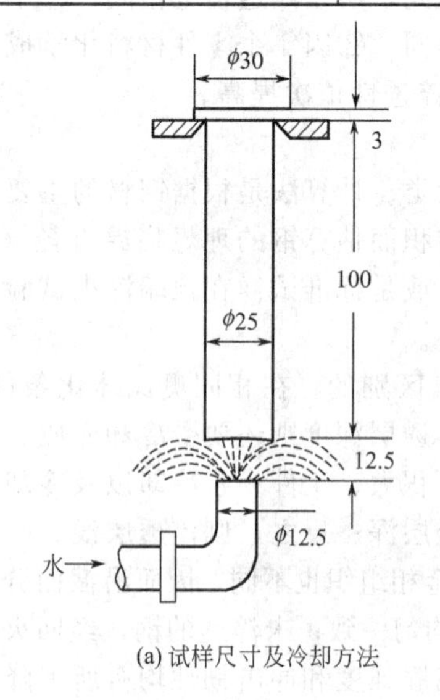

(a) 试样尺寸及冷却方法

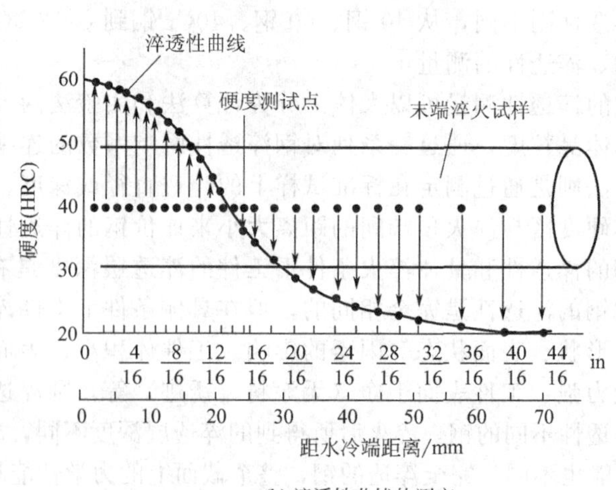

(b) 淬透性曲线的测定

图 7-28 顶端淬火法

② 顶端淬火法　最简单的测试是将一个标准试样（ϕ25mm×100mm）加热到一定温度的圆柱棒［图 7-28(a)］迅速放在末端淬火装置的冷却孔中，然后从末端喷水冷却。规定喷水管内径 12.5mm，水柱自由高度 65mm±5mm，水温 20～30℃。由于试样喷水端冷却最快，越往上冷却得越慢，因此沿试样长度方向上各处的组织和硬度是不同的。淬火后，在试样测面沿长度方向磨一深度 0.2～0.5mm 的窄条平面，从试样末端起，每隔一定距离测量一个硬度值，即可得到试样沿长度方向的硬度分布曲线，该曲线为淬透性曲线［图 7-28(b)］。碳素钢和合金钢的半马氏体区的硬度与含碳量的关系见表 7-5 所列。

表 7-5　半马氏体区的硬度与含碳量的关系

含碳量/%	半马氏体区的硬度(HRC)		含碳量/%	半马氏体区的硬度(HRC)	
	碳钢	合金钢		碳钢	合金钢
0.08～0.17	—	25	0.33～0.42	40	45
0.13～0.22	25	30	0.43～0.52	45	50
0.23～0.27	30	35	0.53～0.62	50	55
0.28～0.32	35	40			

同一牌号的钢由于其化学成分、晶粒尺寸的波动，淬透性也有一定的波动范围，因此通常用淬火带来表示某种牌号钢材的淬透性，42CrMo 钢的淬透性曲线如图 7-29 所示。

根据规定，钢的淬透性值用 $J\dfrac{HRC}{d}$ 表示。其中 J 表示末端淬火的淬透性，d 表示距水冷端的距离，HRC 为该处的硬度。例如，淬透性值 $J\dfrac{42}{5}$，即表示距水冷端 5mm 试样硬度为 42(HRC)。

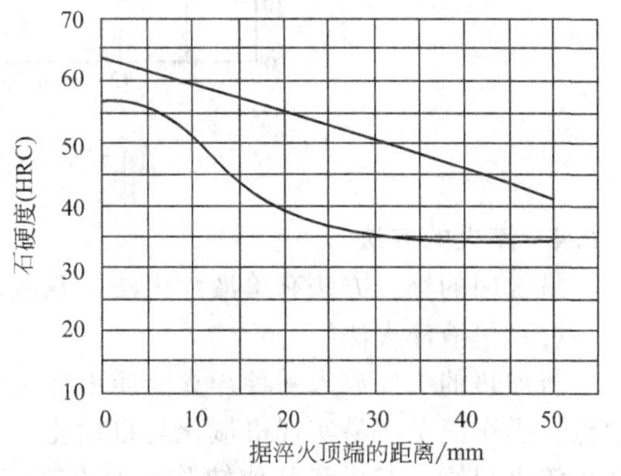

图 7-29　42CrMo 钢的顶端淬火曲线

(3) 淬透性的实际意义

力学性能是机械设计中选材的主要依据，而钢的淬透性又会直接影响热处理后的力学性能。钢的淬透性对机械设计是非常重要的，因此设计人员选材时，必须对钢的淬透性有充分了解，以便能够根据工件的工作条件和性能要求进行合理选材。

对于截面尺寸较大和在动载荷下工作的许多重要零件，以及承受轴向拉伸和压缩应力或交变应力、冲击负荷的连接螺栓、拉杆、锻模、锤杆等重要零件，常常要求零件的表面与心部力学性能一致，此时应选用高淬透性的钢制造，并要求全部淬透。当某些零件的心部力学性能对零件的使用寿命无明显影响时，例如承受交变弯曲应力、扭转应力、冲击载荷和局部磨损的轴类零件、齿轮零件，可选用淬透性较低的钢，获得一定深度的淬硬层，一般淬透到截面半径的 1/2～1/4 深度即可，具体深度可以根据受载荷的大小进行调整。

对于某些工件，不可选用淬透性高的钢。例如焊接工件，若选用高淬透性钢，易在焊缝热影响区内出现淬火组织，造成焊件变形开裂。

受交变应力和振动的弹簧，应选用淬透性高的钢制造，以免由于心部没有淬透，中心出现铁素体，使材料的屈强比大大降低，工作时易产生塑性变形而失效。

由于碳钢的淬透性较低，对于尺寸较大的零件可用正火代替调质，而效果相似，可大大节约能源。例如零件尺寸为 ϕ100mm，用 45 钢调质后抗拉强度为 610N/mm^2(610MPa)，正火也能够达到 600N/mm^2(600MPa)。

直径较大并具有几个台阶的传动轴，需经过调质处理时，考虑到淬透性的影响，应先粗车成形，然后调质。如果将棒料先调质，再车外圆，由于直径大，表面淬透层浅，调质组织在粗车时可能被车削掉，而起不到调质作用。

下列举例说明在已知选定的材料及尺寸大小时，怎样根据淬透性曲线推算出不同直径的圆棒在各种介质中淬火后硬度沿截面的分布。设某钢棒直径为 50mm，水淬，其淬透性曲线如图 7-30 所示。首先在图 7-31(a) 中纵坐标上找到直径 50mm 处，引水平线分别与“表面”、“3/4 半径”、“1/2 半径”和“中心”等各曲线相交，各交点的横坐标即为相应的 d（至末端距离）值，即 1.5mm、6mm、8mm 和 12mm。再由 d 值在淬透性曲线（图 7-30）找出相应的硬度即 57、55、51 和 45。然后根据上述各硬度值便可以作出截面上硬度分布曲线，如图 7-32 所示。

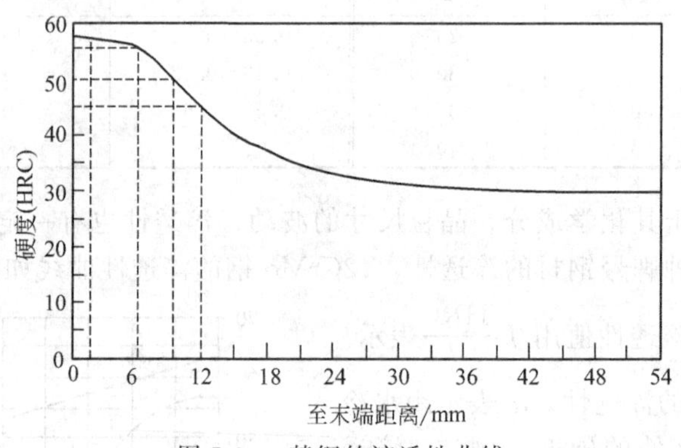

图 7-30　某钢的淬透性曲线

7.6.4　淬火的方法

最常用的淬火方法有单液淬火法、双液淬火法、分级淬火法、等温淬火法等几种。

(1) 单液淬火法

将加热的工件放入一种淬火介质中连续冷却至室温的操作方法，如图 7-33(a) 所示。优缺点：操作简单，易实现机械化与自动化，适用于形状简单的工件，但此法水冷变形大，易产生淬火裂纹、变形和其他缺陷，油冷难淬硬，可将油、水双冷结合起来进行如下的双液淬火。

(2) 双液淬火法

将加热的钢件先在水或盐水中冷却，冷到 300～400℃时迅速移入油中冷却，这种水淬油冷（合金钢有时采用油淬空冷）的方法称为双液淬火法，如图 7-33(b) 所示。优缺点：既可使工件淬硬，又能减少淬火的内应力，有效地防止产生淬火裂纹，主要用于形状复杂的高碳工具钢零件，如丝锥、板牙等，也常用于大截面的低合金工具钢（要求淬透深度较深）。缺点是操作困难，技术要熟练。

对于碳素工具钢工件，一般以每 3mm 有效厚度停留一秒计算。对形状复杂者每 4～5mm 在水中停留 1s，大截面低合金钢可以按每毫米有效厚度为 1.5～3s 计算。但这要求操作者具有较高的技术水平。

(3) 分级淬火法

分级淬火法是把加热好的工件先投入温度稍高于 M_s 点的盐浴或碱浴中快速冷却停留一段时间，待其表面与心部达到介质温度后取出空冷，使之发生马氏体转变，如图 7-33(c) 所示。优缺点：比双液淬火进一步减少了应力和变形，操作较易。但由于盐浴、碱浴的冷却能力较小，故只适用于形状较复杂、尺寸较小的工作。

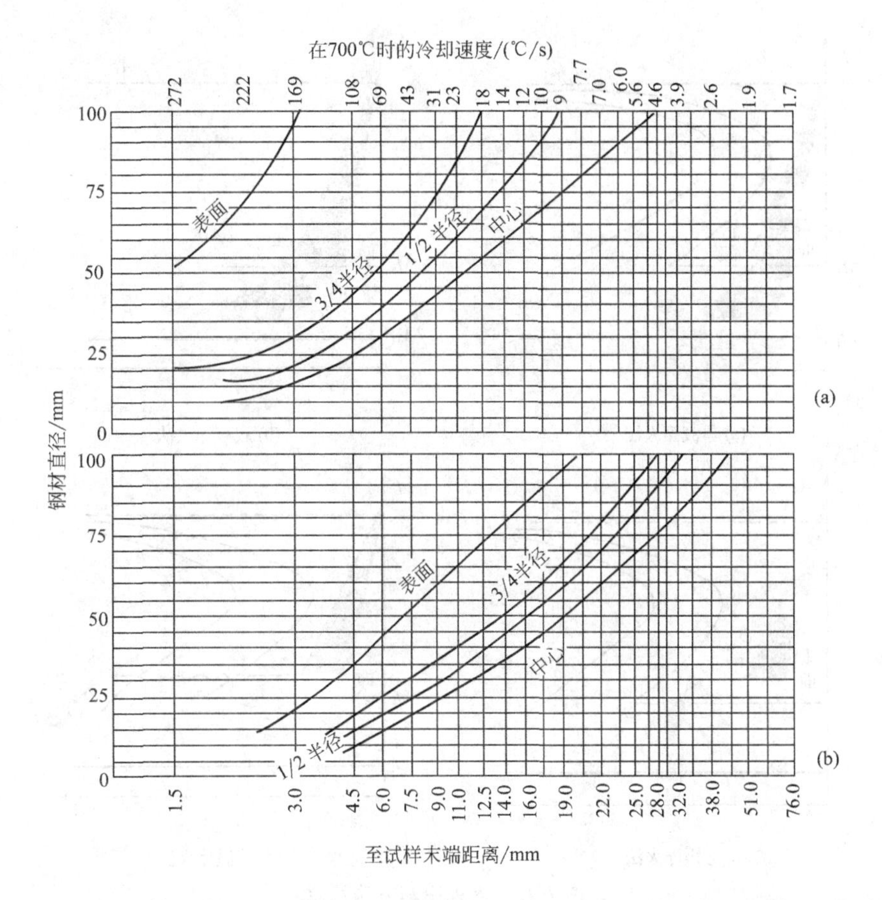

图 7-31 在端淬试样上各点的冷却速度与不同直径圆棒在截面上所对应的位置之间的关系

(a) 水中淬火；(b) 油中淬火

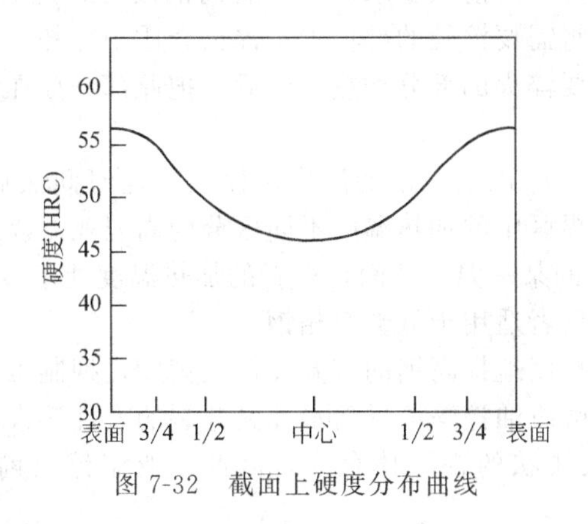

图 7-32 截面上硬度分布曲线

(4) 等温淬火法

此法与分级淬火法相类似，只是在盐浴或碱浴中的保温时间要足够长，使过冷奥氏体等温转变为有高强韧性的下贝氏体组织，然后取出空冷，如图 7-33(d) 所示。

优缺点：由于淬火内应力小，能有效地防止变形和开裂，但此法缺点是生产周期较长又要一定设备，常用于薄、细而形状复杂的尺寸要求精确，并且要求高硬度和强韧性的工件，如成型刀具、模具、弹簧以及重要的结构件如飞机起落架等。

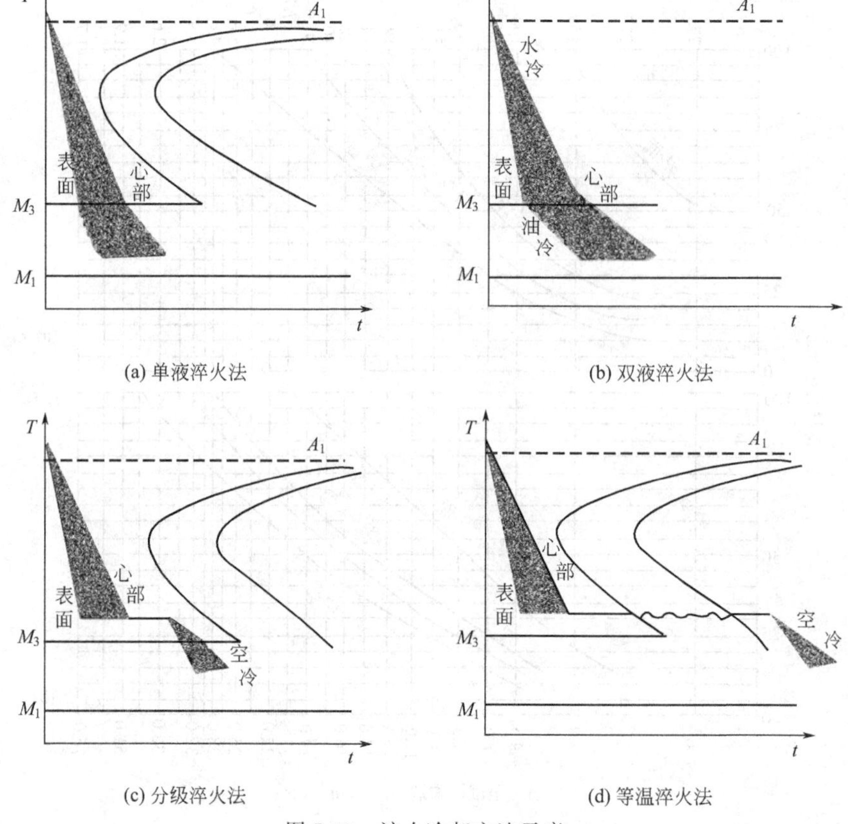

(a) 单液淬火法　(b) 双液淬火法

(c) 分级淬火法　(d) 等温淬火法

图 7-33　淬火冷却方法示意

(5) 局部淬火

有些工件按其工作条件，可能只要求局部具有高的硬度，此时可对工件进行局部淬火。先将工件整体加热到温后将需要淬硬的部位置于淬火介质中冷却。为了避免工件其他部分产生变形和开裂，也可将需要淬火的部分加热到温后，把此部分放在淬火介质中冷却。

(6) 亚温淬火

将钢件加热到临界点 Ac_3 以下一定的温度，保温一定时间然后快速冷却淬火的工艺称为亚温淬火。可按钢在临界区中的加热温度不同区分为高温亚温淬火和低温亚温淬火。前者的加热温度处于接近 Ac_3 的某一温度区间，后者的加热温度处于接近 Ac_1 的某一温度区间。前者适用于中碳结构钢，后者适用于低碳双相钢。

采用亚温处理可以大幅度地提高钢的室温和低温韧度，抑制可逆回火脆性，降低冷脆转变温度，防止变形开裂，解决油淬淬不透而水淬又开裂的大件淬火困难问题。亚温淬火前的原始组织一般不允许有大块状的铁素体存在，因此，亚温淬火前常需对钢进行一定的预处理。

(7) 冷处理

许多淬火钢的马氏体或贝氏体相变不完全而马氏体终了线 M_f 低于室温，故室温下的淬火组织中保留了一定数量的残余奥氏体，残余奥氏体的存在会降低钢的硬度，使钢的尺寸稳定性下降。为使残余奥氏体继续转变为淬火马氏体，则要求将淬火工件继续深冷到零下温度进行“冷处理”，因此，冷处理实际上是淬火过程的继续。冷处理的效果主要取决于钢的马氏体点 M_s，马氏体点越低，淬火后残余奥氏体越多，冷处理的效果越显著。所以冷处理主要在含碳量大于0.6%的碳钢，渗碳钢零件以及工具钢、轴承钢、高合金钢中采用。

7.7　钢的回火

将已经淬火的钢重新加热到温度低于 Ac_1 的某个温度，保温后再用一定方法冷却的热处理工艺称为回火。淬火钢具有很大的脆性和残余应力，若不及时回火会使工件产生变形和开裂，此外，淬火后得到的马氏体和残余奥氏体都是不稳定的组织，一般淬火后不能直接使用，都要经过回火处理。回火的目的是降低或消除淬火产生的内应力，防止工件变形或开裂；降低钢的脆性，取得预期的力学性能；稳定工件尺寸。

7.7.1　淬火钢回火时组织和性能的变化

淬火钢加热加速了淬火非稳定组织向稳定组织的转变过程，这种转变将引起内应力和力学性能的变化。一般来说，随回火温度的升高，钢的组织变化可分为以下四个阶段，现以碳钢为例加以讨论。

图 7-34　淬火马氏体和回火马氏体的显微组织

① 80～200℃为马氏体分解阶段，由淬火马氏体析出薄片状细小 ε 碳化物（分子式为 $Fe_{2.4}C$，密排六方晶格），马氏体中碳的过饱和度降低但仍为碳在 α-Fe 中的过饱和固溶体，通常把这种过饱和 $\alpha+Fe_{2.4}C$ 的组织成为回火马氏体，易被腐蚀，呈黑色针叶状（图 7-34）。在此过程中，内应力逐步减小。

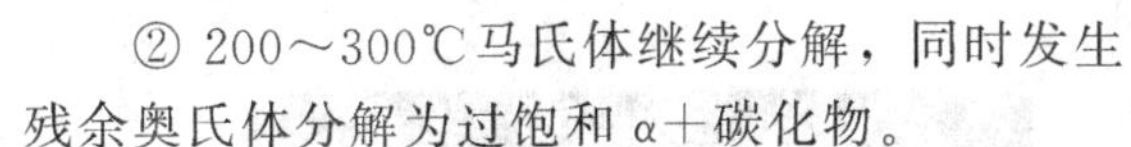

② 200～300℃马氏体继续分解，同时发生残余奥氏体分解为过饱和 α＋碳化物。

③ 250～400℃马氏体分解完成，ε 碳化物转变成为极细的颗粒状渗碳体，α 相中含碳量降低到正常饱和状态。在此过程中，内应力大大下降。

④ 400℃以上渗碳体聚集长大并形成颗粒状，α 相发生回复、再结晶。固溶强化作用消失，硬度与强度降低，塑性和韧性大幅度提高。

在300℃以下回火时，得到由具有一定过饱和度的 α 相与 ε 碳化物组成的回火马氏体组织，可用 $M_{回}$ 表示，其硬度与淬火马氏体相近。在 300～500℃范围回火时，得到由针叶状铁素体与极细小的颗粒状渗碳体共同组成的回火屈氏体组织，可用 $T_{回}$ 表示。$T_{回}$ 的硬度虽然比 $M_{回}$ 低，但因渗碳体极细小，α-Fe 只发生回复过程而未再结晶，仍保持针叶状，故仍具有较高的弹性极限和屈服强度以及一定的塑性和韧性。在 500～650℃范围回火时，得到等轴状铁素体和颗粒状渗碳体组成的回火索氏体组织，可用 $S_{回}$ 表示。与 $T_{回}$ 相比，$S_{回}$ 的硬度、强度较低，而塑性和韧性较高，具有更为优越的综合力学性能。$T_{回}$ 与 T，以及 $S_{回}$ 与 S 相比，在相同的硬度时，前者比后者具有更高的强度和塑性、韧性。这是由于前者的渗碳体为颗粒状，后者的渗碳体为片状。

淬火钢经不同温度回火后，其力学性能与回火温度的关系如图 7-35 所示。从图中可以看出，钢回火后力学性能的变化总趋势为随回火温度的升高，强度硬度降低塑性、韧性升高。在200℃以下回火时，由于马氏体中碳化物的弥散析出，钢的硬度并不下降，高碳钢硬度甚至略有提高。在 200～300℃回火时，由于高碳钢中的残余奥氏体转变为回火马氏体，硬度再次升高。300℃以上回火时，由于渗碳体粗化，马氏体转变为铁素体，硬度直线下降。

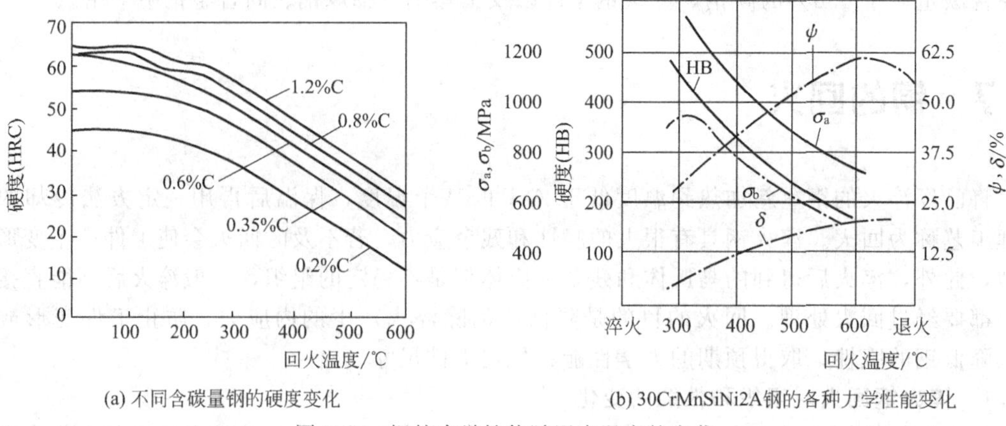

(a) 不同含碳量钢的硬度变化　　(b) 30CrMnSiNi2A钢的各种力学性能变化

图 7-35　钢的力学性能随回火温度的变化

7.7.2　回火的分类及应用

回火分高温回火、中温回火和低温回火三类。回火多与淬火、正火配合使用。对于未经淬火的钢，回火是没有意义的，而淬火钢不经回火一般也不能直接使用，为避免淬火件在放置过程发生变形或开裂，钢件经淬火后应及时进行回火。

(1) 低温回火

回火温度为150～250℃。低温回火时，马氏体将发生分解，从马氏体中析出ε-碳化物($Fe_{2.4}C$)，使马氏体过饱和度降低，析出的碳化物以细片状分布在马氏体基体上，这种组织称为回火马氏体（$M_{回}$）。在光学显微镜下$M_{回}$为黑色，A'为白色，如图7-36所示。由于马氏体分解，其正方度下降，减轻了对残余奥氏体的压力，马氏体点上升，因而残余奥氏体分解为ε-碳化物和过饱和铁素体，即转变为$M_{回}$。

(a) 光学显微镜下形貌 (400×)

(b) 透射电子显微镜下形貌

图 7-36　回火马氏体

低温回火的目的是在保留淬火后高硬度［一般为58～64(HRC)］、高耐磨性的同时，降低内应力，提高韧性。主要用于处理各种高碳钢和高碳合金钢制造的工具、模具、轴承及经渗碳和表面淬火的工件。

(2) 中温回火

回火温度为350～500℃。中温回火时，ε-碳化物溶解于铁素体中，同时从铁素体中析出Fe_3C。到350℃，马氏体中的含碳量已降到铁素体的平衡成分，内应力大量消除，$M_{回}$转变为在保持马氏体形态的铁素体基体上分布着细粒状组织，称为回火屈氏体（$T_{回}$），如图7-37所示。

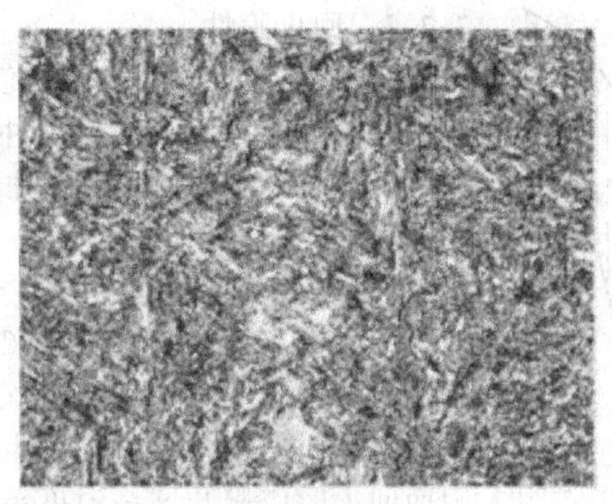

图 7-37　回火屈氏体（400×）

回火屈氏体组织具有较高的弹性极限和屈服极限，并具有一定的韧性，硬度一般为35～45(HRC)。主要用于各类弹簧的处理。

(3) 高温回火

回火温度为500～650℃。此时，Fe_3C发生聚集长大，铁素体发生多边形化，由针片状转变为多边形，这种在多边形铁素体基体上分布着颗粒状Fe_3C的组织称为回火索氏体($S_{回}$)，如图7-38所示。

(a) 光学显微镜下形貌(400×)

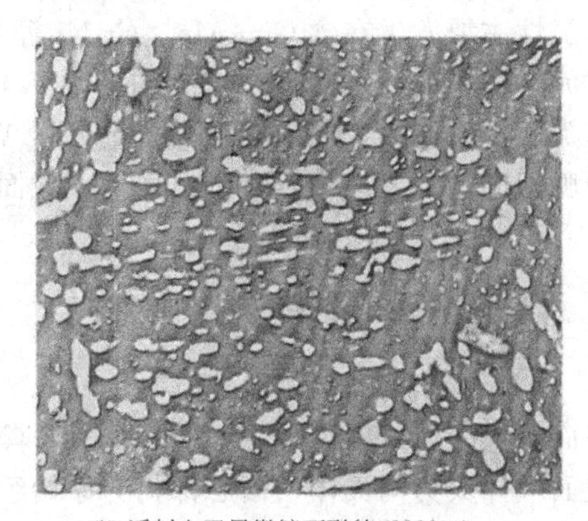

(b) 透射电子显微镜下形貌(9300×)

图 7-38　回火索氏体

回火索氏体组织具有良好的综合力学性能，即在保持较高的强度同时，具有良好的塑性和韧性，硬度一般为25～35(HRC)。通常把淬火加高温回火的热处理工艺称作“调质处理”，简称“调质”。表7-6为40钢经调质和正火处理后力学性能的比较，由于调质组织中的渗碳体是颗粒状的，正火组织中的渗碳体是片状的，而粒状渗碳体对阻碍裂纹扩展比片状渗碳体更有利，因而调质组织的强度、硬度、塑性及韧性均高于正火组织。调质广泛用于各种重要结构件如连杆、轴、齿轮等的处理。也可作为某些要求较高的精密零件、量具等的预备热处理。

表 7-6　40钢经调质和正火处理后力学性能的比较

热处理工艺	σ_b/(N/mm²)	σ_s/(N/mm²)	δ_5/%	ψ/%	α_k/(J/cm²)
正火	560	300	19.9	36.3	67
调质	580	330	30.0	65.4	138
提高值	20	30	10.1	29.1	71
绝对值/%	3.84	10.55	51.1	80	104.0

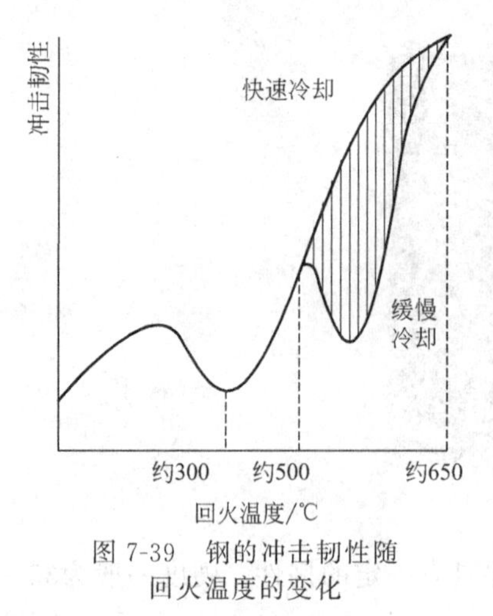

图 7-39 钢的冲击韧性随回火温度的变化

7.7.3 回火脆性

淬火钢的韧性并不总是随温度升高而提高，在某些温度范围内回火时，会出现冲击韧性下降的现象，称作回火脆性，如图 7-39 所示。根据回火脆性出现的温度范围，可将其分为两类。

(1) 不可逆回火脆性

是指淬火钢在 250～350℃回火时出现的脆性，又称第一类回火脆性。这种回火脆性是不可逆的，只要在此温度范围内回火就会出现脆性，目前尚无有效消除办法。因而回火时应避开这一温度范围。引起低温回火脆性的原因已作了大量研究。普遍认为，淬火钢在 250～400℃范围内回火时，渗碳体在原奥氏体晶界或在马氏体界面上析出，形成薄壳，是导致低温回火脆性的主要原因。钢中加入一定量的硅，推迟回火时渗碳体的形成，可提高发生低温回火脆性的温度，所以含硅的超高强度钢可在 300～320℃回火而不发生脆化，有利于改进综合力学性能。

(2) 可逆回火脆性

是指淬火钢在 500～650℃范围内回火后缓冷时出现的脆性，又称第二类回火脆性。这类回火脆性主要发生在含 Cr、Mn、Cr-Ni 等合金元素的结构钢中。一般认为这类回火脆性与上述元素促进 Sb、Sn、P 等杂质在原奥氏体晶界上偏聚有关。如果回火后快速冷却则不出现这类脆性。此外，在钢中加入合金元素 W（约 1%）、Mo（约 0.5%）也可有效抑制这类回火脆性的产生，这种方法更适用于大截面的零部件。

7.8 钢的表面淬火

表面淬火是通过对工件表面快速加热与淬火冷却相结合的方法来实现的。它的目的是使工件表面被淬火为马氏体，而心部仍为原始组织。实践表明，表面淬火用钢的含碳量以 $w_C=0.40\%\sim0.50\%$ 为宜。如果降低含碳量，则会降低零件表面的淬硬层的硬度和耐磨性。根据加热方式不同，表面淬火主要有：感应加热表面淬火，火焰加热表面淬火，电接触加热表面淬火，电解液加热表面淬火和高能束加热表面淬火。

7.8.1 感应加热表面淬火

感应加热一般有 3 种，高频感应加热（200～300kHz）、中频感应加热（2500～8000Hz）和工频感应加热。生产中常用高频、中频感应加热方法。近年来又发展了超音频、双频感应加热淬火工艺。

(1) 感应加热基本原理

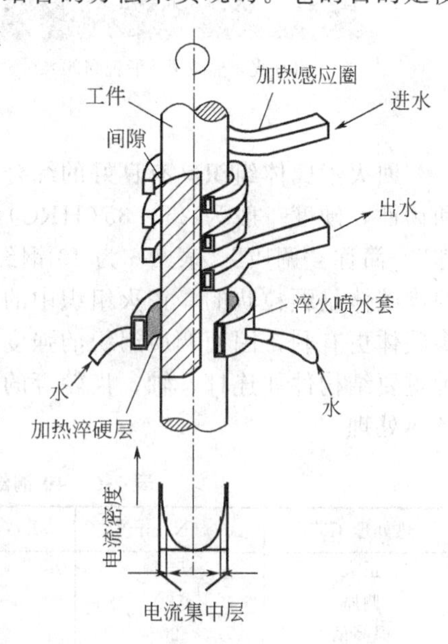

图 7-40 感应加热表面淬火示意

感应加热表面淬火法的原理如图 7-40 所示。感应线圈中通以交流电时，即在其内部和周围产生一个与电流相同频率的交变磁场。若把工件置于磁场中，则在工件内部产生感应电流，并由于电阻的作用而被加热。由于交流电的集肤效应，靠近工件表面的电流密度大，而中心几乎为零。工件表面温度快速升高到相变点以上，而心部温度仍在相变点以下。感应加热后，采用水、乳化液或聚乙烯醇水溶液喷射淬火，淬火后进行180～200℃低温回火，以降低淬火应力，并保持高硬度和高耐磨性。

电流透入深度是指从电流密度最大的表面测到电流值为表面电流值 $1/e$ 处的距离，用 Δ 表示。

$$\Delta=56.386\sqrt{\frac{\rho}{\mu f}}\quad(以\ \mathrm{mm}\ 为单位)$$

式中，f 为电流频率，Hz；ρ 为电阻率，Ω · cm；μ 为材料的磁导率，H/m。

温度超过磁性转变点的电流透入深度称为热态电流透入深度，用 $\Delta_{热}$ 表示；相反，温度低于磁性转变点的电流透入深度称为冷态电流透入深度，用 $\Delta_{冷}$ 表示。

$$\Delta_{冷}\approx\frac{20}{\sqrt{f}}\quad\Delta_{热}\approx\frac{500}{\sqrt{f}}$$

硬化层深度取决于加热层深度，淬火加热温度，冷却速度和材料本身的淬透性。一般来说，由于热传导的影响，在电流透入深度处不一定达到奥氏体化温度，所以硬化层深度总是小于感应电流透入深度。如果延长加热时间，硬化层深度可以有所提高。高频感应加热的淬硬层深度一般为0.5～2mm，中频感应加热的淬硬层深度一般为2.0～10mm，工频感应加热的淬硬层深度一般为10～20mm。

感应加热表面淬火获得的组织是细小隐晶马氏体，碳化物呈弥散分布。表面硬度比普通淬火的高2～3(HRC)，耐磨性也提高。这是因为快速加热时在细小的奥氏体内有大量亚结构残留在淬火马氏体中所致，喷水冷却这种差别会更大。表层因相变体积膨胀而产生残余压应力。

感应加热表面淬火工件表面氧化、脱碳倾向小，变形小，质量稳定。感应加热表面淬火加热速度快，热效率高，生产效率高，易实现机械化和自动化。

(2) 感应加热表面淬火工艺

① 感应加热的频率选择　钢在室温时，感应电流透入深度 Δ 与电流频率 f 有如下关系：

$$\Delta\approx\frac{20}{\sqrt{f}}$$

可见频率越高，电流透入深度越浅，淬透层（淬硬层）越薄。因此可以通过选取不同频率来达到不同的淬硬层深度。感应加热用交流电频率、一般淬硬层深度范围见表7-7所列。

表 7-7　感应加热电流频率与硬度范围

频率/kHz		250	70	35	8	2.5	1.0	0.5
淬硬层深度/mm	最小	0.3	0.5	0.7	1.3	2.4	3.6	5.5
	最佳	0.5	1.0	2.3	2.7	5	8	11
	最大	1.0	1.9	2.6	5.5	10	15	22

② 加热温度和加热时间的确定　工件表面的加热温度（表7-8）应根据钢材、原始组织和相变区间、加热速度来确定。在连续加热淬火时，可以通过改变工件与感应器的相对移动速度来改变加热时间。通常较高的加热温度和较长的加热时间获得较深的加热深度。

(3) 感应加热表面热处理的特点

① 高频感应加热时，钢的奥氏体化是在较大的过热度（Ac_3 以上80～150℃）进行的，因此晶核多，且不易长大。

表 7-8　钢材表面感应淬火加热温度的确定

钢种	预先热处理	原始组织	加热温度/℃			
			整体淬火	感应加热 Ac_1 以上的加热速度/(℃/s)		
				感应加热 Ac_1 以上的加热实践/s		
				30～60	100～200	400～500
				2～4	1～1.5	0.5～0.6
40	正火或调质	细片 P+细 P	820～850	850～910	890～940	950～1020
		片状 P+F	820～850	890～940	940～960	960～1040
		S	820～850	840～890	870～920	920～1000
45、50	正火或调质	细片 P+细 P	810～830	850～890	880～920	930～1000
		片状 P+F	810～830	880～920	900～940	950～1020
		S	810～830	830～870	860～900	920～980
50Mn 50Mn2	正火或调质	细片 P+细 P	790～810	830～870	860～900	920～980
		片状 P+F	790～810	860～900	880～920	930～1000
		S	790～810	810～850	840～880	900～960
40Cr、45Cr	调质	S+F	830～850	860～890	880～920	940～1000
40CrNiMo			830～850	920～960	940～980	980～1050
T8A	球化退火正火或调质	粒状 P	760～780	820～860	840～880	900～960
T12A			760～780	780～820	800～860	820～900

② 表面层淬得马氏体后，由于体积膨胀在工件表面层造成较大的残余压应力，显著提高工件的疲劳强度。

③ 因加热速度快，没有保温时间，工件的氧化脱碳少。另外，由于内部未加热，工件的淬火变形也小。

④ 加热温度和淬硬层厚度（从表面到半马氏体区的距离）容易控制，便于实现机械化和自动化。

表面淬火一般用于中碳钢和中碳低合金钢，如 45、40Cr、40MnB 钢等。用于齿轮、轴类零件的表面硬化，提高耐磨性，齿轮的表面感应热处理如图 7-41 所示。

图 7-41　齿轮的感应加热表面淬火

7.8.2　火焰加热表面淬火

火焰加热表面淬火是应用氧-乙炔（或其他可燃气）火焰对零件表面进行加热，随之淬火冷却的工艺。火焰加热表面淬火可使零件表面获得高的硬度和耐磨性，从而提高零件的力学性能，延长使用寿命。火焰加热表面淬火和高频感应加热表面淬火相比，具有设备简单，成本低等优点。但生产率低，零件表面存在不同程度的过热，质量控制也比较困难。因此主要适用于单件、小批量生产及大型零件（如大型齿轮、轴、轧辊等）的表面淬火。火焰加热表面淬火示意如图 7-42 所示。

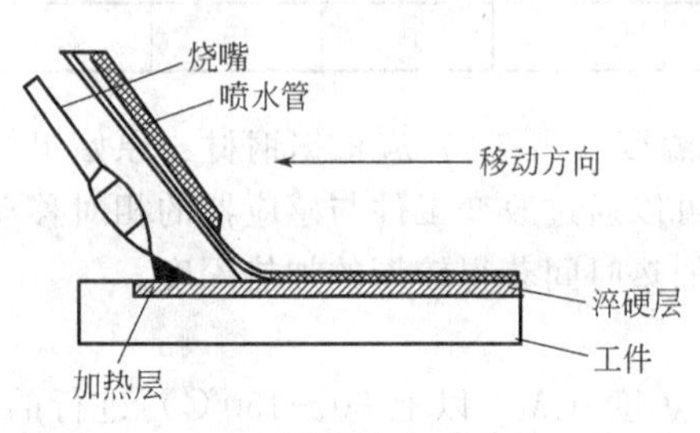

图 7-42　火焰加热表面淬火示意

7.9 钢的化学热处理

化学热处理是将钢件置于一定温度的活性介质中保温，使一种或几种元素渗入它的表面，改变其表面化学成分和组织，达到改进表面性能，满足技术要求的热处理过程。无论是何种化学热处理工艺，扩渗层的形成都由下述3个过程构成。

① 产生渗剂元素的活性原子并提供给基体金属表面。活性原子的提供可由置换反应、还原反应或分解反应提供，也可以直接由热激活提供，还可以由等离子体中处于电离态的原子提供（如离子氮化、离子渗碳等）。

② 渗剂元素的活性原子吸附在基体金属表面上，随后被基体金属吸附，形成最初的表面固溶体或金属间化合物。

③ 渗剂元素原子在高温下向基体金属内部扩散，基体金属原子也同时向渗层中扩散，使扩渗层增厚，即扩渗层成长过程，简称扩散过程。扩散的机理主要有3种：渗入原子半径小的非金属元素的间隙式扩散机理（如渗碳、渗氮、碳氮共渗等）和置换式扩散机理、空位式扩散机理，后两种方式主要在渗金属时发生。

7.9.1 渗碳

渗碳使低碳（w_C=0.15%～0.30%）钢件表面获得高碳（w_C=1.0%左右）后继续适当的淬火和回火处理，以提高表面硬度、耐磨性及疲劳强度，同时心部保持良好的韧性及塑性。主要用于表面承受严重磨损并受较大冲击载荷的零件，如汽车、拖拉机齿轮，各种模具等。

(1) 渗碳方法

① 气体渗碳　将工件置入密封的加热炉内（图7-43），加热到900～950℃，向炉内滴入易分解的有机液体（如煤油、甲醇+丙酮等），或直接通入渗碳气体（煤气、丙烷、石油液化气等）。通过一系列气相反应生成活性碳原子，活性碳原子溶入高温奥氏体中，而后向钢中扩散，实现渗碳。此种方法目前应用最为广泛。渗碳时的化学反应如下：

$$2CO \longrightarrow CO_2 + [C]$$
$$CO_2 + 2H_2 \longrightarrow 2H_2O + [C]$$
$$C_nH_{2n} \longrightarrow nH_2 + n[C]$$
$$C_nH_{2n+2} \longrightarrow (n+1)H_2 + n[C]$$

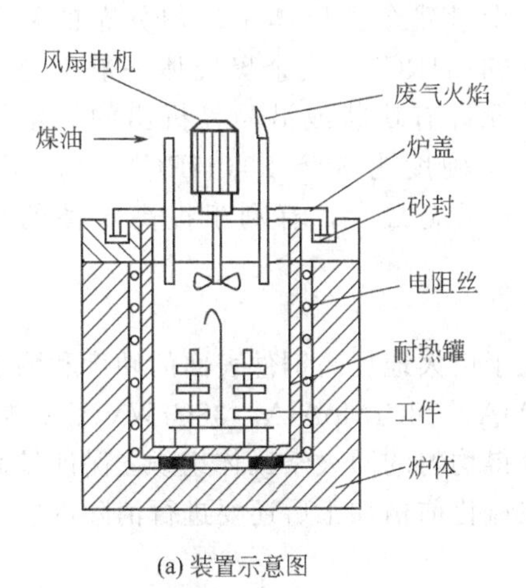

(a) 装置示意图

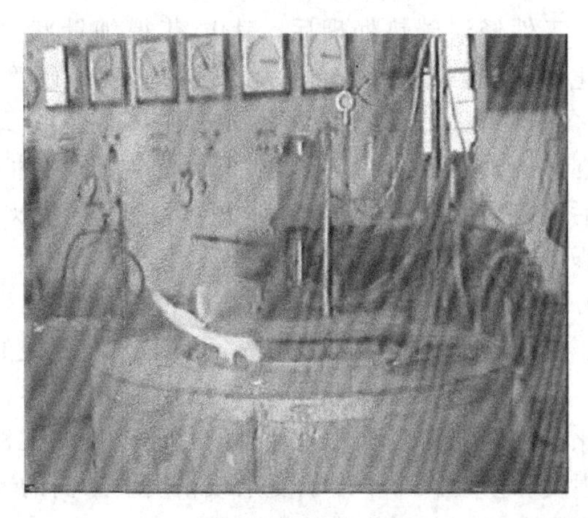

(b) 渗碳炉

图7-43　气体渗碳装置示意图

② 固体渗碳方法　把零件和固体渗碳剂装入渗碳箱中，用盖子和耐火泥封好，然后放入炉中加热至渗碳温度，保温足够长时间，获得一定厚度的渗碳层。固体渗碳剂通常是由一定粒度的木炭与 $w_C=15\%\sim20\%$ 的碳酸盐（$BaCO_3$ 和 Na_2CO_3）组成，其反应如下：

$$C+O_2 \longrightarrow CO_2$$
$$BaCO_3 \longrightarrow BaO+CO_2$$
$$CO_2+C \longrightarrow 2CO$$
$$2CO \longrightarrow CO_2+[C]$$

该工艺方法简单，不需专用渗碳设备，容易实现。但生产效率低，劳动条件差，质量不易控制。但在单件或小批量生产时，固体渗碳仍不失为一种可取的工艺方法。

（2）渗碳后的热处理

渗碳仅使工件表面含碳量增高，但高硬度和高耐磨性还需通过淬火来实现，常用的淬火方法有3种。

① 预冷直接淬火　零件渗碳后预冷至略高于心部 Ar_3 的温度，一般为840～860℃，保温一段时间，然后淬火＋低温回火。

该淬火工艺简单，生产效率高，节能，成本低，脱碳倾向小，但由于渗碳温度高，奥氏体晶粒可能长大，造成淬火后马氏体晶粒粗大，残余奥氏体数量增多，表面耐磨性变差，变形加大。因此该方法仅适用于奥氏体本质细晶粒钢。

② 一次淬火加低温回火　将零件渗碳后置于空气或冷却井内冷却到室温，然后再加热到心部 Ac_3 以上30～50℃进行淬火＋低温回火，其目的是细化心部晶粒，获得板条马氏体。但此淬火温度对于含碳量处于过共析的渗层，会造成先共析碳化物熔入奥氏体，造成淬火后残余奥氏体数量增加，耐磨性变差。将淬火温度提高到 Ac_1 以上，使淬火后表层获得相当数量的未熔碳化物，马氏体及少量残余奥氏体的组织形态，来满足表层高硬度、高耐磨性要求，但心部会出现较多的先共析铁素体。

③ 二次淬火加低温回火　为保证心部和表层都获得较高的力学性能，采用在 Ac_3 以上淬火一次，再重新加热到 Ac_1＋40～60℃淬火加低温回火。该工艺复杂，生产效率低，成本高，工件变形大，目前已较少采用。

（3）渗碳热处理后的组织与性能

工件经渗碳热处理后，表层获得细针状马氏体＋少量残余奥氏体＋均匀分布的粒状碳化物组织，不允许有网状碳化物出现，硬度为58～64(HRC)，残余奥氏体一般不超过15%～20%。心部组织为低碳马氏体或下贝氏体，不允许有块状或沿晶界析出的铁素体存在（否则疲劳强度将急剧下降，冲击韧性也下降），硬度为30～50(HRC)。由于渗碳后表层为高碳马氏体，体积膨胀大，所以表层残余压应力大，有利于提高零件的疲劳强度。

7.9.2　氮化

氮化就是向钢件表面渗入氮的工艺。氮化的目的在于更大地提高钢件表面的硬度和耐磨性，提高疲劳强度和抗蚀性。常用的氮化钢有35CrAlA、38CrMoAlA、38CrWVAlA等。氮化前零件须经调质处理，目的是改善机加工性能和获得均匀的回火索氏体组织，保证较高的强度和韧性。对于形状复杂或精度要求高的零件，在氮化前精加工后还要进行消除内应力的退火，以减少氮化时的变形。

（1）渗氮方法

① 气体渗氮 该方法是向井式炉中通入氨气，利用氨气受热分解来提供活性氮原子，反应如下：

$$2NH_3 \longrightarrow 3H_2 + 2[N]$$

在渗氮温度，氮原子自表面向心部扩散，在渗氮表层依次产生氮在铁素体（α-Fe）中的间隙固溶体 α 相，铁、氮化合物 γ' 相（Fe_4N）及 ε 相（$Fe_{2\sim3}N$），所以渗氮后，工件最外层是白色的 ε 相或 γ' 相，次外层是 γ' 相，再向内是 $\gamma'+\alpha$ 相。由于渗氮温度低，所以周期长（一般需要几十小时至上百小时）成本较高、渗氮层较薄（一般在 0.5mm 左右），且脆性较高，故渗氮件不能承受高的接触应力和冲击载荷。

② 固体渗氮 该方法是将粒状渗氮剂与被渗工件同时装入箱中加热渗氮。渗氮剂由载体和供氮有机化合物组成。

载体常用的有蛭石、木炭粒和多孔陶瓷。这些载体对供氮剂有高的吸附能力和在渗氮时不参与化学反应的特点。

可用作供氮剂的有尿素、三聚氰酸（$(HCNO)_3$）、碳酸胍 $[(NH_2)_2CNH]_2 \cdot H_2CO_3$、二聚氨基氰 $NHC(NH_2)NHCN$ 等。

使用时供氮剂溶入溶剂（例如尿素溶入水）后，喷洒在载体上并搅拌均匀，之后在100℃以下加热 24～48h，经干燥的渗氮剂与工件同时装入箱中即可进行渗氮处理。

这种渗氮方法适用于小批量、多品种工件的渗氮处理。

③ 离子渗氮 这种方法是在 13.332～0.013332Pa 的真空容器内，通入氨气或氮氢混合气体，保持气压为 133.32～1333.2Pa，以真空容器为阳极，工件为阴极，在两极之间加 400～700V 直流电压，迫使电离后的氮正离子高速冲击工件（阴极），使其渗入工件表面，并向内扩散形成氮化层。离子渗氮的优点是渗氮时间短，仅为气体渗氮的 1/2～1/5；氮化层质量高，脆性低、省电、省氨气、无公害、操作条件好。缺点是零件形状复杂或截面悬殊时很难同时达到统一的氮化硬度和深度。

④ QPQ 盐浴渗氮 QPQ 盐浴复合处理技术是世界最新金属盐浴表面强化改性技术，它是在两种不同性质的盐浴中在金属表面渗入多种元素，使其耐磨性和抗蚀性比常规热处理和表面防护技术成十倍地提高。同时该技术还具有几乎不变形、无公害、节能等优点。该工艺具有以下显著特点。

a. 良好的耐磨性、耐疲劳性 经 QPQ 盐浴复合处理之后，中碳钢的耐磨性可达到常规淬火的 30 倍，低碳钢渗碳淬火的 14 倍，疲劳强度可以提高 40%以上。

b. 极好的抗蚀性 中碳钢经 QPQ 盐浴复合处理后，在盐雾中的抗蚀性为镀硬铬的 70 倍，镀装饰铬的 25 倍。

c. 极小的变形 QPQ 盐浴复合处理后工件几乎不变形，这项技术使大量产品的热处理变形技术难题得到圆满解决。

d. 可以同时代替多道热处理和防腐工序 由于该技术可以同时大幅度提高耐磨性和抗蚀性，因此它可以同时替代淬火-回火-发黑等多道工序，大大缩短生产周期，降低产品成本。

e. 无公害水平高，不污染环境。

该工艺适用材料：各种结构钢、工具钢、不锈钢、铸铁及铁基粉末材料，适用零件：汽车、机车、柴油机、纺机、工程机械、农机、轻化工机械、机床、齿轮、工具、模具等各种耐磨、耐蚀、耐疲劳件。

（2）氮化组织和性能

① 钢件氮化后具有很高的硬度［1000～1100(HV)］，且在600～650℃下保持不下降，所以具有很高的耐磨性和热硬性。氮化后，工件的最外层为一白色ε或γ相的氮化物薄层，很脆。常用精磨磨去；中间是暗黑色含氮共析体（α+γ′）层；心部为原始回火索氏体组织。

② 钢氮化后，渗层体积增大，造成表面压应力，使疲劳强度大大提高。

③ 氮化温度低，零件变形小。

④ 氮化后表面形成致密的化学稳定性较高的ε相层，所以耐蚀性好，在水中、过热蒸气和碱性溶液中均很稳定。

7.9.3 碳氮共渗

碳氮共渗就是同时向零件表面渗入碳和氮的化学热处理工艺，也称氰化。一般采用高温或低温两种气体碳氮共渗。低温碳氮共渗以氮为主，实质为软氮化。

（1）高温碳氮共渗

将工件放入密封炉内，加热到共渗温度830～850℃，向炉内滴入煤油，同时通入氨气，经保温1～2h后，在高温下共渗来完成。共渗层可达0.2～0.5mm。高温碳氮共渗主要是渗碳，但氮的渗入使碳浓度很快提高，从而使共渗温度降低和时间缩短。碳氮共渗后淬火，再低温回火。共渗后一般都采用直接淬火，淬火后的表面组织为：回火马氏体＋粒状碳氮化合物＋少量残余奥氏体。

（2）低温气体碳氮共渗

低温气体碳氮共渗是将钢件放入密封炉内，加热至570℃，向炉内通入渗碳介质，同时通入氨气。在低温下共渗来完成。

当氮和碳原子同时渗入钢中时，很快在钢件表面形成很多细小的含氮渗碳体，这些碳、氮化合物构成铁的氮化物形成核心，从而加速氮化过程，缩短氮化时间。碳氮共渗一般采用甲酰胺、三乙醇胺、尿素、醇类加氨等，它们在低温碳氮共渗温度下发生分解，产物为[C]、[N] 原子。低温气体碳氮共渗一般选择在570℃，保温时间为2～3h，然后出炉空冷。工件表面获得Fe_2N、Fe_4N和Fe_3C组成的化合物白亮层。

与气体氮化相比，低温气体碳氮共渗所得的化合物层硬度低，但具有较好的韧性，不易发生剥落。

低温气体碳氮共渗加热温度低，处理时间短，钢件变形小，又不受钢种限制，运用于碳钢、合金钢及铸铁材料，可用于处理各种工模具及一些轴类零件。

（3）无毒盐浴碳氮共渗

盐浴软氮化于1929年首次用于工件的渗氮处理，至今，其发展分为3个阶段：第一阶段的盐浴氮碳共渗，其原料以剧毒的氰化物为主，氰化钠（NaCN）和氰化钾（KCN）占了盐浴成分中的40%～65%，故称为“有毒盐浴氮碳共渗”；经改进；第二阶段用无毒原料作盐浴，虽然这时的原料无毒，但制成盐浴后，仍然是有毒的，盐浴中的CN^-的含量仍较高，称为“有污染盐浴氮碳共渗”；第三阶段发展为用无毒原料盐、无反应物污染的“无污染盐浴氮碳共渗（软氮化）”，最著名的是法国HEF公司的Sursulf盐浴氮化法和德国Degussa公司的TF-1法，无污染盐浴软氮化已在欧盟、美国、日本、俄罗斯等国广泛应用，并逐渐部分替代镀铬、气体氮化或离子氮化工艺，在模具上应用前景广阔。近年来，国内汽车、内燃机、工模具等行业也逐渐采用这种新工艺。与其他表面处理工艺相比，此工艺具有以下主要特点。

① 具有更高的耐磨性、表面硬度和疲劳强度。

② 摩擦系数降低，抗咬合、抗擦伤能力提高。

③ 耐腐蚀性能、耐穴蚀性能提高。

④ 由于盐浴中加入了特定的元素，使渗氮能力大幅度提高，在达到相同渗层深度的条件下，其处理时间大大减少，一般处理时间为0.5～3h。而气体氮化或离子氮化处理时间一般在5～15h。

⑤ 由于工件浸入盐浴中处理，加热均匀，因此氮化层亦均匀致密，工件外观质量好。

⑥ 氮化盐使用温度在510～580℃范围内，可在较低温度下氮化，因此工件变形小，可以满足高精度及部分表面淬火后需氮化的工件要求。而国内外其他氮化盐使用温度多数在570℃±10℃范围内。

⑦ 无公害。盐浴中氰根含量一般低于0.5%，作业点的空气和清洗工件的水中有害成分含量均低于国家规定的排放标准，实现了无污染作业。

⑧ 设备简单，处理综合成本低（基盐可长期循环使用），工艺操作简便，易于推广。

⑨ 应用面广。可处理各类碳素结构钢、高铬不锈钢、气门钢、铸铁工件、粉末冶金件、工模具和刀具。

⑩ 价格低。

（4）碳氮共渗后的力学性能

① 共渗及淬火后，得到的是含氮马氏体，耐磨性比渗碳更好。

② 共渗层具有比渗碳层更高的压应力，因而疲劳强度更高，耐蚀性也较好。

习 题

1. 何谓奥氏体化？共析钢的奥氏体形成过程可归纳为几个阶段？
2. 简述过冷奥氏体等温冷却和连续冷却时组织转变的名称及其性能。
3. 试比较索氏体、屈氏体、马氏体与回火屈氏体、回火索氏体、回火马氏体在形成条件、组织形态与性能上的差别。
4. 热处理的目的是什么？有哪些基本类型？
5. 什么叫退火？其主要目的是什么？
6. 球化退火的目的是什么？主要应用在什么场合？
7. 什么叫淬火？其主要目的是什么？
8. 什么叫回火？淬火钢为什么要进行回火处理？
9. 共析钢淬火后得到什么组织？它们经过200℃、400℃、600℃回火后得到什么组织？
10. 什么叫回火脆性？第一类回火脆性产生的原因是什么？如何防止？
11. 淬火钢采用低温、中温或高温回火各获得什么组织？其主要应用在什么场合？
12. 指出过共析钢淬火加热温度的范围，并说明其理由。
13. 什么是淬透性？淬透性对钢的热处理工艺有何影响？
14. 某汽车齿轮选用20CrMnTi制造，其工艺路线为：下料→锻造→正火①→切削加工→渗碳②→淬火③→低温回火④→喷丸→磨削。请说明①、②、③、④四项热处理工艺的目的及大致工艺参数。
15. 在C曲线中分别画出获得珠光体、珠光体＋马氏体、贝氏体、马氏体＋贝氏体等组织的冷却工艺曲线。
16. 指出下列工件正火的主要作用及正火后的组织。

   （1）20CrMnTi制造传动齿轮；

   （2）T12钢制造铣刀。

17. 用45钢制造主轴，其加工工艺的路线为：下料→锻造→退火→粗加工→调质处理。试问：

(1) 何谓调质处理？

(2) 调质处理的目的是什么？

18. 试比较表面淬火和化学热处理之间的异同？

8 合金钢

碳钢冶炼容易，生产方便，价格低廉，种类繁多，加工便利，通过不同的热处理后，可获得不同的力学性能，能满足一般工业生产的要求，因此在机械制造中得到了广泛的应用。但碳钢存在着加热时晶粒易长大、淬透性低、回火抗力低、有回火脆性、不具备特殊性能，强度不够高等缺点，因而其应用受到一定限制。为了克服碳钢的上述缺点及满足现代科学技术不断发展的需要，研制了合金钢。

合金钢是指在碳钢基础上有目的地加入某些元素所形成的钢种，加入钢中的元素称为合金元素。美国钢铁协会（AISI）是这样定义合金钢的：当往钢中加入的一种或多种合金元素超过一定的范围，这种钢就叫做合金钢。不同合金元素对应的限定范围不同，如：锰大于1.65%；硅大于0.60%；铜大于0.60%。钢中的合金元素大部分是金属元素，常加入的合金元素有：锰（Mn）、硅（Si）、铬（Cr）、镍（Ni）、钼（Mo）、钨（W）、钒（V）、钛（Ti）、硼（B）、铝（Al）、铌（Nb）、锆（Zr）、稀土（Re）等。它们按对性能的要求决定加入量，因此加入元素的总量是高低不一的，有的高达百分之几十，如Cr、Ni、Mn等，有的则低至十万分之几，如硼在钢中的含量只有0.001%～0.004%。

8.1 合金元素在钢中的作用

碳钢中加入合金元素能提高和改善钢的力学性能和工艺性能，并且能使钢获得一些特殊的物理、化学性能。这些性能的改善和获得，主要是由于各种合金元素的加入改变了钢的内部组织和结构的缘故。合金元素在钢中的作用是非常复杂的，尤其是多种合金元素在钢中的综合作用更为复杂。下面着重分析合金元素对钢中基本相、铁碳合金相图、钢中相变过程的影响，对常用各种合金元素对合金钢的力学性能的影响也进行了概述。

8.1.1 合金元素对钢中基本相的影响

合金元素在钢中的存在形式可以有两种：一种是溶于碳钢中的3个基本相（铁素体、奥氏体、渗碳体）中，另一种是形成特殊碳化物。合金元素以何种形式存在，主要取决于合金元素与铁和碳在元素周期表中的相互位置、合金元素的含量及碳的含量。

在元素周期表中位于铁的左侧的元素，如Mn、Cr、Mo、W、V、Nb、Ti等为碳化物形成元素。它们与碳的亲和力较铁强，当这些元素加入钢中，便与碳化合形成碳化物。在铁的左边，与铁的距离越远的合金元素，如V、Nb、Ti，形成碳化物的能力越强，如形成特殊碳化物 VC、NbC 及 TiC。在铁的左边，与铁的距离较近的合金元素，如 Mn、Cr、Mo、W 中，Mn 较靠近铁，故与碳的亲和力较弱，所以锰加入钢中一般不形成特殊碳化物，少量溶于渗碳体中形成合金渗碳体 $(Fe、Mn)_3C$，大部分溶于铁素体或奥氏体中。Cr、Mo、W 与碳亲和力较强，当含量较少时，溶于渗碳体中，形成合金渗碳体，如 $(Fe、Cr)_3C$、$(Fe、Mo)_3C$、$(Fe、W)_3C$ 等；当含量较多时，则与碳形成特殊碳化物，如 Cr_7C_3、$Cr_{23}C_6$、W_2C、WC、Mo_2C、MoC 等。

在元素周期表中位于铁右侧的元素，如 Ni、Si、Al、Co、Cu 等元素，一般不溶于渗碳体，也不形成特殊碳化物，而溶于铁素体、奥氏体中，形成合金铁素体、合金奥氏体，如 α-Fe(Ni)、α-Fe(Si)、α-Fe(Al) 等。

如果钢中同时含有几种碳化物形成元素，且碳含量较少时，则全部碳首先与亲和力强的元素化合，形成碳化物，而剩余的合金元素则溶于铁素体中。

此外，合金元素含量较高时，有的合金元素将与铁化合。某些合金元素彼此之间也能化合，形成金属间化合物，如 FeSi、FeCr、Ni_3Ti 等。

合金元素对钢性能的影响，主要取决于合金元素在钢中的存在形式和强化方法。

(1) 铁素体的固溶强化

当合金元素溶于铁素体时，有固溶强化作用。但各合金元素对铁素体的强化作用大小不同。合金元素的原子半径与铁的原子半径相差愈大，以及合金元素的晶格构造与铁素体晶格愈不相同时，则该元素对铁素体的固溶强化效果也愈显著。如图 8-1(a) 所示，从图中可看出，Si、Mn、Ni 的强化作用比 Cr、W、Mo 等要大。

合金元素对铁素体韧性的影响是不同的，不容易得出简单的规律。如图 8-1(b) 所示，由图可知，Si 的含量在 1% 以下，Mn 的含量在 1.5% 以下时，其韧性 (α_k) 不降低，超过此限时，则有下降的趋势。当 Cr≤2%、Ni≤5% 时，尚能提高铁素体的韧性。因此，一般使用的结构钢中各合金元素的含量范围是有一定限度的。

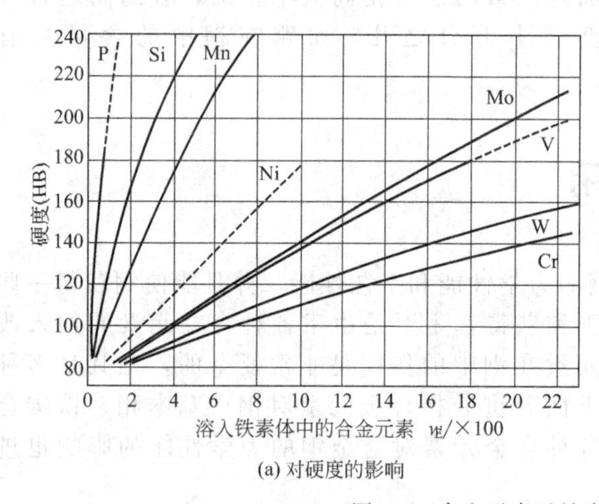

(a) 对硬度的影响

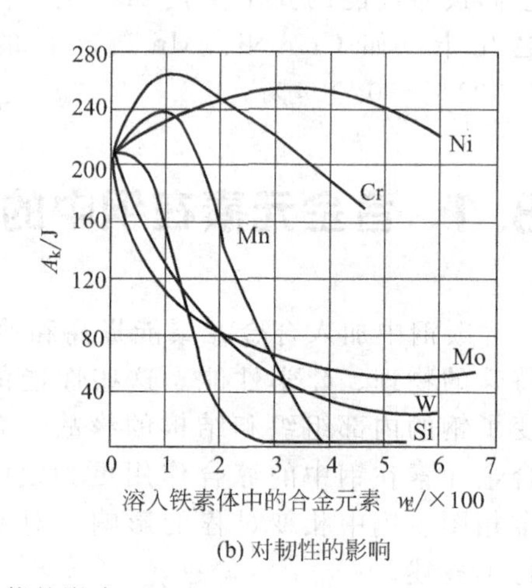

(b) 对韧性的影响

图 8-1 合金元素对铁素体性能的影响

(2) 合金渗碳体及特殊碳化物的强化

渗碳体中溶有合金元素（如 Mn、Cr）时，硬度增高。当合金元素形成碳化物，并以细小质点分布在固溶体基体上时，则有沉淀强化作用，从而有效地提高钢的强度和耐磨性。如 Ti、V、Nb 等元素都有很高的沉淀强化能力。由于合金碳化物有较高的稳定性，加热时不易溶于奥氏体，阻止奥氏体晶粒长大，易获得细晶粒，从而改善钢的韧性和强度。

8.1.2 合金元素对 Fe-Fe_3C 相图的影响

根据其影响，合金元素可分为两类。

（1）扩大 γ 区元素

如 Mn、Ni、Co 等元素加入钢中，使铁碳合金相图上 A_3 线温度下降，A_{cm}线温度上升，共析转变温度和共析成分向低温、低碳方向移动。当钢中加入大量的扩大 γ 区的元素时，可在室温下获得奥氏体组织，如 1Cr18Ni9Ti 奥氏体不锈钢。图 8-2(a) 是 Mn 元素对 γ 区的影响。

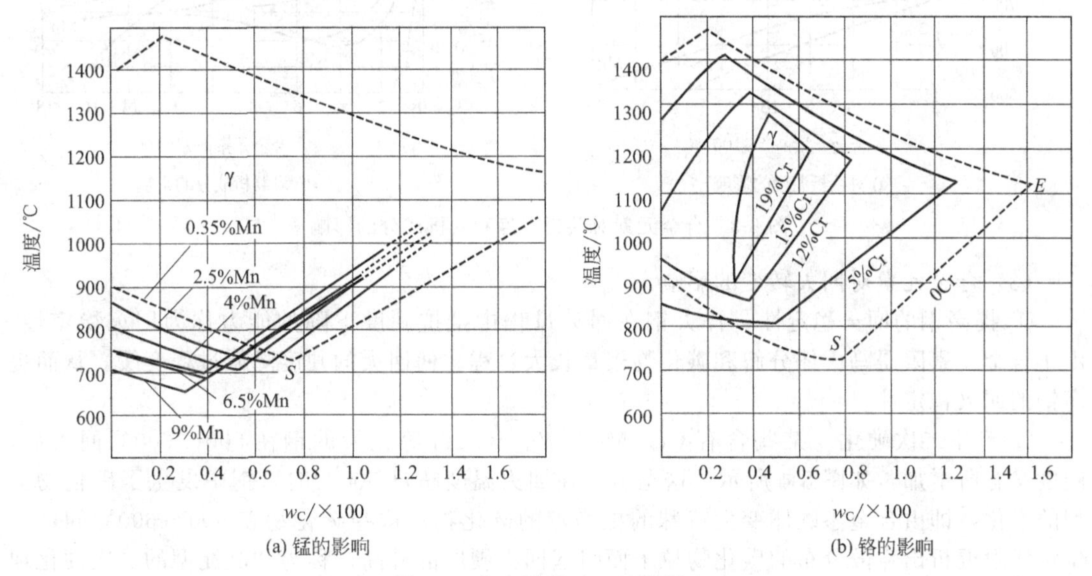

图 8-2 合金元素对 γ 区的影响

（2）缩小 γ 区的元素

Cr、Mo、W、V、Ti、Si 等元素等元素加入钢中，使 A_3 线温度上升，A_{cm}线温度上升，共析转变温度和共析成分向高温，低碳方向移动，使奥氏体区的存在范围由缩小至完全消失。因此，当上述合金元素含量很高时，可使合金在高温和室温均为稳定的铁素体组织，如 1Cr17 铁素体不锈钢。图 8-2(b) 是铬元素对 γ 区的影响。

合金元素均使 S 点与 E 点左移。S 点左移，共析钢的含碳量不再是 0.77%C，而是小于 0.77%C。由于 E 点左移，使含碳量低于 2.11%的合金钢中出现共晶组织（即莱氏体组织），如 W18Cr4V 高速钢。

钢中加入合金元素后，共析温度有提高或下降，如图 8-3 所示。因此，合金钢在热处理时的加热温度要做相应的转变。一般来说，除含 Ni 和 Mn 的合金钢外，多数合金钢的热处理加热温度都高于同样含碳量的碳钢。

8.1.3 合金元素对热处理的影响

（1）合金元素对钢在加热时奥氏体化的影响

除了钴和镍，大多数合金元素能减少碳的扩散。因此对含有这类元素的合金钢通常采用升高钢的加热温度或延长保温时间的方法来促进奥氏体成分的均匀化。在高温或长的保温时间的情况下，Ti、Al、Nb 和 V 能阻止奥氏体晶粒的生长。

（2）合金元素对过冷奥氏体分解的影响

除了钴，所有的合金元素都使 C 曲线向右移；除了钴和铝，大多数合金元素能降低马氏体的形成温度，因此增加了钢中的残余奥氏体的数量。

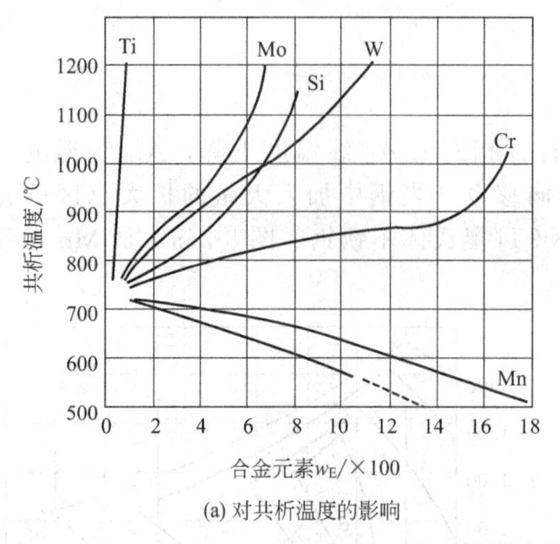

(a) 对共析温度的影响

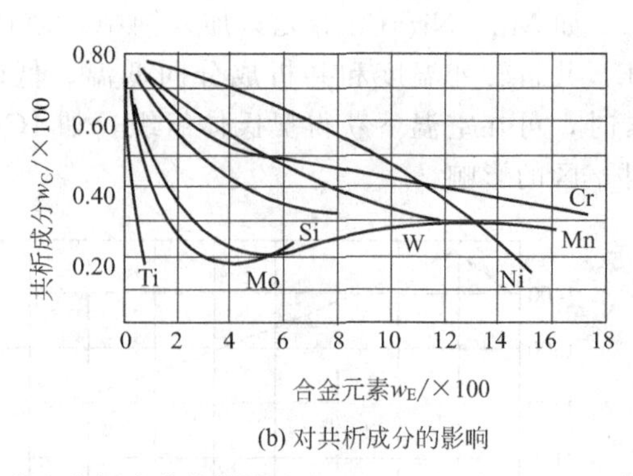

(b) 对共析成分的影响

图 8-3 合金元素对共析温度和共析成分的影响

(3) 合金元素对回火转变的影响

① 提高钢的回火稳定性 淬火钢在回火过程中抵抗硬度下降的能力称为回火稳定性。由于合金元素阻碍马氏体分解和碳化物聚集长大过程，使回火的硬度降低过程变缓，从而提高钢的回火稳定性。

② 产生二次硬化 某些含有 Cr、Mo、W、V，Ti 等元素的钢在 500～600℃回火后，硬度又有所增加，如图 8-4 所示。这是由于在回火温度超过 500℃时，钢中发生了碳化物类型的变化，即由合金渗碳体变为特殊的更稳定的碳化物。这些碳化物在 500～600℃间，于位错线附近析出弥散分布的碳化物粒子而引起回火硬度的升高，称为“沉淀型的二次硬化现象”。当超过一定温度后，则由于碳化物的聚集而硬度开始下降。此外，将淬火钢加热至 500～600℃回火，在冷却过程中有部分残余奥氏体转变为马氏体，从而增加钢的硬度，这种现象也称“二次硬化”。

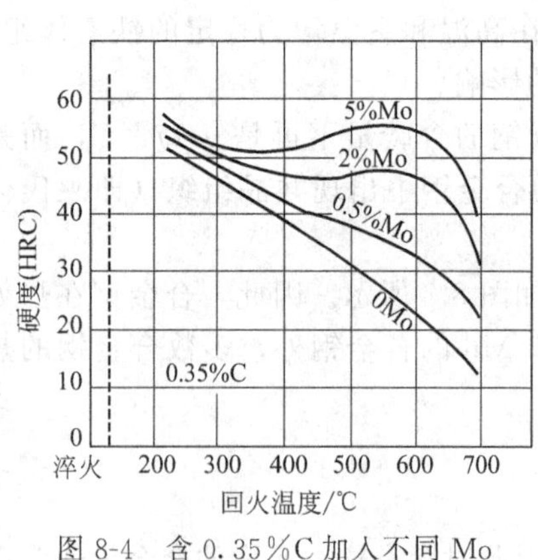

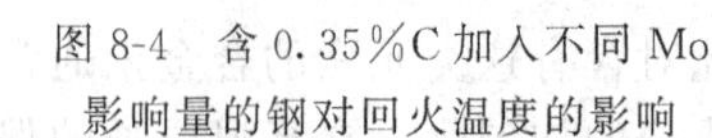
图 8-4 含 0.35%C 加入不同 Mo 影响量的钢对回火温度的影响

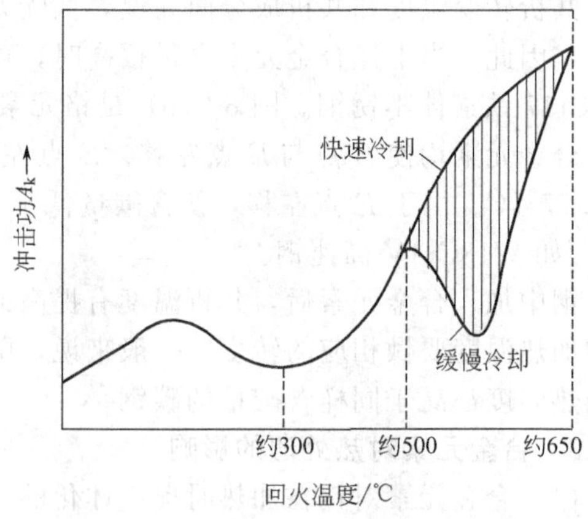

图 8-5 Cr-Ni 钢的回火脆性示意图

③ 回火脆性 合金钢淬火后，在某一温度回火时，出现脆化现象，称为回火脆性。如图 8-5 所示，为 Cr-Ni 钢回火后冲击韧性与回火温度的关系。在 350℃附近发生的脆性为第一类回火脆性。无论碳钢或合金钢都会发生这种脆性。在 500～600℃温度范围内回火时，将发生第二类回火脆性。它与某些杂质元素在原奥氏体晶界上偏聚有关。这种偏聚容易发生

在回火后缓慢冷却过程，最容易发生在含 Cr、Mn、Ni 等合金元素的合金钢中。防止第二类回火脆性的产生的方法有在 500～600℃快速冷却和加入合金元素 W、Mo。

8.1.4 常用的各种合金元素对合金钢的力学性能影响

锰（Mn）：在炼钢过程中，锰是良好的脱氧剂和脱硫剂，一般钢中含锰 0.30%～0.50%。在碳素钢中加入 0.70%以上时就算“锰钢”，较一般钢量的钢不但有足够的韧性，且有较高的强度和硬度，提高钢的淬性，改善钢的热加工性能，如 16Mn 钢比 A_3 屈服点高 40%。含锰 11%～14%的钢有极高的耐磨性，用于挖土机铲斗，球磨机衬板等。锰量增高，减弱钢的抗腐蚀能力，降低焊接性能。

铬（Cr）：在结构钢和工具钢中，铬能显著提高强度、硬度和耐磨性，但同时降低塑性和韧性。铬又能提高钢的抗氧化性和耐腐蚀性，因而是不锈钢，耐热钢的重要合金元素。

硅（Si）：在炼钢过程中加硅作为还原剂和脱氧剂，所以镇静钢含有 0.15%～0.30%的硅。如果钢中含硅量超过 0.50%～0.60%，硅就算合金元素。硅能显著提高钢的弹性极限，屈服点和抗拉强度，故广泛用于作弹簧钢。在调质结构钢中加入 1.0%～1.2%的硅，强度可提高 15%～20%。硅和钼、钨、铬等结合，有提高抗腐蚀性和抗氧化的作用，可制造耐热钢。含硅 1%～4%的低碳钢，具有极高的磁导率，用于电器工业做矽钢片。硅量增加，会降低钢的焊接性能。

磷（P）：在一般情况下，磷是钢中有害元素，增加钢的冷脆性，使焊接性能变坏，降低塑性，使冷弯性能变坏。因此通常要求钢中含磷量小于 0.045%，优质钢要求更低些。

硫（S）：硫在通常情况下也是有害元素。使钢产生热脆性，降低钢的延展性和韧性，在锻造和轧制时造成裂纹。硫对焊接性能也不利，降低耐腐蚀性。所以通常要求硫含量小于 0.055%，优质钢要求小于 0.040%。在钢中加入 0.08%～0.20%的硫，可以改善切削加工性，通常称易切削钢。

镍（Ni）：镍能提高钢的强度，而又保持良好的塑性和韧性。镍对酸碱有较高的耐腐蚀能力，在高温下有防锈和耐热能力。但由于镍是较稀缺的资源，故应尽量采用其他合金元素代用镍铬钢。

钼（Mo）：钼能使钢的晶粒细化，提高淬透性和热强性能，在高温时保持足够的强度和抗蠕变能力（长期在高温下受到应力，发生变形，称蠕变）。结构钢中加入钼，能提高力学性能。还可以抑制合金钢由于火而引起的脆性。

钛（Ti）：钛是钢中强脱氧剂。它能使钢的内部组织致密，细化晶粒；降低时效敏感性和冷脆性。改善焊接性能。在铬 18 镍 9 奥氏体不锈钢中加入适当的钛，可避免晶间腐蚀。

钒（V）：钒是钢的优良脱氧剂。钢中加 0.5%的钒可细化组织晶粒，提高强度和韧性。钒与碳形成的碳化物，在高温高压下可提高抗氢腐蚀能力。

钨（W）：钨熔点高，密度大，是贵生的合金元素。钨与碳形成碳化钨有很高的硬度和耐磨性。在工具钢加钨，可显著提高红硬性和热强性，作切削工具及锻模具用。

铌（Nb）：铌能细化晶粒和降低钢的过热敏感性及回火脆性，提高强度，但塑性和韧性有所下降。在普通低合金钢中加铌，可提高抗大气腐蚀及高温下抗氢、氮、氨腐蚀能力。铌可改善焊接性能。在奥氏体不锈钢中加铌，可防止晶间腐蚀现象。

钴（Co）：钴是稀有的贵重金属，多用于特殊钢和合金中，如热强钢和磁性材料。

铜（Cu）：武钢用大冶矿石所炼的钢，往往含有铜。铜能提高强度和韧性，特别是大气腐蚀性能。缺点是在热加工时容易产生热脆，铜含量超过 0.5%塑性显著降低。当铜含量小于 0.50%对焊接性无影响。

铝（Al）：铝是钢中常用的脱氧剂。钢中加入少量的铝，可细化晶粒，提高冲击韧性，如作深冲薄板的08Al钢。铝还具有抗氧化性和抗腐蚀性能，铝与铬、硅合用，可显著提高钢的高温不起皮性能和耐高温腐蚀的能力。铝的缺点是影响钢的热加工性能、焊接性能和切削加工性能。

硼（B）：钢中加入微量的硼就可改善钢的致密性和热轧性能，提高强度。

氮（N）：氮能提高钢的强度，低温韧性和焊接性，增加时效敏感性。

稀土（Xt）：稀土元素是指元素周期表中原子序数为57～71的15个镧系元素。这些元素都是金属，但他们的氧化物很像“土”，所以习惯上称稀土。钢中加入稀土，可以改变钢中夹杂物的组成、形态、分布和性质，从而改善了钢的各种性能，如韧性、焊接性，冷加工性能。在犁铧钢中加入稀土，可提高耐磨性。

8.2 合金的强韧化机理

8.2.1 合金的强化

合金的强化方式，主要有固溶强化、加工硬化、细化组织强化、第二相强化、相变强化和复合强化等。

(1) 固溶强化

当两种或两种以上元素形成合金时，溶质原子溶入溶剂的晶格中，由于溶质原子与位错之间发生交互作用，在置换式固溶体中，比溶剂原子小的溶质原子，往往扩散到正刃型位错线上方受压应力的部位［图8-6(a)］，而比溶剂原子大的溶质原子和在间隙固溶体中的溶质原子则总是扩散到正刃型位错的下方受拉应力的部位［图8-6(b)、(c)］。上述这种由于溶质原子的应力场与位错的应力场交互作用的结果引起的溶质原子趋于在位错周围的聚集，仿佛形成一个溶质原子的“气团”，称为柯氏气团（Cottrell气团）。由于柯氏气团的存在，位错受到束缚，若使位错挣脱“气团”而运动，就必须施加更大的外力。因此，固溶体有着比纯金属更高的强度，这便是固溶强化。其强化量取决于固溶体的类型和溶质原子的含量。一般间隙式溶质原子（如钢中的碳、氮等）比置换式溶质原子（如钢中的铬、镍、锰、硅等）所造成的强化大10～100倍以上。因此不同合金元素溶于铁素体中所产生的固溶强化效应大不一样。其中碳、氮的强化效果最佳；磷的强化效果也很显著，但它增大钢的冷脆性。一般以锰、硅等元素作为强化元素较合适。例如，低合金结构钢16Mn中，锰的作用之一就是强化铁素体。几乎所有的工程材料都不同程度地利用了固溶强化。普通低合金高强度钢、铝锌合金、单相黄铜、TA类钛合金等都是主要依靠固溶强化来实现其强化的。

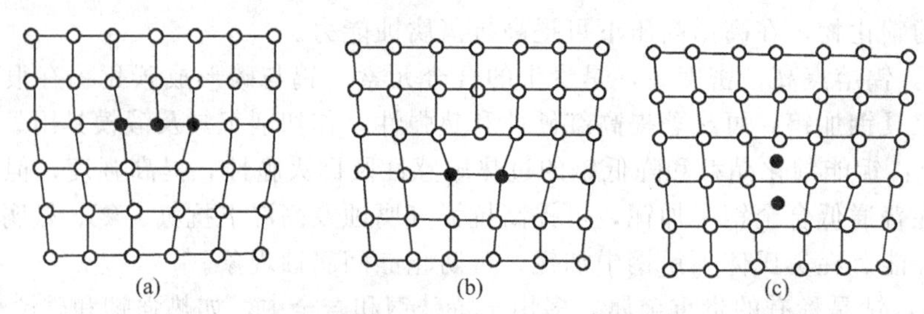

图8-6 溶质原子在位错周围的聚集

(2) 加工硬化

这种强化方式实际上是一种位错强化，强化的主要原因是位错密度的增长，所造成的强化量与金属中的位错密度的平方根成正比。一般而言，面心立方金属中的位错强化效应比体心立方金属的大，像铜、铝等金属利用加工硬化就很有利，而固溶或含有第二相的合金，其加工硬化效果更大。冷拔弹簧钢丝是典型加工硬化的例子，强化可高达到 2800MPa 以上。高锰钢 ZGMn13 经"水韧处理"处于奥氏体状态（具有面心立方晶格），可用于制造挖掘机的铲斗、各类碎石机的颚板，在剧烈摩擦的工作环境下，显示出非常优越的耐磨性。

此外，在工业生产中加工硬化常用于不能通过热处理强化的各种金属材料，如纯金属及奥氏体不锈钢等的强化。它还可与热处理等形成复合强化工艺，如某些要求表面具有更高机械性能的零件，则往往在热处理之后再施以滚压、喷丸等表面冷变形强化工艺，使表层金属得以进一步强化，此时，零件表层形成很高的残余压应力，有效地提高了零件的疲劳强度。

（3）细化组织强化

晶界和亚晶界两侧的晶粒和亚晶粒，其原子排列往往有着不同的位向，相界面两侧的相，其原子还有着不同的排列方式，且这些界面处原子结构比较紊乱，并有少量杂质的聚集，因而，当运动着的位错一旦遇到这些界面的阻碍，就会在其附近堆积起来。当金属的晶粒尺寸大时，位错在晶界上堆积的数目很多，在晶界处应力集中现象严重，故只需加较小的外力便可诱发相邻晶粒内的位错而运动，即容易使邻近晶粒中发生滑移。当晶粒尺寸小时，其晶界堆积的位错数目少，应力集中程度小。

总的说来，晶界的作用有两个方面，一是成为位错聚集的地方；二是成为位错运动时难以逾越的障碍。所以，晶粒愈细小，晶界面积愈大且分布愈均匀，相应的位错密度愈高。这种强化方式也叫晶界强化。根据晶界两侧晶体位向差异的大小及晶界本身构造的特点，又可将晶界分为大角度晶界和小角度晶界两类。一般常见的奥氏体晶界和铁素体晶界等都属大角度晶界；而亚晶界，如板条马氏体板条间的界面、冷加工或退火后的亚晶块之间的界面等均属于小角度晶界。不论哪种晶界，它们都能提高位错密度 ρ 值，从而使材料得到强化。

细化晶粒强化的特点是，在提高强度的同时，其塑性和韧性也随之提高，这是其他强化方式所不能比拟的。因此细化组织强化是提高材料性能最好的手段之一。近年来，利用快速循环加热等工艺对材料进行超细化处理已取得进展。孕育铸铁、铝硅基铸造铝合金都是通过专门的处理，通过增加生核数目或促使液体过冷来细化组织的。在合金渗碳钢（如 20CrMnTi）和合金工具钢（如 Cr12MoV、W18Cr4V）中，则是通过加入强烈碳化物形成元素（V、Ti 等），以阻止加热时晶粒长大。

（4）第二相强化

当合金由多相混合物组成时，合金中除了基体之外还常常存在第二相。此时合金的性能不仅决定于基体的性能，也决定于第二相的性质、大小、形状和分布。工业合金中的第二相大多是硬而脆的金属间化合物，这些化合物的存在状况对合金的性能有着直接的影响。第二相在合金基体上常见的分布形式有以下 3 种。

① 第二相以网状或不连续的质点分布于晶界，使晶粒间的联系受到割裂作用，从而使脆性增加，强度和塑性降低，如过共析钢中的网状二次渗碳体。

② 第二相以片层状分布于晶内，它对基体的脆化危害较小，使基体增强从而提高了合金的强度与硬度，但塑性和韧性有所降低，如钢中的珠光体组织。

③ 第二相以弥散的质点分布于晶内。这是最有利的分布形式，它使合金的强度和硬度得到显著提高，且对塑性和韧性的不利作用减到最小，因而被广泛地用来强化合金。在基体中产生此类第二相质点的方法有好几种。很多合金系统中，高温时溶质原子在基体中溶解得多，低温下溶解得少。利用这个特点，通过急冷，在较低温度（通常是室温）获得该溶质的过饱和固溶体，然后升温给原子以一定的活动能力，使它们从过饱和的基体相中沉淀析出

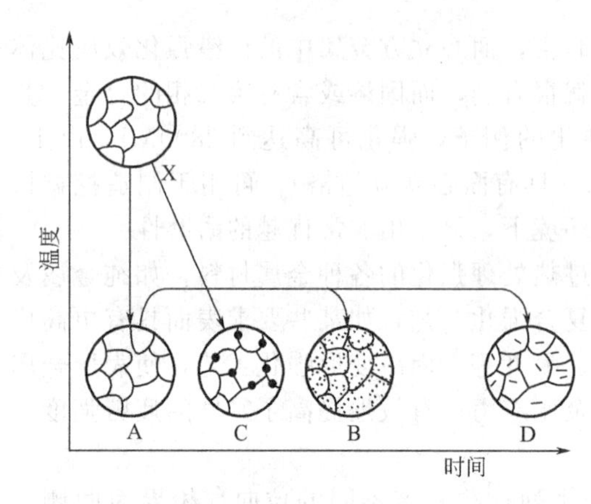

图 8-7 溶质原子的脱溶沉淀过程

X—固溶体；XA—淬火保留固溶体；AB—时效硬化沉淀开始；AC—过时效；XD—退火在晶界沉淀

(图 8-7)。这是一种常用的方法。随着时间的延长，析出的原子越来越多，析出物逐渐长大为一定大小和一定结构的质点，这个过程通常也称为时效。在一定条件下，这些沉淀析出的质点将使基体的强度升高。这种强化效应因为和溶质原子的沉淀和时效有关，故称为沉淀强化或时效强化。过饱和固溶体中溶质原子的这种析出过程则称为脱溶沉淀。当然，第二相质点也可以用粉末烧结等方法获得，由这些质点带来的强化，常称为弥散强化。

第二相强化的机理是，位错需绕过第二相质点而消耗额外的能量，使合金发生强化，其强化量与第二相质点间距成反比。第二相质点弥散度越高，强化效果也越明显。

很大一部分工程材料是利用合金中存在的第二相进行强化的。在工业生产上，如钢自高温快速冷却（淬火）所得到的是马氏体型的过饱和固溶体，它在回火过程中随着回火温度的不断升高而相继析出共格的 ε 相和非共格的 Fe_3C 质点，从而使合金得以强化。又如 Al-Cu 合金、Al-Cu-Mg 合金、Al-Mg-Si 合金，沉淀硬化型不锈钢、铍青铜属于沉淀强化型；烧结铝、TD-镍，经淬火和时效处理的 TC 类（即 α+β）型钛合金属于弥散强化型；六四黄铜中的 α 相和 β 相，共析钢珠光体组织中的铁素体和渗碳体就属于典型双相合金中利用第二相强化的代表。

（5）相变强化

例如，钢铁材料通过贝氏体相变、马氏体相变来实现强化，这种相变强化往往是多种强化效果的综合。

（6）表面强化

利用各种表面处理、表面扩渗和表面涂覆等表面工程技术，以强化材料表面的耐磨、抗蚀、抗高温氧化和抗疲劳等性能，或是赋予表面以特定的理化性质，使得表心材质具有最优组合，从而达到既经济而有效地提高产品质量并延长其使用寿命的目的。

（7）复合强化

即利用几种材料的组合达到强化。例如，由 WC-Co 所制造的硬质合金，由玻璃纤维和树脂所组成的玻璃钢等，都是典型的复合材料。复合材料中的硬质相对强度性能提高起主要作用。

8.2.2 材料强化应用举例

在实际使用的金属材料中，往往是上述几种强化机理同时在起作用，以获得尽可能好的强化效果。例如以下几种。

（1）合金强化

如低碳低合金高强度钢，此钢系统是利用我国富有资源 V、Ti、B、Nb、RE 及 Mn、Si 等建立起来的。其材料强化特点是：加入少量 Si、Mn、Cu、P 等元素强化铁素体（固溶强化），加入微量 Al、Cu、V、Ti、Nb 等元素使晶粒细化并产生细小析出物 N bC、VC 等（细晶强化和第二相强化），达到综合强化的效果。

（2）马氏体强化

马氏体强化是通过热处理获得马氏体组织使钢得以强化的方法，是钢铁材料强化的重要手段。马氏体强化主要是通过碳在 α-Fe 中的过饱和溶解造成固溶强化，但同时也伴有其他强化作用，如目前已得到广泛应用的低碳马氏体。除固溶强化外，由于组织转变中的体积变化和滑移过程，使其组织中的每个板条都存在着很高密度的位错，即位错强化效果十分显著，同时板条之间存在着小角度晶界以及马氏体转变时伴有细小碳化物的析出，所以还有细晶强化和第二相强化的因素存在，因而热处理对材料的强化作用也是综合性的。

(3) 纤维增强复合强化

用高强度纤维同适当的基体材料相结合而达到强化材料的方法，称为纤维增强复合强化。如几乎不存在位错而近于理想晶体的晶须，虽直径甚小，然而强度极高，工业上用以制成纤维置于基体材料（金属或高聚物）之中，使材料得以强化。

8.2.3 合金的韧化

我们知道，结构材料的强度和韧性往往是矛盾的，一般情况下，增加强度往往要牺牲韧性。韧性的降低，意味着材料将发生脆化。因此，寻求强韧性优良的材料才能保证使用的可靠性。所以，机械设计和机器制造工作者，还应当了解一下材料的韧化机理及其途径。

(1) 工程材料的韧性断裂和脆性断裂

工程材料在拉伸试验时，其断裂方式一般有两种方式，即韧性断裂和脆性断裂。如果在断裂破坏时，其断面几乎没有减缩的，称“脆性断裂”；有明显减缩的，则称为“韧性断裂”。大多数陶瓷和网络聚合物（如电木等），在断裂时都呈现脆性断裂。

金属及其合金在不同条件下使用，可能呈韧性断裂，也可能呈脆性断裂，这与许多因素有关。在实际使用中，总是希望零件在断裂时呈韧性断裂，而不希望呈脆性断裂。否则，零件中极细小裂纹和缺陷，就会造成突然的断裂事故，给生产带来巨大危害与损失。

(2) 合金的韧化途径

韧化的目的是防止脆性断裂。脆性断裂的发生除与材料因素有关外，还与工作温度、工作应力大小、零件内部缺陷等因素有关。一般来说，工作温度越低、工作应力越大、内部缺陷越严重，越易发生脆性断裂。从材料因素出发主要有以下几种韧化途径。

① 细化晶粒　晶粒细小均匀，不仅强度高而且韧性好，同时还可降低冷脆转变温度。晶粒细化是钢材、铝合金重要强韧化途径之一。

② 调整化学成分，降低杂质，提高钢的纯净度　钢材中随碳、氮、磷含量增加，冲击韧性下降，冷脆转变温度升高且范围变宽。钢材中偏析、白点、夹杂物、微裂纹等缺陷越多，韧性越低。钢中加入镍和少量锰可提高韧性，并降低冷脆转变温度。故降低有害杂质含量，降低碳含量，用镍、锰进行合金化可提高钢材韧性。采用电渣熔炼真空除气，真空浇铸，提高钢的纯净度，可有效提高钢的韧性而不损失强度。

③ 形变热处理　形变热处理是将形变强化（锻、轧等）与热处理强化结合起来，使金属材料同时经变形和相变，从而使晶粒细化，位错密度升高、晶界发生畸变，达到提高综合力学性能的目的。

④ 低碳马氏体强韧化　低碳马氏体是一种既有高强度又具有韧性的相。获得位错型板条马氏体组织，是钢材强韧化的重要途径。

⑤ 下贝氏体强韧化　经等温淬火获得下贝氏体组织，既可减少工件变形开裂、又使之具有足够的强韧性，它亦是钢材强韧化的重要途径。

8.3 合金钢的分类和编号方法

8.3.1 合金钢的分类

(1) 按合金元素含量多少分类

低合金钢（合金元素总量低于5%）

中合金钢（合金元素总量为5%～10%）

高合金钢（合金元素总量高于10%）

(2) 按所含的主要合金元素分类

铬钢（Cr-Fe-C）

铬镍钢（Cr-Ni-Fe-C）

锰钢（Mn-Fe-C）

硅锰钢（Si-Mn-Fe-C）

(3) 按小试样正火或铸态组织分类

珠光体钢

马氏体钢

铁素体钢

奥氏体钢

莱氏体钢

(4) 按用途分类

合金结构钢

合金工具钢

特殊性能钢

8.3.2 合金钢的编号

牌号首部用数字标明碳质量分数。结构钢以万分之一为单位的数字（两位数）；工具钢和特殊性能钢以千分之一为单位的数字（一位数）来表示碳质量分数，而工具钢的碳质量分数超过1%时，碳质量分数不标出。

在表明碳质量分数数字之后，用元素的化学符号表明钢中主要合金元素，质量分数由其后面的数字标明，平均质量分数少于1.5%时不标数，平均质量分数为1.5%～2.49%、2.5%～3.49%…时，相应地标以2、3…

例如合金结构钢40Cr，平均碳质量分数为0.40%，主要合金元素Cr的质量分数在1.5%以下；合金工具钢5CrMnMo，平均碳质量分数为0.5%，主要合金元素Cr、Mn、Mo的质量分数均在1.5%以下。

专用钢用其用途的汉语拼音字首来标明。

例如滚珠轴承钢，在钢号前标以“G”，GCr15表示碳质量分数约1.0%、铬质量分数约1.5%（这是一个特例，铬质量分数以千分之一为单位的数字表示）的滚动轴承钢；Y40Mn表示碳质量分数为0.4%、锰质量分数少于1.5%的易切削钢等。

高级优质钢则在钢的末尾加“A”字表明，例如20Cr2Ni4A等。

8.4 合金结构钢

用于制造重要工程结构和机器零件的合金钢称为合金结构钢。主要有：低合金高强度结构钢、渗碳钢、调质钢、弹簧钢、滚动轴承钢等。

8.4.1 低合金高强度结构钢

低合金高强度结构钢简称合金高强钢。

(1) 用途

主要用于广泛用于建筑、石油、化工、铁道、造船、机车车辆、锅炉、压力容器、农机具等许多部门。

(2) 性能要求

① 高强度　一般屈服强度在 300MPa 以上。按屈服点的高低而分为 6 个级别：300MPa、350MPa、400MPa、450MPa、500MPa、550～600MPa。

② 高韧性　要求延伸率为 15%～20%，室温冲击韧性大于 600～800kJ/m²。对于大型焊接构件，还要求有较高的断裂韧性。

③ 良好的焊接性能和冷成型性能

④ 低的冷脆转变温度

⑤ 良好的耐蚀性

(3) 成分特点

① 低碳　由于韧性、焊接性和冷成形性能的要求高，其碳质量分数不超过 0.20%。

② 加入以锰为主的合金元素，一般总量少于 3%。

③ 加入铌、钛或钒等辅加元素　少量的铌、钛或钒在钢中形成细碳化物或碳氮化物，有利于获得细小的铁素体晶粒和提高钢的强度和韧性。此外，加入少量铜（≤0.4%）和磷（0.1%左右）等，可提高抗腐蚀性能；加入少量稀土元素，可以脱硫、去气，使钢材净化，改善韧性和工艺性能。

(4) 常用低合金高强度结构钢

表 8-1 所列为常用低合金高强度结构钢。

Q345 (16Mn)：我国低合金高强钢中用量最多、产量最大的钢种。属于 350MP 级别，强度比普通碳素结构钢 Q235 高约 20%～30%，耐大气腐蚀性能高 20%～38%，用于制作船舶、车辆、桥梁等大型钢结构。如我国的南京长江大桥、内燃机车车体、载重汽车的大梁及万吨巨轮等大都采用此钢。其均在热轧空冷（或热轧正火）态下使用，相应组织为 F+P(或 S)。

Q420 (15MnVN)：中等级别强度钢中使用最多的钢种。强度较高，且韧性、焊接性及低温韧性也较好，被广泛用于制造桥梁、锅炉、船舶等大型结构。

(5) 热处理特点

这类钢一般在热轧空冷状态下使用，不需要进行专门的热处理。使用状态下的显微组织一般为铁素体＋索氏体。

(6) 新型低合金高强钢

① 低碳贝氏体型低合金高强钢　强度级别超过 500MPa 后，铁素体和珠光体组织难以满足要求，于是发展了低碳贝氏体钢。加入 Cr、Mo、Mn、B 等元素，有利于空冷（正火）条件下得到大量下贝氏体组织，使强度更高，塑性、焊接性能也较好。这些钢种主要用于锅炉和石油工业中的中温压力容器，如 14CrMnMoVB 使用于制造受热 400～500℃的锅炉，高压容器等。我国发展的几种低碳 B 型钢见表 8-2 所列。

② 低碳索氏体型低合金高强钢　采用低碳低合金钢淬火得低碳 M，然后进行高温回火以获得低碳 $S_{回}$ 组织，从而保证钢具有良好的综合力学性能和焊接性能。低碳索氏体型钢已在重型载重车辆、桥梁、水轮机及舰艇等方面得到应用。我国在发展这类钢中也做了不少工作，并成功地应用于导弹、火箭等国防工业中。

③ 针状铁素体型低合金高强钢　为满足严寒条件下工作的大直径石油和天然气输出管道用钢的需要，目前世界各国正在发展针状铁素体型钢，并通过轧制以获得良好的强韧化效果。此类钢合金化的主要特点是：采用低碳含量（w_C 为 0.04%～0.08%）；主要用 Mn、Mo、Nb 进行合金化；对 V、Si、N、S 含量加以适当限制。

表 8-1 常用低合金高强度结构钢的钢号、成分、性能及用途（摘自 GB/T 1591—1994）

钢号	化学成分/%(质量)							厚度或直径/mm	力学性能				旧钢号	应用举例
	C	Mn	Si	V	Nb	Ti	其他		σ_s/MPa	σ_b/MPa	δ_5/%	a_{ku}(20℃)/J		
Q295	≤0.16	0.80～1.50	≤0.55	0.02～0.15	0.015～0.060	0.02～0.20		<16 16～35 35～50	≥295 ≥275 ≥255	390～570	23	34	09MnV 09MnNb 09Mn2 12Mn	桥梁，车辆，容器，油罐
Q345	0.18～0.20	1.00～1.60	≤0.55	0.02～0.15	0.015～0.060	0.02～0.20		<16 16～35 35～50	≥345 ≥325 ≥295	470～630	21～22	34	12MnV 14MnNb 16Mn 18Nb 16MnRE	桥梁，车辆，船舶，压力容器，建筑结构
Q390	≤0.20	1.00～1.60	≤0.55	0.02～0.20	0.015～0.060	0.02～0.20	Cr≤0.30 Ni≤0.70	<16 16～35 35～50	≥390 ≥370 ≥350	490～650	19～20	34	15MnV 15MnTi 16MnNb	桥梁，船舶起重设备，压力容器
Q420	≤0.20	1.00～1.70	≤0.55	0.02～0.20	0.015～0.060	0.02～0.20	Cr≤0.40 Ni≤0.70	<16 16～35 35～50	≥420 ≥400 ≥380	520～680	18～19	34	15MnVN 14MnVTi-RE	桥梁，高压容器，大型船舶，电站设备，管道
Q460	≤0.20	1.00～1.70	≤0.55	0.20～0.20	0.015～0.060	0.02～0.20	Cr≤0.70 Ni≤0.70	<16 16～35 35～50	≥460 ≥440 ≥420	550～720	17	34		中温高压容器(<120℃)，锅炉，化工、石油高压厚壁容器(<100℃)

表 8-2 我国发展的几种低碳 B 型钢

钢号	化学成分 w_B/%								板厚/mm	力学性能		
	C	Mn	Si	V	Mo	Cr	B	RE(加入量)		σ_b/MPa	σ_s/MPa	δ_5/MPa
14MnMoV	0.10～0.18	1.20～1.50	0.20～0.40	0.08～0.16	0.45～0.65	—	—	—	30～115(正火回火)	≥620	≥500	≥15
14MnMoVBRE	0.10～0.18	1.10～1.60	0.17～0.37	0.04～0.10	0.30～0.60	—	0.0015～0.006	0.15～0.20	6～10(热轧态)	≥650	≥500	≥16
14CrMnMoVB	0.10～0.18	1.10～1.60	0.10～0.40	0.03～0.06	0.32～0.42	0.90～1.30	0.002～0.006	—	6～20(正火回火)	≥750	≥650	≥15

8.4.2 渗碳钢

(1) 用途

主要用于制造汽车、拖拉机中的变速齿轮，内燃机上的凸轮轴、活塞销等机器零件，如图 8-8 所示。这类零件在工作中遭受强烈的摩擦磨损，同时又承受较大的交变载荷，特别是冲击载荷。

活塞

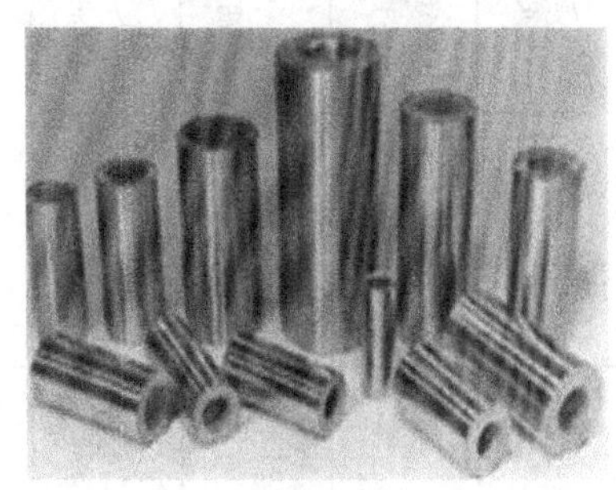

柴油机凸轮轴

图 8-8 渗碳钢应用示例

(2) 性能要求

① 表面渗碳层硬度高 保证优异的耐磨性和接触疲劳抗力，同时具有适当的塑性和韧性。

② 心部具有高的韧性和足够高的强度 心部韧性不足时，在冲击载荷或过载作用下容易断裂；强度不足时，则较脆的渗碳层易碎裂、剥落。

③ 有良好的热处理工艺性能 在高的渗碳温度（900～950℃）下，奥氏体晶粒不易长大，并有良好的淬透性。

(3) 成分特点

① 低碳 低碳（w_C 为 0.10%～0.25%）实际为渗碳件心部的碳含量，这对保证工件心部有足够塑、韧性是十分必要的。若碳含量过低，表面的渗碳层易于剥落；碳含量过高，则心部塑、韧性下降，并使表层的压应力减少，从而降低弯曲疲劳强度。

② 加入提高淬透性的合金元素 常加入 Cr、Ni、Mn、B 等。

③ 加入阻碍奥氏体晶粒长大的元素 主要加入少量强碳化物形成元素 Ti、V、W、Mo 等，形成稳定的合金碳化物。

(4) 钢种及牌号

表 8-3 所列为常用的渗碳钢的牌号、成分、热处理、性能及用途。

表 8-3 常用渗碳钢的牌号、成分、热处理、性能及用途（摘自 GB/T 3077—1999）

类别	钢号	主要化学成分/%(质量)							热处理/℃				力学性能≥					毛坯尺寸/mm	应用举例
		C	Mn	Si	Cr	Ni	V	其他	渗碳	预备处理	淬火	回火	σ_b/MPa	σ_s/MPa	δ/%	ψ/%	A_k/J		
低淬透性	15	0.12～0.18	0.35～0.65	0.17～0.37					930	880～900(空)	770～800(水)	200	≥500	≥300	15	≥55		<30	活塞销等
	20Mn2	0.17～0.24	1.40～1.80	0.17～0.37					930	850～870	880(油)	200	785	590	10	40	47	15	小齿轮、小轴、活塞销等
	20Cr	0.17～0.24	0.50～0.80	0.20～0.40	0.70～1.00				930	880(水,油)	780～820(水,油)	200	835	540	10	40	47	15	齿轮、小轴、活塞销等
	20MnV	0.17～0.24	1.30～1.60	0.17～0.37			0.07～0.12		930		880(水,油)	200	785	590	10	40	55	15	同上，也用作锅炉、高压容器管道等
中淬透性	20CrMn	0.17～0.23	0.90～1.20	0.17～0.37	0.90～1.20				930		850(油)	200	930	735	10	45	47	15	齿轮、轴、蜗杆、活塞销、摩擦轮
	20CrMnTi	0.17～0.23	0.80～1.10	0.17～0.37	1.00～1.30			Ti 0.04～0.10	930	880(油)	870(油)	200	1080	850	10	45	55	15	汽车、拖拉机上的变速箱齿轮
	20MnTiB	0.17～0.24	1.30～1.60	0.17～0.37				Ti 0.04～0.10 B 0.0005～0.0035	930		860(油)	200	1130	930	10	45	55	15	代 20CrMnTi
高淬透性	18Cr2Ni4WA	0.13～0.19	0.30～0.60	0.17～0.37	1.35～1.65	4.00～4.50		W 0.80～1.20	930	950(空)	850(空)	200	1180	835	10	45	78	15	大型渗碳齿轮和轴类件
	20Cr2Ni4	0.17～0.23	0.30～0.60	0.17～0.37	1.25～1.65	3.25～3.65			930	880(油)	780(油)	200	1180	1080	10	45	63	15	大型渗碳齿轮和轴类件

20Cr：低淬透性合金渗碳钢。淬透性较低，心部强度较低。

20CrMnTi：中淬透性合金渗碳钢。淬透性较高、过热敏感性较小，渗碳过渡层比较均匀，具有良好的力学性能和工艺性能。

18Cr2Ni4WA 和 20Cr2Ni4A：高淬透性合金渗碳钢。含有较多的 Cr、Ni 等元素，淬透性很高，且具有很好的韧性和低温冲击韧性。

（5）热处理和组织性能

预先热处理一般为正火，其作用主要为提高硬度、改善切削加工性能，同时亦起到均匀组织、消除组织缺陷、细化晶粒的作用。最终热处理一般为渗碳后进行淬火及低温回火，以获得高硬度、高耐磨性的表层及强而韧的心部。根据钢化学成分的差异，常用的热处理方式有 3 种。

① 渗碳后经预冷、直接淬火并低温回火（称直接淬火法），适用于合金元素含量较低又不易过热的钢，如 20CrMnTi 钢等。

② 渗碳后缓冷至室温、然后重新加热淬火并低温回火（称一次淬火法），适用于渗碳时易过热的碳钢及低合金钢工件，或固体渗碳后的零件等，如 20、20Cr 钢等。

③ 渗碳后缓冷至室温、又重新加热两次淬火并低温回火（称二次淬火法），适用于本质粗晶粒钢及对性能要求很高的重要合金钢工件，但因生产周期长、成本高、工件易氧化脱碳和变形，目前生产上已很少采用。

热处理后，表面渗碳层的组织为合金渗碳体＋回火马氏体＋少量残余奥氏体组织，硬度为 60～62(HRC)，心部组织与钢的淬透性及零件截面尺寸有关。完全淬透时为低碳回火马氏体，硬度为 40～48(HRC)；多数情况下是屈氏体、回火马氏体和少量铁素体，硬度为 25～40(HRC)，心部韧性一般都高于 $700kJ/m^2$。

如图 8-9 所示为 20CrMnTi 钢制造齿轮的热处理工艺曲线。

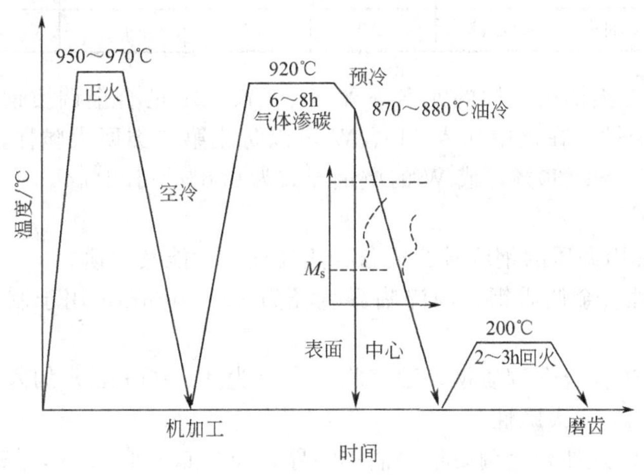

图 8-9 20CrMnTi 钢制造齿轮的热处理工艺曲线

（6）渗碳钢的新进展

近年来，生产中采用渗碳钢直接淬火并低温回火，以获得低碳马氏体组织，用以制造某些要求综合力学性能较高的零件，如传递动力的轴、重要的螺栓等。在某些场合下，它还可代替中碳钢的调质处理。

8.4.3 调质钢

（1）用途

调质钢广泛用于制造汽车、拖拉机、机床和其他机器上的各种重要零件，如机床齿轮、主轴、汽车发动机曲轴、连杆、螺栓等，如图 8-10 所示。

(2) 性能要求

调质件大多为机器设备上的重要零件如机床主轴、汽车拖拉机后桥半轴、发动机曲轴、连杆、高强度螺栓等，都是在多种应力负荷下工作的，受力较复杂，有时还受到冲击载荷作用，在轴颈或花键等部位还存在较剧烈摩擦。因此，要求其具有良好的综合力学性能（即既要有高强度，又要求良好塑性和韧性）。只有具备良好综合力学性能，零件工作时才能承受较大的工作应力，以防止由于突然过载等偶然原因造成的破坏。

图 8-10 调质钢应用示例

(3) 成分特点

① 中碳 碳质量分数一般在 0.25%～0.50%之间，以 0.4%居多。一般碳素调质钢的碳含量偏上限，而对于合金调质钢，随合金元素增加则碳含量趋于下限。

② 加入提高淬透性的元素 Cr、Mn、Ni、Si 等 这些合金元素除了提高淬透性外，还能形成合金铁素体，提高钢的强度。见表 8-4 所列，调质处理后的 40Cr 钢的性能比 45 钢的性能高很多。

表 8-4 45 钢与 40Cr 钢调质后性能的对比

钢号热处理状态	棒材直径/mm	σ_b/MPa	σ_s/MPa	δ_5/%	ψ/%	α_k/(kJ/m^2)
45 钢 850℃水淬，550℃回火	50	700	500	15	45	700
40Cr 钢 850℃油淬，570℃回火	50(心部)	850	670	16	58	1000

③ 加入防止第二类回火脆性的元素 含 Ni、Cr、Mn 的合金调质钢，高温回火慢冷时易产生第二类回火脆性。在钢中加入 Mo、W 可以防止第二类回火脆性，其适宜含量：Mo 的质量分数为 0.15%～0.30%，或 W 的质量分数为 0.8%～1.2%。

(4) 钢种及牌号

表 8-5 所列为常用调质的钢牌号、成分、热处理、性能及用途。

40Cr：低淬透性合金调质钢，油淬临界直径为 30～40mm，用于制造一般尺寸的重要零件。

35CrMo：中淬透性合金调质钢，油淬临界直径为 40～60mm，加入钼不仅可提高淬透性，而且可防止第二类回火脆性。

40CrNiMo：高淬透性合金调质钢，油淬临界直径为 60～100mm，铬镍钢中加入适当的钼，不但具有好的淬透性，还可消除第二类回火脆性。

(5) 热处理和组织性能

① 预先热处理 调质钢经热变形加工后，必须经预先热处理以调整硬度、便于切削加工，消除热变形加工造成的组织缺陷，细化晶粒、均匀组织。对于合金元素含量较低的钢，可进行正火或退火处理；对于合金元素含量较高的钢，正火处理后可能得到 M 组织，尚需再进行高温回火，使其组织转变为球化体（即粒状珠光体）。

② 最终热处理 合金调质钢的最终热处理是淬火加高温回火。合金调质钢淬透性较高，一般都用油淬，淬透性特别大时甚至可以空冷，这能减少热处理缺陷。

表 8-5 常用调质钢的牌号、成分、热处理、性能及用途（摘自 GB/T 3077—1999）

类别	钢号	主要化学成分/%(质量)								热处理/℃			力学性能≥					退火状态(HB)	应用举例
		C	Mn	Si	Cr	Ni	Mo	V	其他	淬火/℃	回火/℃	毛坯尺寸/mm	σ_b/MPa	σ_s/MPa	δ_5/%	ψ/%	A_k/J		
低淬透性钢	45	0.42～0.50	0.50～0.80	0.17～0.37						830～840（水）	580～640（空）	<100	≥600	≥355	≥16	≥40	≥39	197	主轴、曲轴、齿轮、柱塞等
低淬透性钢	40MnB	0.37～0.44	1.10～1.40	0.17～0.37					B 0.0005～0.0035	850（油）	500（水,油）	25	980	785	10	45	47	207	主轴、曲轴、齿轮、柱塞等
低淬透性钢	40MnVB	0.37～0.44	1.10～1.40	0.17～0.37				0.05～0.10	B 0.0005～0.0035	850（油）	520（水,油）	25	980	785	10	45	47	207	可代替 40Cr 及部分代替 40CrNi 作重要零件，也可代替 38CrSi 作重要销钉
低淬透性钢	40Cr	0.37～0.44	0.50～0.80	0.17～0.37	0.80～1.10		0.07～0.12			850（油）	520（水,油）	25	980	785	9	45	47	207	作重要调质件如轴类件、连杆螺栓、进气阀和重要齿轮等
中淬透性钢	38CrSi	0.35～0.43	0.30～0.60	1.00～1.30	1.30～1.60					600（油）	600（水,油）	25	980	835	12	50	55	255	作载荷大的轴类件及车辆上的重要调质件
中淬透性钢	30CrMn-Si	0.27～0.34	0.80～1.10	0.90～1.20	0.80～1.10					880（油）	520（水,油）	25	1080	885	10	45	39	229	高强度钢、作高速载荷砂轮轴、车辆上内外摩擦片等
中淬透性钢	35CrMo	0.32～0.40	0.40～0.70	0.17～0.37	0.80～1.10		0.15～0.25			850（油）	550（水,油）	25	980	835	12	45	63	229	重要调质件，如曲轴、连杆及代替 40CrNi 作大截面轴类件
高淬透性钢	38CrMoAl	0.35～0.42	0.30～0.60	0.20～0.45	1.35～1.65		0.15～0.25		A 10.70～1.10	940（水,油）	640（水,油）	30	980	835	14	50	71	229	作氮化零件，如高压阀门、缸套等
高淬透性钢	37CrNi3	0.34～0.41	0.30～0.60	0.17～0.37	1.20～1.60	3.00～3.50				820（油）	500（水,油）	25	1130	980	10	50	47	269	作大截面并要求高强度、高韧性的零件
高淬透性钢	40CrMnMo	0.37～0.45	0.90～1.20	0.17～0.37	0.90～1.20		0.20～0.30			850（油）	600（水,油）	25	980	785	10	45	63	217	相当于 40CrNiMo 的高级调质钢
高淬透性钢	25Cr2Ni4-WA	0.21～0.28	0.30～0.60	0.17～0.37	1.35～1.65	4.00～4.50			W 0.80～1.20	850（油）	550（水）	25	1080	930	11	45	71	369	作机械性能要求很高的大断面零件
高淬透性钢	40CrNi-MoA	0.37～0.44	0.50～0.80	0.17～0.37	0.60～0.90	1.25～1.65	0.15～0.25			850（油）	600（水,油）	25	980	835	12	55	78	269	作高强度零件，如航空发动机轴，在低于 500℃工作的喷气发动机承载零件

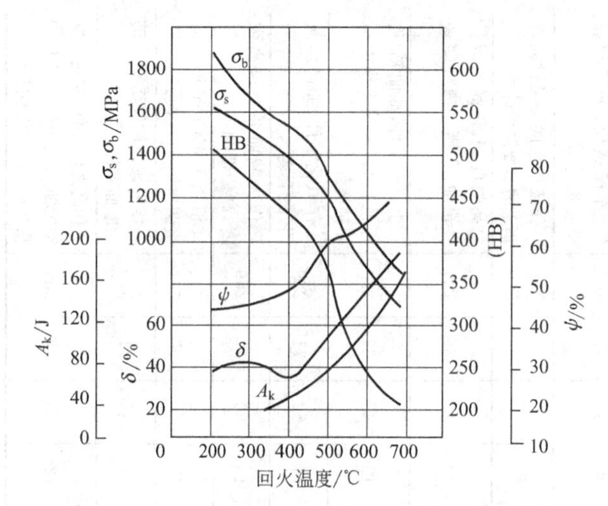

图 8-11　40Cr 钢经不同温度回火后的机械性能（直径 $D=12$mm，油淬）

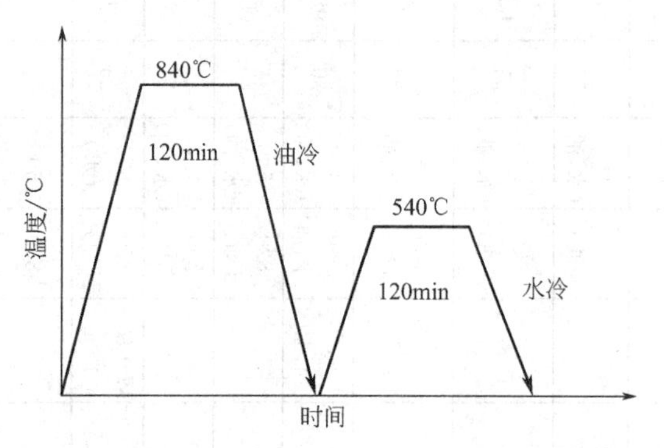

图 8-12　40Cr 钢制造连杆螺栓的热处理工艺曲线

合金调质钢的最终性能决定于回火温度。一般采用 500～650℃回火。通过选择回火温度，可以获得所要求的性能，如图 8-11 所示。为防止第二类回火脆性，回火后快冷（水冷或油冷），有利于韧性的提高。如图 8-12 所示为 40Cr 钢制造连杆螺栓的热处理工艺曲线。

合金调质钢常规热处理后的组织是回火索氏体，用于螺栓、连杆等。表面要求耐磨的零件（如齿轮、主轴），再进行感应加热表面淬火及低温回火，表面组织为回火马氏体，表面硬度可达 55～58(HRC)。心部组织是回火索氏体。如果对耐磨性、零件尺寸精度要求更高，则需要选用氮化钢（如 38CrMoAlA）经调质处理后再进行氮化处理。

合金调质钢淬透调质后的屈服强度约为 800MPa，冲击韧性在 800kJ/m²，心部硬度可达 22～25(HRC)。若截面尺寸大而未淬透时，性能显著降低。

(6) 调质钢的新进展

① 低碳 M 钢　低碳 M 钢，采用低碳（合金）钢（如渗碳钢和低合金高强度钢等）经适当介质淬火和低温回火得到低碳 M 后，从而可以获得比常用中碳合金钢调质后更优越的综合力学性能。它充分利用了钢的强化和韧化手段，使钢不仅强度高而且塑性和韧度好。

例如，采用 15MnVB 钢代替 40Cr 钢制造汽车的连杆螺栓，提高了强度和塑性、韧度，从而使螺栓的承载能力提高 45%～70%，延长了螺栓的使用寿命，并满足大功率新车型设计的要求；又如，采用 20SiMnMoV 钢代替 35CrMo 钢制造石油钻井用的吊环，使吊环质量由原来的 97kg 减小为 29kg，大大减轻了钻井工人的劳动强度。

② 中碳微合金非调质钢　为进一步提高劳动生产率、节约能源、降低成本，近年来世界各国正在研制开发非调质钢，以取代需淬、回火的调质钢。非调质钢的化学成分特点是在中碳碳钢成分的基础上添加微量（$w_{Me}<0.2\%$）的 V、Ti、Nb 等元素，所以俗称微合金非调质钢。其突出优点是不需淬、回火处理，它通过控制轧制或锻造工艺，在空冷条件下即可使零件获得较满意的综合力学性能，其显微组织为 F＋P。目前该钢存在的主要缺点是塑性、冲击韧度偏低，因而限制了它在强冲击条件下的应用。

为了满足汽车工业迅速发展对高强韧性非调质钢的需要，近年来又发展了 B 型和 M 型微合金非调质钢，这两类钢在锻轧后的冷却中即可获得 B 和 M 或以 M 为主的组织，其成分特点是降碳并适当添加锰、铬、钼、钒、硼，使钢在获得高于 900MPa 抗拉强度的同时保持足够的塑性和韧度。

中碳微合金非调质钢代替调质钢，具有简化生产工序、节约能源、降低成本的特点，已引起国内外广泛的关注。一些发达国家已在多种型号的汽车曲轴、连杆上成功应用微合金非调质钢。中碳微合金非调质钢的开发应用有着广阔的发展前景。

8.4.4 弹簧钢

(1) 用途

弹簧钢系指用于制造各种弹簧的钢种。弹簧的主要作用是吸收冲击能量，缓和机械的振动和冲击作用。例如汽车、拖拉机和机车上的板弹簧，除承受载物的巨大重量外，还要承受因地面不平所引起的冲击载荷和振动。此外，弹簧还可储存能量使其他机件完成事先规定的动作，如汽阀弹簧等，可保证机器和仪表的正常工作。如图 8-13 为弹簧钢应用示例。

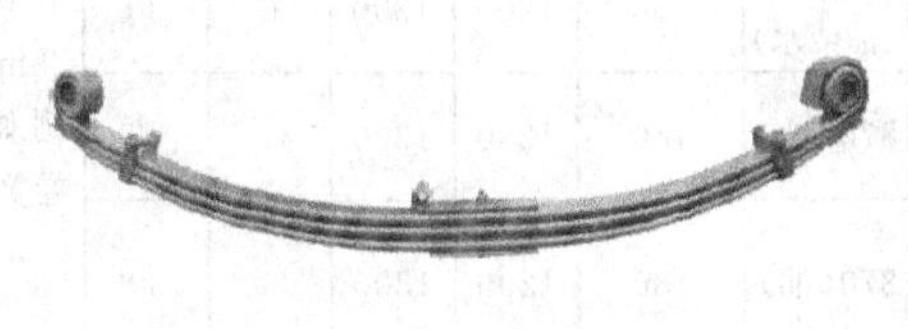

(a) 汽车板簧

(b) 热卷大弹簧

图 8-13 弹簧钢应用示例

(2) 性能要求

① 高的弹性极限 σ_e，尤其是高的屈强比 σ_s/σ_b 以保证弹簧有足够高的弹性变形能力和较大的承载能力。

② 高的疲劳强度 σ_r，以防止在震动和交变应力作用下产生疲劳断裂。

③ 足够的塑性和韧性，以免受冲击时脆断。

此外，弹簧钢还要求有较好的淬透性，不易脱碳和过热，容易绕卷成形等。一些特殊弹簧钢还要求耐热性、耐蚀性等。

(3) 成分特点

① 中、高碳，高的屈强比要求弹簧钢的碳含量比调质钢高，碳的质量分数一般为 0.50%～0.70%。一般碳素弹簧钢的 $w_C=0.6\%\sim0.9\%$，合金弹簧钢的 $w_C=0.5\%\sim0.7\%$。碳含量过高时，塑性、韧性降低，疲劳抗力也下降。

② 加入以 Si、Mn 为主的提高淬透性的元素，Si 和 Mn 同时也提高了屈强比。重要用途的弹簧钢还必须加入 Cr、V、W 等元素。

此外，弹簧的冶金质量对疲劳强度有很大的影响，所以弹簧钢均为优质钢或高级优质钢。

(4) 钢种和牌号

表 8-6 所列为常用弹簧钢的牌号、成分、热处理、性能及用途。

65Mn 和 60Si2Mn：以 Si、Mn 为主要合金元素的弹簧钢，属于 Si-Mn 类型弹簧钢。价格便宜，淬透性明显优于碳素弹簧钢，Si、Mn 的复合合金化，性能比只用 Mn 的好得多。这类钢主要用于汽车、拖拉机上的板簧和螺旋弹簧。

50CrVA：含 Cr、V、W 等元素的弹簧钢，属于 Cr-V 类型弹簧钢。Cr、V 复合合金化，不仅大大提高钢的淬透性，而且还提高钢的高温强度、韧性和热处理工艺性能。这类钢可制作在 350～400℃温度下承受重载的较大弹簧。

(5) 加工、热处理与性能

弹簧按加工和热处理可分为以下两类。

表 8-6 常用弹簧钢的牌号、成分、热处理、性能及用途（摘自 GB/T 1222—1985）

钢号	主要成分/%(质量)					热处理		力学性能				应用范围
	C	Mn	Si	Cr	其他	淬火/℃	回火/℃	σ_s/MPa	σ_b/MPa	δ_{10}/%	ψ/%	
65	0.62～0.70	0.50～0.80	0.17～0.37	≤0.25	—	840(油)	500	800	1000	9	35	截面小于15mm的小弹簧
70	0.62～0.75	0.50～0.80	0.17～0.37	≤0.25	—	830(油)	480	850	1050	8	30	
85	0.82～0.90	0.50～0.80	0.17～0.37	≤0.25	—	820(油)	480	1000	1150	6	30	
65Mn	0.62～0.70	0.90～1.20	0.17～0.37	≤0.25	—	830(油)	540	800	1000	8	30	
55Si2Mn	0.52～0.65	0.60～0.90	1.50～2.00	≤0.35	—	870(油或水)	480	1200	1300	6	30	截面不大于25mm的弹簧，例如车厢缓冲卷簧
60Si2Mn	0.56～0.64	0.60～0.90	1.50～2.00	≤0.35	—	870(油)	480	1200	1300	5	25	
55Si2MnB	0.52～0.60	0.60～0.90	1.50～2.00	≤0.35	B0.0005～0.004	870(油)	480	1200	1300	6	30	
60Si2CrA	0.56～0.64	0.40～0.70	1.40～1.80	0.70～1.00	—	870(油)	420	1600	1800	$\delta_5$6	20	截面不大于30mm的重要弹簧，例如小型汽车、载重车板簧，扭杆簧，低于350℃的耐热弹簧
60Si2CrVA	0.56～0.64	0.40～0.70	1.40～1.80	0.90～1.20	V0.1～0.2	850(油)	410	1700	1900	$\delta_5$6	20	
50CrVA	0.46～0.54	0.50～0.80	0.17～0.37	0.80～1.10	—	850(油)	500	1150	1300	$\delta_5$9	40	
55CrMnA	0.52～0.60	0.65～0.95	0.17～0.37	0.65～0.95	V0.1～0.2	850(油)	500	$\sigma_{0.2}$ 1100	1250	$\delta_5$6	35	

① 热成形弹簧　弹簧的截面尺寸不小于 8mm 的大型弹簧多用热轧钢丝或钢板、采用热态下成型，然后淬火及中温回火（350～500℃），经回火后的组织是 $T_回$，硬度为 40～48(HRC)，具有较高的弹性极限和疲劳强度，同时又具一定的塑、韧性。如 $60Si_2Mn$ 钢制汽车板簧的加工工艺路线为：

扁钢剪断→机械加工(倒角钻孔等)→加热压弯→淬火＋中温回火→喷丸

② 冷成形弹簧　对于直径或截面单边尺寸小于 8mm 的弹簧，常采用冷拔（轧）钢丝（板）冷卷成型或先热处理强化、然后冷卷成型，这类弹簧钢丝按强化工艺可分为 3 种：铅浴等温冷拔钢丝、冷拔钢丝和油淬回火钢丝，最后进行去应力退火和稳定化处理（加热温度为 250～300℃，保温时间 1h）以消除应力，稳定尺寸。其常见的加工工艺路线如下：

缠绕弹簧→去应力退火→磨端面→喷丸→第二次去应力退火→发蓝

弹簧的表面质量对使用寿命影响很大，若弹簧表面有缺陷，易造成应力集中，从而降低疲劳强度，故常采用喷丸强化表面，使表面产生压应力，消除或减轻弹簧的表面缺陷，以便提高其强度及疲劳强度。

8.4.5 滚动轴承钢

(1) 用途

主要用来制造滚动轴承的滚动体（滚珠、滚柱、滚针）、内外套圈等，属专用结构钢。也用于制造精密量具、冷冲模、机床丝杠等耐磨件。如图 8-14 为滚动轴承钢应用示例。

图 8-14　滚动轴承钢应用示例

（2）性能要求

① 高的接触疲劳强度：轴承元件如滚珠与套圈，运动时为点或线接触，接触处的压应力高达 1500～5000MPa；应力交变易造成接触疲劳破坏，产生麻点或剥落，所以轴承钢疲劳强度应很高。

② 高的硬度和耐磨性：硬度一般为 62～64(HRC)。

③ 足够的韧性和淬透性。

此外，还要求在大气和润滑介质中有一定的耐蚀能力和良好的尺寸稳定性。同时应注意对钢中非金属夹杂物，组织均匀性，碳化物的形状、大小和分布，以及脱碳程度等都有严格的要求，否则就会显著缩短滚动轴承工件的使用寿命。

（3）成分特点

① 高碳　碳质量分数一般为 0.95%～1.15%，以保证其高硬度、高耐磨性和高强度。

② 铬为基本合金元素　铬提高淬透性，形成的合金渗碳体 $(Fe,Cr)_3C$ 呈细密、均匀分布，提高钢的耐磨性，特别是疲劳强度。适宜的铬质量分数为 0.40%～1.65%。

③ 加入硅、锰、钒等　Si、Mn 进一步提高淬透性，便于制造大型轴承。V 部分溶于奥氏体中，部分形成碳化物 VC，提高钢的耐磨性并防止过热。

④ 高的冶金质量　滚动轴承的失效统计表明，由原材料质量问题引起的失效约占 65%，可见钢材的冶金质量对轴承的使用性能和寿命起着非常重要的影响。轴承钢一般采用电炉冶炼和真空去气处理。

（4）钢种和牌号

表 8-7 所列为常用滚动轴承钢的钢号、成分、热处理和用途。

铬轴承钢：最常用的是 GCr15。使用量占轴承钢的绝大部分。

添加 Mn、Si、Mo、V 的轴承钢：在铬轴承钢中加入 Si、Mn 可提高淬透性，如 GCr15SiMn、GCr15SiMnMoV 等。

为了节约铬，加入 Mo、V 可得到无铬轴承钢，如 GSiMnMoV、GSiMnMoVRE 等，其性能与 GCr15 相近。

（5）热处理及组织性能

① 预先热处理　采用正火＋ 球化退火。正火的主要作用是消除网状碳化物，以利于球化退火进行。若无连续网状碳化物，可不进行正火。球化退火的目的有二：一是降低钢的硬度，以利于切削加工；二是获得细的球状珠光体和均匀分布的过剩的细粒状碳化物，为零件的最终热处理做组织准备。

② 最终热处理　采用淬火＋低温回火。温度要求十分严格，温度过高会过热，晶粒长大，使韧性和疲劳强度下降，且易淬裂和变形；温度过低，则奥氏体中溶解的铬量和碳量不够，钢淬火后硬度不足，如图 8-15 所示。

表 8-7　常用滚动轴承钢的钢号、成分、热处理和用途（摘自 GB/T 18254—2002）

钢号	主要化学成分/%（质量）							热处理规范及性能			主要用途
	C	Cr	Si	Mn	V	Mo	RE	淬火/℃	回火/℃	回火后(HRC)	
GCr4	0.95～1.05	0.35～0.50	0.15～0.30	0.15～0.30				800～820	150～170	62～66	小于 100mm 的滚珠、滚柱和滚针
GCr15	0.95～1.05	1.40～1.65	0.15～0.35	0.25～0.45				820～840	150～160	62～66	与 GCr9SiMn 同
GCr15SiMn	0.95～1.05	1.40～1.65	0.45～0.75	0.95～1.25				820～840	170～200	≥60	壁厚不小于 14mm，外径 250mm 的套圈。直径 20～200mm 的钢球。其他同 GCr15
GMnMoVRE	0.95～1.05		0.15～0.40	1.10～1.40	0.15～0.25	0.4～0.6	0.05～0.01	770～810	170±5	≥62	代 GCr15 用于军工和民用方面的轴承
GSiMoMnV	0.95～1.10		0.45～0.65	0.75～1.05	0.2～0.3	0.2～0.4		780～820	175～200	≥62	与 GMnMoVRE 同

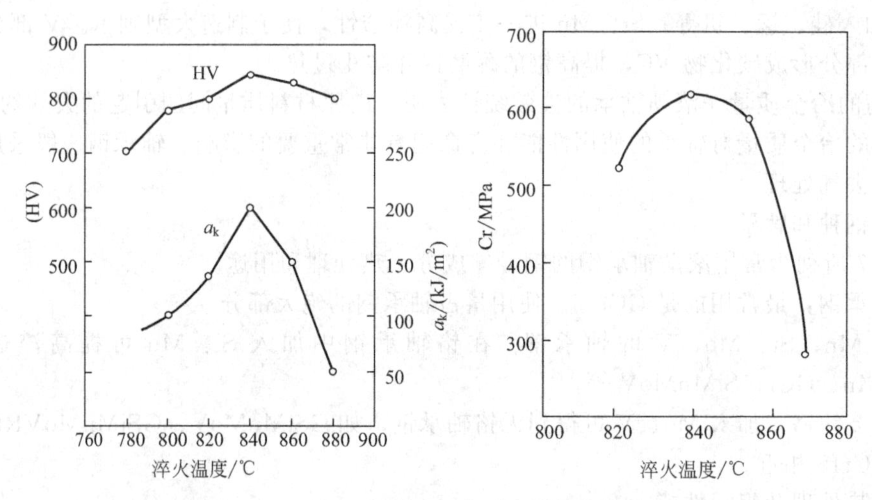

图 8-15　GCr15 钢淬火温度对力学性能的影响

GCr15 钢的淬火温度严格控制在 820～840℃范围内，回火温度一般为 150～160℃。

轴承钢淬火后的组织为极细的回火马氏体、均匀分布的粒状碳化物以及少量残余奥氏体，如图 8-16 所示。

精密轴承必须保证在长期存放和使用中不变形。引起变形和尺寸变化的原因主要是存在有内应力和残余奥氏体发生转变。为了稳定尺寸，淬火后可立即进行“冷处理”（−60～−50℃），并在回火和磨削加工后，进行低温时效处理（120～130℃，保温 5～10h）。

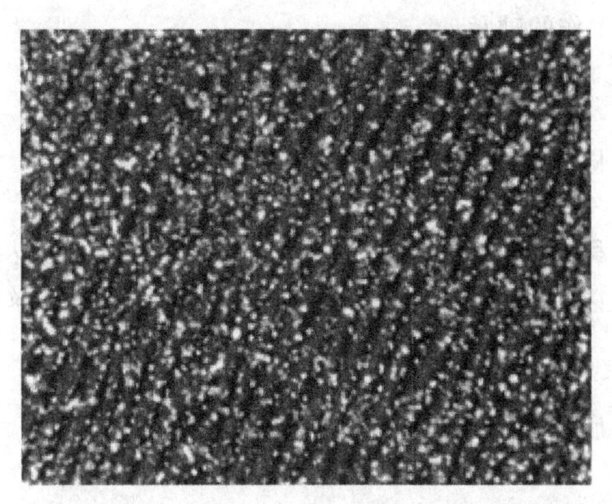

图 8-16 GCr15 钢淬火、回火后的显微组织

一般滚动轴承的加工工艺路线为：

轧制或锻造→球化退火→机加工→淬火→低温回火→磨削→成品。

精密轴承的加工工艺路线为：

轧制或锻造→球化退火→机加工→淬火→冷处理→低温回火→时效处理→磨削→时效处理→成品。

(6) 滚动轴承钢的新发展

① 渗碳轴承钢　它主要用于制作大型轧机、发电机及矿山机械上的大型（外径大于450mm）轴承。这些轴承的尺寸很大，在极高的接触应力下工作，频繁地经受冲击和磨损，因此对大型轴承除应有对一般轴承的要求外，还要求心部有足够的韧度和高的抗压强度及硬度，所以选用低碳的合金渗碳钢（如 G20CrMo、G20CrNiMo、G20Cr2Mn2Mo 等）来制造。经渗碳淬火和低温回火后，表层坚硬耐磨，心部保持高的强韧度，同时表面处于压应力状态，对提高疲劳寿命有利。

② 不锈轴承钢　它是适应现代化学、石油、造船等工业发展而研制的。在各种腐蚀环境中工作的轴承必须有高的耐蚀性能，一般含铬量的轴承钢已不能胜任，因此发展了高碳高铬不锈轴承钢。铬是此类钢的主要合金元素，如 9Cr18、9Cr18Mo 等。

③ 高温轴承钢　航空发动机、航天飞行器、燃气轮机等装置中的轴承是在高温、高速和高负荷条件下工作的，其工作温度在 300℃以上。GCr15 钢的最高工作温度不超过 180℃，含硅、钼、钒、铝的低合金轴承钢的工作温度也只能在 250℃以下，如果温度再升高，则会导致硬度急剧下降而失效。因此在较高温度下工作的轴承，应采用具有足够高的高温硬度、高温耐磨性、高温接触疲劳强度及高的抗氧化性等性能轴承钢。目前高温轴承钢有以下两类。

一类是高速钢类轴承钢。用 W18Cr4V 和 W6Mo5Cr4V2 高速钢制作的轴承可以在 430℃长期工作，此时的高温硬度大于 57(HRC)。Cr4Mo4V 是性能较好的高温轴承钢，其热处理工艺与性能具有高速钢的特点。因含合金元素少，其高温硬度不如高速钢，但加工性能优于高速钢。Cr4Mo4V 主要用于航空发动机，可以在 315℃长期工作［此时高温硬度大于 57(HRC)］，短时可用到 430℃［高温硬度大于 54(HRC)］。

另一类是高铬 M 不锈钢。Cr14Mo4V 是在 9Cr18Mo 的基础上升钼降铬并加入少量钒而形成，提高了钢的高温性能，钢的高温硬度较高，耐蚀性良好，因钒量较少（w_V = 0.15%），其耐磨性比 Cr4Mo4V 稍差，但加工性能更好。Cr14Mo4V 适于制作承受中、低负荷，在300℃下长期工作的轴承。

8.4.6　易切削钢

（1）用途

主要用于自动切削机床上加工，故亦属于专用钢。

（2）性能要求

由于材料的切削过程比较复杂，切削性用单一的参量是难于表达的。通常，钢的切削加工性，是以刀具寿命、切削力大小、加工表面的粗糙度、切削热以及切屑排除难易等来综合衡量。

（3）成分特点

为了改善钢的切削加工性能，最常用的合金元素有S、Pb、Ca、P等，其一般作用如下所述。

① S能中断基体的连续性，使切削易于脆断，减少切屑与刀具的接触面积。S还能起减摩作用，并使切屑不易黏附在刀刃上。但S的存在使钢产生热脆，所以 含量一般限定在0.08%～0.30%范围内，并适当提高Mn含量与其配合。

② Pb用量通常在0.10%～0.35%范围，可改善钢的切削性能。Pb在钢中基本不溶而形成细小颗粒（2～3μm）均匀分布在基体中。在切削过程中所产生的热量达到Pb颗粒的熔点时，它即呈熔化状态，在刀具与切屑以及刀具与钢材被加工面之间产生润滑作用，使摩擦系数降低，刀具温度下降，磨损减少。

③ Ca加入量通常在0.001%～0.005%范围内，能形成高熔点的复合氧化物（钙铝硅酸盐）附在刀具上，形成薄而具减摩作用的保护膜，防止刀具磨损。

④ P加入量为0.05%～0.10%，能形成Fe-P化合物，性能硬而脆，有利于切屑折断，但有冷脆倾向。

（4）钢种和牌号

表8-8所列为常用易削钢的成分与力学性能。

表8-8　常用易削钢的成分与力学性能

钢号	化学成分/%					热轧状态力学性能			
	C	Mn	Si	S	P	σ/MPa	δ/%	ψ/%	硬度(HB)
Y_{12}	0.08～0.16	0.60～1.00	≤0.35	0.08～0.20	0.08～0.15	420～570	22	38	167
Y_{15}	0.10～0.18	0.70～1.10	≤0.20	0.20～0.30	0.05～0.10	400～550	22	36	160
Y_{20}	0.15～0.25	0.60～0.90	0.15～0.35	0.08～0.15	≤0.06	460～610	20	30	170
Y_{30}	0.25～0.35	0.60～0.90	0.15～0.35	0.08～0.15	≤0.06	520～670	15	25	187
Y_{40Mn}	0.35～0.45	1.20～1.55	0.15～0.35	0.18～0.30	≤0.05	600～750	14	20	207

易切削钢钢号是以汉字“易”或拼音字母字头“Y”为首，其后的表示法同一般工业用钢。自动机床加工的零件，大多数用低碳碳素易切削钢。

8.4.7　渗氮钢

渗氮钢多为碳含量偏低的中碳铬钼铝钢，如38CrMoAlA等。渗氮钢零件一般经过调质处理、切削加工和在500～750℃之间的氮化处理过程。零件经渗氮处理后具有如下特点。

① 不需再进行任何热处理即可得到非常高的表面硬度，因而耐磨性能优越，咬死和擦伤的倾向小。

② 有一定的耐热性，在低于渗氮温度下加热时可保持高硬度，改善抗腐蚀性能。

③ 可提高钢件的疲劳强度，改善对缺口的敏感性。

随着渗氮新工艺的发展，如氮碳共渗、离子氮化等工艺的采用，可通过氮化处理工艺改善性能的钢种逐渐增多，如中碳合金结构钢、铬钢、铬钼钢、铬钒钢、镍铬钼钢、铬锰钛钢、铬含量（质量分数）5%的模具钢 H11 和 H13，F 和 M 系列不锈钢，A 不锈钢和沉淀硬化不锈钢等。

8.4.8 超高强度钢

超高强度钢是为了满足飞机结构上需求的高比强度材料而研究和开发的一种结构材料。在航空、航天工程领域得到广泛应用。习惯上是将室温抗拉强度超过 1400MPa、屈服强度大于 1200MPa 的钢称为超高强度钢。其主要特点是具有很高的强度和足够的韧度，且比强度和疲劳强度极限值高，在静载荷和动载荷条件下，能承受很高的工作应力，从而可减轻结构重量。具有较高断裂韧度的超高强度钢，在复杂的环境下能承受高的工作应力，而不致发生低应力脆断。

（1）低合金超高强度钢

其典型牌号有 30CrMnSiNi2A、32Si2Mn2MoVA、45CrNi2Mo1VA（D6AC）等，主要用于制造飞机上一些负荷很大的零件，如主起落架的支柱、轮叉、机翼主梁等。

（2）二次硬化型超高强度钢

二次硬化型超高强度钢经过加热淬火后在 480～510℃范围回火（或时效）后，强度和硬度会明显地提高，具有硬化峰值，表现出二次硬化特征，同时韧性提高。主要包括中合金热作模具钢和高合金高断裂韧性超高强度钢。

（3）马氏体时效钢

马氏体时效钢是目前强度级别最高的金属材料之一，它以超低碳马氏体为基体，以弥散析出的金属间化合物为强化相，因而可以在保持较高塑性和韧性的基础上达到超高强度。在各类马氏体时效钢中，18Ni 型马氏体时效钢具有高强度和高韧性的良好配合，其中 18Ni(200)、18Ni(250)、18Ni(300) 已在军事和商业中得到广泛应用。18Ni(350) 在强度超过 2300MPa 时其塑韧性偏低，还需进一步研究。此外，低成本无钴马氏体时效钢的开发，及提高马氏体时效钢的强度级别及其使用可靠性也是重要的研究方向。

近年来，国内又先后研制了 G99 和 G50 两种超高强度钢。G99 是由我国钢铁研究总院、长城特殊钢公司、航天部七〇三所、东北大学共同承担研制的，该钢的 $\sigma_b>1520\text{MPa}$，$K_{IC}>124\text{MPa}\cdot\text{m}^{1/2}$，在航空航天上具有广阔的应用前景。G50 钢的特点是价格低廉（低 Ni 无 Co）、强度韧性也很高，是具有中国特色的新型无钴高强高韧钢。G50 通过添加 1.50%～2.30%的 Si 来推迟低温回火脆性，Si 同时起固溶强化的作用，为了细化晶粒，G50 中又加入了 0.01%～0.06%的铌。在有害气体的控制上，我国的这两种钢都相当好，基本已经达到了高纯净度钢的要求。

8.5 合金工具钢

工具钢按用途分为刃具钢、模具钢和量具钢，但实际应用界限并非绝对。

8.5.1 合金刃具钢

(1) 用途

主要用于制造各种金属切削刃具，如车刀、铣刀、钻头等，如图 8-17 所示。

图 8-17 合金刃具钢应用示例

(2) 性能要求

刃具切削时受工件的压力，刃部与切屑之间产生强烈的摩擦，由于切削发热，刃部温度可达 500～600℃。此外，还承受一定的冲击和震动。所以刃具钢须具备如下基本性能。

① 高硬度 金属切削刃具的硬度一般都在 60(HRC) 以上。

② 高耐磨性 不仅取决于钢的硬度，而且与钢中硬化物的性质、数量、大小和分布有关。

③ 高热硬性 热硬性是指钢在高温下保持高硬度的能力（亦称红硬性）。热硬性与钢的回火稳定性和特殊碳化物的弥散析出有关。

④ 足够的塑性和韧性 以防刃具受冲击震动时折断和崩刃。

(3) 成分特点

① 低合金刃具钢 （最高工作温度不超过 300℃）。

a. 高碳 碳质量分数为 0.9%～1.1%，以保证高硬度和高耐磨性。

b. 加入 Cr、Mn、Si、W、V 等合金元素 Cr、Mn、Si 主要是提高钢的淬透性，Si 还能提高钢的回火稳定性；W、V 能提高硬度和耐磨性，并防止加热时过热，保持细小的晶粒。

② 高速钢 高速钢是高合金刃具钢，具有很高的热硬性，高速切削中刃部温度达 600℃时，其硬度无明显下降。

a. 高碳 碳质量分数在 0.70% 以上，最高可达 1.5% 左右，它一方面要保证能与 W、Cr、V 等形成足够数量的碳化物；另一方面还要有一定数量的碳溶于奥氏体中，以保证马氏体的高硬度。

b. 加入 Cr、W、Mo、V 等合金元素 Cr 提高淬透性，W、Mo 保证高的热硬性。在退火状态下，W、Mo 以 M_6C 型碳化物形式存在。这类碳化物一部分在淬火后存在于马氏体中，在随后的 560℃ 回火时，形成 W_2C 或 Mo_2C 弥散分布，造成二次硬化。这种碳化物在 500～600℃ 温度范围内非常稳定，从而使钢具有良好的热硬性。V 提高耐磨性，细化晶粒。

(4) 钢种及牌号

表 8-9 和表 8-10 所列分别为常用低合金刃具钢及高速钢的牌号、成分、热处理及用途。

表 8-9 常用低合金刃具钢的牌号、成分、热处理及用途

钢号			9Mn2V	9SiCr	Cr	CrW5	CrMn	CrWMn
化学成分/%	C		0.85～0.95	0.85～0.95	0.95～1.10	1.25～1.50	1.30～1.50	0.90～1.05
	Mn		1.70～2.00	0.30～0.60	≤0.40	≤0.30	0.45～0.75	0.80～1.10
	Si		≤0.35	1.20～1.60	≤0.35	≤0.30	≤0.35	0.15～0.35
	Cr		—	0.95～1.25	0.75～1.05	0.40～0.70	1.30～1.60	0.90～1.20
	W		—	—	—	4.50～5.50	—	1.20～1.60
	V		0.10～0.25	—	—	—	—	—
热处理	淬火	淬火温度/℃	780～810	860～880	830～860	800～820	840～860	820～840
		冷却介质	油	油	油	油	油	油
		硬度(HRC)	≥62	≥62	≥62	≥65	≥62	≥62
	回火	回火温度/℃	150～200	180～200	150～170	150～160	130～140	140～160
		硬度(HRC)	60～62	60～62	61～63	64～65	62～65	62～65
应用举例			小冲模、冷压模、雕刻模、各种变形小的量规、丝锥、板牙、铰刀等	板牙、丝锥、钻头、铰刀、齿轮铣刀、冷冲模、冷轧辊等	切削工具、车刀、铣刀、插刀、铰刀等。滑量工具；样板等。凸轮销、偏心轮、冷轧辊等	慢速切削硬金属用的刀具如铣刀、车刀、刨刀等；高压力工作用的刻刀等	各种量规与块规等	板牙、拉刀、量规、形状复杂高精度的冲模等

表 8-10 常用高速钢的牌号、成分、热处理及用途

钢号			W18Cr4V (18-4-1)	9W18Cr4V	W6Mo5Cr4V2(6-5-4-2)	W6Mo5Cr4V3 (6-5-4-3)
化学成分/%	C		0.70～0.80	0.90～1.00	0.80～0.90	1.10～1.25
	Mn		≤0.40	≤0.40	≤0.35	≤0.35
	Si		≤0.40	≤0.40	≤0.30	≤0.30
	Cr		3.80～4.40	3.80～4.40	3.80～4.40	3.80～4.40
	W		17.50～19.00	17.50～19.00	5.75～6.75	5.75～6.75
	V		1.00～1.40	1.00～1.40	1.80～2.20	2.80～3.30
	Mo		—	—	4.75～5.75	4.75～5.75
热处理	淬火	淬火温度/℃	1260～1280	1260～1280	1220～1240	1220～1240
		冷却介质	油	油	油	油
		硬度(HRC)	≥63	≥63	≥63	≥63
	回火	回火温度/℃	550～570 (3 次)	570～580 (4 次)	550～570 (3 次)	550～570 (3 次)
		硬度(HRC)	63～66	67～68	63～66	>65
应用举例			制造一般高速切削用车刀、刨刀、钻头、铣刀等	在切削不锈钢及其他硬或韧的材料时，可显著提高刀具寿命与被加工零件的光洁度	制造要求耐磨性和韧性很好配合的高速切削刀具，如丝锥、钻头等；并适于采用轧制、扭制热变形加工成形新工艺来制造钻头等刀具	制造要求耐磨性和热硬性较高的，耐磨性和韧性较好配合的，形状稍为复杂的刀具，如拉刀、铣刀等

① 低合金刃具钢　典型钢种为9SiCr。加工过程为球化退火、机加工，然后淬火和低温回火。热处理后的组织为回火马氏体、碳化物和少量残余奥氏体。

② 高速钢　典型钢种 W18Cr4V、W6Mo5Cr4V2 钢。W18Cr4V 钢的热硬性较好，热处理时的脱碳和过热倾向较小。而 W6Mo5Cr4V2 钢的耐磨性、热塑性和韧性较好。高速钢热处理特点是淬火温度高（一般为 1220～1280℃），550～570℃ 回火 3 次，图 8-18 所示为 W18Cr4V 钢的热处理工艺路线。由于高速钢铸态组织中有粗大的鱼骨状合金碳化物，使钢的力学性能降低，且该碳化物不能通过热处理消除，只能通过反复锻击将其击碎使之均匀分布在基体上，所以为了降低锻造后存在的锻造应力及硬度，须采用 860～880℃ 的退火，同时为随后的淬火做组织准备。高速钢回火后的组织为回火马氏体、细粒状碳化物及少量残余奥氏体，如图 8-19 所示。

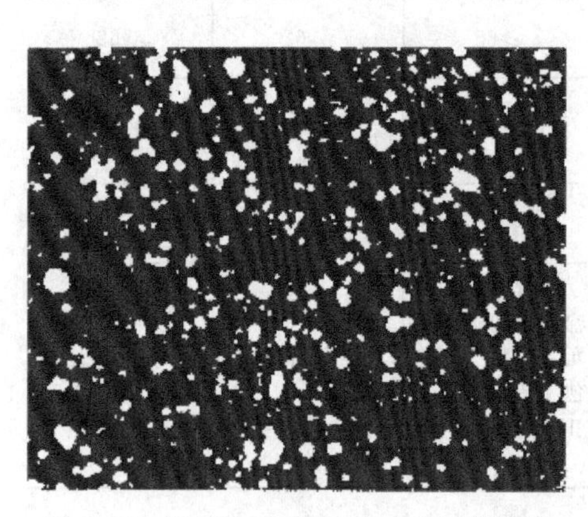

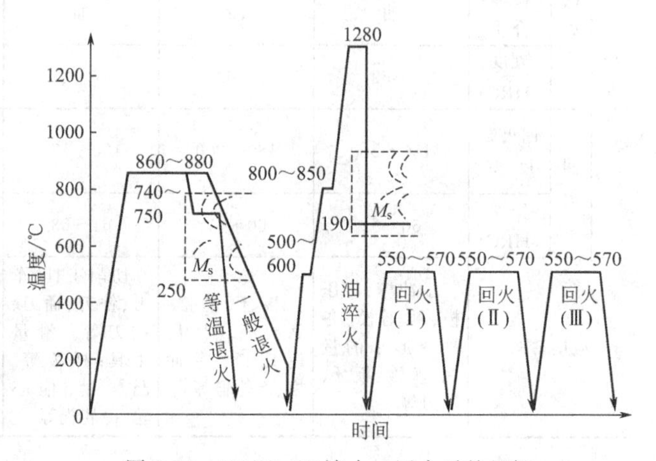

图 8-18　W18Cr4V 钢的热处理工艺路线　　图 8-19　W18Cr4V 淬火、回火后的组织

8.5.2　合金模具钢

合金模具钢按其用途分为冷作模具钢和热作模具钢两大类。

(1) 冷作模具钢

① 用途　冷模具用于制造各种冷冲模、冷镦模、冷挤压模和拉丝模等，工作温度不超过 200～300℃。如图 8-20 为汽车零件冲压模，须用冷作模具钢来制作。

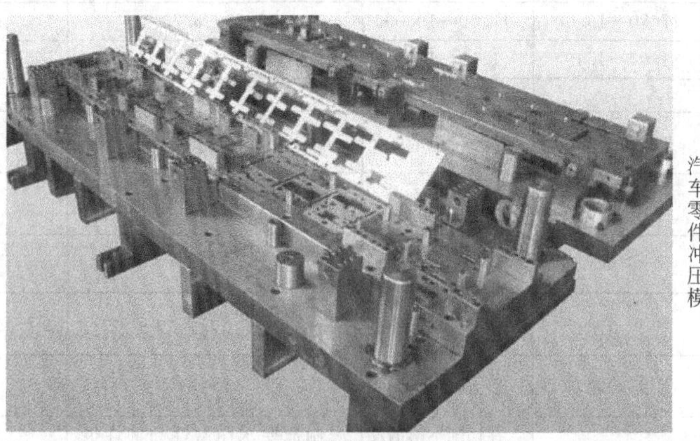

图 8-20　冷作模具钢应用示例

② 性能要求　冷模具工作时承受很大的压力、弯曲力、冲击载荷和摩擦。主要失效形式是磨损，也常出现崩刃、断裂和变形等失效现象。因此，冷模具钢应具有以下基本性能：

a. 高硬度，一般为 58～62(HRC)；

b. 高耐磨性；

c. 足够的韧性和疲劳抗力；

d. 热处理变形小。

③ 成分特点

a. 高碳　碳质量分数多在 1.0%以上，个别甚至达到 2.0%，以保证高的硬度和高耐磨性。

b. 加入 Cr、Mo、W、V 等合金元素　形成难熔碳化物，提高耐磨性，尤其是 Cr。典型钢种是 Cr12 型钢，铬的含量高达 12%。铬与碳形成 M_7C_3 型碳化物，能极大提高钢的耐磨性，铬还显著提高钢的淬透性。

④ 钢种和牌号　表 8-11 所列为常用冷作模具钢的牌号、成分、热处理及用途。

表 8-11　常用冷作模具钢的牌号、成分、热处理及用途（摘自 GB/T 1299—2000）

钢号	化学成分/%(质量)						
	C	Si	Mn	Cr	Mo	W	V
9Mn2V	0.85～0.95	≤0.40	1.70～2.00				0.10～0.25
CrWMn	0.90～1.05	≤0.40	0.80～1.10	0.9～1.20		1.20～1.60	
Cr12	2.00～2.30	≤0.40	≤0.40	11.50～13.50			0.15～0.30
Cr12MoV	1.45～1.70	≤0.40	≤0.40	11.00～12.50	0.40～0.60		0.80～1.10
Cr4W2MoV	1.12～1.25	0.40～0.70	≤0.40	3.50～4.00	0.80～1.20	1.90～2.60	0.70～1.10
6W6Mo5Cr4V	0.55～0.65	≤0.40	≤0.60	3.70～4.30	4.50～5.50	6.00～7.00	
4CrW2Si	0.35～0.45	0.80～1.10	≤0.40	1.00～1.30		2.00～2.50	
6CrW2Si	0.55～0.65	0.50～0.80	≤0.40	1.00～1.30		2.20～2.70	

钢号	退火		淬火		回火		用途举例
	温度/℃	硬度(HB)	温度/℃	冷却介质	温度/℃	硬度(HRC)	
9Mn2V	750～770	≤229	780～820	油	150～200	60～62	滚丝模、冷冲模、冷压模、塑料模
CrWMn	760～709	190～230	820～840	油	140～160	62～65	冷冲模、塑料模
Cr12	870～900	207～255	950～1000	油	200～450	58～64	冷冲模、拉延模、压印模、滚丝模
Cr12MoV	850～870	207～255	1020～1040	油	150～425	55～63	冷冲模，压印模，冷镦模、冷挤压模
			1115～1130	硝　盐	510～520	60～62	零件模、拉延模
Cr4W2MoV	850～870	240～255	980～1000	油	260～300	>60	代 Cr12MoV 钢
				硝盐	500～540	60～62	
6W6Mo5Cr4V	850～870	179～229	1020～1040	油或硝盐	560～580	60～63	冷挤压模（钢件、硬铝件）
4CrW2Si	710～740	179～217	1180～1200	油	200～250	53～56	剪刀、切片冲头（耐冲击工具用钢）
					430～470	44～45	
6CrW2Si	700～730	229～285	860～900	油	200～250	53～56	剪刀、切片冲头（耐冲击工具用钢）
					430～470	40～45	

9Mn2V、9SiCr、CrWMn：要求不高的冷模具用低合金刃具钢制造。

Cr12：大型冷模具用钢，热处理变形很小，制造重载和形状复杂的模具。

请注意冷挤压模工作时受力很大，条件苛刻，选用基体钢（成分与高速钢基体相同）或马氏体时效钢制造。

⑤ 热处理特点　冷作模具钢的热处理与低合金刃具钢类似。高碳高铬冷模具钢的热处理方案有两种。

a. 一次硬化法　在较低温度（950～1000℃）下淬火，然后低温（150～180℃）回火，硬度可达61～64(HRC)，使钢具有较好的耐磨性和韧性，适用于重载模具。

b. 二次硬化法　在较高温度（1100～1150℃）下淬火，然后于510～520℃多次（一般为三次）回火，产生二次硬化，使硬度达60～62(HRC)，红硬性和耐磨性都较高（但韧性较差）。适用于在400～450℃温度下工作的模具。

Cr12型钢热处理后组织为回火马氏体、碳化物和残余奥氏体。

(2) 热作模具钢

① 用途　热作模具钢用于制造各种热锻模、热压模、热挤压模和压铸模等，工作时型腔表面温度可达600℃以上。图8-21为汽车四缸压铸模，须用热作模具钢来制作。

图8-21　热作模具钢应用示例

② 性能要求　热模具工作时承受很大的冲击载荷、强烈的摩擦、剧烈的冷热循环所引起的不均匀热应变和热应力，以及高温氧化、出现崩裂、塌陷、磨损、龟裂等失效形式。因此热模具钢的主要性能要求是：

a. 高的热硬性和高温耐磨性；

b. 高的抗氧化性能；

c. 高的热强性和足够的韧性，尤其是受冲击较大的热锻模钢；

d. 高的热疲劳抗力，以防止龟裂破坏；

e. 由于热模具一般较大，所以还要求热模具钢有高的淬透性和导热性。

③ 成分特点

a. 中碳　碳质量分数一般为0.3%～0.6%，以保证高强度、高韧性、较高的硬度[35～52(HRC)]和较高的热疲劳抗力。

b. 加入较多的提高淬透性的元素Cr、Ni、Mn、Si等　Cr是提高淬透性的主要元素，同时和Ni一起提高钢的回火稳定性。Ni在强化铁素体的同时还增加钢的韧性，并与Cr、Mo一起提高钢的淬透性和耐热疲劳性能。

c. 加入产生二次硬化的Mo、W、V等元素　Mo还能防止第二类回火脆性，提高高温强度和回火稳定性。

④ 钢种和牌号 表8-12所列为常用热作模具钢的牌号、成分、热处理及用途。

表8-12 常用热作模具钢的牌号、成分、热处理及用途（摘自GB/T 1299—2000）

钢号	化学成分/%(质量)							
	C	Si	Mn	Cr	Mo	W	V	其他
5CrMnMo	0.50～0.60	0.25～0.60	1.20～1.60	0.60～0.90	0.15～0.30			
5CrNiMo	0.50～0.60	≤0.40	0.50～0.80	0.50～0.80	0.15～0.30			Ni 1.40～1.80
4Cr5MoSiV	0.33～0.42	0.80～1.20	0.20～0.50	4.75～5.50	1.10～1.60		0.30～0.50	
3Cr3Mo3W2V	0.32～0.42	0.60～0.90	≤0.65	2.80～3.30	2.50～3.00	1.20～1.80	0.80～1.20	
5Cr4W5Mo2V	0.40～0.50	≤0.40	≤0.40	3.40～4.40	1.50～2.10	4.50～5.30	0.70～1.10	
3Cr2Mo	0.28～0.40	0.20～0.80	0.60～1.00	1.40～2.00	0.30～0.55			Ni 0.85～1.15
3Cr2MnNiMo	0.32～0.40	0.20～0.40	1.10～1.50	1.70～2.00	0.25～0.40			Ni 0.85～1.15

钢号	退火		淬火		回火		用途举例
	温度/℃	硬度(HB)	温度/℃	冷却介质	温度/℃	硬度(HRC)	
5CrMnMo	780～800	197～241	830～850	油	490～640	30～47	中型锻模(模高275～400mm)
5CrNiMo	780～800	197～241	840～860	油	490～660	30～47	大型锻模(模高大于400mm)
4Cr5MoSiV	840～900	109～229	1000～1025	油	540～650	40～54	热镦模、压铸模、热挤压模、精锻模
3Cr3Mo3V	845～900		1010～1040	空气	550～600	40～54	热镦模
5Cr4W5Mo2V	850～870	200～230	1130～1140	油	600～630	50～56	热镦模、温挤压模
3Cr2Mo							塑料模具钢
3CrMnNiMo							塑料模具钢

5CrMnMo、5CrNiMo及5CrMnSiMoV：对韧性要求高而热硬性要求不太高的热锻模。

3Cr2W8V、4Cr5MoVSi：热强性更好的大型锻压模或压铸模。

⑤ 热处理 热作模具钢中热锻模钢的热处理和调质钢相似，淬火后高温（550℃左右）回火，以获得回火索氏体或回火屈氏体组织；热压模钢淬火后在略高于二次硬化峰值的温度（600℃左右）下回火，组织为回火马氏体、粒状碳化物和少量残余奥氏体，与高速钢类似。为了保证热硬性，要进行多次回火。

8.5.3 量具用钢

(1) 用途

量具用钢用于制造各种量测工具，如卡尺、千分尺、螺旋测微仪、块规、塞规等，如图8-22所示。

(2) 性能要求

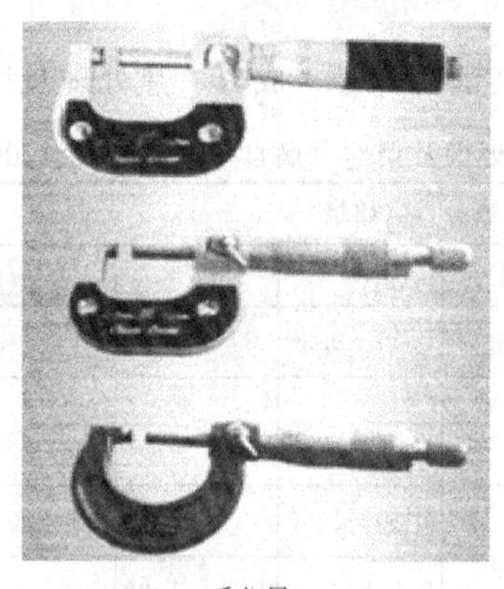
千分尺

量规

图 8-22 合金量具用钢应用示例

量具在使用过程中要求测量精度高，不能因磨损或尺寸不稳定影响测量精度，对其性能的主要要求是：

① 高硬度［大于 56(HRC)］和高耐磨性；

② 高尺寸稳定性：热处理变形要小，在存放和使用过程中，尺寸不发生变化。

(3) 成分特点

量具用钢的成分与低合金刃具钢相同，即为高碳（0.9％～1.5％）和加入提高淬透性的元素 Cr、W、Mn 等。

(4) 量具用钢

若尺寸小、形状简单、精度较低的量具，选用高碳钢制造；复杂的精密量具一般选用低合金刃具钢；精度要求高的量具选用 CrMn、CrWMn、GCr15 等制造。

表 8-13 列举了一些实际的量具用钢材。

表 8-13 量具用钢的选用举例

量　　具	钢　　号
平样板或卡板	10、20 或 50、55、60、60Mn、65Mn
一般量规与块规	T10A、T12A、9SiCr
高精度量规与块规	Cr(刃具钢)、CrMn、GCr15
高精度且形状复杂的量规与块规	CrWMn(低变形钢)
抗蚀量具	4Cr13、9Cr18(不锈钢)

CrWMn 钢：淬透性较高，淬火变形小，主要用于制造高精度且形状复杂的量规和块规。

GCr15 钢：耐磨性、尺寸稳定性较好，多用于制造高精度块规、螺旋塞头、千分尺。

9Cr18、4Cr13：在腐蚀介质中使用的量具。

(5) 热处理特点

关键在于减少变形和提高尺寸稳定性。因此，在淬火和低温回火时要采取措施提高组织的稳定性。

① 在保证硬度的前提下，尽量降低淬火温度，以减少残余奥氏体。

② 淬火后立即进行－70～－80℃的冷处理，使残余奥氏体尽可能地转变为马氏体，然

后进行低温回火。

③ 精度要求高的量具，在淬火、冷处理和低温回火后，尚需进行 120～130℃，几小时至几十小时的时效处理，使马氏体正方度降低、残余奥氏体稳定和消除残余应力。

为了保证量具的精度，必须正确选材和采用正确的热处理工艺。例如高精度块规，是作为校正其他量具的长度标准，要求有极好的尺寸稳定性。因此常采用 GCr15（或 CrWMn）钢制造。如图 8-23 所示，其热处理工艺较复杂。经过处理的块规，一年内每 10mm 长度的尺寸变量不超过 0.1～0.2μm。

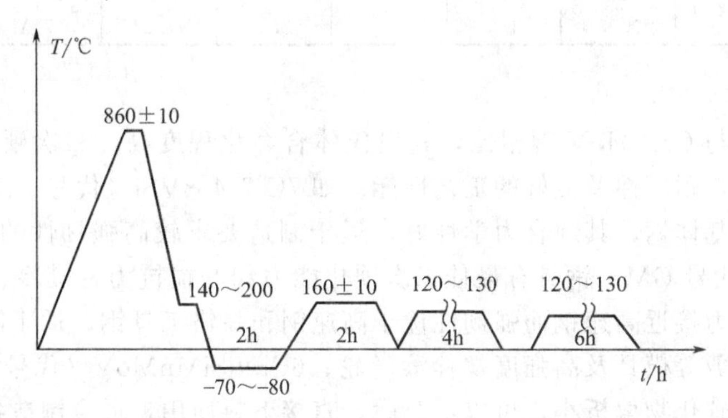

图 8-23 GCr15 钢块规热处理工艺曲线

8.5.4 新型合金工具钢

近年来为了提高工具的寿命，适应科学技术的发展，并结合我国矿产资源情况，相继研制出一些具有高强度、高韧性的工具钢，大体可归纳为以下几类。

(1) 基体钢

所谓基体钢是指含有高速钢淬火组织中除过剩碳化物外的基体化学成分的钢种，高速钢淬火状态下碳化物和基体的成分见表 8-14 所列。这种钢只有高速钢的高强度、高硬度，又不含大量碳化物，所以其韧性、塑性及疲劳抗力均优于高速钢，可以用来作冷、热模具。如：65Cr4W3MoVNb（代号 65Nb）钢适于作形状复杂、冲击载荷较大或尺寸较大的冷变形模具；6Cr4Mo3Ni2WV 钢及 5Cr4Mo3SiMnVAl 钢既可用于冷变形模具，也可以兼作热变形模具。表 8-15 是我国研制的部分基体钢。

表 8-14 高速钢淬火状态下碳化物和基体的成分

钢种	热处理状态	碳化物		基体成分 $w/\%$				
		$w/\%$	类型	C	W	Mo	Cr	V
18-4-1	退火态	27.0	$M_6C+M_{23}C_6+MC$	—	2.1	—	3.1	0.1
	1100℃油冷	27.2	M_6C	0.34	5.2	—	4.5	0.35
	1200℃油冷	18.9	M_6C	0.45	6.6	—	4.5	0.65
	1300℃油冷	15.9	M_6C	0.57	8.7	—	4.5	1.0
6-5-4-2	退火态	21.4	$M_6C+M_{23}C_6+MC$	—	0.9	1.5	2.2	0.2
	1050℃油冷	16.5	M_6C+MC	0.33	0.9	1.5	4.3	1.1
	1150℃油冷	15.0	M_6C+MC	0.42	1.3	1.8	4.3	1.5
	1250℃油冷	13.5	M_6C+MC	0.53	2.1	2.4	4.4	1.8

表 8-15 我国研制的基体钢的化学成分

钢种	代号	基体成分 w/%							
		C	Cr	W	Mo	V	Nb	Si	Mn
65Cr4W3Mo2VNb	65Nb	0.60～0.70	3.8～4.4	2.5～3.0	2.0～2.5	0.8～1.1	0.20～0.35	≤0.35	≤0.4
6Cr4Mo3Ni2WV	CG-2	0.55～0.64	3.8～4.4	0.9～1.2	2.8～3.3	0.9～1.2	1.9～2.2 Ni	≤0.4	≤0.4
5Cr4Mo3SiMnVAl	012Al	0.47～0.55	3.8～4.5	—	2.8～3.5	0.9～1.2	0.3～0.7 Al	0.8～1.1	0.8～1.1

(2) 冷模具钢

新型冷模具钢与Cr12MoV钢相比，其奥氏体合金化程度高，二次硬化效果更为显著，且具有高的强韧性，耐磨性及良好的工艺性能。如7Cr7Mo3VSi（代号 LD_1）钢，其含碳量与合金元素都高于基体钢，其综合力学性好，适于制造要求较高强韧性的冷锻、冷冲模具。9Cr6W3Mo2V2（代号 GM）钢具有最佳二次硬化能力和磨损抗力，其冷、热加工和电加工性能良好，硬化能力接近高速钢而强韧性优于高速钢和高铬工具钢，适于制作精密、耐磨的冷冲裁、冷挤、冷剪等模具及高强度螺栓滚丝轮；6CrNiSiMnMoV（代号 GD）钢是一种高强韧低合金钢，其碳化物偏析小，可以不改锻，直接下料使用，适合制造各类易崩刃、易断裂的冷冲、冷弯、冷锻模具。

(3) 热模具钢

35Cr3Mo3W2V（代号 HM-1）钢是一种新型热变形模具钢，该钢在保持较高强度和热稳定性的同时，还具有高的韧性和抗热疲劳性能，特别适于制造高速、高负荷、水冷、连续大批量条件下工作的凹模、冲头、辊锻模等热模具。另一种新型热变形模钢是5Cr2NiMoVSi钢，具有高的淬透性和回火稳定性，在500～600℃的工作温度下有较高的强度和韧性，较好的抗热疲劳、热磨损性能，适于制作300mm×300mm以上的大截面热锻模。

8.6 特殊性能钢及合金

8.6.1 不锈钢

不锈钢是指在大气和一般介质中具有很高耐腐蚀性的钢种。

(1) 用途及性能要求

① 用途　不锈钢在石油、化工、原子能、宇航、海洋开发、国防工业和一些尖端科学技术及日常生活中都得到广泛应用。如化工装置中的各种管道、阀门和泵，热裂设备零件，医疗手术器械，防锈刃具和量具等。

② 性能要求　对不锈钢的性能要求最主要的是耐蚀性。制作工具的不锈钢还要求高硬度、高耐磨性；制作重要结构零件时，要求高强度；某些不锈钢则要求有较好的加工性能。

(2) 成分特点

① 碳含量　耐蚀性要求愈高，碳含量应愈低。大多数不锈钢的碳质量分数为0.1%～0.2%。对碳质量分数要求较高（0.85%～0.95%）的不锈钢应相应地提高铬含量。

② 加入最主要的合金元素铬　铬能提高钢基体的电极电位。如图8-24所示，当含铬量大于12%时，随铬含量的增加，钢的电极电位急剧升高。铬在氧化性介质（如水蒸气、大

气、海水、氧化性酸等）中极易钝化，生成致密的氧化膜、使钢的耐蚀性大大提高。

③ 加入镍　可获得单相奥氏体组织，显著提高耐蚀性；或形成奥氏体＋铁素体组织，通过热处理，提高钢的强度。

④ 加入钼、铜等　Cr 在非氧化性酸（如盐酸、稀硫酸和碱溶液等）中的钝化能力差，加入 Mo、Cu 等元素，可提高钢在非氧化性酸中的耐蚀能力。

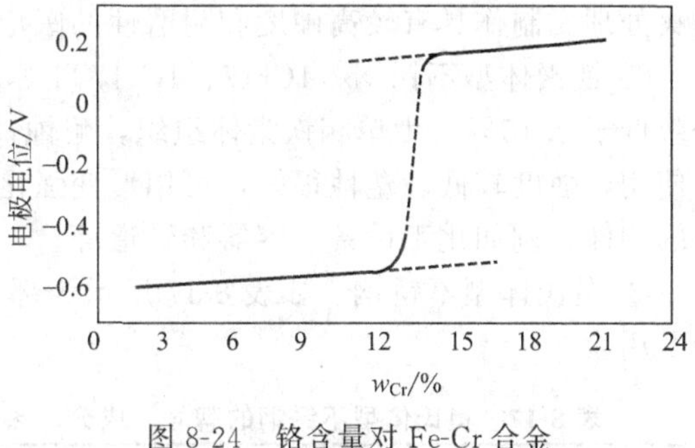

图 8-24　铬含量对 Fe-Cr 合金电极电位的影响（大气条件）

⑤ 加入钛、铌等　Ti、Nb 能优先同碳形成稳定碳化物，使 Cr 保留在基体中，避免晶界贫铬，从而减轻钢的晶界腐蚀倾向。

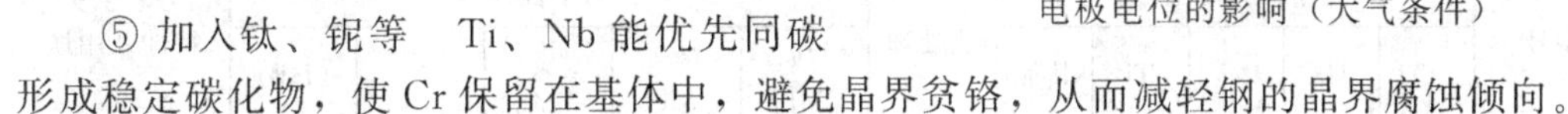
形成稳定碳化物，使 Cr 保留在基体中，避免晶界贫铬，从而减轻钢的晶界腐蚀倾向。

⑥ 加入锰、氮等　部分代镍以获得奥氏体组织，并能提高铬不锈钢在有机酸中的耐蚀性。

（3）常用不锈钢

不锈钢按正火状态的组织可分为马氏体不锈钢、铁素体不锈钢、奥氏体不锈钢和双相不锈钢。表 8-16 列出里了部分马氏体型及铁素体型不锈钢的牌号、成分、热处理、性能及用途。

表 8-16　马氏体型及铁素体型不锈钢的牌号、成分、热处理、性能及用途（摘自 GB/T 1220—1992）

类别		马氏体型					铁素体型
钢号		1Cr13	2Cr13	3Cr13	4Cr13	9Cr18	1Cr17
热处理		1000～1050℃油或水淬 700～790℃回火	1000～1050℃油或水淬 700～790℃回火	1000～1050℃油淬 200～300℃回火	1000～1050℃油淬 200～300℃回火	950～1050℃油淬 200～300℃回火	750～800℃空冷
性能	σ_b/MPa	≥600	≥660				≥400
	σ_s/MPa	≥420	≥450				≥250
	δ_5/%	≥20	≥16				≥20
	ψ/%	≥60	≥55				≥50
	(HRC)			48	50	55	
特性及用途		制作能抗弱腐蚀性介质、能承受冲击载荷的零件，如汽轮机叶片、水压	机阀、结构架、螺栓、螺帽等	制作具有较高硬度和耐磨性的医疗工具、量具、滚珠轴承等	制作具有较高硬度和耐磨性的医疗工具、量具、滚珠轴承等	不锈切片机械刃具、剪切刃具、手术刀片、高耐磨、耐蚀件	制作硝酸工厂设备，如吸收塔、热交换器、酸槽、输送管道，以及食品工厂设备等

① 马氏体不锈钢　1Cr13、2Cr13、3Cr13、4Cr13 等，因铬的质量分数大于 12%，它们都有足够的耐蚀性，但因只用铬进行合金化，只在氧化性介质中耐蚀，在非氧化性介质中不能达到良好的钝化，耐蚀性很低。

碳含量低的 1Cr13、2Cr13 钢耐蚀性较好，且有较好的力学性能。一般采用调质处理。制作叶片、水压机阀、结构架、螺栓、螺帽等。

3Cr13、4Cr13 钢因碳含量增加，强度和耐磨性提高，但耐蚀性降低。采用淬火、低温回火处理。制作具有较高硬度和耐磨性的医疗工具、量具、滚珠轴承等。

② 铁素体型不锈钢　1Cr17、1Cr17Ti 等，这类钢的铬质量分数为 17%～30%，碳质量分数低于 0.15%，为单相铁素体组织，耐蚀性比 Cr13 型钢更好。这类钢在退火或正火状态下使用，强度较低、塑性很好，可用形变强化提高强度。用作耐蚀性要求很高而强度要求不高的构件，例如化工设备、容器和管道等。

③ 奥氏体型不锈钢　如表 8-17 所示为部分奥氏体型不锈钢的牌号、成分、热处理、性能及用途。

表 8-17　奥氏体型不锈钢的牌号、成分、热处理、性能及用途（摘自 GB/T 1220—1992）

类别	钢号	化学成分/%(质量)					热处理	力学性能					特性及用途
		C	Cr	Ni	Ti	其他		σ_b /MPa	$\sigma_{0.2}$ /MPa	δ_5 /%	ψ /%	(HB)	
奥氏体型	0Cr18Ni9	≤0.07	17～19	8～12			1010～1150℃ 水淬（固溶处理）	≥520	≥205	≥40	≥60	≥187	具有良好的耐蚀及耐晶间腐蚀性能，为化学工业用的良好耐蚀材料
	1Cr18Ni9	≤0.15	17～19	8～12			1010～1150℃ 水淬（固溶处理）	≥520	≥205	≥40	≥60	≥187	制作耐硝酸、冷磷酸、有机酸及盐、碱溶液腐蚀的设备零件

Cr18Ni9 型（即 18-8 型不锈钢），这类不锈钢碳含量很低（约 0.1%），耐蚀性很好。钢中常加入 Ti 或 Nb，以防止晶间腐蚀。这类钢强度、硬度低，无磁性，塑性、韧性和耐蚀性均较 Cr13 型不锈钢更好。一般利用形变强化提高强度，其形变强化能力比铁素体型不锈钢要强。可采用固溶处理进一步提高奥氏体型不锈钢的耐蚀性。制作化工设备零件、输送管道、抗磁仪表、医疗器械等，如图 8-25 所示。

(a) 管板换热器 (304)

(b) 大型化工储罐 (304)

图 8-25　奥氏体型不锈钢应用示例

④ 奥氏体和铁素体双相不锈钢　典型钢号为 0Cr26Ni5Mo2 等。这类钢是在 18-8 型钢的基础上，提高铬含量或加入其他铁素体形成元素，其晶间腐蚀和应力腐蚀破坏倾向较小，强度、韧性和焊接性能较好，而且节约 Ni，因此得到了广泛的应用。

⑤ 沉淀硬化型不锈钢　在各类不锈钢中单独或复合加入硬化元素（如 Ti、Al、M、

Nb、Cu 等)，并通过适当的热处理（固溶处理后时效处理）而获得高的强度、韧性并具有较好的耐蚀性，这就是沉淀硬化不锈钢，包括马氏体沉淀硬化不锈钢（由 Crl3 型不锈钢发展而来，如 0Cr17Ni4Nb)、马氏体时效不锈钢、奥氏体-马氏体沉淀硬化不锈钢（由 18-8 型不锈钢发展而来，如 0Cr17Ni7A1)。这类钢经沉淀硬化处理后具有很高的强度和硬度，在许多介质中的耐蚀性与 18-8 型奥氏体不锈钢相近，用于制造要求高强度、高硬度、高耐蚀性的零件，目前已成为火箭制造技术的重要结构树料。

8.6.2 耐热钢

耐热钢是指在高温下具有高的热化学稳定性和热强性的特殊钢。

(1) 用途及性能要求

用于制造加热炉、锅炉、燃气轮机等高温装置中的零部件，如图 8-26 所示的航空发动机。

航空发动机

图 8-26 耐热钢应用示例

要求在高温下具有良好的抗蠕变和抗断裂的能力，良好的抗氧化能力、必要的韧性以及优良的加工性能。具有较好的抗高温氧化性能和高温强度（热强性)。

① 抗氧化性 抗氧化性是指金属在高温下的抗氧化能力，其在很大程度上取决于金属氧化膜的结构和性能。提高钢的抗氧化性的最有效的方法是加入 Cr、Si、Al 等元素，它们能形成致密和稳定的尖晶石类型结构的氧化膜。

② 热强性 热强性指钢在高温下的强度。在高温下钢的强度较低，当受一定应力作用时，发生蠕变（变形量随时间逐渐增大的现象)。金属在高温下强度降低，主要是扩散加快和晶界强度下降的结果。提高高温强度最重要的办法是合金化。

(2) 成分特点

耐热钢中不可缺少的合金元素是 Cr、Si 或 Al。特别是 Cr，能提高钢的抗氧化性，还有利于热强性。同时 Mo、W、V、Ti 等元素能形成细小弥散的碳化物，起弥散强化的作用，提高室温和高温强度。碳虽然是扩大 γ 相区的元素，对钢有强化作用，但碳质量分数较高时，由于碳化物在高温下易聚集，使高温强度显著下降；而且也可使钢的塑性、抗氧化性、焊接性能降低，所以，耐热钢的碳质量分数一般都不高。

(3) 钢种及加工、热处理特点

根据热处理特点和组织的不同耐热钢分为铁素体型、奥氏体型、马氏体型和沉淀硬化型 4 种。

① 铁素体型耐热钢 常用钢种有 0Cr13Al、1Cr17、2Cr25N 等。这类钢的主要合金元素是 Cr，Cr 扩大铁素体区，通过退火，可得到铁素体组织。强度不高，但耐高温氧化。用于油喷嘴、炉用部件、燃烧室等。

② 奥氏体型耐热钢 常用钢种有 1Cr18Ni9Ti、2Cr21Ni12N、2Cr23Ni13、4Cr14Ni14W2Mo 等。钢中含有较多的奥氏体稳定化元素 Ni，经固溶处理后组织为奥氏体。其化学稳定性和热强性都比铁素体型和马氏体型耐热钢强，工作温度可达 750～820℃。用于制造一些比较重要的零件，如燃气轮机轮盘和叶片、排气阀、炉用部件等。这类钢一般进行固溶处理，也可通过固溶处理加时效提高其强度。

③ 马氏体型耐热钢 常用钢种为 1Cr13、2Cr13、4Cr9Si2、1Cr11MoV 等。这类钢含有

大量的Cr，抗氧化性及热强性均高，淬透性好。经淬火后得到马氏体，高温回火后组织为回火索氏体。用于制造600℃以下受力较大的零件，如汽轮机叶片、内燃机进气阀、转子、轮盘及紧固件等。

④ 沉淀硬化型耐热钢　钢种有0Cr17Ni7Al、0Cr17Ni4Cu4Nb，经固溶处理加时效后抗拉强度可超过1000MPa，是耐热钢中强度最高的一类钢。用于高温弹簧、膜片、波纹管、燃气透平压缩机叶片、燃气透平发动机部件等。

8.6.3 耐磨钢

(1) 用途及性能要求

耐磨钢主要用于运转过程中承受严重磨损和强烈冲击的零件，如车辆履带、挖掘机铲斗、破碎机腭板和铁轨分道叉等。对耐磨钢的主要要求是有很高的耐磨性和韧性。高锰钢是目前最主要的耐磨钢。

(2) 成分特点

① 高碳　保证钢的耐磨性和强度。但碳过高时，淬火后韧性下降，且易在高温时析出碳化物。因此，其碳质量分数不能超过1.4%。

② 高锰　锰是扩大奥氏体区的元素，它和碳配合，保证完全获得奥氏体组织。锰和碳的质量分数比值约为10～12（锰质量分数为11%～14%）。

③ 一定量的硅　硅可改善钢水的流动性，并起固溶强化的作用。但其含量太高时，易导致晶界出现碳化物。故其质量分数为0.3%～0.8%。

(3) 典型钢种

典型钢种为ZGMn13。

请注意高锰钢由于机械加工困难，故基本上是铸态下使用。

(4) 热处理特点

高锰钢都采用水韧处理，即将钢加热到1000～1100℃，保温，使碳化物全部溶解，然后在水中快冷，在室温下获得均匀单一的奥氏体组织。此时钢的硬度很低［约为210(HB)］，而韧性很高。当工件在工作中受到强烈冲击或强大压力而变形时，表面层产生强烈的加工硬化，并且还发生马氏体转变，使硬度、耐磨性显著提高，心部保持高韧性。

20世纪70年代初由我国发明的Mn-B系空冷贝氏体钢是一种很有发展前途的耐磨钢。热加工后空冷组织为贝氏体或贝氏体-马氏体复相组织，免除了传统的淬火或淬火回火工序，降低了成本，避免淬火产生的变形、开裂、氧化和脱碳等缺陷。产品能够整体硬化，强韧性好，综合力学性能优良，得到广泛应用，如贝氏体耐磨钢球、高硬度高耐磨低合金贝氏体铸钢件、工程锻造用耐磨件、耐磨传输管材等。

习　题

1. 合金元素在钢中主要存在形式及其作用有哪些？
2. 指出下列牌号是哪种钢？其中主要元素含量大约为多少？

   20、9SiCr、40Cr、5CrMnMo、T9A、GCr15、30、20Cr、16Mn、W6Mo5Cr4V2、Cr12MoV、60i2Mn、08Al、Q235。
3. 试说明下列合金钢的名称及其主要用途。

   W18Cr4V、5CrNiMo、1Cr18Ni9、2Cr13、ZGMn13-1、4Cr9Si12。
4. 汽车、拖拉机变速箱齿轮和汽车后桥齿轮多半用渗碳钢制造，而机床变速箱齿轮又多半用中碳（合金）钢制造，试分析原因何在？

5. 滚齿机上的螺栓，本应用45钢制造，但错用了T12钢，其退火、淬火都沿用了45钢的工艺，问此时将得到什么组织和性能？
6. 直径为25mm的40CrNiMo棒料毛坯，经正火处理后硬度高，很难切削加工，这是什么原因？试设计一个最简单的热处理方法以提高其机械加工性能。
7. Q235经调质处理后使用是否合理？为什么？
8. 用W18Cr4V钢制作盘形铣刀，试安排其加工工艺路线，说明各热加工工序的目的，使用状态下的显微组织是什么？为什么淬火温度高达1280℃？淬火后为什么要经过三次560℃回火？能否用一次长时间回火代替？
9. 判断下列钢种常用的热处理方法及使用状态下的显微组织：T8、16Mn、20Cr、40Cr、20CrMnTi、4Cr13、GCr15、3Cr2W8V、9CrSi、1Cr18Ni9Ti。
10. 在材料库中存有：42CrMo、GCr15、T13、60Si2Mn。现在要制作锉刀、齿轮、连杆螺栓，试选用材料，并说明应采用何种热处理方法及使用状态下的显微组织。

9 铸 铁

铸铁是工业上应用最广泛的金属材料之一。铸铁是指碳的质量分数大于 2.11% 的铁碳合金。工业上实际应用的铸铁是一种以铁、碳、硅为基础的多元合金，工业上常用铸铁成分为：C，2.4%～4.0%；Si，0.6%～3.0%；Mn，0.4%～1.2%；P≤0.3%；S≤0.15%。它的使用价值与铸铁中碳的存在形式密切相关。一般说来，铸铁中的碳主要以石墨形式存在时，才能被广泛地应用。

铸铁作为工程材料历史悠久，在中国已有两千多年的历程。至今，它仍是工业上的重要的金属材料之一，被广泛应用于各个工业部门。由于铸铁制造成本低，又有良好的减振性、耐磨性、加工工艺性，在不少应用中是不能被替代的。

铸铁与钢的主要区别，一是碳含量及硅含量高，并且碳多以石墨形式存在；二是硫、磷杂质多。

20 世纪 50 年代初期，工程技术人员研制出球墨铸铁。由于它的综合性能较好，可以像钢一样进行各种热处理。因此，使用碳素钢、合金钢制造的零件，如某些齿轮、曲轴等，也可采用球墨铸铁制造，大大降低了生产成本。

9.1 铸铁的石墨化

铸铁的石墨化就是铸铁中碳原子析出和形成石墨的过程。

在铁碳合金中，碳可能以三种形式出现：一种是固溶态，如铁素体（F）中的碳；另一种是化合态，如渗碳体（Fe_3C）；还有一种是游离态的单质石墨（G）。石墨的晶格形式是简单六方，如图 9-1 所示。

石墨晶格底面的原子间距为 0.142nm，两底面之间的间距为 0.34nm。由于面间距较大，结合力弱，故石墨的强度（$\sigma_b=20MPa$）、硬度、韧性、塑性（$\delta\approx0$）都很低。

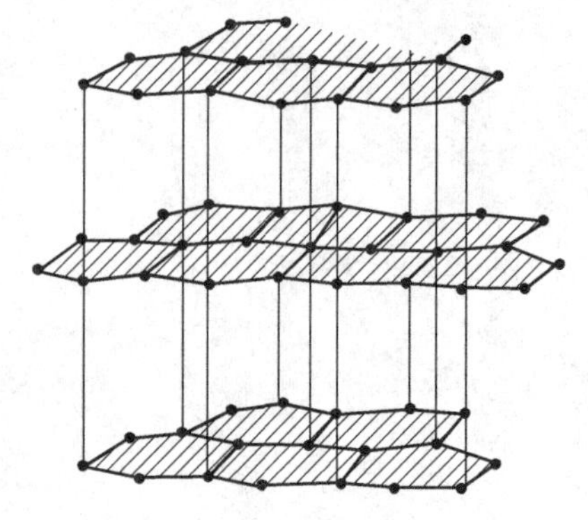
图 9-1 石墨的晶体结构

一般认为石墨既可以由液体铁水中析出，也可以自奥氏体中析出，还可以由分解得到。

(1) Fe-Fe_3C 和 Fe-C 双重相图

生产实践和科学实验指出，渗碳体是一个亚稳定的相，石墨才是稳定相。因此描述铁碳合金组织转变的相图实际上有两个，一个是 Fe-Fe_3C 系相图，另一个是 Fe-C 系相图。把两者叠合在一起，就得到一个双重相图，如图 9-2 所示。图中实线表示 $Fe-Fe_3C$ 系相图，部分实线再加上虚线表示 Fe-C 系相图。显然，按 $Fe-Fe_3C$ 系相图进行结晶，就得到白口铸铁；按 Fe-C 系相图进行结晶，就析出和形成石墨，即发生石墨化过程。

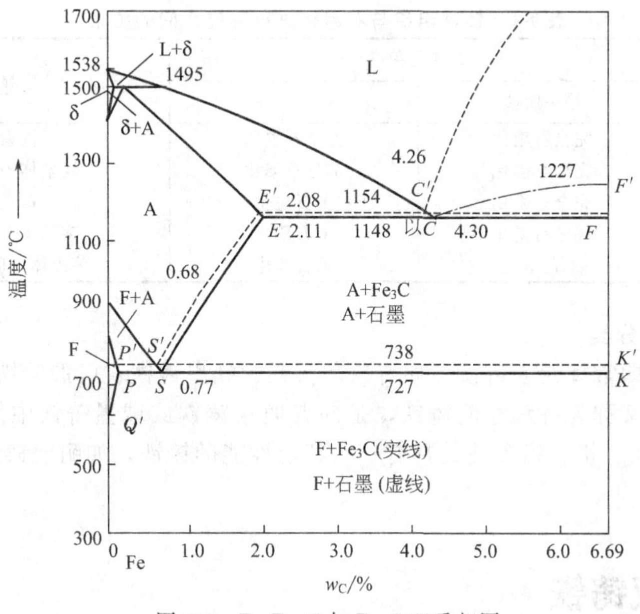

图 9-2 $Fe-Fe_3C$ 与 Fe-C 双重相图

（2）铸铁冷却和加热时的石墨化过程

按 Fe-C 系相图进行结晶，铸铁冷却时的石墨化过程应包括：从液体中析出一次石墨，由共晶反应而生成的共晶石墨，由奥氏体中析出二次石墨，由共析反应而生成的共析石墨。

铸铁加热时的石墨化过程：在比较高的温度下长时间加热时，亚稳定的渗碳体会发生分解，产生石墨化，即：

$$Fe_3C \longrightarrow 3Fe + C$$

加热温度越高，分解速度就越快。

无论是冷却时的石墨化过程或是加热时的石墨化过程，凡是发生在 $P'S'K'$ 线（温度）以上，统称为第一阶段石墨化；凡是发生在 $P'S'K'$ 线（温度）或 $P'S'K'$ 线以下，统称为第二阶段石墨化。

影响铸铁石墨化的因素主要有化学成分和冷却速度，有关内容在后续章节中详细介绍。

9.2 铸铁分类

铸铁的分类归结起来主要包括下列几种方法。

9.2.1 按碳存在的形式分类

根据石墨化程度不同，可分为以下几类。

① 灰铸铁 碳以石墨的形式存在，断口呈黑灰色，是工业上应用最为广泛的铸铁。

② 白口铸铁 碳完全以渗碳体的形式存在，断口呈亮白色。这种铸铁组织中的渗碳体一部分以共晶莱氏体的形式存在，使其很难切削加工，无使用价值。因此主要作炼钢原料使

用。但是，由于它的硬度和耐磨性高，也可以铸成表面为白口组织的铸件，如轧辊、球磨机的磨球、犁铧等要求耐磨性好的零件，

③ 麻口铸铁 碳以石墨和渗碳体的混合形态存在，断口呈灰白色。这种铸铁有较大的脆性，工业上很少使用。表 9-1 为铸铁组织与石墨化进行程度之间的关系。

表 9-1 铸铁组织与石墨化进行程度之间的关系

名称	石墨化程度		显微组织
	第一阶段	第二阶段	
灰口铸铁	完全石墨化	完全石墨化	铁素体＋石墨
	完全石墨化	部分石墨化	铁素体＋珠光体＋石墨
	完全石墨化	未石墨化	珠光体＋石墨
麻口铸铁	部分石墨化	未石墨化	莱氏体＋珠光体＋石墨
白口铸铁	未石墨化	未石墨化	莱氏体＋珠光体＋渗碳体

9.2.2 按化学成分分类

① 普通铸铁 即常规元素铸铁，如普通灰铸铁、蠕墨铸铁、可锻铸铁、球墨铸铁。

② 合金铸铁 又称为特殊性能铸铁，是向普通灰铸铁或球墨铸铁中加入一定量的合金元素，如铬、镍、铜、钒、铅等使其具有一些特定性能的铸铁，如耐磨铸铁、耐热铸铁、耐蚀铸铁等。

9.3 普通灰铸铁

普通灰铸铁一般俗称为灰铸铁。这类铸铁第一阶段石墨化得到充分进行，大部分的碳都以石墨的形式存在，其断口呈灰色，故也称为灰铸铁，灰铸铁生产工艺简单，铸造性能优良，工业上所用的铸铁大部分是属于这类铸铁。约占铸铁总量的 80%。

9.3.1 灰铸铁的化学成分、组织、性能及用途

(1) 灰铸铁的化学成分与组织

灰铸铁的化学成分一般为：含 C 2.7%～3.6%、Si 1.0%～2.2%、Mn 0.5%～1.3%、P<0.3%、S<0.15%。其组织根据石墨化程度可以分为下列三种基体的灰铸铁。

无论是加热或冷却，若铸铁的第一阶段石墨化得到充分进行，此时，在 $P'S'K'$ 线温度以上，铸铁的显微组织应为奥氏体＋石墨，在 $P'S'K'$ 线及随后的冷却过程中，铸铁的组织变化如下：

奥氏体+石墨 —冷却→
- 第二阶段石墨化充分进行，F+石墨
- 第二阶段石墨化部分进行，F+P+石墨
- 第二阶段石墨化不进行，P+石墨

由此可以看出，铸铁的组织是由石墨和基体两部分组成。基体可以是铁素体、珠光体或珠光体加铁素体，相当于钢的组织。从这个意义上讲，铸铁组织实际是钢基体上分布着石墨。当石墨的形态不变时，基体组织中珠光体的含量愈多愈细，则铸铁的强度就愈高，这一点在球墨铸铁中尤为明显。

① 铁素体灰铸铁 石墨化过程充分进行，则最终将获得在铁素体基体上分布片状石墨的灰铸铁，如图 9-3(a) 所示。

② 珠光体＋铁素体灰铸铁 第一和第二阶段间石墨化过程能充分进行，但第三阶段石墨化过程仅部分进行，最终将获得在珠光体＋铁素体基体上分布片状石墨的灰铸铁，如图

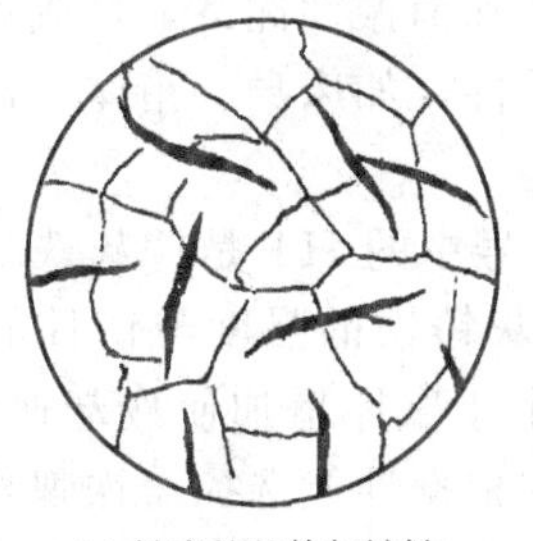
(a) 铁素体基体灰铸铁

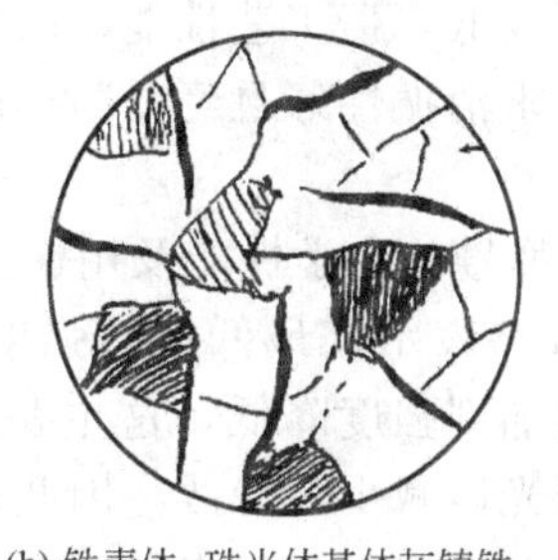
(b) 铁素体-珠光体基体灰铸铁

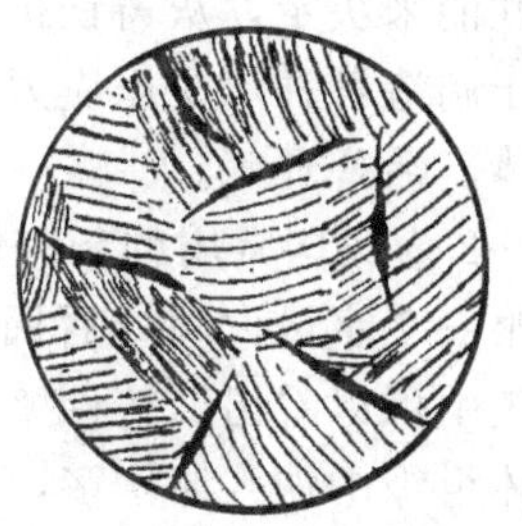
(c) 珠光体灰基体铸铁

图 9-3 灰铸铁的显微组织

9-3(b) 所示。

③ 珠光体灰铸铁 第一、第二阶段石墨化过程能充分进行，但第三阶段石墨化过程完全没有进行，最终将获得珠光体基体上分布片状石墨的珠光体灰铸铁，如图 9-3(c) 所示。

各阶段石墨化能否进行以及进行的程度主要取决于铸铁的化学成分和冷却速度（图 9-4）。

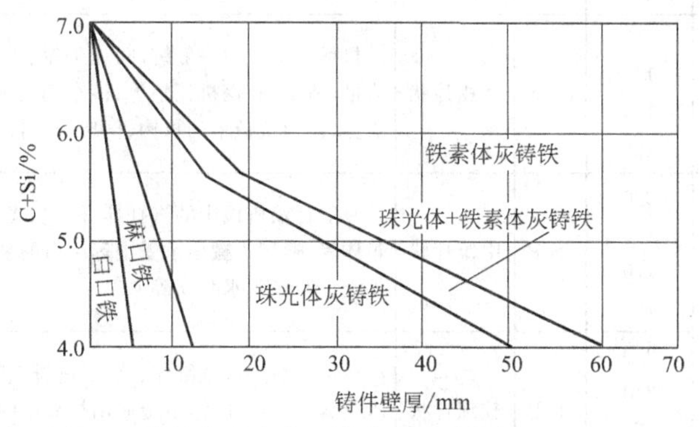

图 9-4 铸铁化学成分和铸件壁厚对铸铁组织的影响

（2）灰铸铁的性能特点和应用

① 力学性能低 铸铁的抗拉强度和塑性都较低，这是由于石墨对钢基体的割裂作用和所引起的应力集中效应造成的。从铸铁的显微组织来看，铸铁实际上相当于布满孔洞或裂纹的钢，可见石墨的形态对铸铁性能的影响是很大的。当石墨呈片状时，它对钢基体的割裂作用较大并引起严重的应力集中，故灰铸铁抗拉强度和塑性较低，只能发挥基体强度的30%～50%。而当石墨呈团絮状或球状时，对基体的割裂作用大大降低，使应力集中明显减弱，特别是呈球状时，对基体的割裂作用达到最小。故可锻铸铁、球墨铸铁的强度和塑性大大提高，远高于灰铸铁，基体强度的利用率达到 70%～90%，抗拉强度相当于 ZG270-500 铸钢的水平。石墨呈蠕虫状的影响介于呈片状和球状之间。

② 耐磨性与消振性好 由于铸铁中的石墨有利于润滑及储油，故耐磨性好。此外石墨组织比较松软，能吸收振动，使铸铁具有良好的消振性。其中灰铸铁的消振性最好。

③ 工艺性能好 由于铸铁含碳量高，接近共晶成分，熔点比钢低，因而铸造流动性好。另外，由于石墨使切削加工时易于断屑，故铸铁的切削加工性优于钢。灰铸铁的工艺性能优于球墨铸铁、可锻铸铁，蠕墨铸铁的工艺性能介于灰铸铁和球墨铸铁之间。

然而，灰铸铁的硬度和抗压强度主要取决于基体组织，而与石墨的存在基本无关，因此，灰铸铁的抗压强度明显高于其抗拉强度（约为抗拉强度的 3～4 倍），所以铸铁的选用应根据其性能来决定，灰铸铁抗拉强度低，但工艺性能、耐磨性和消振性优良，且成本低，故广泛用于制造各种承受压应力和要求消振性好且经受摩擦的零件，如床身、箱体、机架、导轨、缸体、活塞环等。

表 9-2 为我国常用的灰铸铁的牌号、力学性能及用途。牌号中的 HT 是“灰铁”二字汉语拼音第一个字母大写，后面的数字表示其最低抗拉强度。灰铸铁的强度与铸件的壁厚有关，从表中可以看出，铸件壁厚增加则强度降低，这主要是由于壁厚增加使冷却速度降低，造成基体组织中铁素体增多，而珠光体减少的缘故。因此，在根据性能选择铸铁牌号时，必须注意到铸件的壁厚。如铸件的壁厚超出表中给出尺寸时，应根据实际情况适当提高或降低铸铁的牌号。

表 9-2　我国常用的灰铸铁的牌号、力学性能及用途

牌号	铸件壁厚/mm		抗拉强度/MPa	显微组织		用途举例
	＞	＜	≥	基体	石墨	
HT100	2.5 10 20 30	10 20 30 50	130 100 90 80	F	粗片状	下水管、底座、外罩、端盖、手轮、手把、支架等形状简单不甚重要的零件
HT150	2.5 10 20 30	10 20 30 50	175 145 130 120	F+P	较粗片状	机械制造业中一般铸件，如手轮、手把、刀架等，冶金工业中流渣槽、渣缸、轧钢机托辊等；机车用一般铸件，如水泵壳、阀体、阀盖等，协力机械中的拉钩、框架、阀门、油泵壳等
HT200	4 10 20 30	10 20 30 50	220 195 170 160	细 P	中等片状	一般运输机械中的汽缸体、缸盖、飞轮等，一般机床中的床身、箱体等，通用机械中承受中等压力的泵体、阀体等，动力机械中的外壳、轴承座、水套筒等
HT250	2.5 10 20 30	10 20 30 50	270 240 220 200	细 P	较细片状	运输机械中薄壁缸体、缸盖、进排气歧管等，机床中立柱、横梁、床身、滑板、箱体等，冶金矿山机械中的轨道板、齿轮等，动力机械中的缸体、缸盖、活塞等
HT300	10 20 30	20 30 50	290 250 230	细 P	细小片状	机床导轨，受力较大的机床床身，立柱机座等，通用机械的水泵出口管，吸入盖等，动力机械中的液压阀体，蜗轮，汽轮机隔板，泵壳，大型发动机缸体，缸盖等
HT350	10 20 30	20 30 50	340 290 260	细 P	细小片状	大型发动机汽缸体，缸盖，衬套等，水泵缸体，阀体，凸轮等，机床导轨，工作台等摩擦件，需经表面淬火的机件

9.3.2　灰铸铁的孕育处理及孕育铸铁

为提高灰铸铁的力学性能，生产上常对其进行孕育处理，即在浇铸前向铁液中加入少量的孕育剂，从而在铁液中形成大量的、高度弥散的难熔质点，成为石墨的人工晶核，形成细小、均匀分布的石墨，减小石墨片对基体组织的割裂作用而使灰铸铁的强度、塑性得到提高。这种经过孕育处理的灰铸铁称为孕育铸铁。表中 HT250、HT300、HT350 即属于孕育铸铁。

孕育剂的种类很多，但以含硅量 $w_{Si}=75\%$ 的硅铁最为常用，其原因是除价格便宜外，主要是它在孕育后的短时间内（约 5～6min）有良好的孕育效果。进行孕育处理时，一般加入量为铁液重量的 0.4%左右。

9.3.3 灰铸铁的热处理

灰铸铁可以通过热处理改变基体组织，但不能改变石墨的形态和分布，因而对提高灰铸铁的力学性能作用不大。灰铸铁的热处理主要是为了减小铸铁的内应力，提高表面硬度和耐磨性等。

灰铸铁常用的热处理方法主要有以下 3 种。

(1) 去应力退火（时效退火）

目的：消除铸造内应力，防止铸件开裂或减少变形。

铸件在冷却过程中，由于各部位冷速不同造成其收缩不一致，形成内应力。这种内应力能通过铸件的变形得到缓解，但这一过程一般是较缓慢的，因此，铸件在形成后都需要进行时效处理，尤其对一些大型、复杂或加工精度较高的铸件（如床身、机架等）。时效处理一般有两种方法，即自然时效和人工时效。

自然时效是将成形铸件长期放置在室温下以消除其内应力的方法。这种方法时间较长（半年甚至一年以上）。

人工时效是为缩短时效时间，现在大多数情况下采用时效退火（即人工时效）的方法来减缓铸件内应力。其原理是将铸件重新加热到 530～620℃，经长时间保温（2～6h），利用塑性变形降低应力，然后在炉内缓慢冷却至 200℃以下出炉空冷。经时效退火后可消除 90%以上的内应力。典型时效退火工艺曲线如图 9-5 所示。

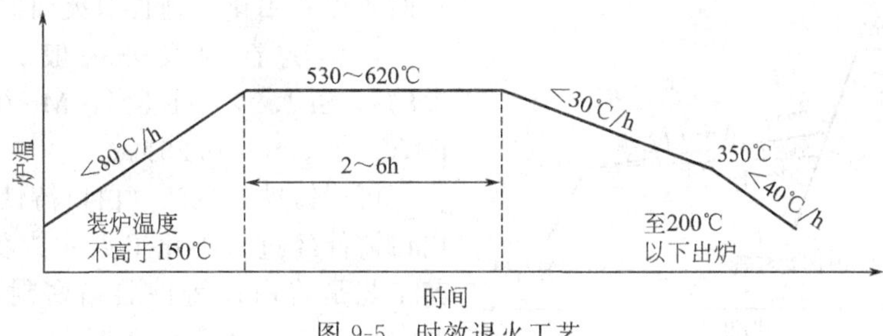

图 9-5 时效退火工艺

(2) 表面淬火

有些铸铁件如机床导轨、缸体内壁，因要求较高的表面硬度和耐磨性，要进行表面淬火。淬火后表面的硬度可达 50～55(HRC)。

近年来，机床导轨表面还经常采用电接触表面加热自冷淬火法。其基本原理是采用低压（2～5V）、大电流（400～700A）进行表面接触加热，使零件表面迅速被加热至 900～950℃，利用零件自身的散热以达到快速冷却的效果。其特点是加热时间短、变形小（导轨下凹仅 0.01mm），用油石稍加打磨即可使用，并且容易进行再修复。

(3) 石墨化退火

为了消除铸件白口，降低硬度，便于切削加工。常用高温退火（石墨化退火）。

铸件在冷却时，表面及薄壁部位有时会产生白口，在后续成分控制不当、孕育处理不足时会使整个铸件形成白口、麻口，使切削加工难以进行。石墨化退火是一种有效的补救措施，在高温下使白口部分的渗碳体分解，达到石墨化。

石墨化退火是将铸件以 70～100℃/h 的速度加热至 850～900℃，保温 2～5h（取决于铸件壁厚），然后炉冷至 400～500℃后空冷。

若需要得到铁素体基体，则可在 720～760℃保温一段时间，炉冷至 250℃以下空冷。

另外，也可以在 950℃进行正火，得到珠光体基体，使铸铁保持一定的强度和硬度，提高铸铁的耐磨性。

应当指出的是，在实际生产中，应从化学成分、孕育技术上进行严格控制，尽量减少白口的产生，而不应该依靠石墨化热处理去消除，以简化生产工艺、降低零件成本。

9.4 可锻铸铁

可锻铸铁俗称玛钢或马铁。

可锻铸铁的制作过程是：先铸造成白口铸铁，再进行“可锻化”退火将渗碳体分解为团絮状石墨，得到铁素体基体加团絮状石墨或珠光体（亦或珠光体及少量铁素体）基体加团絮状石墨。

由于石墨呈团絮状，减轻了石墨对金属基体的割裂作用和应力集中。

可锻铸铁相对灰铸铁有较高的强度，塑性和韧性也有很大的提高，因其具有一定的塑性变形的能力，故得名可锻铸铁。可锻铸铁广泛应用于管类零件和农机具、汽车、拖拉机及建筑扣件等大批量生产的薄壁中小型零件。

9.4.1 可锻铸铁的组织与性能

为了保证在一般冷却条件下获得白口铸铁件，又要在退火时使渗碳体易分解，并呈团絮状石墨析出，就要严格控制铁水的化学成分。与灰铸铁相比，碳和硅的含量要低一些，以保证铸件获得白口组织。但也不能太低，否则退火时难以石墨化，延长退火周期。

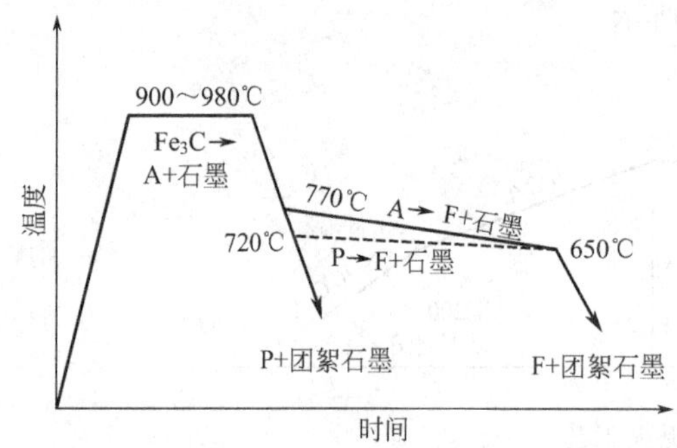

图 9-6　可锻铸铁的石墨化退火工艺

可锻铸铁的成分一般为：C 2.2%～2.8%，Si 1.2%～1.8%，Mn 0.4%～0.6%，P<0.1%，S <0.25%。

可锻铸铁的生产（白口铸铁石墨化退火）：白口铸件经过石墨化退火才能获得可锻铸铁。其工艺是将白口铸件装箱密封，入炉加热至920～960℃，在高温下经过 15h 保温，按图9-6所示按两种不同的冷却方式进行冷却，将分别获得铁素体基体可锻铸铁和珠光体基体可锻铸铁。

9.4.2 可锻铸铁分类

可锻铸铁分为以下几类。

铁素体基体的可锻铸铁：可锻铸铁断口呈黑灰色，俗称黑心可锻铸铁，这种铸铁件的强度、塑性与韧性均较灰口铸铁的高，非常适合铸造薄壁零件，是最为常用的一种可锻铸铁。

珠光体基体的可锻铸铁：可锻铸铁件断口呈白色，俗称白心可锻铸铁，这种可锻铸铁具有较高的强度、硬度和耐磨性，塑性和韧性则较低，应用不多。可锻铸铁的显微组织如图9-7所示。

9.4.3 可锻铸铁的牌号及用途

表 9-3 为可锻铸铁的牌号、力学性能及用途。可锻铸铁的牌号是由三个字母及两组数字组成。前两个字母“KT”是“可铁”两字的汉语拼音的第一个字母，第三个字母代表可锻铸铁的类别。后面两组数字分别代表最低抗拉强度和伸长率的数值。

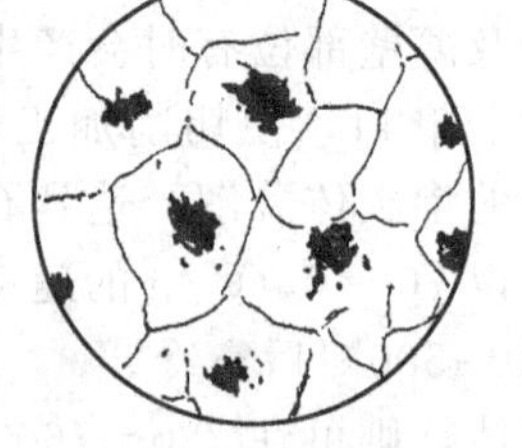

(a) 黑心铁素体可锻铸体

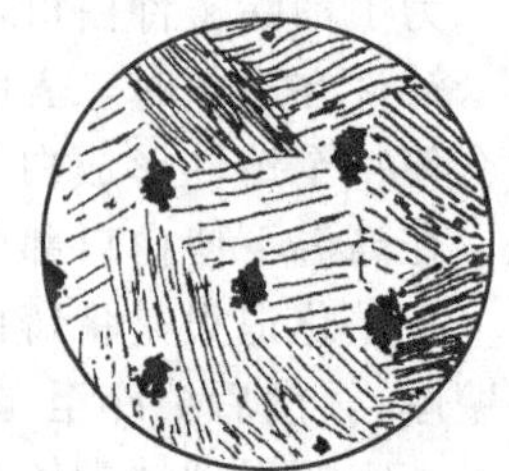

(b) 珠光体可锻铸铁

图 9-7　可锻铸铁的显微组织

表 9-3 可锻铸铁的牌号、力学性能及用途

牌号	基体	σ_b/MPa	力学性能 $\sigma_{0.2}$/MPa	δ /%	硬度 (HB)	试样直径 /mm	用途举例
KTH300-06	F	300	186	6	120～150	12 或 15	管道；弯头、接头、三通；中压阀门
KTH330-08	F	330	—	8	120～150	12 或 15	扳手、犁刀、纺机和印花机盘头
KTH350-10	F	350	200	10	120～150	12 或 15	汽车前后轮壳，差速器壳、制动器支架，铁道
KTH370-12	F	370	226	12	120～150	12 或 15	扣板、电机壳、犁刀等
KTH450-06	P	450	270	6	150～200	12 或 15	
KTZ550-04	P	550	340	4	180～250	12 或 15	曲轴、凸轮轴、连杆、齿轮、摇臂、活塞环、轴
KTZ650-02	P	650	430	2	210～260	12 或 15	套、犁刀、耙片、万向节头、棘轮、扳手、传动链
KTZ700-02	P	700	530	2	240～290	12 或 15	条、矿车轮等

如 KTH300-06 表示黑心可锻铸铁，其最低抗拉强度为 300MPa，最低伸长率为 6%。KTZ450-06 表示珠光体可锻铸铁，其最低抗拉强度为 450MPa，最低伸长率为 6%。

可锻铸铁具有铁水处理简单、质量稳定、容易组织流水线生产、低温韧性好等优点，广泛应用于汽车、拖拉机制造行业，常用来制造形状复杂、承受冲击载荷的薄壁、中小型零件。

9.5 球墨铸铁

铁水经过球化处理而使石墨大部分或全部呈球状的铸铁称为球墨铸铁。

球化处理是在铁水浇注前加入少量的球化剂（如纯镁、镁合金、稀土硅铁镁合金）及孕育剂，使石墨以球状析出。

9.5.1 球墨铸铁的化学成分

由于球化剂有阻止石墨化的作用，因此，要求球墨铸铁比普通灰铸铁的含碳、硅量高，硫、磷杂质含量严格控制。球状铸铁的化学成分一般为：C 3.6%，Si 2.0%～3.9%，Mn 0.6%～0.8%，S<0.07%，P<0.1%。与灰铸铁相比，它的碳、硅含量较高，以有利于石墨球化。

9.5.2 球墨铸铁的组织和性能

球墨铸铁在铸态下，其基体往往是由不同数量的铁素体、珠光体甚至自由渗碳体组成的混合组织（图 9-8)。通过热处理可以获得以下几种不同基体组织的球墨铸铁：

① 铁素体球墨铸铁；

② 铁素体-珠光体球墨铸铁；

③ 珠光体球墨铸铁。

由于球墨铸铁中的石墨呈球状，其割裂基体的作用及应力集中现象大为减小，可以充分

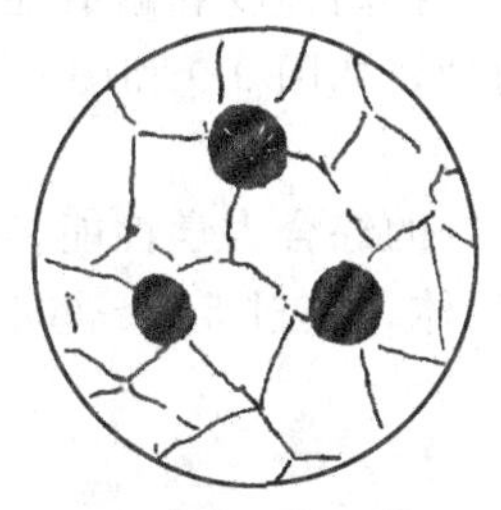

(a) 铁素体基体球墨铸铁

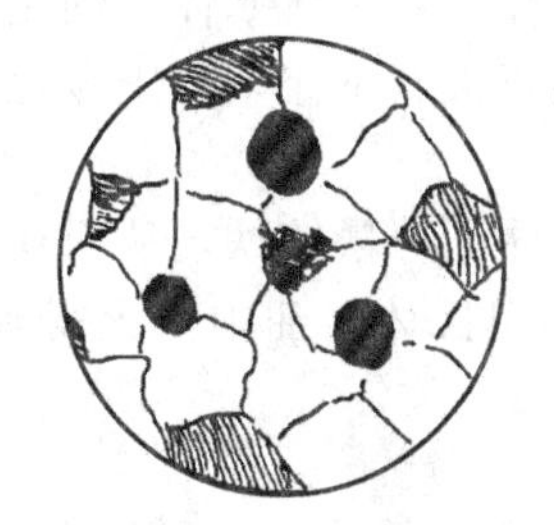

(b) 铁素体-珠光体基体球墨铸铁

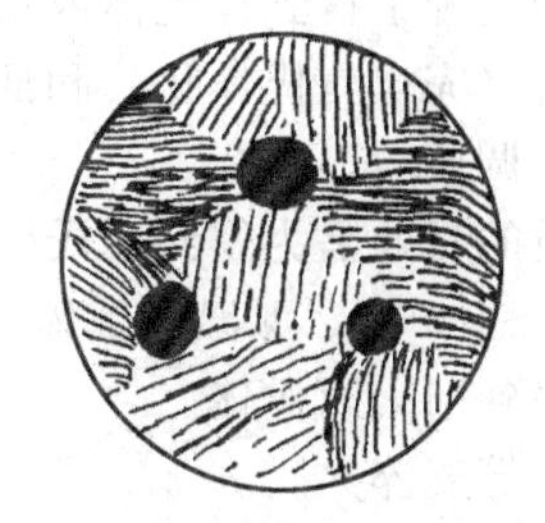

(c) 球光体灰基体球墨铸铁

图 9-8 球墨铸铁的显微组织

发挥金属基体的性能，所以，它的强度和塑性已超过灰铸铁，接近铸钢。因此许多重要的零件可以安全地使用球墨铸铁，如大型柴油机、内燃机曲轴等。球墨铸铁的减震作用比钢好，但不如普通灰铸铁，球化率越高，其减震性越不好。

球墨铸铁的缺点是铸造性能低于普通灰铸铁，凝固时收缩较大。另外，对铁液的成分要求较严。

9.5.3 球墨铸铁的牌号及用途

表 9-4 为球墨铸铁的牌号、力学性能及用途。球墨铸铁的牌号是由“球铁”两字的汉语拼音的第一个字母“QT”及两级数字组成，两组数字分别代表其最低抗拉强度和伸长率。如 QT400-18 表示球墨铸铁，其最低抗拉强度为 400MPa，最低伸长率为 18%。

表 9-4 球墨铸铁的牌号、力学性能及用途

牌号	基体	力学性能 ≥					用途举例
		σ_b /MPa	$\sigma_{0.2}$ /MPa	δ /%	a_k /(J/cm²)	(HB)	
QT400-17	F	400	250	17	60	≤179	阀门的阀体和阀盖，汽车、内燃机车、拖拉机底盘零件，机床零件等
QT420-10	F	420	270	10	30	≤207	
QT500-05	F+P	500	350	5	—	147～240	机油泵齿轮、机车、车辆轴瓦等
QT600-02	P	600	420	2	—	229～302	柴油机、汽油机的曲轴、凸轮轴等；磨床、铣床、车床的主轴等
QT700-02	P	700	490	2	—	229～304	
QT800-02	S_B	800	560	2	—	241～321	空压机、冷冻机的缸体、缸套等
QT1200-01	$B_下$	1200	840	1	30	38(HRC)	汽车的螺旋伞轴、拖拉机减速齿轮、柴油机凸轮轴等

由于球墨铸铁可以通过热处理获得不同的基体组织，所以其性能可以在较大范围内变化，因而扩大了球墨铸铁的应用范围，可以代替碳素铸钢、合金铸钢和可锻铸铁，制造一些受力复杂，强度、硬度、韧性和耐磨性要求较高的零件，如内燃机曲轴、凸轮轴、连杆、减速箱齿轮及轧钢机轧辊等。

9.5.4 球墨铸铁的热处理

由于球状石墨对基体的割裂作用小，所以通过热处理改变球状石墨的基体组织，对提高其力学性能有重要作用。常用的热处理工艺有以下几种。

(1) 退火

退火的主要目的是为了得到铁素体基体的球墨铸铁，以提高球墨铸铁的塑性和韧性，改善切削加工性能，消除内应力。若有自由渗碳体，应采用 900～950℃高温退火，保温 2～5h，随炉冷却降至 600℃，出炉空冷。

(2) 正火

目的是为了得到珠光体或珠光体+铁素体基体，细化组织，提高强度和耐磨性。可分为高温正火（完全奥氏体化）和低温正火（不完全奥氏体化）两种，如图 9-9 和图 9-10 所示。

(3) 调质

调质的目的是为得到索氏体基体的球墨铸铁，从而获得良好的综合力学性能。将工件加热到 860～900℃，保温使基体变为奥氏体，油中淬火得到马氏体，经过 550～600℃回火后空冷，得到回火索氏体。

(4) 等温淬火

等温淬火是为了得到下贝氏体基体的球墨铸铁，从而获和高强度、高硬度、高韧性的综合性能。

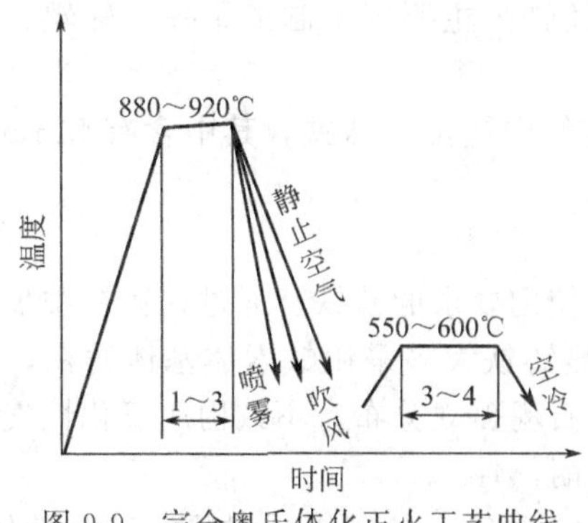

图 9-9　完全奥氏体化正火工艺曲线

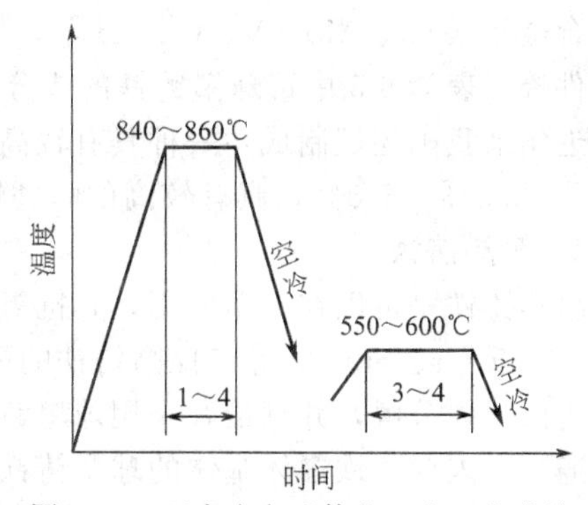

图 9-10　不完全奥氏体化正火工艺曲线

一般用于要求综合力学性能较好，而外形又较复杂，热处理容易变形和开裂的零件，如凸轮轴、齿轮、滚动轴承套等，可采用等温淬火。将零件加热至 860～900℃，保温后放入 250～300℃的盐浴中，30～90min 后取出空冷，得到下贝氏体＋石墨组织。

9.6　合金铸铁

在铸铁中加入一定量的合金元素，可以生产出特殊性能铸铁。

随着铸铁在各部门中越来越广泛的应用，对铸铁便提出了各种各样的特殊性能要求，如耐热、耐磨、耐蚀及其他特殊性能。这些铸铁大都属于合金铸铁，与相似条件下使用合金钢相比，熔炼简便、成本低廉、有良好的使用性能；但其力学性能低于合金钢，且脆性较大。

常规元素高于规定含量或含有一种或多种合金元素，具有某种特殊性能如耐磨、耐热、耐蚀等的铸铁称为合金铸铁，又称特殊性能铸铁。根据性能特点，合金铸铁可分为耐磨铸铁、耐热铸铁和耐蚀铸铁。

中锰球墨铸铁的成分、力学性能见表 9-5 所列。

表 9-5　中锰球墨铸铁的成分、力学性能（GB 3180—82）

牌号	Mn/%	抗弯强度				冲击韧度/(J/cm²)	硬度
		砂型 σ_{bb}		金属型			
		/MPa	/mm	σ_{bb}/MPa	f_{500}/mm ≥		
MQTMn6	5.5～6.5	510	3.0	392	2.5	7.85	44
MQTMn7	6.5～7.5	471	3.5	441	3.0	8.83	41
MQTMn8	7.5～9.0	432	4.0	491	3.5	9.81	38
QTMn8Mo-Cu	8.0～9.0	250	0	—	—	4.0	55

9.6.1　耐磨铸铁

耐磨铸铁即不易磨损的铸铁，主要通过加入某些合金元素在铸铁中形成一定数量的硬化相，或形成具有减摩作用的组织，因此耐磨铸铁可分为减摩铸铁和抗磨铸铁两类。

具有较小摩擦系数的铸铁称为减摩铸铁。通常以珠光体灰铸铁为主，把铸铁的含磷量提高到 0.3%～0.6%，并可适量加入 Cr、Mo、W、Cu、Ti、V 等合金元素。减摩铸铁通常在润滑条件下工作，主要用于制造机床导轨、汽缸套、活塞环、轴承等。

在干摩擦条件下工作的耐磨铸铁，称为抗磨铸铁。这类铸铁通常以普通白口铸铁为主，加入合金元素 Cr、Mo、V、Cu、B 等，如高铬白口铸铁。主要用于制造犁铧、轧辊、球磨机零件等。表为 9-5 中锰球墨铸铁的成分、力学性能。

近年来我国还试制成功一种具有较高韧性和强度的中锰抗磨球铁，其中含有 Mn 5%～9%、Si 3.3%～5.0%，具有较高的耐磨性。

9.6.2 耐热铸铁

耐热铸铁是可以在高温使用，其抗氧化性能符合使用要求的铸铁。通过在铸铁中加入某些合金元素 Cr、Si、Al 等来提高铸铁的耐热性。耐热铸铁大多采用铁素体基体铸铁，以避免出现渗碳体分解，并且最好采用球墨铸铁，因球状石墨孤立分布，不致构成氧化性气体渗入的通道。因此，铁素体基体的球墨铸铁具有较好的耐热性。

耐热铸铁按其成分可分为硅系、铝系、硅铝系及铬系等。其中铝系耐热铸铁脆性较大，铬系耐热铸铁价格较贵，故我国多采用硅系和硅铝系耐热铸铁。主要用于制造加热炉附件，如炉底板、烟道挡板、传递链构件等。表 9-6 为耐热铸铁的牌号、成分、力学性能。

表 9-6 耐热铸铁的牌号、成分、力学性能（GB 9437—88）

牌号	化学成分/%				抗拉强度 σ_{bb}/MPa ≥	硬度 (HBS)
	C	Si	Cr	Al		
RTCr	3.0～3.8	1.5～2.5	0.5～1.0	—	200	189～288
RTCr16	1.6～2.4	1.5～2.2	15.0～18.0	—	340	450～500
RQTSi4	2.4～3.2	3.5～4.5	—	—	480	187～269
RQTSi5	2.4～3.2	3.5～4.5	—	—	370	288～302
RQTA14Si4	2.5～3.0	3.5～4.5	—	4.0～5.0	250	285～341
RQTA122	1.6～2.2	1.0～2.0	—	20.0～24.0	300	241～364

9.6.3 耐蚀铸铁

铸铁的耐蚀性主要是指在酸、碱条件下的抗腐蚀能力。耐蚀铸铁中的合金元素主要有 Cr、Si、Al、Cu、Ni、Mo 等。如在我国应用最广泛的高硅耐蚀铸铁，其成分是：C 0.3%～0.5%、Si 16%～18%、Mn 0.3%～0.8%、P≤0.1%、S≤0.07%。这种铸铁在含氧酸中有良好的耐蚀性，但在碱性介质、盐酸、氢氟酸中，由于表面的 SiO_2 保护膜遭到破坏，耐蚀性下降。为了改善高硅耐蚀铸铁在碱性介质中的耐蚀性，可向铸铁中加入 6.5%～8.5%的铜。

耐蚀铸铁主要用于化工机械，如制造容器、管道、泵、阀门等。

习 题

1. 简述影响石墨化的主要因素。不同阶段石墨化程度对灰口铸铁的基体组织有何影响？
2. 对于灰口铸铁来说，基体中珠光体数量越多，珠光体片层越细，其强度越高，那么在生产中可采用哪些方法提高灰口铸铁中的珠光体数量？
3. 灰口铸铁件薄壁处，常出现高硬度层，机加工困难，请说明产生的原因及消除的方法。
4. 可锻铸铁和球墨铸铁中的石墨形态与形成方式有何不同？
5. 试说明为什么可锻铸铁适宜制造薄壁零件，而球墨铸铁不适宜制造这类零件。
6. 要使球墨铸铁分别得到珠光体、铁素体和贝氏体的基体组织，热处理工艺上如何控制？依据是什么？
7. 促进石墨化的元素有哪些？为什么在灰口铸铁中应控制碳化物形成元素的数量？
8. 试说明为什么铸铁含碳量通常要选择为接近共晶成分？

10 有色金属及其合金

在工业生产中，通常把钢、铸铁、铬和锰称为黑色金属；称其他金属或合金为有色金属及合金或非铁金属及合金，主要包括铝、铜、铅、锌、镁、钛等。有色金属及其合金的种类很多。虽然它们的产量和使用量总的来说不及黑色金属，但它们具有某些独特的性能和优点。例如，铝、镁、钛等有色金属的密度小、比强度高，并具有优良的抗蚀性；铜具有优良的导电性、导热性、抗蚀性和无磁性等。因此有色金属及其合金无论是作为结构材料还是功能材料，在工业领域特别是高新技术领域具有非常重要的地位。它不仅是生产各种有色金属合金，耐热、耐蚀、耐磨等特殊钢以及合金结构钢所必需的合金元素，而且是现代工业，尤其是航空、航天、航海、汽车、石化、电力、核能以及计算机等工业部门赖以发展的重要战略物资和工程材料。

但是，各种有色金属在地壳中的储量极不均衡。铝、镁、钛等在地壳中的储存量较丰富，如铝的储存量甚至比铁还多；某些有色金属（如 Mo、V、Nb、W 等）储量很稀缺，且在不同地域和国家的分布情况差别很大，而且大多数有色金属的化学活性很高，冶炼、提取困难，产量低、成本高，所以要十分注意节约有色金属材料和矿产资源。

有色金属及其合金大致可以按如下方法进行分类。

① 有色金属分为重金属、轻金属、贵金属、半金属和稀有金属5类。其中重有色金属是指密度大于4.5 g/cm^3 的有色金属，主要包括铜、镍、钴、铅、锌、锑、镉、铋、锡等。轻有色金属是密度小于4.5 g/cm^3 的有色金属，主要包括铝、镁、钾、钠、钙等。贵金属在地壳中含量极少，开采和提炼比较困难，所以价格昂贵。主要包括金、银和铂族元素。半金属的物理化学性质介于金属与非金属之间，主要包括硅、硒、砷、硼等元素。稀有金属通常指在自然界中储量少、分布稀散、提炼困难的金属，主要包括钛、钨、钼、钒、锗、铀等。

② 有色合金按合金系统可分为重有色金属合金、轻有色金属合金、贵金属合金、稀有金属合金等；按合金用途则可分为变形（压力加工用）合金、铸造合金、轴承合金、印刷合金、硬质合金、焊料、中间合金、金属粉末等。

③ 有色金属材料按化学成分可分铜和铜合金材料、铝和铝合金材料、铅和铅合金材料、镍和镍合金材料等。

10.1 铝及其合金

铝是地壳中储量最多的一种金属元素，其总质量分数约为地壳的8.0%。工业纯铝（简称纯铝）的纯度为98%～99.7%，熔点为660℃，固态下具有面心立方晶格，无同素异构转变现象，所以铝的热处理机理与钢不同。工业用纯铝呈银白色，并具有下列特征。

① 密度小、比强度高　纯铝的密度为 2.7g/cm³，仅为铁的 1/3。铝合金的密度与纯铝相近。铝合金（强化后）的强度与低合金高强钢的强度相近，铝合金比强度比一般高强钢高得多。

② 有优良的物理、化学性能　铝的导电性好，仅次于银、铜和金，在室温时的电导率约为铜的 64%。

铝及铝合金有相当好的抗大气腐蚀能力，铝及铝合金磁化率极低，接近于非铁磁性材料。

③ 加工性能良好　铝及铝合金（退火状态）的塑性很好，可以冷成形。切削性能优良。超高强铝合金成形后可通过热处理获得很高的强度。铸铝合金的铸造性能极好。

由于上述优点，铝及铝合金在电气工程、航空及宇航工业、一般机械和轻工业中都有广泛的用途。

10.1.1 纯铝

（1）高纯铝

纯度 99.93%～99.99%，牌号 1A99、1A97、1A93、1A90 和 1A85 表示，编号越大，纯度越高。其中 A 表示原始铝，如 1A99 表示铝含量为 99.99%的原始高纯铝。纯铝主要用于科学研究及制作电容器等。

（2）工业纯铝

纯度 小于 99.93%，牌号为 1080、1070、1060 等，四位数字中的第一位数 1 表示纯铝，第二位数 0 表示其杂质极限含量无特殊控制，最后两位表示纯度，数字表示铝质量分数中小数点后面的两位数字。如 1080 表示铝含量为 99.8%的工业纯铝。

主要用于制作铝箔、包铝、冶炼铝合金的原料、电线、电缆、器皿及配制合金。

10.1.2 铝合金

铝合金中常加入的主要合金元素有 Cu、Mn、Si、Mg、Zn 等。铝中加入合金元素后，可获得铝合金。铝合金具有较高的强度、良好的加工性能。许多铝合金不仅可通过冷变形提高强度，而且可用热处理来大幅度地改善性能。铝合金可用于制造承受较大载荷的机器零件和构件。

根据成分及工艺特点，铝合金分为变形铝合金和铸造铝合金两类（图 10-1）。

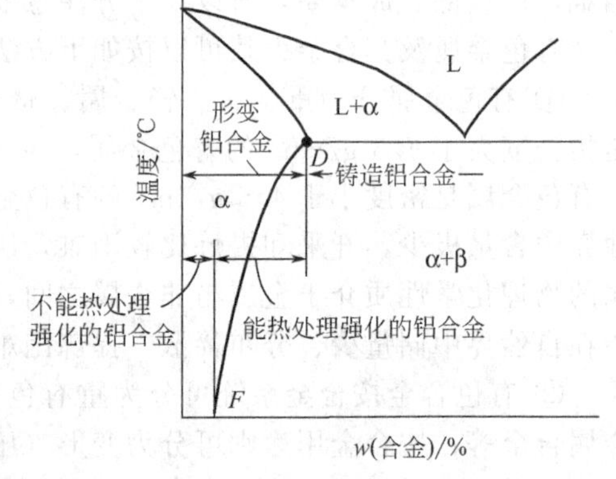

图 10-1　铝合金分类示意

① 变形铝合金　成分低于 *D* 的合金，加热时能形成单相固溶体组织，塑性较好，适于变形加工，称为变形铝合金。变形铝合金中成分低于 *F* 的合金，因不能进行热处理强化，称为不可热处理强化的铝合金；成分位于 *F*-*D* 之间的合金，可进行固溶-时效强化，称为可热处理强化的铝合金。

② 铸造铝合金　成分高于 *D* 的合金，由于冷却时有共晶反应发生，具有低熔点共晶组织，因而流动性较好，适于铸造生产，称为铸造铝合金。

（1）铝合金的时效

① 固溶处理　将成分位于相图中 *D*～*F* 之间的合金加热到 α 相区，经保温获得单相 α 固溶体后迅速水冷，可在室温得到过饱和的 α 固溶体，这种处理方式称固溶处理（图 10-2）。

② 时效　固溶处理后得到的组织是不稳定的，有分解出强化相过渡到稳定状态的倾向。在室温下放置或低温加热时，强度和硬度会明显升高。这种现象称为时效或时效硬化。在室

温下进行的称为自然时效；在加热条件下进行的称为人工时效。

例如，含4%Cu的Al-Cu合金，加热到550℃并保温一段时间后，在水中快冷时，θ相（$CuAl_2$）来不及析出，合金获得过饱和的α固溶体组织，其强度为σ_b=250MPa，若在室温下放置，随着时间的延续，强度将逐渐提高，经4～5天后，σ_b可达400MPa。

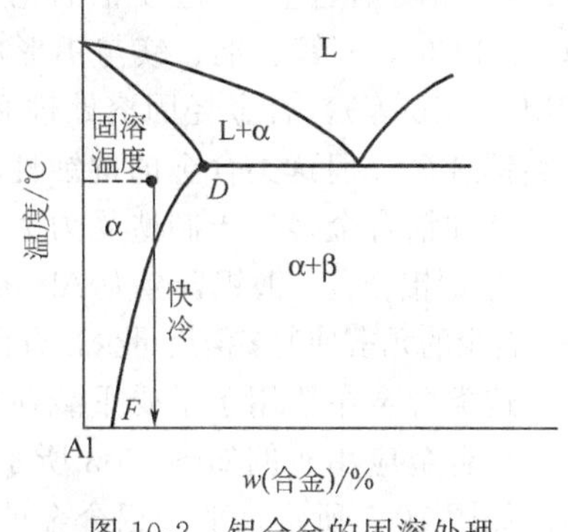

图10-2 铝合金的固溶处理

③ 合金发生时效的条件　合金能在高温形成均匀的固溶体，并且固溶体中溶质的溶解度必须随温度的降低而显著降低。

④ 时效规律

a. 时效温度越高，强度峰值越低，强化效果越小；

b. 时效温度越高，时效速度越快，强度峰值出现所需时间越短；

c. 低温使固溶处理获得的过饱和固溶体保持相对的稳定性，抑制时效的进行。

⑤ 回归　自然时效后的铝合金，在230～250℃短时间（几秒至几分钟）加热后，快速水冷至室温时，可以重新变软。如再在室温下放置，则又能发生正常的自然时效。这种现象称为回归。一切能时效硬化的合金都有回归现象。自然时效后的铝合金在反复回归处理和再时效时强度有所降低。时效后的铝合金可在回归处理后的软化状态进行各种冷变形。利用这种现象，可随时进行飞机的铆接和修理等。

（2）形变铝合金

形变铝合金包括防锈铝合金、硬铝合金、超硬铝合金及锻铝合金等。

① 防锈铝合金　防锈铝合金中主要合金元素是锰和镁。锰提高抗蚀能力，并起固溶强化作用。镁固溶强化，同时降低密度。

防锈铝合金锻造退火后是单相固溶体，抗蚀性能高，塑性好。不能进行时效硬化，属于不可热处理强化的铝合金，但可冷变形，利用加工硬化提高强度。

LF21(Al-Mn合金)　抗蚀性和强度比纯铝高，有良好的塑性和焊接性能，但因太软而切削加工性能不良。用于焊接件、容器、管道，或需用深延伸、弯曲等方法制造的低载荷零件、制品以及铆钉等。

LF5、LF11(Al-Mg合金)　密度比纯铝小，强度比Al-Mn合金高，具有高的抗蚀性和塑性，焊接性能良好，但切削加工性能差。用于焊接容器、管道，以及承受中等载荷的零件及制品，也可用作铆钉。

② 硬铝合金　硬铝合金为Al-Cu-Mg系合金，另含有少量锰。它们可以进行时效强化，属于可热处理强化的铝合金，亦可进行形变强化。合金中的Cu、Mg可形成强化相θ及s相；Mn主要提高抗蚀性，并起一定的固溶强化作用，因其析出倾向小，不参与时效过程；少量钛或硼可细化晶粒，提高合金强度。

a. 低合金硬铝　LY1、LY10等，Mg、Cu含量较低，塑性好，强度低。采用固溶处理和自然时效提高强度和硬度，时效速度较慢。主要用于制作铆钉，常称铆钉硬铝。

b. 标准硬铝　LY11等，合金元素含量中等，强度和塑性属中等水平。退火后变形加工性能良好，时效后切削加工性能也较好。主要用于轧材、锻材、冲压件和螺旋桨叶片及大型铆钉等重要零件。

c. 高合金硬铝　LY12、LY6等，合金元素含量较多，强度和硬度较高，塑性及变形加工性能较差。用于制作航空模锻件和重要的销、轴等零件。

③ 超硬铝合金　超硬铝合金为 Al-Mg-Zn-Cu 系合金，含有少量的铬和锰。牌号有 LC4、LC6 等。锌、铜、镁与铝形成固溶体和多种复杂的第二相（例如 $MgZn_2$、Al_2CuMg、AlMgZnCu 等），合金经固溶处理和人工时效后，可获得很高的强度和硬度，是强度最高的一类铝合金。但这类合金的抗蚀性较差，高温下软化快。用包铝法可提高抗蚀性。

超硬铝合金多用于制造受力大的重要构件，例如飞机大梁、起落架等。

④ 锻铝合金　锻铝合金为 Al-Mg-Si-Cu 或 Al-Cu-Mg-Ni-Fe 系合金。牌号有 LD5、LD7、LD10 等。合金的元素种类多但用量少，有良好的热塑性、铸造性能和锻造性能，并有较高的力学性能。

这类合金主要用于承受重载荷的锻件和模锻件，通常要进行固溶处理和人工时效。

铝合金应用实例如图 10-3 所示。飞机前起落架如图 10-4 所示。飞机用座椅轨道及航空零件如图 10-5 所示。形变铝合金的主要牌号、成分、力学性能及用途见表 10-1 所列。

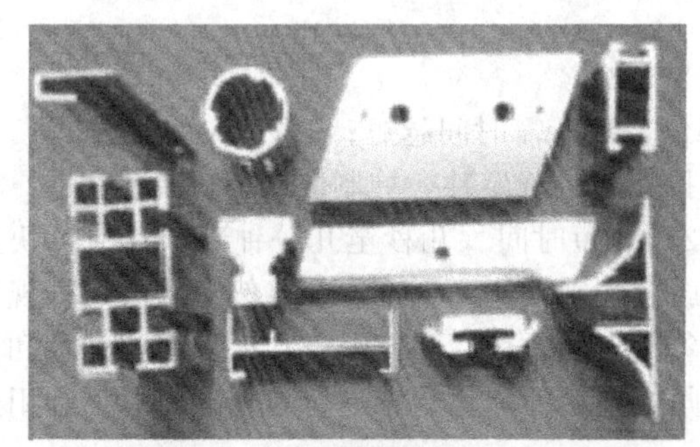

铝合金型材

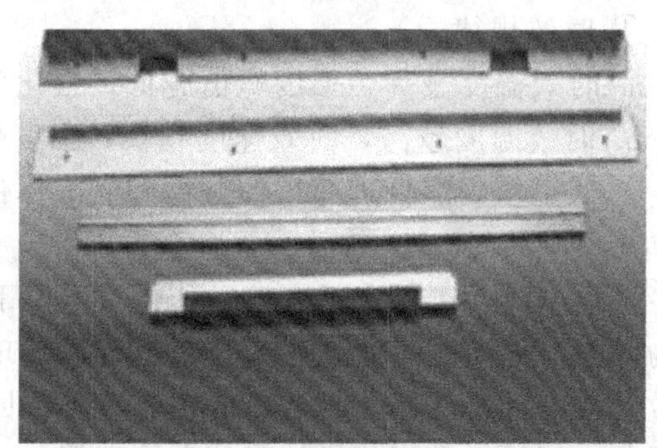

铝合金装饰条

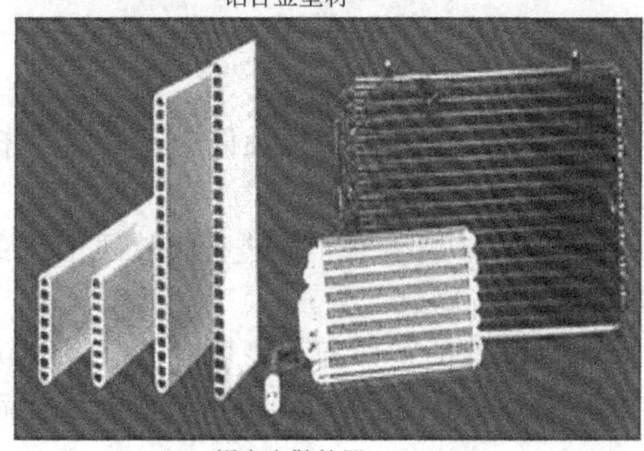

铝合金散热器

铝合金汽车车身

图 10-3　铝合金应用实例

图 10-4　飞机前起落架

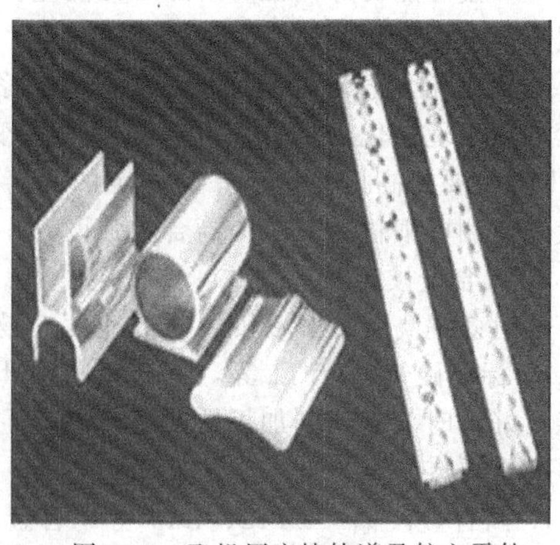

图 10-5　飞机用座椅轨道及航空零件

表 10-1　形变铝合金的主要牌号、成分、力学性能及用途

类别	牌号	化学成分 Cu	Mg	Mn	Zn	其他	Al	热处理	力学性能 σ_b/MPa	δ/%	硬度(HBS)	用途
防锈铝合金	5A05 (LF5)		4.0～5.5	0.3～0.6			余量	退火	280	20	70	焊接油箱、油管、焊条、铆钉及中载零件
	3A21 (LF21)			1.0～1.6					130	20	30	焊接油箱、油管、焊条、铆钉及轻载零件
硬铝合金	2A01	2.2～3.0	0.2～0.5					退火＋自然时效	300	24	70	中等强度铆钉
	2A11	3.8～4.8	0.4～0.8	0.4～0.8					420	18	100	中等工作强度结构件，如骨架、叶片、铆钉等
	2A12	3.8～4.8	1.2～1.8	0.4～0.9					470	17	105	高强度结构件及150℃以下工作零件
超硬铝合金	7A04	1.4～2.0	1.4～2.8		5.0～7.0	Cr 0.01～0.25		退火＋人工时效	600	12	150	主要受力构件，如飞机大梁、桁架等
	7A06	2.2～2.8	2.5～3.2		7.6～8.6	Cr 0.1～0.25			680	7	190	主要受力构件，如飞机大梁、桁架等
锻铝合金	2A50	1.8～2.0	0.4～0.8			Si 0.7～1.2			420	13	105	形状复杂中等强度的锻件
	2A70	1.9～2.5	1.4～1.8			Ti 0.02～0.1 Ni 1.0～1.5 Fe 1.0～1.5			415	13	120	高温下工作的复杂锻件及构件
	2A14	3.9～4.8	0.4～0.8	0.4～1.0		Si0.5～1.2			480	19	135	承受重载荷的锻件

(3) 铸造铝合金

① Al-Si 铸造铝合金　Al-Si 系铸造铝合金一般称作硅铝明。Al-Si 合金相图如图 10-6 所示。

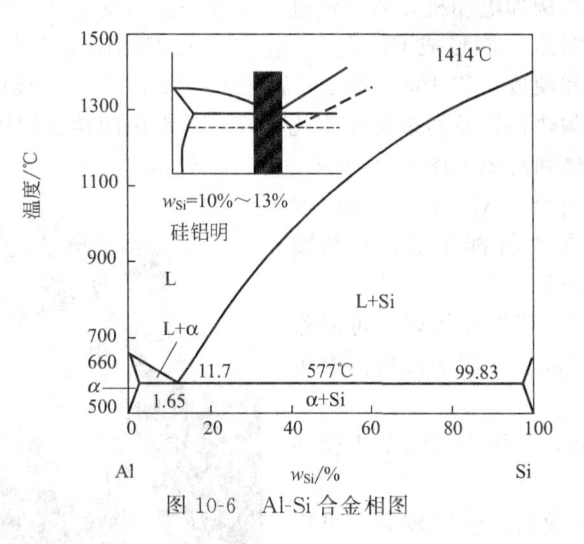

图 10-6　Al-Si 合金相图

a. 简单硅铝明 ZL102（含 10%～13%Si）　铸造后几乎全部得到共晶体组织（α＋Si），具有优良的铸造性能（熔点低、流动性好、收缩小）。

在一般情况下，ZL102 的共晶体由粗针状硅晶体和 α 固溶体构成，强度和塑性都较差。浇铸前向合金液中加入占合金重量 2%～3%的变质剂（常用钠盐混合物：2/3 NaF＋1/3 NaCl）以细化合金组织，显著提高合金的强度及塑性。这种处理方法即是变质处理。

经变质处理后的组织是细小均匀的共晶体加初生 α 固溶体，获得亚共晶组织是由于加入钠盐后，铸造冷却较快时共晶点右移的缘故。ZL102 合金的铸态组织如图 10-7 所示。

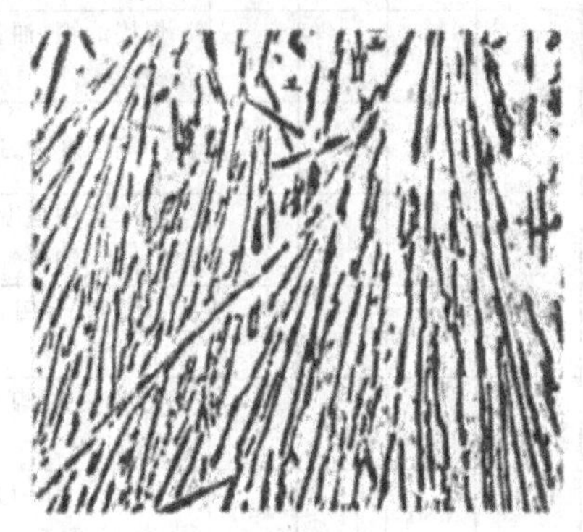

(a) 未变质处理

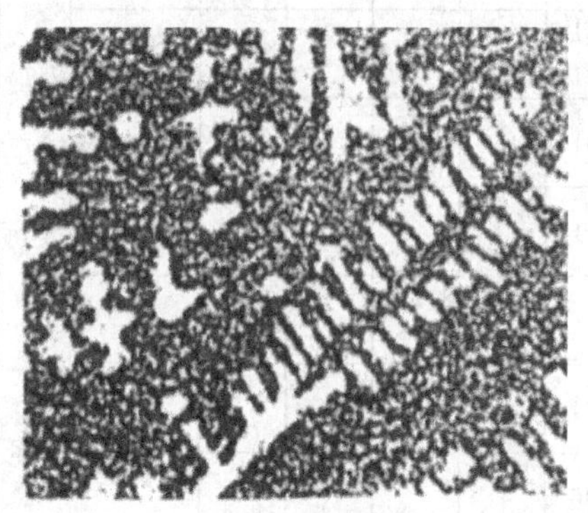

(b) 变质处理后

图 10-7　ZL102 合金的铸态组织

ZL102 铸造性能很好，焊接性能也好，密度小，并有相当好的抗蚀性和耐热性，但不能时效强化，强度较低，经变质处理后，σ_b 最高不超过 180MPa。该合金仅适于制造形状复杂但强度要求不高的铸件，例如仪表、水泵壳体以及一些承受低载荷的零件。

b. 特殊硅铝明　为了提高硅铝明的强度，在合金中加入一些能形成强化相 $CuAl_2$（θ 相）、Mg_2Si（β 相）、Al_2CuMg（s 相）的 Cu、Mg 等元素，以获得能进行时效硬化的特殊硅铝明。这样的合金也可进行变质处理。

ZL101 和 ZL104 中含有少量镁，能生成 Mg_2Si 相，除变质处理外，还可进行淬火及人工时效处理。ZL104 的热处理工艺为：530～540℃加热，保温 5h，在热水中淬火，然后在 170～180℃时效 6～7h。经热处理后，合金的强度 σ_b 可达 200～230MPa。用于制造低强度的、形状复杂的铸件，例如电动机壳体、汽缸体以及一些承受低载荷的零件等。

ZL107 中含有少量铜，能形成 $CuAl_2$、Mg_2Si、Al_2CuMg 等多种强化相，经淬火时效后可获得很高的强度和硬度。ZL108、ZL109 密度小，抗蚀性好，线膨胀系数较小，强度、硬度较高，耐磨性、耐热性以及铸造性能都比较好，是常用的铸造铝活塞材料。

铝合金发动机缸体和缸盖如图 10-8 所示。

② Al-Cu 铸造铝合金　Al-Cu 合金的强度较高，耐热性好，但铸造性能不好，有热裂和疏松倾向，耐蚀性较差。

ZL201：室温强度、塑性比较好，可制作在 300℃以下工作的零件，常用于铸造内燃机汽缸头、活塞等零件。

ZL202：塑性较低，多用于高温下不受冲击的零件。

ZL203：经淬火时效后，强度较高，可作结构材料，铸造承受中等载荷和形状较简单的零件。

图 10-8　铝合金发动机缸体和缸盖

表 10-2 铸造铝合金的主要牌号、成分、力学性能

类别	牌号	代号	化学成分							铸造方法	热处理	力学性能		
			Si	Cu	Mg	Mn	Ti	Al	其他			σ_b/MPa	δ/%	硬度(HBS)
铝硅合金	ZAlSi7Mg	ZL101	6.5～7.5		0.25～0.45		0.08～0.2			金属型 砂型变质	淬火＋自然时效 淬火＋人工时效	190 230	4 1	50 70
铝硅合金	ZAlSi12	ZL102	10～13							金属型 砂型变质		153 143	4 2	50 50
铝硅合金	ZAlSi9Mg	ZL104	8.0～10.5		0.17～0.3	0.2～0.5				金属型 金属型	人工时效 淬火＋人工时效	200 240	1.5 2	70 70
铝硅合金	ZAlSi5Cu1Mg	ZL105	4.5～5.5	1.0～1.5	0.4～0.6					金属型 金属型	淬火＋不完全时效 淬火＋稳定回火	240 180	0.5 1	70 65
铝硅合金	ZAlSi12Cr1Mg1Ni1	ZL109	11～13	0.5～1.5	0.8～1.3					金属型 金属型	人工时效 淬火＋人工时效	200 250	0.5	90 100
铝铜合金	ZAlCu5Mn	ZL201		4.5～5.3		0.6～1.0	0.15～0.35	余量		砂型 砂型	淬火＋自然时效 淬火＋人工时效	300 340	8 4	70 90
铝铜合金	ZAlCu10	ZL202		9.0～11.0						砂型 金属型	淬火＋人工时效	170 170		100 100
铝镁合金	ZAlMg10	ZL301			9.5～11.0					砂型	淬火＋自然时效	280	9	60
铝镁合金	ZAlMg5Si1	ZL303	0.8～1.3		4.5～5.5	0.1～0.4				砂型 金属型		150	1	55
铝锌合金	ZAlZn11Si7	ZL401	6.0～8.0		0.1～0.3					金属型	人工时效	250	1.5	90
铝锌合金	ZAlZn6Mg	ZL402			0.5～0.6		0.15～0.25			金属型	人工时效	240	4	70

③ Al-Mg 铸造铝合金　ZL301、ZL302：强度高，密度小（为 2.55×10^3 kg/m^3），有良好的耐蚀性，但铸造性能不好，耐热性低。可进行时效处理（自然时效），用于制造承受冲击载荷、在腐蚀性介质中工作的、外形不太复杂的零件，例如舰船配件、氨用泵体等。

④ Al-Zn 铸造铝合金　ZL401、ZL402：价格便宜，铸造性能优良，经变质处理和时效处理后强度较高，但抗蚀性差，热裂倾向大，用于制造汽车、拖拉机的发动机零件及形状复杂的仪器元件，也可用于制造日用品。

铸造铝合金的应用如图 10-9 所示。铸造铝合金的主要牌号、成分、力学性能见表 10-2 所列。

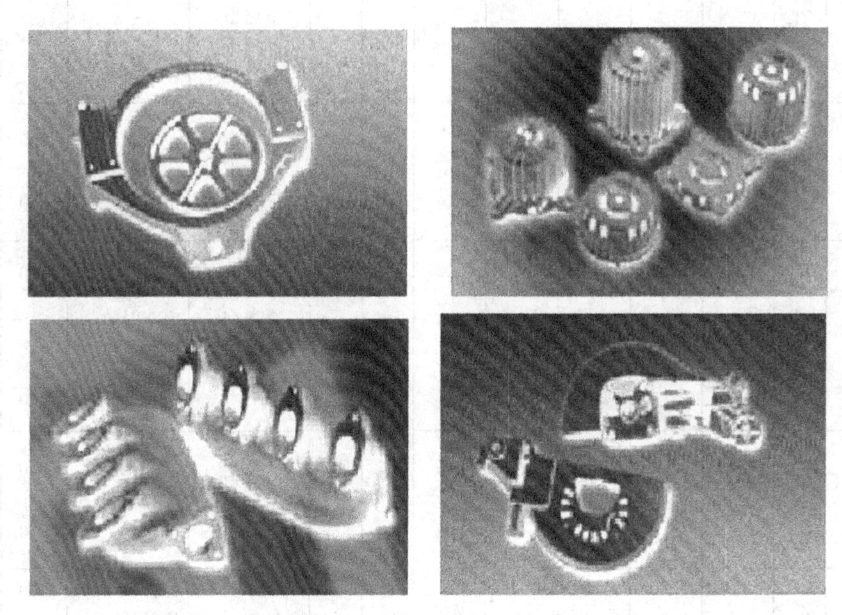

图 10-9　铸造铝合金的应用

10.2　铜及其合金

铜及铜合金具有下列特殊性能。

① 优异的物理、化学性能　纯铜导电性、导热性极佳，铜合金的导电、导热性也很好。铜及铜合金对大气和水的抗蚀能力很高。铜是抗磁性物质。

② 良好的加工性能　塑性很好，容易冷、热成形；铸造铜合金有很好的铸造性能。

③ 具有某些特殊力学性能　例如优良的减摩性和耐磨性（如青铜及部分黄铜），高的弹性极限和疲劳极限（如铍青铜等）。

④ 色泽美观。

10.2.1　纯铜

图 10-10　纯铜管

纯铜（紫铜）呈紫红色，常称紫铜，其密度为 8.96g/cm^3，熔点为 1083℃。工业纯铜分为 4 种：T1、T2、T3、T4。“T”为铜的汉语拼音字头，其后数字越大，纯度越低。如：T1 的含铜量为 99.95%，而 T4 的纯度为 99.50%，余量为杂质含量。

纯铜主要用于制作电导体及配制合金。纯铜的强度低，不宜作结构材料。纯铜管如图 10-10 所示。

10.2.2　铜合金

（1）黄铜

以锌为主要合金元素的铜合金称为黄铜。它的色泽美观，加工性能好。黄铜的力学性能与它所含锌的量有关。按照化学成分，黄铜分普通黄铜和复杂黄铜两种。

① 普通黄铜　普通黄铜是铜锌二元合金，其退火组织可以是单相 α 或双相 α+β′，并分别称为 α 黄铜（单相黄铜）和双相黄铜。

Cu-Zn 合金相图如图 10-11 所示。铜锌合金的显微组织如图 10-12 所示。

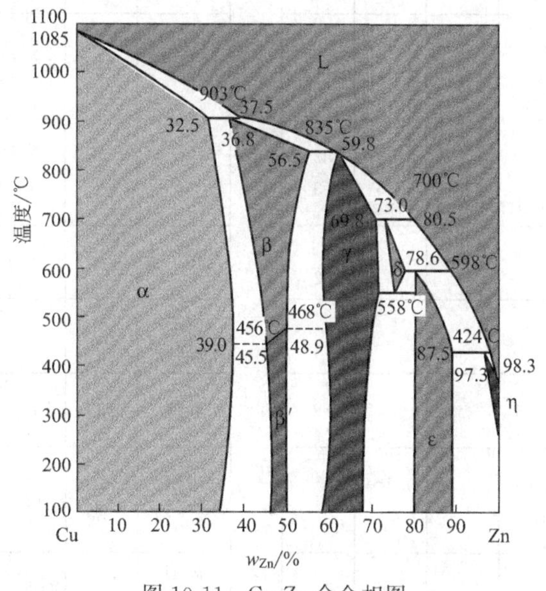

图 10-11　Cu-Zn 合金相图

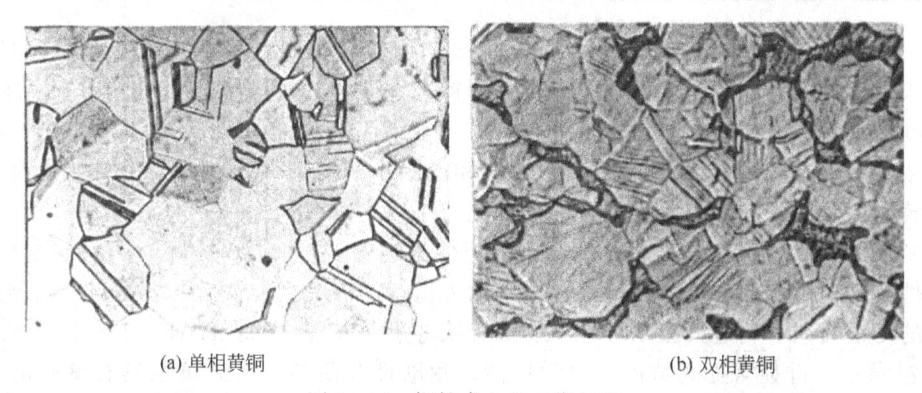

(a) 单相黄铜　　(b) 双相黄铜

图 10-12　铜锌合金的显微组织

a. 单相黄铜 H80、H70、H68　塑性很好，适于制作冷轧板材、冷拉线材、管材及形状复杂的深冲零件。

b. 双相黄铜 H62、H59　可进行热变形，常热轧成棒材、板材；可铸造。

② 复杂黄铜　部分黄铜加工产品的牌号、成分、力学性能及用途见表 10-3 所列。

表 10-3　部分黄铜的牌号、成分、力学性能及用途

类别	牌号	化学成分						铸造方法	力学性能				用途
		Cu	Pb	Si	Al	其他	Zn		σ_b /MPa	$\sigma_{0.2}$ /MPa	δ/%	硬度(HBS)	
普通黄铜	H70	69.00～72.00							660		3	150	制造弹壳、冷凝器管等
	H62	60.50～63.50							500		3	164	垫圈、弹簧、螺钉螺母等
	H59	57～60	0.8～1.9						500		10	103	热轧、热压零件
特殊黄铜	HPb59-1	57～60							650		16	140	销子、螺钉等冲压或加工件
	HAl59-3	57～60			2.5～3.5	Ni2～3	余量		650		15	150	高强度及化学性能稳定的零件
	HMn58-2	57～60				Mn1～2			700		10	175	船舶和弱电流用零件
铸造黄铜	ZCuZn38	60～63						砂型 金属型	295 295		30 30	590 685	机械、热压轧制零件
	ZCuZn33Pb2	63～67	1～3					砂型	180	70	12	490	
	ZCuZn40Pb2	58～63	0.5～2.5		0.2～0.8			砂型 金属型	220 280	120	15 20	785 885	制造化学性能稳定的零件
	ZCuZn16Si2	79～81						砂型 金属型	345 390		15 20	885 980	轴承、轴套

a. 铅黄铜　铅能改善切削加工性能，提高耐磨性，对强度影响不大，略微降低塑性。用于要求良好切削性能及耐磨性能的零件（如钟表零件等），铸造铅黄铜可制作轴瓦和衬套，如：HPb63-3。

b. 锡黄铜　锡显著提高黄铜在海洋大气和海水中的抗蚀性，并使强度有所提高。压力加工锡黄铜广泛用于制造海船零件，如：HSn62-1。

c. 铝黄铜　铝提高黄铜的强度和硬度（但使塑性降低），改善在大气中的抗蚀性。制作海船零件及其他机器的耐蚀零件。铝黄铜中加入适量的镍、锰、铁后，还可得到高强度、高耐蚀性的复杂黄铜，制造大型蜗杆、海船螺旋桨等重要零件，如：HAl60-1-1。

d. 硅黄铜　硅显著提高黄铜的力学性能、耐磨性和耐蚀性。硅黄铜具有良好的铸造性能，并能进行焊接和切削加工，主要用于制造船舶及化工机械零件，如：HSi65-1.5-3。

(2) 青铜

青铜原指铜锡合金，但工业上都习惯称含铝、硅、铅、铍、锰等的铜基合金为青铜，所以青铜实际上包括有锡青铜、铝青铜、铍青铜等。青铜也可分为压力加工青铜（以青铜加工产品的形式供应）和铸造青铜两类。

① 锡青铜　以锡为主要合金元素的铜基合金称锡青铜。

在一般铸造状态下，锡质量分数低于 6%的锡青铜能获得 α 单相组织。α 相是锡溶于铜中的固溶体，具有面心立方晶格，塑性良好，容易冷、热变形。锡质量分数大于 6%时，组织中出现（α+δ）共析体。δ 相极硬和脆，不能塑性变形。

锡青铜的铸造收缩率很小，可铸造形状复杂的零件。但铸件易生成分散缩孔，使密度降低，在高压下容易渗漏。锡青铜在大气、海水、淡水以及蒸汽中的抗腐蚀性能比纯铜和黄铜好，但在盐酸、硫酸和氨水中的抗腐蚀性能较差。锡青铜中加入少量铅，可提高耐磨性和切削加工性能；加入磷可提高弹性极限、疲劳极限及耐磨性；加入锌可缩小结晶温度范围，改善铸造性能。

锡青铜在造船、化工、机械、仪表等工业中广泛应用，主要制造轴承、轴套等耐磨零件和弹簧等弹性元件以及抗蚀、抗磁零件等。

几种青铜加工产品的牌号、成分、力学性能及用途见表 10-4 所列。

表 10-4　几种青铜的牌号、成分、力学性能及用途

类别	牌号	化学成分						铸造方法	力学性能				用途
		Sn	Pb	Al	Mn	Cu	其他		σ_b /MPa	$\sigma_{0.2}$ /MPa	δ/%	硬度(HBS)	
锡青铜	ZCuSn5Pb5Zn5	4～6	4～6				Zn 4～6	砂型 金属型	200	90	13	590	耐磨零件、耐磨轴承
	ZCuSn10Pb5	9～11	4～6					砂型 金属型	195 245		10 10	685 685	
	ZCuSn10Zn2	9～11					Zn 1～3	砂型 金属型	240 245	120 140	12 6	685 785	阀、泵壳、齿轮、涡轮等
铅青铜	ZCu Pb10Sn10	9～11	8～11					砂型 金属型	180 220	80 140	7 5	635 685	轴承
	ZCuPb30		27～33			余量		金属型				245	曲轴、轴瓦、高速轴承
	$ZCuAl_9Mn_2$			8～10	1.5～2.5			砂型 金属型	390 440		20 20	835 930	弹簧及弹性零件
铝青铜	$ZCuAl10Fe_3Mn_2$						Fe 2～4	砂型 金属型	490 540		15 20	1080 1175	高强度和耐磨、耐蚀性
	QBe2						Be 1.6～1.85 Ni 0.2～0.3	淬火 时效	500 1250		35 2～4	100 330	重要弹簧、弹性零件、高速高压齿轮
	QBe1.7						Be 1.6～1.85 Ni 0.2～0.3 Ti 0.1～0.25	淬火 时效	44 1150		50 3.5	HV 85 HV 360	

② 铝青铜　以铝为主要合金元素的铜合金称铝青铜。

铝青铜的耐蚀性优良，在大气、海水、碳酸及大多数有机酸中的耐蚀性，均比黄铜和锡青铜高。铝青铜的耐磨性亦比黄铜和锡青铜好。

主要用于制造齿轮、轴套、蜗轮等在复杂条件下工作的高强度抗磨零件，以及弹簧和其他高耐蚀性弹性元件。

③ 铍青铜　以铍为基本合金元素的铜合金（铍质量分数为1.7%～2.5%）称铍青铜。例如：铍青铜QBe2在淬火状态下塑性好，可进行冷变形和切削加工，制成零件经人工时效处理后，获得很高的强度和硬度：σ_b 达1200～1500MPa，硬度达350～400（HB），超过其他铜合金。

铍青铜的弹性极限、疲劳极限都很高，耐磨性和抗蚀性也很优异。它有良好的导电性和导热性，并有无磁性、耐寒、受冲击时不产生火花等一系列优点，但价格较贵。

铍青铜主要用于制作精密仪器的重要弹簧和其他弹性元件，钟表齿轮，高速高压下工作的轴承及衬套等耐磨零件，以及电焊机电极、防爆工具、航海罗盘等重要机件。

(3) 白铜

以镍为主要合金元素的铜合金称为白铜。在固态下，铜与镍无限固溶，因此工业白铜的组织为单相α固溶体。它有较好的强度和优良的塑性，能进行冷、热变形。冷变形能提高强度和硬度。它的抗蚀性很好，电阻率较高。

白铜用于制造船舶仪器零件、化工机械零件及医疗器械等。锰含量高的锰白铜可制作热电偶丝。常用的白铜有B30、B19、B5、BZn15-20、BMn3-12、BMn40-1.5等。

10.3 镁及镁合金

10.3.1 纯镁

镁是实用金属中最轻的金属，其密度为1.74g/cm^3。镁的密度大约是铝的2/3，是铁的1/4。它的熔点为650℃，具有密排六方晶格。镁在氢氧酸、碱和矿物油中的耐蚀性好，但在大气、淡水、海水中的耐蚀性差，室温下镁的塑性较低，冷变形困难，但加热至250℃以上具有较好的塑性。

工业纯镁的编号方法是：代号“M”＋顺序号。纯镁主要用于配置镁合金。此外，还用作化工、冶金中的还原剂。

10.3.2 镁合金

工业中应用的镁合金分为变形镁合金和铸造镁合金两大类。变形镁合金的编号方法是：代号“BM”＋顺序号；铸造镁合金的编号方法是：代号“ZM”＋顺序号。

镁合金常加入的合金元素有：Al、Zn、Mn、Zr及RE等，形成常用的Mg-Mn系、Mg-Al-Zn系、Mg-Zn-Zr系和Mg-RE-Zr系等合金。

(1) 变形镁合金

变形镁合金有MB1、MB2、MB3、MB5、MB6、MB7、MB8和MB15等8种牌号。其中MB1和MB8属于Mg-Mn系合金，它们一般在退火态使用，退火温度为340～400℃，退火组织具有良好的耐蚀性和焊接性，可以用于飞机蒙皮、壁板及润滑系统的附件。MB2、MB3、MB5、MB6、MB7为Mg-Al-Zn系合金。它具有较高的耐蚀性和热塑性，而较常用的是MB2和MB3。MB15是Mg-Zn-Zr系合金，它可通过热处理强化，其热处理工艺有两种：一是固溶处理（505～515℃）加人工时效（150～170℃）；二是先热变形（如锻压或挤压）（380～420℃）再加人工时效（170～180℃）。经热处理后的MB15的强度高、耐蚀性好，但其焊接性差，不能做焊接件。常用作制造飞机及宇航结构件。如飞机的机翼长桁、翼肋等，其使用温度不能超过150℃。

Mg-Li系合金是一种新型的超轻结构镁合金，其密度为1.30～1.65g/cm^3，Mg-Li系具有塑性好、韧性好、密度小、焊接性能好、缺口敏感性低等优点，在航空、航天工业中具有良好的应用前景。

（2）铸造镁合金

铸造镁合金有ZM1、ZM2、ZM3、ZM4、ZM5、ZM6和ZM8这7种。其中ZM5属于Mg-Al-Zn系合金，经热处理后可提高强度，该合金流动性好，焊接性好，可用作制造飞机机舱连接隔框、仪表、发动机及其他结构上的承载件。ZM1、ZM2、ZM8属于Mg-Zn-Zr系合金，具有较高的强度、塑性，铸造工艺性能好，铸件致密，可焊接，可以在170～200℃工作，用作制造飞机的发动机和导弹的各种铸件。ZM3和ZM4属于Mg-RE-Zr系合金，RE元素提高Mg合金的工作温度，改善铸造性能，使ZM3、ZM4和ZM6可在200～300℃工作，用于制造300℃以下工作的高气密零件。

10.4 钛及钛合金

钛及钛合金具有密度小、质量轻、比强度高、耐高温、耐腐蚀以及良好低温韧性等优点，同时资源丰富，所以有着广泛应用前景。但目前钛及钛合金的加工条件复杂，成本较昂贵。

10.4.1 纯钛

（1）纯钛性能

纯钛密度小，熔点高，热膨胀系数小，导热性差。纯钛塑性好、强度低，容易加工成形，可制成细丝和薄片。钛在大气和海水中有优良的耐蚀性，在硫酸、盐酸、硝酸、氢氧化钠等介质中都很稳定。钛的抗氧化能力优于大多数奥氏体不锈钢。

（2）晶体结构

钛在固态有两种结构，882.5℃以上直到熔点为体心立方晶格，称β-Ti。882.5℃以下为密排六方晶格，称α-Ti。

冷却时在882.5℃发生同素异构转变：

$$\beta\text{-Ti} \longrightarrow \alpha\text{-Ti}$$

（3）牌号及用途

TA1、TA2、TA3编号越大杂质越多，纯钛可制作在350℃以下工作的、强度要求不高的零件。

10.4.2 钛合金

合金元素溶入α-Ti中，形成α固溶体，溶入β-Ti中形成β固溶体。

α稳定化元素铝、碳、氮、氧、硼等使同素异构转变温度升高（图10-13）。

β稳定化元素铁、钼、镁、铬、锰、钒等使同素异构转变温度下降（图10-14）。

根据使用状态的组织，钛合金可分为3类：α钛合金、β钛合金和（α+β）钛合金。牌号分别以TA、TB、TC加上编号来表示。

（1）α钛合金

钛中加入铝、硼等α稳定化元素获得α钛合金。α钛合金的室温强度低于β钛合金和（α+β）钛合金，但高温（500～600℃）强度比它们的高，并且组织稳定，抗氧化性和抗蠕变性好，焊接性能也很好。α钛合金不能淬火强化，主要依靠固溶强化，热处理只进行退火（变形后的消除应力退火或消除加工硬化的再结晶退火）。

典型牌号是TA7，成分为Ti-5Al-2.5Sn。其使用温度不超过500℃，主要用于制造导弹的燃料罐、超音速飞机的涡轮机匣等。

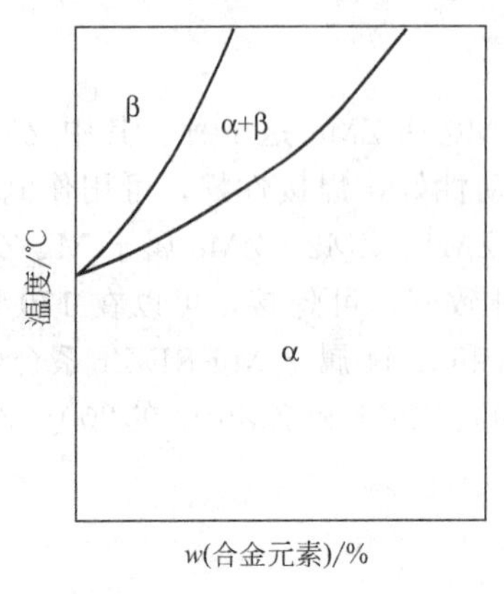

图 10-13 α稳定化元素的影响

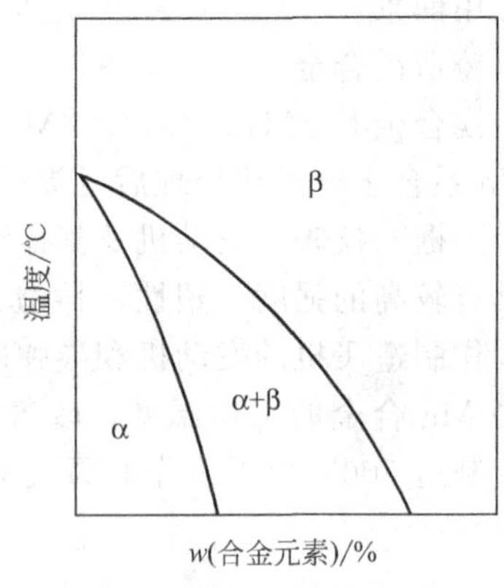

图 10-14 β稳定化元素的影响

钛泵如图 10-15 所示。

(2) β钛合金

钛中加入钼、铬、钒等β稳定化元素得到β钛合金。β钛合金有较高的强度、优良的冲压性能，并可通过淬火和时效进行强化。在时效状态下，合金的组织为β相和弥散分布的细小α相粒子。

典型牌号是 TB1，成分为 Ti-3Al-13V-11Cr，一般在 350℃以下使用，适于制造压气机叶片、轴、轮盘等重载的回转件以及飞机构件等。

(3) (α+β) 钛合金

钛中通常加入β稳定化元素 Fe、Mn、Cr、Mo、V 等，大多数还加入α稳定化元素 Al 和中性元素 Sn。所得到的 (α+β) 钛合金，塑性很好，容易锻造、压延和冲压，并可通过淬火和时效进行强化。热处理后强度可提高 50%～100%。

典型牌号是 TC4，成分为 Ti-6Al-4V，经淬火及时效处理后，显微组织为块状α+β+针状α（图 10-16）。其中针状α是时效过程中从β相析出的。强度高，塑性好，在 400℃时组织稳定，蠕变强度较高，低温时有良好的韧性，并有良好的抗海水应力腐蚀及抗热盐应力腐蚀的能力，适于制造在 400℃以下长期工作的零件，要求一定高温强度的发动机零件，以及在低温下使用的火箭、导弹的液氢燃料箱部件等。

钛合金人工关节如图 10-17 所示。工业纯钛及部分钛合金的牌号、成分及性能见表 10-5 所列。

图 10-15 钛泵

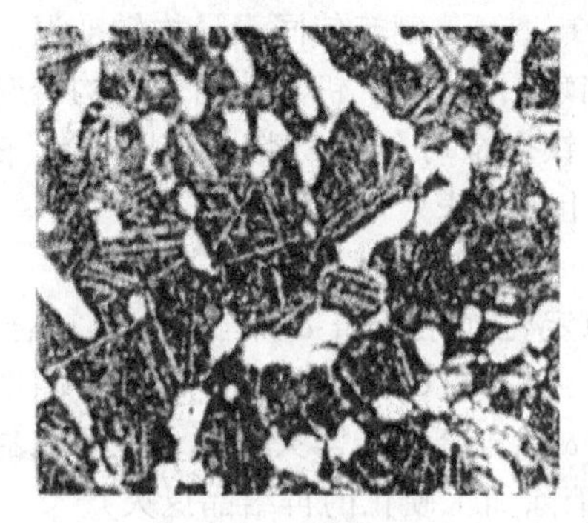

图 10-16 Ti-6Al-4V 合金时效处理后的显微组织

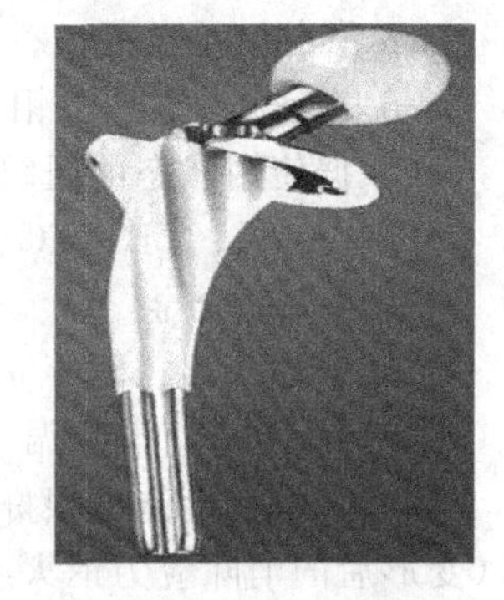

图 10-17 钛合金人工关节

表 10-5　工业纯钛及部分钛合金的牌号、成分及性能

类别	牌号	主要成分	室温力学性能				高温力学性能		
			热处理状态	σ_b/MPa	δ_5/%	a_k/(J/	试验温度	σ_b/MPa	σ_{100}/MPa
工业纯钛	TA1	Ti(微量杂质)	退火	350～500	30～40	—	—	—	—
α钛合金	TA4	Ti-3Al	退火	700	12	—	—	—	—
	TA6	Ti-5Al	退火	700	10	30	350	—	—
	TA7	Ti-5Al-2.5Mn	退火	800	10	30	350		
β钛合金	TB1	Ti-3Al-8Mo-11Cr	淬火	≤1100	18	30	400		
			淬火+时效	1300	5	15	400		
	TB2	Ti-3Al-5Mo-5V-8Cr	淬火	≤1000	18	30			
			淬火+时效	1400	7	15			
α+β钛合金	TC1	Ti-2Al-1.5Mn	退火	600～800	15	45	350	350	330
	TC4	Ti-6Al-4V	退火	950	10	40	400	630	580
	TC10	Ti-6Al-6V-2Sn-0.5Cu-0.5Fe	退火	1050	12	30	400	800	800

10.5 轴承合金

滑动轴承是汽车、拖拉机、机床及其他机器中的重要部件。轴承合金是制造滑动轴承中的轴瓦及内衬的材料。轴承支撑着轴，当轴旋转时，轴瓦和轴发生强烈的摩擦，并承受轴颈传给的周期性载荷。滑动轴承的结构如图 10-18 所示。

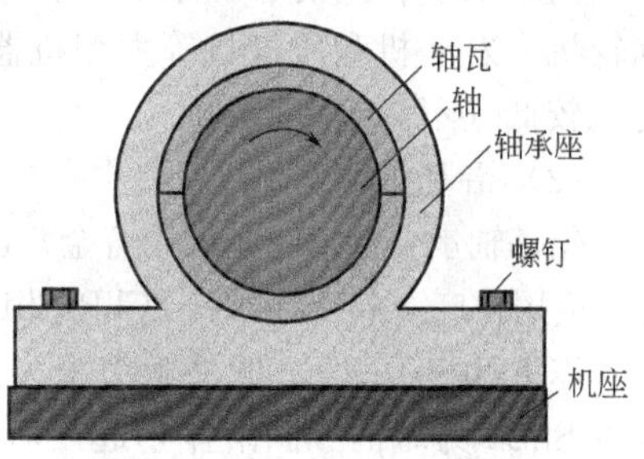

图 10-18　滑动轴承的结构

10.5.1 轴承合金性能要求和组织特点

（1）性能要求

① 足够的强度和硬度，以承受轴颈较大的单位压力。

② 足够的塑性和韧性，高的疲劳强度，以承受轴颈的周期性载荷，并抵抗冲击和振动。

③ 良好的磨合能力，使其与轴能较快地紧密配合。

④ 高的耐磨性，与轴的摩擦系数小，并能保留润滑油，减轻磨损。

⑤ 良好的耐蚀性、导热性、较小的膨胀系数，防止摩擦升温而发生咬合。

（2）组织特点

轴瓦（图 10-19）材料不能选用高硬度的金属，以免轴颈受到磨损；也不能选用软的金属，防止承载能力过低。因此轴承合金应既软又硬，组织的特点是：在软基体上分布硬质点，或者在硬基体上分布软质点。若轴承合金的组织是软基体上分布硬质点，则运转时软基体受磨损而凹陷，硬质点将凸出于基体上，使轴和轴瓦的接触面积减小，而凹坑能储存润滑油，降低轴和轴瓦之间的摩擦系数，减少轴和轴承的磨损。另外，软基体能承受冲击和震动，使轴和轴瓦能很好的结合，并能起嵌藏外来小硬物的作用，保证轴颈不被擦伤。

图 10-19 轴瓦

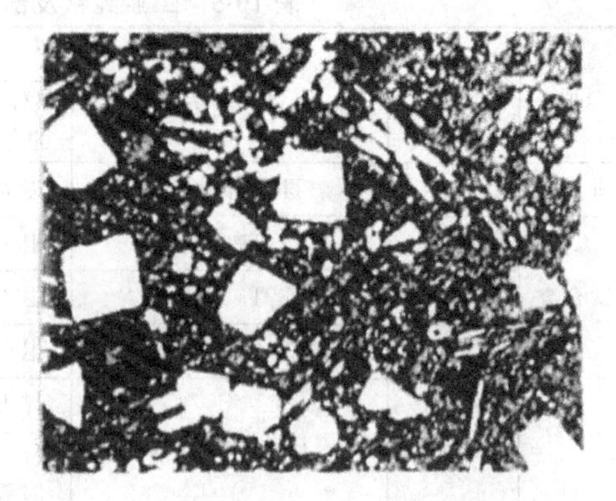

图 10-20 ZChSnSb11-6 轴承合金的显微组织

轴承合金的组织是硬基体上分布软质点时，也可达到上述同样目的。

10.5.2 常用轴承合金

（1）锡基轴承合金

锡基轴承合金（锡基巴氏合金）是一种软基体硬质点类型的轴承合金。常用的牌号是ZChSnSb11-6（含11%Sb和6%Cu，其余量为Sn）。显微组织为$\alpha+\beta'+Cu_6Sn_5$（图10-20）。其中黑色部分是α相软基体，白方块是β'相硬质点，白针状或星状组成物是Cu_6Sn_5。α相是锑溶解于锡中的固溶体，为软基体。β'相是以化合物SnSb为基的固溶体，为硬质点。铸造时，由于β'相较轻，易发生严重的比重偏析，所以加入铜，生成Cu_6Sn_5，使其作树枝状分布，阻止β'相上浮，有效地减轻比重偏析。Cu_6Sn_5的硬度比β'相高，也起硬质点作用，进一步提高合金的强度和耐磨性。

锡基轴承合金的摩擦系数和膨胀系数小，塑性和导热性好，适于制作最重要的轴承，如汽轮机、发动机和压气机等大型机器的高速轴瓦。但锡基轴承合金的疲劳强度较低，许用温度也较低（不高于150℃）。

（2）铅基轴承合金

铅基轴承合金（铅基巴氏合金）也是一种软基体硬质点类型的轴承合金。铅锑系的铅基轴承合金应用很广，典型牌号有ZChPbSb16-16-2，成分为16%Sb、16%Sn、2%Cu，其余为Pb。

ZChPbSb16-16-2的显微组织为$(\alpha+\beta)+\beta+Cu_6Sn_5$，$(\alpha+\beta)$共晶体为软基体，白方块为以SnSb为基的β固溶体，起硬质点作用，白针状晶体为化合物Cu_6Sn_5。这种合金的铸造性能和耐磨性较好（但比锡基轴承合金低），价格较便宜，可用于制造中、低载荷的轴瓦，例如汽车、拖拉机曲轴的轴承等。

（3）铜基轴承合金

① 铅青铜ZQPb30，成分为30%Pb，其余为Cu。这是一种硬基体软质点类型的轴承合金。铜和铅在固态时互不溶解，室温显微组织为Cu＋Pb。Cu为硬基体，粒状Pb为软质点。该合金与巴氏合金相比，具有高的疲劳强度和承载能力，优良的耐磨性、导热性和低的摩擦系数，能在较高温度（250℃）下正常工作，因此可制造大载荷、高速度的重要轴承，例如航空发动机、高速柴油机的轴承等。

② 锡青铜ZQSn10-1，成分为10%Sn、1%P，其余为Cu。显微组织为$\alpha+\delta+Cu_3P$。α固溶体为软基体，δ相和Cu_3P为硬质点。该合金具有高的强度，适于制造高速度、高载荷的柴油机轴承。

几种轴承合金的牌号、成分、力学性能及用途见表10-6所列。

表 10-6 几种轴承合金的牌号、成分、力学性能及用途

类别	牌号	化学成分/%(质量)					力学性能			用途
		Sb	Sn	Pb	Cu	其他	σ_b /MPa	δ/%	硬度(HBS)	
锡基	ZSnSb11Cu6	10～12	余量		5.5～6.5		90	6	30	2000hp 以上高速汽轮机、500hp 涡轮机、高速内燃机轴承
	ZSnSb8Cu3	7.25～8.25	余量		2.3～3.5		80	10.6	24	大型机械轴承、轴套
铅基	ZPbSb16Sn16Cu2	15～17	15～17	余量	1.5～2		78	0.2	30	汽车、轮船、发动机等轻载轴承
	ZPbSb15Sn5Cu3	14～16	5～6	余量	2.5～3				32	机车车辆、拖拉机轴承
铜基	ZCuPb30			30	余量		60	4	25	高速高压航空发动机、高压柴油机轴承
	ZCuSn10P1				余量	P0.6～1.2	250	5	90	高速高载柴油机轴承

由于锡基、铅基轴承合金及不含锡的铅青铜的强度比较低，承受不了大的压力，所以使用时必须将其镶铸在钢的轴瓦上，形成一层薄而均匀的内衬，做成双金属轴承。含锡的铅青铜，由于锡溶于铜中使合金强化，获得高的强度，所以不必做成双金属，而可直接做成轴承或轴套使用。

习 题

1. 铸造铝合金（如 Al-Si 合金）为何要进行变质处理？
2. 以 Al-Cu 合金为例，说明时效硬化的基本过程及影响时效硬化过程的因素。
3. 铝合金能像钢一样进行马氏体相变强化吗？可以通过渗碳、氮化的方式进行表面强化吗？为什么？
4. 铝合金的自然时效与人工时效有什么区别？选用自然时效或人工时效的原则是什么？
5. 铜合金的性能有何特点？铜合金在工业上的主要用途是什么？
6. 哪些合金元素常用来制造复杂黄铜？这些合金元素在黄铜中存在的形态是怎样的？
7. 锡青铜属于什么合金？为什么工业用锡青铜的含锡量一般不超过 14%？
8. 轴承合金在性能上有何要求？在组织上有何特点？
9. 试比较钛合金的热处理强化方式与钢、铝合金的热处理强化方式的异同。

11 高分子材料

高分子材料属于非金属材料，其应用非常广泛，在工业生产、航空、航天、农业、电子工业和通信技术等诸多领域都得到应用。一辆汽车上的高分子材料零件在400个以上，一架飞机的高分子材料零件达到了2500个之多。以高分子材料替换传统的金属材料，不仅可以降低汽车或飞机的自重，而且可以改善它们的舒乘性能。能够在工程应用中合理地选择高分子材料，对机械设计和制造有着举足轻重的作用。

11.1 概述

人类很早就在利用天然高分子材料，但有目的地人工合成高分子材料，至今则只有一个多世纪的发展历史。自1872年最早发现酚醛树脂，并将其成功用于电气和仪器仪表等工业中以来，高分子材料由于其独特的性能特点而得到了迅猛发展。到目前为止，已发展成由塑料、橡胶、合成纤维三大合成结构材料及油漆、胶黏剂等组成的庞大的高分子材料群体，广泛应用于工业、农业和尖端科学技术等各个领域。

11.1.1 高分子材料的基本概念

（1）高分子材料的定义

高分子材料（macromolecule material）是指以高分子化合物为主要组成部分的材料。

高分子化合物是指相对分子质量（以下简称为分子量）很大的有机化合物，常称为聚合物（polymer）或高分子化合物（high polymer）。其分子量一般在1000以上，有的可达几万到几十万，如聚苯乙烯的分子量是10000～300000，聚氯乙烯的分子量是20000～160000。实际上，高分子化合物应包括作为生命和食物基础的生物大分子（如蛋白质、DNA、生物纤维素、生物胶等）和工程聚合物两大类，而工程聚合物又包括人工合成的（如塑料、合成纤维和合成橡胶等）和天然的（如橡胶、毛及纤维素等）材料。

（2）高分子化合物的组成

高分子化合物的分子量虽然很大，但化学组成却相对简单。首先，组成高分子化合物的元素主要是C、H、O、N、Si、S、P等少数几种元素；其次，所有的高分子都是由一种或几种简单的结构单元通过共价键连接并不断重复而形成的。以聚乙烯为例，它是由许多乙烯小分子连接起来形成的大分子链，其中只包含C和H两种元素，即：

$$nCH_2=CH_2 \rightarrow \cdots-CH_2-CH_2-CH_2-CH_2-\cdots \rightarrow \left[CH_2-CH_2\right]_n \qquad (11\text{-}1)$$

组成聚合物的低分子化合物(如乙烯、氯乙烯等)称为单体(monomer)。高分子链中重复的结构单元称为链节。一条高分子链中所含的链节数目(n)称为聚合度(degree of polymerization)。显然，高分子的分子量(M)是链节的分子量(M_0)与聚合度(n)的乘积：

$$M=nM_0 \tag{11-2}$$

高分子材料是由大量的大分子链聚集而成的，各个大分子链的长短并不一致，是按统计规律分布的，所以，高分子材料的分子量是大量大分子链分子量的平均值即平均分子量。

(3) 高分子化合物的聚合

高分子化合物的合成方法有两种，即加成聚合反应（又称加聚反应）和缩合聚合反应（简称缩聚反应）。

① 加聚反应　加聚反应是指含有双键的单体在一定条件下（光、热或引发剂）使双键打开，并通过共价键互相链接而形成大分子链的反应。由一种单体加聚而成的高分子称为均聚物，如聚乙烯、聚氯乙烯等；由两种或两种以上的单体聚合而成的称为共聚物，如 ABS 树脂就是由丙烯腈（A）、丁二烯（B）和苯乙烯（S）3 种单体加聚而成的共聚物。目前有 80%的高分子材料是通过加聚反应得到的。

② 缩聚反应　由两种或两种以上具有特殊官能团的低分子化合物通过聚合而逐步合成为一种大分子链的反应称为缩聚反应，其产物称为缩聚物。它们在生成高分子化合物的同时，还有水、氨气、卤化氢或醇等低分子副产物析出。缩聚反应是由若干个聚合反应逐步完成的，如果条件不满足，可能会停留在某一个中间阶段。由于缩聚过程中总有小分子析出，故缩聚高分子化合物链节的化学组成和结构与其单体并不完全相同。许多常用的高分子化合物如酚醛树脂、环氧树脂、聚酰胺、有机硅树脂等都是由缩聚反应制得的。

(4) 高分子化合物的分类及命名

① 高分子化合物的分类　高分子化合物的分类方法见表 11-1 所列。

② 高分子化合物的命名　常用的高分子材料名称大多数采用习惯命名法。对加聚高分子材料，一般在原料单体名称前加“聚”字，如聚乙烯、聚氯乙烯等。对缩聚高分子材料，一般是在原料名称后加“树脂”二字，如酚醛树脂、脲醛树脂等。

实际上有很多高分子材料在工程中常采用商品名称，它们没有统一的命名原则，对同一材料可能各国的名称都不相同。商品名称多用于纤维和橡胶，如聚酰胺称为尼龙、锦纶、卡普隆；聚乙烯醇缩甲醛称为维尼纶；聚丙烯腈（人造羊毛）称为腈纶、奥纶；聚对苯二甲酸乙二酯称为涤纶、的确良；丁二烯和苯乙烯共聚物称为丁苯橡胶等。

有时为了简化，往往用英文名称的缩写表示，如聚乙烯用“PE”表示，聚氯乙烯用“PVC”表示等。

11.1.2　高分子化合物的结构

高分子材料的应用状态多样，性能各异。其性能不同的原因是不同材料的高分子成分、结合力及结构不同。高分子化合物的结构比低分子化合物复杂得多，但按其研究单元不同可分为分子类结构（高分子链结构）、分子间结构（聚集态结构）。

(1) 高分子链结构

① 高分子链结构（分子内结构）单元的化学组成　在周期表中只有ⅢA、ⅣA、ⅤA、ⅥA 中部分非金属、亚金属元素（如 N、C、B、O、P、S、Si、Se 等）才能形成高分子链。其中碳链高分子产量最大，应用最广。由于高分子化合物中常见的 C、H、O、N 等元素均为轻元素，所以高分子材料具有密度小的特点。

高分子链结构单元的化学组成不同，则性能不同。这主要是不同元素间的结合力大小不同所致。表 11-2 为高分子化合物中一些共价键的键长和键能。

表 11-1 高分子化合物的分类

分类方法	类 别	特 点	举 例	备 注
按性能及用途	塑 料	室温下呈玻璃态，有一定形状，强度较高，受力后能产生一定形变的聚合物	聚酰胺、聚甲醛、聚砜、有机玻璃、ABS、聚四氟乙烯、聚碳酸酯、环氧树脂、酚醛塑料	其中塑料、橡胶、纤维称为三大合成材料
	橡 胶	室温下呈高弹态，受到很小力时就会产生很大形变，外力去除后又恢复原状的聚合物	通用合成橡胶（丁苯橡胶、顺丁橡胶、氯丁橡胶、乙丙橡胶）特种橡胶（丁腈橡胶、硅橡胶、氟橡胶）	
	纤 维	由聚合物抽丝而成，轴向强度高、受力变形小，在一定温度范围内力学性能变化不大的聚合物	涤纶（的确良）、锦纶（尼龙）、腈纶（奥纶）、维纶、丙纶、氯纶（增强纤维有芳纶、聚烯烃）	
	胶黏剂	由一种或几种聚合物作基料加入各种添加剂构成的，能够产生黏合力的物质	环氧、改性酚醛、聚氨酯 *a*-氰基丙烯酸酯、厌氧胶黏剂	
	涂 料	是一种涂在物体表面上能干结成膜的有机高分子胶体的混合溶液，对物体有保护、装饰（或特殊作用：绝缘、耐热、示温等）作用	酚醛、氨基、醇酸、环氧、聚氨酯树脂及有机硅涂料	
按聚合物反应类型	加聚物	经加聚反应后生成的聚合物，链节的化学式与单体的分子式相同	聚乙烯、聚氯乙烯等	80%聚合物可经加聚反应生成
	缩聚物	经缩聚反应后生成的聚合物，链节的化学结构与单体的化学结构不完全相同，反应后有小分子物析出	酚醛树脂（由苯酚和甲醛缩合、缩水去水分子后形成的）等	
按聚合物的热行为	热塑性聚合物	加热软化或熔融而冷却固化的过程可反复进行的高分子化合物，它们是线型高分子化合物	聚氯乙烯等烯类聚合物	
	热固性聚合物	加热成型后，不再熔融或改变形状的高分子化合物，它们是网状（体型）高分子化合物	酚醛树脂、环氧树脂	
按主链上的化学组成	碳链聚合物	主链由碳原子一种元素组成的聚合物	—C—C—C—C—	
	杂链聚合物	主链除碳外，还有其他元素原子的聚合物	—C—C—O—C— —C—C—N— —C—C—S—	
	元素链聚合物	主链由氧和其他元素原子组成的聚合物	—O—Si—O—Si—O—	

表 11-2 高分子化合物中一些共价键的键长和键能

键	键长/Å	键能/(kcal/mol)	键	键长/Å	键能/(kcal/mol)
C—C	1.54	83	C═O	1.21	179
C═C	1.34	146	C—Cl	1.77	81
C—H	1.10	99	N—H	1.01	0.3
C—N	1.47	73	O—H	0.96	111
C≡N	1.15	213	O—O	1.32	25
C—O	1.46	66			

注：$1Å=10^{-10}m$，1kcal=4.1868kJ。

② 高分子键的形态（线形、支链形、体形）　高分子链可有不同的几何形态，如图 11-1 所示。

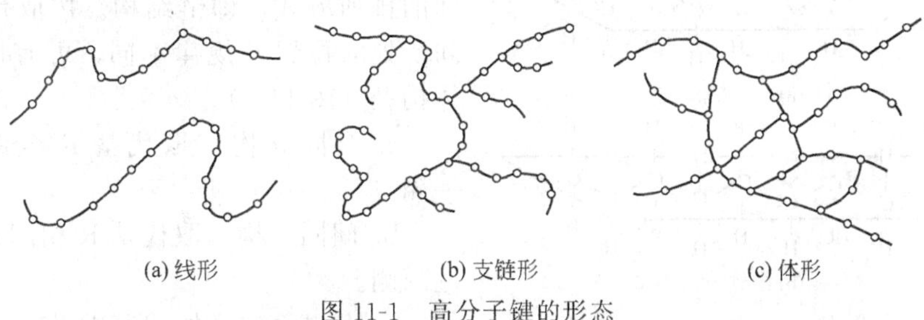

(a) 线形　　(b) 支链形　　(c) 体形

图 11-1　高分子键的形态

a. 线型分子链　链节以共价键连接成线型长链分子，其直径为几个埃（1Å=0.1nm），而长度可达几千甚至几万埃，像一根长线。但通常不是直线，而是卷曲状或线团状。这类结构高分子化合物的特点是弹性、塑性好、硬度低，是热塑性材料的典型结构。

b. 支链型分子链　在主链的两侧以共价键连接着相当数量的长短不一的支链，其形状有树枝形、梳形、线团支链形。由于支链的存在影响其结晶度及性能。

c. 体型分子链　它是在线型或支化型分子链之间，沿横向通过链节以共价键连接起来，产生交联而成的三维（空间）网状大分子。由于网状分子链的形成，使聚合物分子间不易相互流动。具有这类结构的高分子化合物硬度高、脆性大、无弹性和塑性，是热固性材料的典型结构。这种结构亦称网状结构。

分子链的形态对聚合物性能有显著影响。线型和支化型分子链构成的聚合物称线型聚合物，一般具有高弹性和热塑性；体型分子链构成的聚合物称体型聚合物，一般具有较高的强度和热固性。另外，交联使聚合物产生老化，使聚合物丧失弹性，变硬、变脆。

③ 高分子链中结构单元键接方式　任何高分子都是由单体按一定的方式链接而成。

a. 均聚物中单体的连接方式（以聚氯乙烯为例）

头-尾连接：

$$\begin{array}{cccccc} -CH_2- & CH- & CH_2- & CH- & CH_2- & CH- \\ & | & & | & & | \\ & Cl & & Cl & & Cl \end{array}$$

头-头或尾-尾连接：

$$\begin{array}{cccccc} -CH_2- & CH- & CH- & CH_2- & CH_2- & CH- \\ & | & | & & & | \\ & Cl & Cl & & & Cl \end{array}$$

无规连接：

$$\begin{array}{cccccccc} -CH_2- & CH- & CH_2- & CH- & CH- & CH_2- & CH_2- & CH- \\ & | & & | & | & & & | \\ & Cl & & Cl & Cl & & & Cl \end{array}$$

b. 共聚物中单体的连接方式（以 A、B 两种单体共聚为例）

无规共聚：—ABBABBABAABAA—

交替共聚：—ABABABABABAB—

嵌段共聚：—AAAABBBAABBB—

接枝共聚：

$$\begin{array}{c} -AAAAAAAAA- \\ \begin{array}{ccc} | & \quad & | \\ B & & B \\ B & & B \\ B & & B \end{array} \end{array}$$

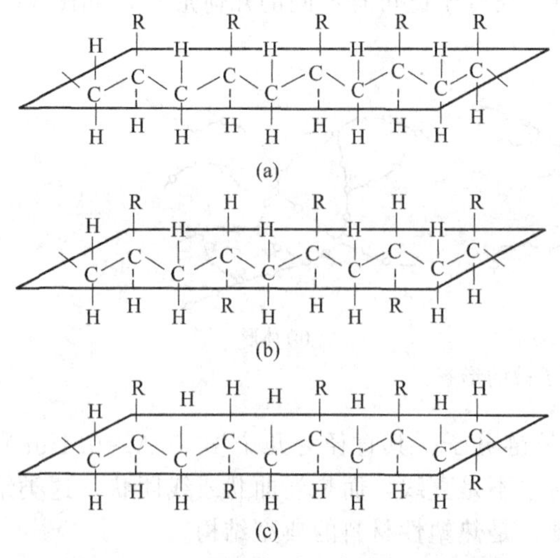

图 11-2　乙烯类高分子化合物的构型

④ 高分子链的构型（链结构）　所谓高分子链的构型是指高分子链原子或原子团在空间的排列方式，即链结构。按取代基 R 在空间所处的位置及规律不同，可有以下 3 种立体构型（图 11-2）。

a. 全同立构　取代基 R 全部处于主链一侧。

b. 间同立构　取代基 R 相间地分布在主链两侧。

c. 无规立构　取代基 R 在主链两侧作不规则的分布。

高分子链的构型不同，则性能不同。例如全同立构的聚丙烯容易结晶，熔点为 165℃，可纺成丝，称丙纶丝；而无规立构的聚丙烯其软化温度为 80℃，无实用价值。

⑤ 高分子链的构象　聚合物高分子链和其他物质分子一样也在不停地热运动，这种运动是单键内旋转引起的。如前所述，大分子链是由成千上万个原子经共价键连接而成，其中以单键连接的原子，由于原子热运动，两个原子可作相对旋转，即在保持键角和键长不变（C-C 键长为 0.154μm，链角为 109°28′）情况下每个单键可绕邻近单键作旋转，称内旋转，如图 11-3 所示。单键内旋转的结果，使原子排列位置不废变化。高分子键很长，每个单键都在内旋转，而且频率很高（室温下乙烷分子可达 $10^{11} \sim 10^{12}$ Hz)，这必然造成高分子的形态瞬息万变，使线型高分子链很容易呈卷曲状或线团状。这种由于单键内旋所引起的原子在空间占据不同位置所构成的分子键的各种形象，称为高分子链的构象。正是这种极高频率的单键内旋转可随时改变着大分子链的形态，在拉力作用下，可将其伸展拉直，外力去除后，又缩回到原来的卷曲状或线团状。通常将这种由构象变化而引起大分子链的伸长或回缩的特性称为大分子链的柔顺性。高分子链的内旋转愈容易，其柔顺性愈好。分子链的柔顺性好坏对聚合物性能影响很大，具有较好柔顺性的聚合物其强度、硬度、熔点较低，但弹性和塑性好；刚性分子链聚合物则强度、硬度、熔点较高，弹性、韧性差。

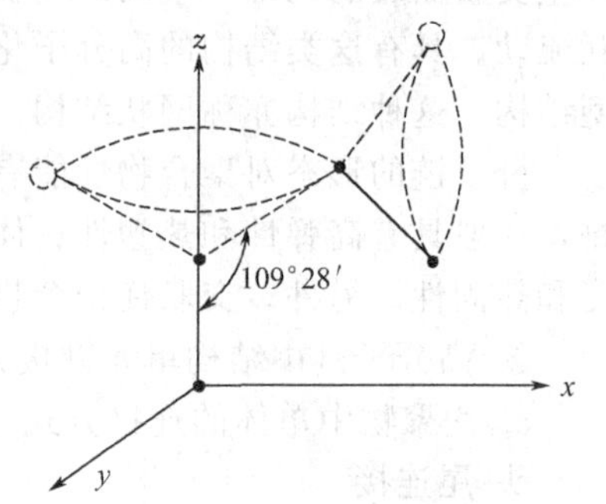

图 11-3　C-C 键的内旋转示意

分子链的柔性受很多因素的影响，在化学结构上主要是分子链的主链和侧基的结构特点，分子链越长，柔性越好。当分子链由不同元素构成时，由于键能和键长不同，内旋转能力不同，其柔性也不同：当主链全部由单键组成时，碳链柔性最差；当分子链上含有芳杂环（如苯环）时，由于芳杂环不能内旋转，故其柔性差。分子链的主链上所带侧基不同，对分子链的柔性有不同影响：当侧基具有极性时，通常使分子链间的作用力增大，内旋转受到阻碍，使柔性下降；当分子链上带有庞大的原子团侧基（如甲基、苯环等）或支链时，内旋转受到阻碍，分子链的柔性很差。例如聚苯乙烯硬而脆，聚乙烯软而韧。

另外，温度升高时，分子热运动加剧，内旋转变得容易，柔性增加。当温度冷却到一定范围时，内旋转就被冻结。总之，分子链内旋转越容易，其柔性越好。一般柔性分子链聚合物的强度、硬度和熔点较低，但弹性和韧性好。

(2) 高分子的聚集态结构（分子间结构）

① 高分子化合物的结合力　高分子化合物的大分子中的各原子是由共价键结合起来的。这种共价键力称为主价力，它对高分子化合物的性能，特别是对强度、熔化温度有着重要影响。

大量高分子链通过分子间相互引力聚集在一起而组成高分子材料。高分子链间的引力主要有范特瓦耳斯力和氢键力，统称为次价力。虽然相邻两个高分子链间每对链节所产生的次价力很小，只为分子链内主价力的 1/10～1/100，但大量链节的次价力之和却比主价力大得多。因此，高分子化合物在拉伸时常常先发生分子链的断裂，而不是分子链之间的滑脱。分子间的作用力对高分子化合物的聚集态和物理性能有很大影响，如乙烯呈气态，而聚乙烯呈固态，其中低密度聚乙烯为部分结晶态，高密度聚乙烯基本上为结晶态。而且高分子化合物的相对分子质量越大，分子间引力也越大，强度则越高。

② 高分子化合物的聚集态　高分子化合物的聚集态结构是指高分子化合物内部高分子链之间的几何排列和堆砌结构，也称超分子结构。依分子在空间排列的规整性可将高分子化合物分为结晶型、部分结晶型和无定型（非晶态）3 类。结晶型聚合物分子排列规整有序，此高分子化合物的聚集状态亦称晶态；无定型聚合物分子排列杂乱不规则，此高分子化合物的聚集状态亦称非晶态，亦称无定型态或玻璃态；部分结晶型聚合物部分分子链在空间规则排列，此高分子化合物的聚集状态亦称部分晶态。高分子化合物的 3 种聚集状态结构如图 11-4所示。

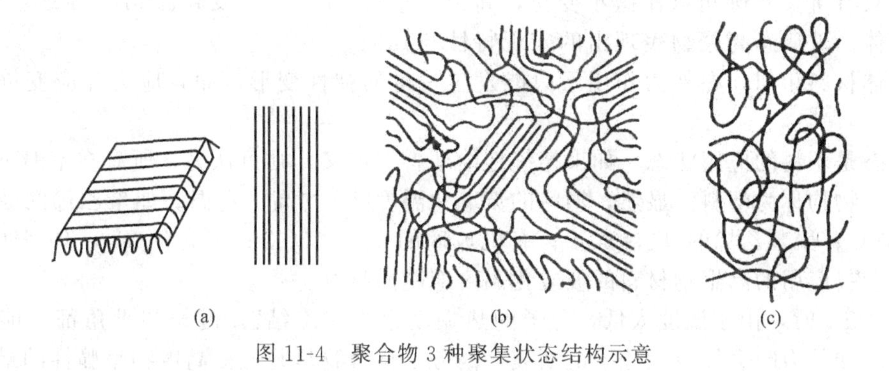

图 11-4　聚合物 3 种聚集状态结构示意

在实际生产中获得完全晶态的聚合物是很困难的，大多数聚合物都是部分晶态或完全非晶态。晶态结构在高分子化合物中所占的重量百分数或体积百分数称结晶度。高分子化合物的结晶度变化范围很宽，一般为 30%～90%，特殊情况下可达 98%。高分子化合物的结晶过程也是由形核和核长大两个过程完成的。

高分子化合物的结晶倾向主要与其结构和形态有关。高分子化合物的化学结构越简单，则越容易结晶。线型分子链比支化型分子链易结晶，体型分子链不易结晶，一般为非晶态；分子链越短，越易结晶；由一种单体组成且侧基小的分子链容易结晶，而由几种单体组成又带庞大侧基，或对称性差的，不容易结晶。例如聚乙烯、聚四氟乙烯及聚酰胺（尼龙）等属晶态或部分晶态聚合物；有机玻璃及聚苯乙烯为非晶态聚合物。此外，温度、冷却速度和拉伸应力等都对高分子化合物的结晶有一定影响。

高分子化合物的结晶度对其性能有重要影响。结晶度越高，分子间作用力越强，因此高分子化合物的强度、硬度、刚度和熔点越高，耐热性和化学稳定性也越好；而与键运动有关的性能，如弹性、延伸率、冲击强度则降低。晶态高分子化合物由于结晶使大分子链规则而紧密，分子间引力大，分子链运动困难，故其熔化温度、密度、强度、刚度、耐热性和抗溶性高；非晶态高分子化合物，由于分子链无规则排列，分子链的活动能力大，故其弹性、伸长率和韧性等性能好；部分晶态高分子化合物性能介于上述两者之间，且随结晶度增加，则熔化温度、强度、密度、刚度、耐热性和抗溶性均提高，而弹性、伸长率和韧性降低。实际生产中控制上述因素，可以得到不同聚集态的高分子化合物。

11.1.3 高分子化合物的物理状态

高分子化合物的性能与其在一定条件下的物理状态有关，因此了解高分子化合物的物理状态及其特点十分必要。高分子材料的物理状态除受化学成分、分子链结构、相对分子质量、结晶度等内在因素影响外，对应力、温度、环境介质等外界条件也很敏感，导致其性能会发生明显变化，在使用高分子材料时应予以足够的重视。

(1) 线型非晶态高分子化合物的物理状态

此类聚合物在恒定应力下的变形-温度曲线如图11-5所示。T_x 为脆化温度，T_g 为玻璃化温度，T_f 为黏流温度，T_d 为化学分解温度。

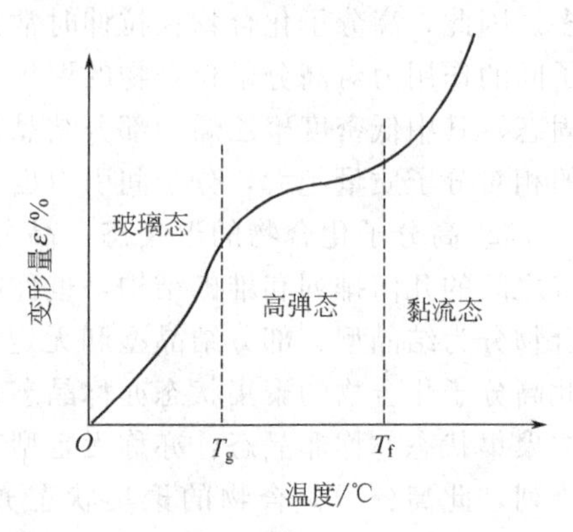

图 11-5　线型非晶态高聚物的变形-温度曲线示意

① 玻璃态　T_g 是非晶态高聚物的重要特征温度，叫玻璃化温度。它是高聚物玻璃态与高弹态之间的转变温度。$T_x < T < T_g$ 时，由于温度低，分子热运动能力很弱，高分子化合物中的整个分子链和键段都不能运动，只有键长和键角可作微小变化，高聚物呈现为刚硬固体。玻璃态高聚物表现出的宏观特性与其他低分子固体材料相似，在外力作用下只能发生少量的弹性变形，而且应力和应变符合虎克定律。

玻璃态是塑料的应用状态。如果笼统地给塑料下定义，则可认为，所有在室温下处于玻璃态的高聚物均称为塑料。显然，塑料的玻璃化温度 T_g 均高于室温。如聚乙烯的玻璃化温度 T_g＝87℃；聚苯乙烯的 T_g＝80℃；有机玻璃的 T_g＝100℃；尼龙的 T_g＝40～50℃。可见，作为塑料应用的高聚物材料的玻璃化温度应越高越好。

当 $T < T_x$ 时，由于温度太低，分子的热振动也被“冻结”，键长和键角都不能发生变化。此时施加外力时会导致大分子链断裂，高分子化合物呈脆性。高度物呈脆性的最高温度称脆化温度。此时高分子化合物失去使用价值。

② 高弹态　$T_g < T < T_f$ 时，由于温度较高，分子活动能力较大，因此高分子化合物可以通过单键的内旋转而使链段不断运动，但尚不能使整个分子链运动，此时分子链呈卷曲状态称高弹态。处于高弹态的高分子化合物受力时可产生很大的弹性变形（100％～1000％），外力去除后分子链又逐渐回缩到原来的卷曲状态，弹性变形随时间变化而逐渐消失。高弹态是橡胶的应用状态。橡胶的玻璃化温度 T_g 均低于室温。对于作为橡胶使用的高分子材料，它的玻璃化温度 T_g 应越低越好：一般橡胶的 T_g＝－120～－40℃，如天然橡胶的 T_g＝－73℃；硅橡胶的 T_g＝－120℃。

高弹态仅为高聚物所独有，低分子物质是没有这种高弹态的。分子量越大，则链段越多，高聚物的柔顺性也越好，高弹区的范围将越宽；反之，当分子量小到一定程度时，高弹性完全消失（图11-6）。一般来说，凡是能增大分子链柔顺性的因素，都使 T_f 降低。

③ 黏流态　$T_f < T < T_d$ 时，由于温度高，分子活动能力大，不但链段可以不断运动，而且在外力作用下大分子链间也可产生相对滑动。从而使高分子化合物成为流动的黏液，这

种状态称为黏流态。产生黏流态的最低温度称为黏流温度。

黏流态不是使用状态，而是工艺状态。黏流态主要与大分子链的运动有关。分子链越长，分子链间的滑动阻力越大，黏度越高，T_f 也越高。黏流态是高分子化合物成型加工的状态，将高分子化合物原料加热至黏流态后，可通过喷丝、吹塑、注塑、挤压、模铸等方法加工成各种形状的零件、型材、纤维和薄膜等。

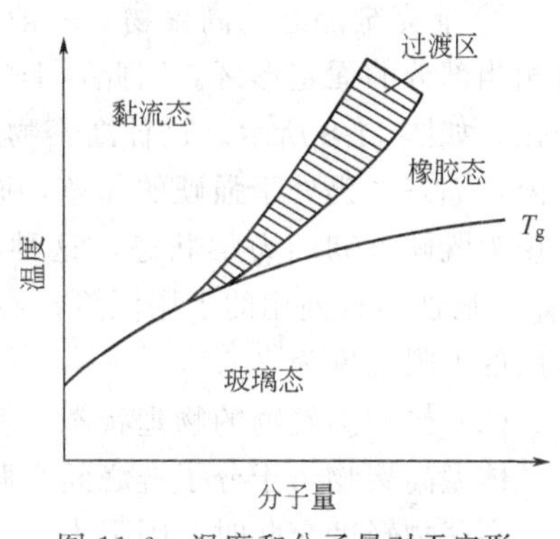

图 11-6 温度和分子量对无定形高聚物力学状态的影响

高聚物在室温下处于玻璃态的称为塑料，处于高弹态的称为橡胶，处于黏流态的是流动树脂。作为橡胶使用的高聚物，其 T_g 越低越好。这样可以在较低温度时仍不失去弹性；作为塑料使用的高聚物，则 T_g 越高越好，这样在较高温度下仍保持玻璃态。黏流温度 T_f，决定高分子材料加工成形的难易程度，从成形角度出发希望，越低越好；而从使用角度出发则希望 T_f 越高越好。

(2) 线型晶态高分子化合物的物理状态

① 一般分子量的结晶型高聚物　一般分子量的结晶型高聚物和其他晶体一样，具有明确的熔点 T_m。在熔点以下，由于分子排列紧密、规整，分子间力较大，链段运动受阻，不产生高弹态，所以高聚物变形很小，始终保持为强硬的晶体状态。直到温度到达 T_m 之后，因大分子的运动陡然加剧，材料转变为液体，进入黏流态，如图 11-7 中曲线 1 所示。在这种情况下，T_m 也就是黏流温度。所以晶态高聚物只有晶态和黏流态两种状态，而没有高弹态。一般它在晶态下作为塑料或纤维使用，在黏流态进行成形加工。由于它的熔点高于无定形高聚物的玻璃转变温度，以及其分子间作用力比无定形高聚物大，所以这种塑料的使用温度范围通常都较大，并且强度也较高。

② 分子量较大的结晶型高聚物　分子量较大的结晶型高聚物具有与一般分子量高聚物相同的熔点 T_m（它不随分子量变化）。温度达到 T_m 以后，分子转变为无规则排列，但因分子链非常长，还不能进行整个分子的滑动，而只能发生链段的运动，因此，也出现高弹态。当温度继续升高到更高的温度 T_f 时，整个分子流动，于是进入黏流态，如图 11-7 中曲线 2 所示。因此，分子量较大的结晶型高聚物有 3 种状态：T_m 以下为晶态，T_m～T_f 间为高弹态，T_f 以上为黏流态。当分子量很大时，在熔点 T_m 以上的高弹态表现出既韧又硬的皮革态。在选用这类高聚物时，为保证熔融后即为黏流态而便于成形加工，只要强度能满足要求，尽量选用分子量小些的材料。

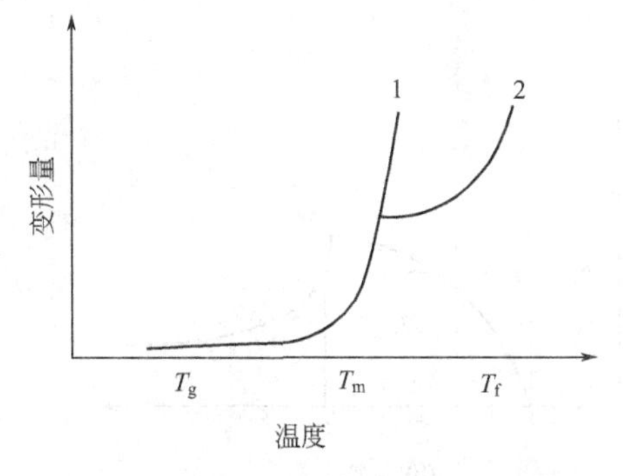

图 11-7 结晶型高聚物的热学力学曲线

1—一般分子量；2—很高的分子量

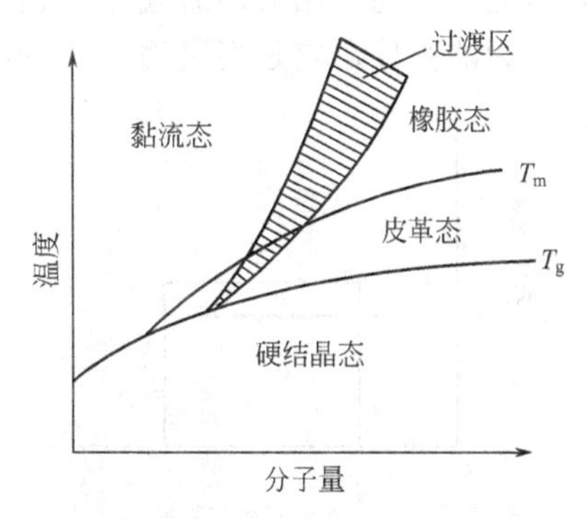

图 11-8 非完全晶态高聚物的力学状态与温度、分子量的关系

③ 非完全晶态的高聚物　一般所说的晶态高聚物，其实都是非完全晶态的物质，都含有相当部分的无定形区。因此，非完全晶态高聚物的总的力学状态将随分子量的不同而发生变化，如图11-8所示。这种高聚物的高弹态可以分为皮革态和橡胶态两种。在 T_g～T_m 范围内，晶态区仍处于强硬的晶态，而非晶态区已转变为柔韧的高弹态，所以高聚物在整体上表现为既硬且韧的力学状态，这种状态常称为皮革态。处于这种状态的塑料为韧性塑料，T_m 为韧性塑料使用的上限温度。在 T_g 以下，非完全晶态高聚物的性能刚硬，为硬性塑料，使用的上限温度为 T_g。

(3) 体型高聚物的物理状态

体型高聚物由于分子链之间交联而具有网状结构。交联密度越大，则分子运动的阻力越大。高聚物轻度交联时，因阻力小，有大量链段可以进行热运动，所以可以有玻璃态和高弹态。但交联束缚了大分子链，使其不能发生滑动，因而没有黏流态。随着交联密度的增大，链段运动的阻力增大，玻璃化温度提高，高弹区缩小。当交联密度增大到一定程度时，链段运动消失，此时高聚物的 $T_g=T_f$，高弹态消失，和低分子物质类似，只能有玻璃态一种状态，其性能硬而脆（如酚醛塑料）。体型高聚物交联密度很高时，没有力学状态的变化。其受热仍保持坚硬状态，当达到某一温度时，只发生分解，例如酚醛塑料。这类材料在加热到很高温度发生分解以前，都有较好的机械强度和较小的变形，作为某些工程结构材料使用时耐热性较好。

11.1.4　高分子化合物的力学行为

(1) 高弹性

无定形和部分结晶型高聚物在玻璃化温度以上，由于有分子链段的自由运动，表现出很高的弹性。高聚物的高弹性与金属材料的普弹性在数量级上有着巨大的区别。高聚物的弹性变形量可达到100%～1000%，而一般金属材料只有0.1%～1%。高聚物的弹性模量很低，约为2～20MPa，而一般金属材料的弹性模量为 10^3～2×10^5MPa。高聚物的弹性模量随温度的升高成比例增大，而金属材料的弹性模量则是随温度的升高而减小。分子量越大，高弹区的范围就越宽。

(2) 黏弹性（蠕变、应力松弛、滞后与内耗）

对于像金属、陶瓷等那样的理想弹性体，受力作用产生的弹性变形和作用力去除后弹性变形的恢复都是瞬时同步的，即应变与应力即时处于平衡。大多数高聚物的高弹性大体也具有这种“平衡高弹性”，如图11-9所示。但还有一些高聚物，例如橡胶，特别是在低温和老化状态时，高弹性表现出强烈的时间依赖性。应变不仅取决于应力，而且取决于应力作用的速率，即应变不随作用力即时建立平衡，而有所滞后，如图11-9所示。这种特性称为黏弹性，或称为滞弹性，它是高聚物的又一重要特性。

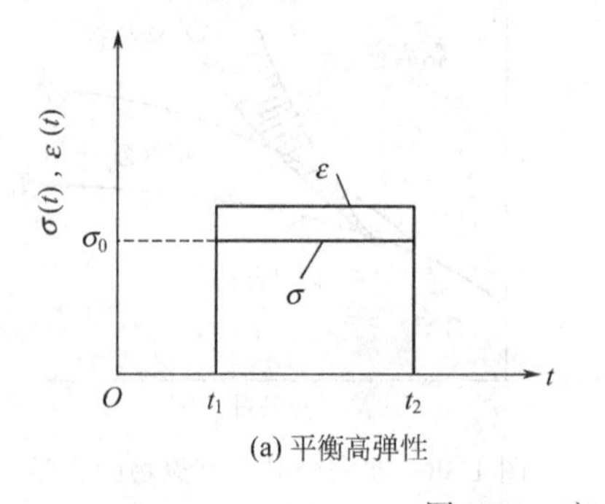

(a) 平衡高弹性

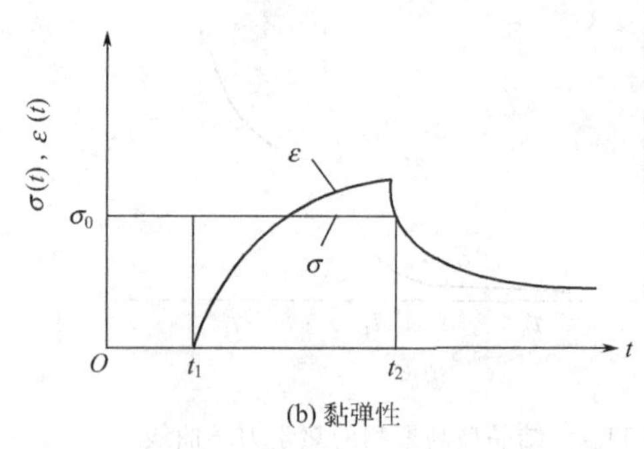

(b) 黏弹性

图11-9　应力、应变与时间的关系

黏弹性产生的原因是：链段的运动遇到困难，需要时间来调整构象以适应外力的要求。所以，应力作用的速度愈快，链段愈来不及作出反应，则黏弹性愈显著。黏弹性的主要表现有蠕变、应力松弛和内耗等。

① 蠕变 材料在恒力作用下应变随时间变化的现象称为蠕变。金属蠕变是在高温下发生的力学行为，而高聚物的蠕变则在室温下即可发生。例如，架空的聚氯乙烯电线导管，在电线和自重作用下发生缓慢的翘曲变形。高聚物蠕变机理一般认为是分子链在外力长时间作用下发生了构象变化或位移而引起的。图 11-10 所示的为蠕变前后分子链构象变化示意。可见，分子链由原来卷曲、缠结的状态，改变为较伸直的形态，而导致不可逆的塑性变形。影响蠕变的因素主要有高聚物的结构、温度及外力的大小。当分子链柔性大、温度高、外力大时，蠕变加剧。高聚物的蠕变比其他材料严重，这是作为结构材料使用时必须解决的问题。如果聚合物零件在使用过程中产生蠕变，将导致零件的失效。图 11-11 所示的为几种工程塑料的蠕变曲线，图中曲线越平坦，表示在恒力作用下变形量随时间的变化越不明显。可见，改性聚苯醚、聚碳酸酯、聚苯醚、聚砜具有较好的抗蠕变性能。

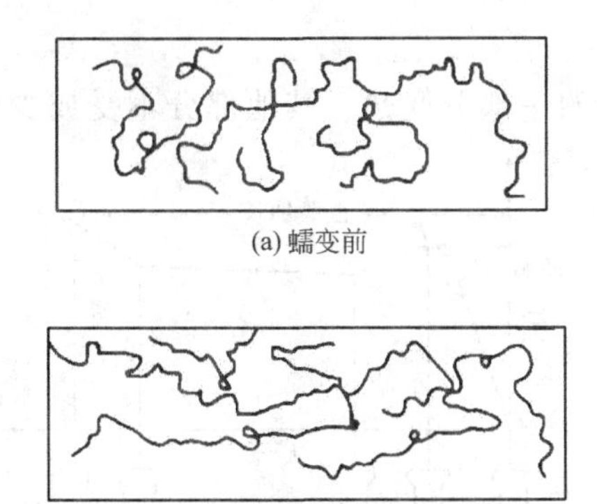

图 11-10 蠕变前后分子链构象变化示意

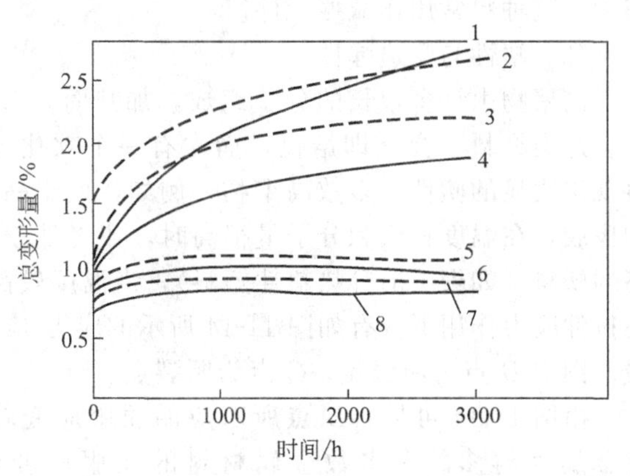

图 11-11 几种工程塑料的蠕变曲线（23℃时）

1—ABS；2—尼龙；3—聚甲醛；4—ABS（耐热级）；5—改性聚苯醚；6—聚碳酸酯；7—聚苯醚；8—聚砜

② 应力松弛 金属受应力作用超过屈服极限时，将发生塑性变形并使应力自行消失。与此类似，有的高聚物在受力时所产生的应力也会随时间而逐渐衰减，这种现象称为应力松弛。如密封管道的法兰橡皮垫圈，长时间使用后会产生渗漏现象，这就是由应力松弛引起的。和蠕变一样，应力松弛也是由于在力的作用下大分子链产生构象的改变和位移所造成的，如图 11-12 所示。拉伸样品受力前分子链卷曲并互相缠结［图 11-12(a)］；受力被拉到一定长度时，分子链伸长，但仍互相缠结，产生一定的拉应力［图 11-12(b)］；随时间的延长，发生缓慢的链段运动，分子链构象逐步调整，缠结点松动，内应力消失，分子链处于稳定状态，产生的变形也就不能恢复了［图 11-12(c)］。

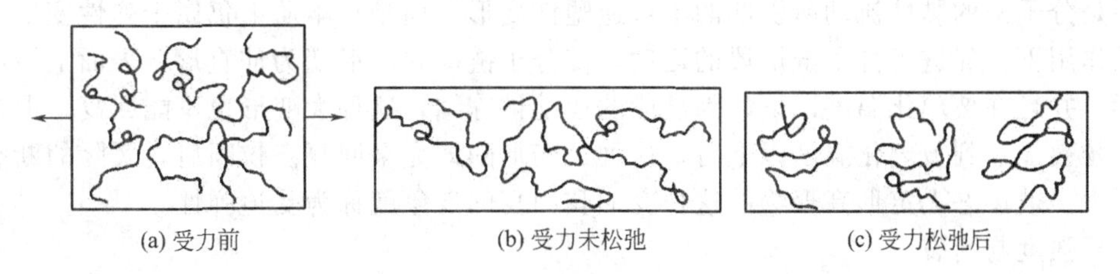

图 11-12 应力松弛过程中分子构象变化的示意

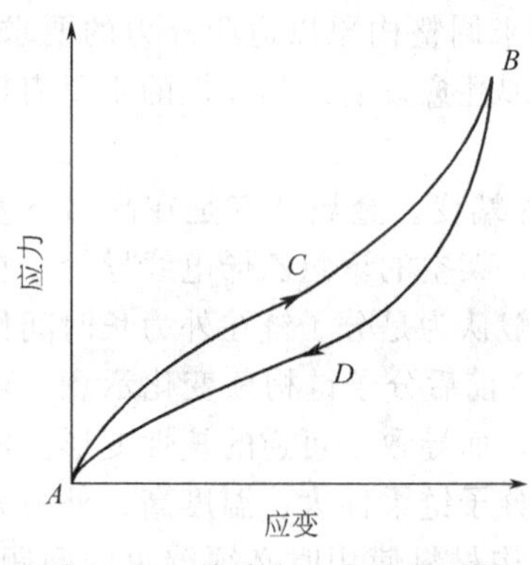

图 11-13　橡胶在一个承受周期中的应力-应变曲线

③ 滞后与内耗　高聚物受交变载荷作用时，例如橡胶轮胎、传送带或减振器工作时，产生伸-缩循环应变，如图 11-13 所示。拉伸时，应力与应变沿线 ACB 变化，卸载回缩时沿线 BDA 变化。在同一应力作用下，回缩与拉伸的变形值不同，回缩时的应变大于拉伸时的应变，出现应变落后于应力变化的滞后现象。滞后现象的产生是由于大分子链改变构象产生变形的速度跟不上应力变化的速度所致。$ACBDA$ 所围面积即为一次循环加载中高聚物所净接受的能量。这些能量消耗于分子链之间的内摩擦，变为热能，称为内耗。

内耗的存在会导致高聚物温度的升高，加速其老化。如高速飞驶的橡胶车轮温度可达 100℃以上，它将导致橡胶的老化加速。但内耗能吸收振动波，有利于高聚物减振性能的提高。如丁基橡胶弹性滞后很大，这种料常用作减振元件。

(3) 塑性与受迫弹性

高聚物由许多很长的分子组成，加热时，分子链的一部分受热，其他部分不受或少受热。这类材料不会立即熔化，而先有一个软化过程，表现出明显的塑性。多数高聚物，例如，处于高弹态的橡胶，在温度较低和分子量很高时，或者处于玻璃态的塑料（如聚乙烯等热塑性塑料），当温度较高时，在拉伸应力作用下具有如图 11-14 所示的应力-应变曲线。图中 B 点为屈服点，C 点为断裂点。

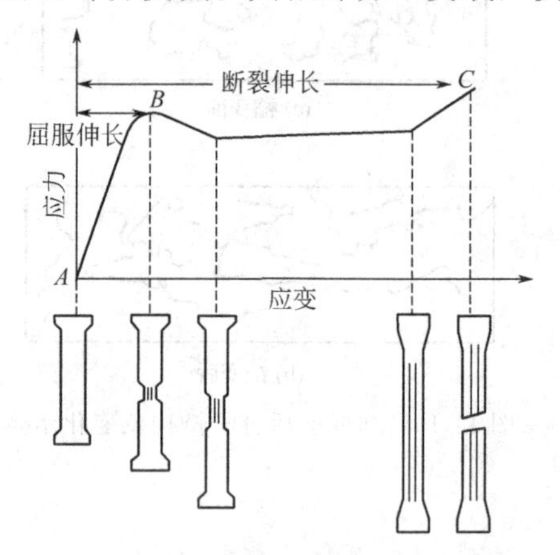

图 11-14　高聚物的应力-应变曲线及其试样变形的示意

由图 11-14 可见，B 点所对应的屈服应变较大，比金属大得多。大多数金属材料的屈服应变约为 0.01，甚至更小，而高聚物的可达 0.20 以上。发生颈缩后，颈缩变形阶段很长，C 点所对应的断裂伸长量较大。冷拉加载时，B 点以前试样均匀伸长；从 B 点开始产生不均匀的屈服变形，应力明显下降，局部地区出现细颈。继续冷拉，应力几乎不变，试样的细颈部分和未成颈部分的截面不变，但细颈的长度不断增长，直至细颈扩展到整个试样，然后再均匀伸长，到 C 点后断裂。

冷拉变形以细颈扩展的方式进行，是半晶态或无定形高聚物取向强化作用的结果。高聚物缓慢拉伸时，颈缩部分变形大，分子链趋于沿受力方向被拉伸并定向分布，使强度提高，即产生取向强化。继续受拉时细颈不会变细或被拉断，而是向两端逐渐扩展。

无定形高聚物在玻璃态受拉伸时，尤其在应力较大的情况下，也能产生较大的变形，但这并不是分子链的黏性流动所引起的不可逆塑性变形，而是在本质上仍属于弹性变形。在外应力的作用下，促进了分子链链段的运动，使分子链由卷曲形变为伸直形，表面上造成了大的变形，并且在玻璃化温度以下，因链段的运动被冻结，这种大变形也不能回复。但是，一旦高聚物被加热到玻璃化温度以上时，这种大变形随即完全回复。拉断后，实际的断裂伸长量并不大。玻璃态无定形高聚物的这种变形和回复的现象就称为受迫弹性。

(4) 强度与断裂

① 强度　高聚物的强度比金属的低得多，这是它目前作为工程结构材料使用的一个最

大障碍。但由于其密度小，许多高聚物的比强度还是很高的，某些工程塑料的比强度比钢铁和其他金属还高。为扬长避短，现代新材料开发领域中常常以高聚物为基体材料制成复合材料。

高聚物的强度由分子链的化学键和分子链间的相互作用力构成，其理论值可由经验公式

$$\sigma \approx 0.1E \tag{11-3}$$

来估算，即理论强度 σ 大约为弹性模量 E 的 1/10。实际强度只有这个值的 1/1000～1/100，可见，目前高分子材料的强度具有很大的潜力。

实际高聚物强度低的原因与金属一样，是结构中存在缺陷。主要的缺陷有微裂缝、空洞、气孔、杂质、结构的松散性和不均匀性等。这些缺陷产生应力集中，诱发断裂裂纹。

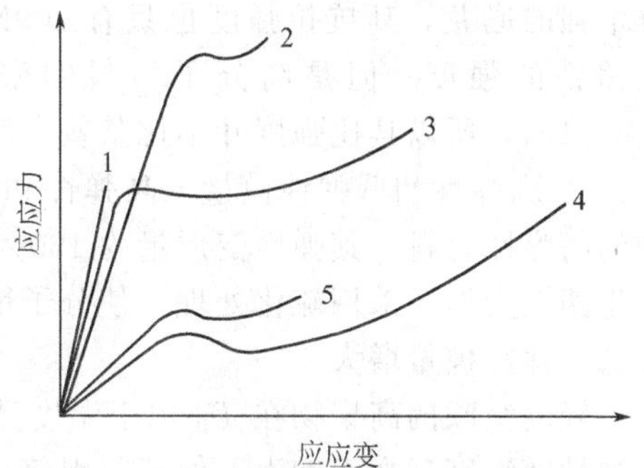

图 11-15 线型无定形高聚物在几种状态下的应力-应变曲线

1—硬脆；2—强硬；3—强韧；4—柔韧；5—软弱

② 断裂 高聚物的断裂也有脆性断裂和韧性断裂两种形式。根据拉伸过程中的断裂行为，工程高聚物的特性大致分为 5 类。图 11-15 所示的为无定形高聚物各种典型的应力-应变曲线。

曲线 1 属于硬脆类高聚物，弹性模量很高，强度较高，断裂伸长率很小（约 0.2%），发生完全的脆性断裂。这类材料有聚苯乙烯、酚醛树脂和脲醛树脂等热固性塑料。曲线 2 属于强硬类高聚物，弹性模量和强度较高，有小量的伸长率（约 2%），断裂时为脆性断裂，但局部断面有流动痕迹，例如有机玻璃、硬聚氯乙烯、韧性聚苯乙烯等。曲线 3 属于强韧类高聚物，弹性模量和强度高，伸长率较大（可达 100%），多发生韧性断裂，例如软聚氯乙烯、聚碳酸酯、聚甲醛、聚酰胺等。曲线 4 属于柔韧类高聚物，弹性模量和屈服极限低，有一定的强度，伸长率很大（可达 1000%），不一定进行韧性断裂，由于拉伸时分子链趋于定向分布，出现结晶化的细颈，多发生脆性断裂，例如各种橡胶、高压聚乙烯等。曲线 5 属于软弱类高聚物，弹性模量和强度都很低，但有一定的伸长率，发生完全的塑性断裂，例如天然橡胶等。

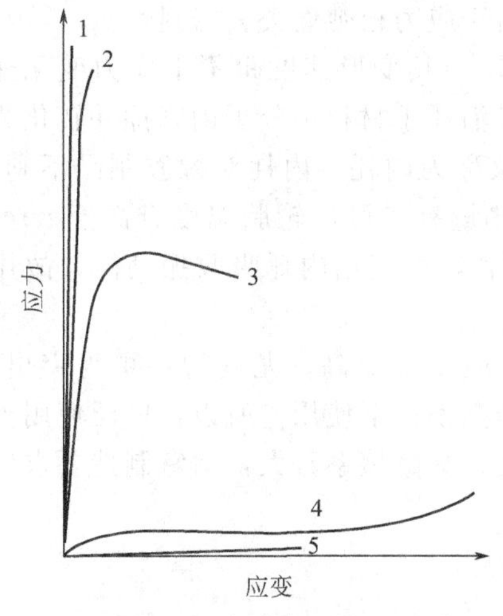

图 11-16 无定形高聚物在不同温度时的应力-应变曲线

1—$<T_b$；2—$T_b \sim T_g$；3—略高于 T_g；4—比 T_g 高得多；5—接近 T_f

③ 影响强度与断裂状态的因素 对于黏弹性的高聚物，影响强度与断裂状态的主要因素是温度和变形速度。随着温度的升高，高聚物的力学状态发生变化：在脆化温度 T_b 以下时，高聚物处于硬玻璃态；在 T_b～T_g 之间时，处于软玻璃态；在略高于 T_g 时，处于皮革态；在高于 T_g 较多时，处于橡胶态；在接近黏流温度 T_f 时，处于半固态。相应地，高聚物的性能由硬脆、强硬、强韧、柔韧而软弱地逐步发生变化，其应力-应变曲线如图 11-16 所示。有机玻璃等就具有这类典型的变化规律。载荷作用的时间影响转变温度。作用较慢时，分子链来得及位移，呈韧性状态，速度较高时，链段来不及运动，表现出脆性行为。图 11-17 所示的为高聚物在不同加载速度时的应力-应变曲线。低速拉伸时强度较低，伸长率较大，发生韧性断裂，曲线属于皮革态的类型；相反，速度高时强度高而伸长率小，曲线为

玻璃态类型。几乎所有的高聚物都服从这种规律。

由上可见，增大加载速度和降低工作温度，对高聚物的力学性能的影响具有相似的效果。

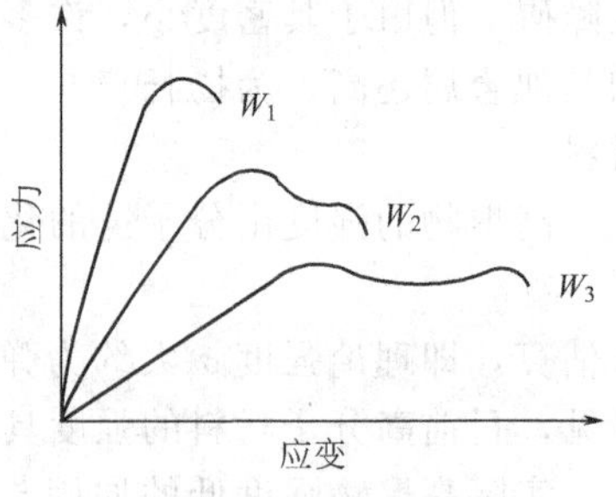

图 11-17 高聚物在不同加载速度时的应力-应变曲线
($W_1>W_2>W_3$)

11.1.5 高分子材料的性能特点

(1) 高分子材料的力学性能

高分子材料的力学性能与金属材料相比有以下特点。

① 低强度和较高的比强度　高分子材料的抗拉强度平均为100MPa左右，比金属材料低得多，即使是玻璃纤维增强的尼龙，其抗拉强度也只有200MPa，相当于普通灰铸铁的强度。但是高分子材料的密度小，只有钢的1/6～1/4，所以其比强度并不比某些金属低。

② 高弹性和低弹性模量　高弹性和低弹性模量是高分子材料所特有的性能。橡胶是典型的高弹性材料，其弹性变形量为100%～1000%，弹性模量仅为1MPa左右。为防止橡胶产生塑性变形，采用硫化处理，使分子链交联成网状结构。随着硫化程度增加，橡胶的弹性降低，弹性模量增大。

轻度交联的高聚物在T_g以上温度具有典型的高弹性，即弹性变形大，弹性模量小，而且弹性随温度升高而增大。但塑料因使用状态为玻璃态，故无高弹性，而其弹性模量也远比金属低，约为金属弹性模量的1/100。

③ 黏弹性　高聚物在外力作用下，同时发生高弹性变形和黏性流动，其变形与时间有关，此种现象称为黏弹性。高聚物的黏弹性表现为蠕变、应力松弛和内耗3种现象。

a. 蠕变　是在恒定载荷下应变随时间延长而增加的现象，它反映材料在一定外力作用下的形状稳定性。有些高分子材料在室温下的蠕变很明显，如架空的聚氯乙烯电线套管拉长变弯就是蠕变。对尺寸精度要求高的高聚物零件，为避免因蠕变而早期失效，应选用蠕变抗力高的材料，如聚碳酸酯等。

b. 应力松弛　与蠕变的本质相同，它是在应变恒定的条件下，舒展的分子链通过热运动发生构象改变而回缩到稳定的卷曲态，从而使应力随时间延长而逐渐衰减的现象。例如连接管道的法兰盘中间的硬橡胶密封垫片，经一定时间后由于应力松弛而失去密封性。

c. 内耗　是在交变应力作用下处于高弹态的高分子，当其变形速度跟不上应力变化速度时，就会出现应变滞后应力的现象。这样就使有些能量消耗于材料中分子内摩擦并转化为热能放出，这种由于力学滞后使机械能转化为热能的现象称为内耗。内耗对橡胶制品不利，加速其老化。例如高速行驶的汽车轮胎，由内耗产生的热量有时可使轮胎温度升高至80～100℃，加速轮胎老化，故应设法减少。但内耗对减振有利，可利用内耗吸收振动能，故用于减振的橡胶应有尽可能大的内耗。

④ 高耐磨性　高聚物的硬度比金属低，但耐磨性一般比金属高，尤其塑料更为突出。塑料的摩擦系数小，有些塑料具有自润滑性能，可在干摩擦条件下使用。所以，广泛使用塑料制造轴承、轴套、凸轮等摩擦磨损零件。但橡胶则相反，其摩擦系数大，适宜制造要求较大摩擦因数的耐磨零件，如汽车轮胎、制动摩擦件等。

(2) 高分子材料的物理化学性能

高分子材料与金属相比，其物理、化学性能有以下特点。

① 高绝缘性　高聚物是以共价键结合，不能电离，若无其他杂质存在，则其内部没有离子和自由电子，故其导电能力低，介电常数小，介电耗损低，耐电弧性好，即绝缘性好。因而，高分子材料如塑料、橡胶等是电机、电器、电力和电子工业中必不可少的绝缘材料。

② 低耐热性 高聚物在受热过程中，容易发生链段运动和整个分子链移动，导致材料软化或熔化，使性能变坏，故其耐热性差。对不同高分子材料，其耐热性判据不同。如塑料的耐热性通常用热变形温度来衡量。所谓热变形温度，是指塑料能够长时间承受一定载荷而不变形的最高温度。橡胶的耐热性通常用能保持高弹性的最高温度来评定。显然，橡胶的 n 越高，使用温度越高，其耐热性越好。

③ 低导热性 高分子材料内部无自由电子，而且分子链相互缠绕在一起，受热不易运动，故导热性差，约为金属的 1/1000～1/100。对要求散热的摩擦零件，导热性差是缺点，例如汽车轮胎，因橡胶导热性差，其内耗产生的热量不易散发，引起温度升高而加速老化。但在有些情况下，导热性差又是优点。例如机床塑料手柄、汽车塑料方向盘，使握感良好。又如塑料和橡胶热水袋可以保温；火箭、导弹可用纤维增强塑料作隔热层等。

④ 高热膨胀性 高分子材料的线膨胀系数大，为金属的 3～10 倍。这是由于受热时分子链间缠绕程度降低，分子间结合力减小，分子链柔性增大，使高分子材料加热时产生明显的体积和尺寸增大所致。因此，在使用带有金属嵌件或与金属件紧密配合的塑料或橡胶制品时，常因线膨胀系数相差过大而造成开裂、脱落和松动等，需要在设计制造时应予以注意。

⑤ 高化学稳定性 高分子化合物均以共价键结合，不易电离，没有自由电子，又由于分子链缠绕在一起，许多分子链的基团被包裹在里面，使高分子材料的化学稳定性好，在酸、碱等溶液中表现出优异的耐腐蚀性能。被称为“塑料王”的聚四氟乙烯的化学稳定性最好，即使在高温下与浓酸、浓碱、有机溶液、强氧化剂都不起作用，甚至在沸腾的“王水”中也不受腐蚀。

必须指出，某些高聚物与某些特定溶剂相遇时，会发生溶解或分子间隙中吸收某些溶剂分子而产生“溶胀”，使尺寸增大，性能变坏。例如聚碳酯会被四氯化碳溶解；聚乙烯在有机溶液中发生溶胀；天然橡胶在油中产生溶胀等。所以在其使用中必须注意避免与会发生溶解或溶胀的溶剂接触。除以上使用性能之外，高分子材料具有良好的可加工性，尤其在加温加压下可塑成型性能极为优良，可以塑制成各种形状的制品。例如，可以通过铸造、冲压、焊接、粘接和切削加工等方法制成各种制品。

(3) 高分子材料的老化及其改性

高分子材料在长期储存和使用过程中，由于受氧、光、热、机械力、水蒸气及微生物等外因的作用，使性能逐渐退化，直至丧失使用价值的现象称为老化。老化的根本原因是在外部因素的作用下，高分子化合物分子链产生了交联与裂解。所谓交联反应，就是指高分子化合物在外部因素作用下，使高分子从线型结构转变为体型结构，从而引起硬度、脆性增加，化学稳定性提高的过程。所谓裂解反应，就是指大分子链在各种外界因素作用下，发生链的断裂，从而使分子量下降变软、变黏的过程。由于交联反应使高分子材料变硬、变脆及开裂，由于裂解反应使高分子材料变软、变黏的现象即老化现象。

老化是影响高分子材料制品使用寿命的关键问题，必须设法加以防止。目前采用的防老化措施有 3 种。

① 改变高分子化合物的结构例如将聚氯乙烯氯化，可以改变其热稳定性。

② 添加防老剂 高分子化合物中加入水杨酸脂、二甲苯酮类有机物和炭黑可防止光氧化。

③ 表面处理在高分子材料表面镀金属（如银、铜、镍）和喷涂耐老化涂料（如漆、石蜡）作为防护层，使材料与空气、光、水分及其他引起老化的介质隔绝，以防止老化。

为了改善高分子化合物的性能，需要对其进行改性。利用物理或化学的方法来改进现有高分子化合物性能称聚合物的改性。其方法主要有两类：一类是物理改性，是利用填料来改变高分子化合物的物理、力学性能；另一类是化学改性，通过共聚、嵌段、接枝、共混、复合等化学方法使高分子化合物获得新的性能。聚合物的改性问题是当前高分子材料研究的一个重要方向。

11.2 工程塑料

11.2.1 塑料的性能特点

塑料的性能特点见表 11-3 所列。

表 11-3 塑料的性能特点

特点		备注
优点	相对密度小	一般塑料的相对密度为 0.9～2.3，因而比强度高。这对运输交通工具来说是非常有用的
	耐腐蚀性能好	塑料对一般化学药品都有很强的抵抗能力，如聚四氯乙烯在煮沸的“王水”中也不受影响
	电绝缘性能好	大量应用在电机、电器、无线电和电子工业中
	减摩、耐磨性能好	摩擦系数较小，并耐磨。可作轴承、齿轮、活塞环、密封圈等。在无机油润滑的情况下也能有效地进行工作
	有消音吸震性	制作传动摩擦零件可减小噪音、改善环境
缺点	刚性差	塑料的弹性模量只有钢铁材料的 1/100～l/10
	强度低	塑料强度只有 30～100MPa，用玻璃纤维增强的尼龙也只有 200MPa，相当于铸铁的强度
	耐热性低	大多数塑料只能在 100℃以下使用，只有少数几种可以在超过 200℃的环境下使用
	膨胀系数大、热导率小	塑料的线膨胀系数是钢铁的 10 倍，因而塑料与钢铁结合较为困难。塑料的热导率只有金属的 1/600～1/200，因而散热不好，不利于作摩擦零件
	蠕变温度低	金属在高温下才发生蠕变，而塑料在室温下就会有蠕变出现，称为冷流
	有老化现象	
	在某些溶剂中会发生溶胀或应力开裂	

11.2.2 塑料的组成

塑料是以高分子树脂为主要成分，在一定条件下（如温度、压力等）可塑制成一定形状且在常温下保持形状不变的材料。树脂可分天然树脂和人造树脂，后者又称合成树脂。合成树脂是以煤、电石、石油、天然气以及一些农副产品为主要原料，先制得具有一定合成条件的低分子化合物（单体），进而通过化学、物理等方法合成而得的高分子化合物。这类化合物的特性类似天然树脂（如松香、琥珀、虫胶等），但性能又比天然树脂更加优越。树脂属于高分子化合物，这些高分子化合物有独特的分子内部结构与分子外部结构。高分子内部结构决定了高分子化合物最基本的物理化学性质；而高分子外部结构则决定高分子化合物的加工性能和物理力学性能。因此树脂决定了塑料的主要物理化学性能、加工性能和物理力学性能。

塑料可以是纯的树脂（如“有机玻璃”就是由聚甲基丙烯酸甲酯组成），也可以是加有各种添加剂的混合物。加入添加剂的目的主要是为了改善纯树脂的物理力学性能、加工性能、提高使用效能或节约树脂、降低成本。添加剂在塑料用料中所占比例较少，但对塑料制品的质量却有很大影响。不同种类的塑料，因成型加工方法以及使用条件不同，所需助剂的种类和用量也不同。

塑料的组成成分及其作用见表 11-4 所列。

表 11-4 塑料的组成成分及作用

组分		作用说明
合成树脂		塑料的基本组分，也是最重要的组分，在多组分塑料中约占 40%～70%，单组分的塑料中含有树脂几乎达 100%。树脂不仅起着胶结其他组分的作用，而且决定了塑料的类型和主要性能，如机械强度、硬度、耐老化性、弹性、化学稳定性、光电性等
添加剂	填充剂	又称填料，塑料中的另一个重要组分，约占 40%～70% 加入目的是为了改善塑料的强度、硬度、冲击韧性、电绝缘性、耐热性、收缩率等性能和扩大使用范围，或只为降低成本等 常用的填料有木粉、滑石粉、硅藻土、石灰石粉、铝粉、炭黑、云母、二硫化钼、石棉、纸张、玻璃纤维等。其中纤维填料可提高塑料的结构强度；石棉填料可改善塑料的耐热性；云母填料能增强塑料的电绝缘性；石墨、二硫化钼填料可改善塑料的摩擦和耐磨性能等
	增塑剂	增塑剂能增加塑料的柔软性、延伸性、可塑性，降低塑料流动温度、脆化温度和硬度，有利于塑料制品的成型。增塑剂应与树脂有较好的相溶性，无色、无味、无毒，挥发性小，不燃、化学稳定性好和对光、热稳定 常用的增塑剂是具有低气压液体或低熔点固体有机物，主要为酯类和酮类。常用的增塑剂有邻苯二甲酸酯类、癸二酸酯类、磷酸二辛酯、磷酸二甲苯酯、己二酸酯、二苯甲酮、氯化石蜡及樟脑等
	稳定剂	用于阻止或减缓塑料制品在成型加工和使用过程中因受热、光、氧、射线或其他因素的作用而降解、氧化断链、交联以致产品退色、脆化、裂开的老化现象的发生，稳定塑料制品的质量，延长使用寿命。通常都要求稳定剂要能与树脂互溶，且成型时不会分解，不与其他添加剂生化学反应，在使用环境中稳定，挥发小，无色 常用的稳定剂有抗氧剂(酚类化合物等)、光屏蔽剂(炭黑等)、紫外线吸收剂(2-羟基二苯甲酮、水杨酸苯酯等)、热稳定剂(硬脂酸铝、三碱式亚磷酸铅等) 当今性能最优秀的塑料稳定剂是甲基锡热稳定剂(简称 181)，对硬质聚氯乙烯(PVC)的成型都非常有效；又由于它安全性高，所以特别用于食品包装和高清晰度的硬质聚乙烯制品；因其无毒又广泛取代其他高毒性的塑料热稳定剂。在美国、欧洲、日本得到了广泛的应用，在我国近几年也开始大量应用
	着色剂	用于使塑料具有一定的色泽和美观鲜艳。塑料制品中约有 80%是经过着色后制成最终制品的。一般要求着色剂的性质稳定，耐温、耐光，不易变色，着色力强，色泽鲜艳，与塑料结合牢靠 着色剂按其在着色介质中的溶解性分为有机染料和无机颜料。染料可溶于被着色的树脂中，制件透明；颜料不溶于被着色介质，制品半透明或不透明。颜料不仅对塑料具有着色性，同时兼有填料和稳定剂的作用
	固化剂	又称硬化剂或熟化剂。其主要作用是在高分子化合物分子间生成横跨键，使大分子交联，从而使某些合成树脂的线型结构交联成体型结构，从而使树脂具有热固性 不同品种的树脂应采用不同品种的固化剂。酚醛树脂常用六亚甲基四胺；环氧树脂常用胺类和高分子类；聚酯树脂常用过氧化物等
	润滑剂	又称脱模剂，能防止塑料在成型过程中黏附模具或设备，以使制品易于脱模，且表面光洁 常用的润滑剂有硬脂酸及其盐类、石蜡、合成蜡等，其用量为 0.5%～1.5%
	其他	增强材料——提高塑料制品的强度和刚性 最常用的增强材料有：玻璃纤维、石棉、石英、炭黑、硅酸盐、碳酸钙、金属氧化物等
		阻燃剂——增加塑料的耐燃性，或能使之自熄 常用的阻燃剂有氧化锑及铝、硼的化合物，卤化物和各类磷酸酯、四氯苯二甲酸酐
		抗静电剂——消除或减少塑料在加工、使用中因摩擦而产生的静电，保证生产操作安全，并使塑料表面不易吸尘。抗静电剂大多数是电解质，它们与合成树脂的相溶性有限，这样可以迁移至塑料表面，达到吸潮和消除静电的作用 常用的有长链脂族胺类、酰胺类等
		发泡剂——一定温度下可以气化或者受热时会分解出气体，主要用于制备泡沫塑料，能使产生泡沫结构 常用的有二氯二氟甲烷偶氮二甲酰胺、偶氮苯胺等
		导电剂、导磁剂等

11.2.3 塑料的分类

塑料种类很多，可根据不同的方法进行分类。塑料的分类方法、类别、相应特点及塑料举例见表 11-5 所列。

表 11-5 塑料的分类

分类方法	类别		特点	举例
按受热时特征分	热塑性塑料		受热后发生物理变化,由固体软化或熔化成黏流体状态,但冷却后又可变硬而成固体,且过程可多次反复,塑料本身的分子结构则不发生变化 加工成形简便,具有较高的力学性能,但耐热性和刚性比较差 应用广泛,可再生利用	聚氯乙烯(PVC)、聚苯乙烯(PS)、聚乙烯(PE)、聚丙烯(PP)、尼龙(PA)、聚甲醛(POM)、聚碳酸酯(PC)、ABS 塑料、聚苯醚(PPO)、聚砜(PSF)、氟塑料、聚酯和有机玻璃(PMMA)等
	热固性塑料		在一定温度下,经一定时间加热、加压或加入硬化剂后,发生化学反应而硬化。硬化后的塑料化学结构发生变化、质地坚硬、不溶于溶剂、加热也不再软化,如果温度过高则会分解 具有耐热性高、受压不易变形等优点,但力学性能不好 目前主要作为低压挤塑封装电子元件及浇注成型等用	酚醛树脂、环氧树脂、氨基树脂、不饱和聚酯树脂、呋喃树脂、聚邻苯二甲酸二丙烯酯树脂和聚硅醚树脂等
按用途和特性分	通用塑料		产量大(约占塑料总产量的3/4以上)、价格低、应用范围广。性能一般,只可作为一般非结构性材料使用,多用于制作日用品	六大通用塑料:聚乙烯、聚氯乙烯、聚苯乙烯、聚丙烯、酚醛塑料和氨基塑料等
	工程塑料	通用工程塑料	综合工程性能(包括力学性能、耐热耐寒性能、耐蚀性和绝缘性能等)良好。一般可以部分代替金属材料作为承载结构件,高温环境下的耐热件和承载件,高温、潮湿、大范围变频条件下的介电制品和绝缘用品 产量较少,价格也较昂贵,用途范围相对狭窄	七大工程塑料:ABS、聚碳酸酯(PC)、聚甲醛(POM)、聚酰胺(尼龙 PA)、PET、PBT、聚苯醚(PPO) 聚砜、聚四氟乙烯、热塑性聚酯、氯化聚醚、聚醚醚酮、超高分子量聚乙烯、环氧塑料和不饱和聚酯等
		特种工程塑料	又称功能塑料,具有某种特殊功能,适于某种特殊用途,例如用于导电,压电,热电,导磁,感光,防辐射,光导纤维,液晶,高分子分离膜,专用于摩擦磨损用途等塑料。还包括为某些专门用途而改性制得的塑料	聚砜、聚酰亚胺、聚苯硫醚、聚芳酯、聚苯酯、聚醚酮、氟塑料、有机硅橡胶以及环氧塑料等 导磁塑料、导电塑料、光敏树脂等
	耐高温塑料		耐热性好,大都可以在 150℃以上工作,有的还可在 200～250℃下长期工作,但一般价格较高,产量较小,应用范围不广	聚四氟乙烯、聚三氟氯乙烯、有机硅树脂、环氧树脂、聚酰亚胺、聚苯硫醚、聚苯并咪唑、聚二苯醚、芳香尼龙、聚香砜等
按塑料中树脂大分子的有序状态分	无定形塑料		树脂大分子链呈现无规则的随机排列。在纯树脂状态,这种塑料是透明的 力学特性表现为各向同性	ABS、PC、PVC、PS、PMMA、EVA、AS 等
	结晶型塑料		从熔融状态冷却变为制品过程中,树脂的分子链能够有序地紧密堆砌产生结晶结构。无完全结晶型塑料,都是半结晶的,呈现出无定形相与结晶相共存的状态 结晶结构只存在于热塑性塑料中	PE、PP、PA、POM、PET、PBT 等

续表

分类方法	类　别	特　点	举　例
塑料的透光性分	透明塑料	透光率在88%以上	PMMA、PS、PC、Z-聚酯等
	半透明塑料	透光但透光率在88%以下	PP、PVC、PE、AS、PET、MBS、PSF
	不透明塑料	不透光	POM、PA、ABS、HIPS、PPO等
按塑料的硬度分	硬质塑料		ABS、POM、PS、PMMA、PC、PET、PBT、PPO等
	半硬质塑料		PP、PE、PA、PVC等
	软质塑料		软PVC、苯乙烯-丁二烯共聚物、TPE、TPR、EVA、TPU等
按树脂合成方法分	聚合型塑料	由聚合反应制得。这种树脂一般是由含不饱和键(主要是双键)的单体借双键打开相互连接成庞大分子并且基本化学组成不发生变化,反应过程中无低分子产物释出 聚合型塑料都是热塑性塑料	聚烯烃、聚卤代烯烃、聚苯乙烯、聚甲醛、丙烯酸类塑料等
	缩聚型塑料	由缩聚反应制得。这种树脂一般是由含有某种官能团(一般最少含有两个官能团)的单体借官能团之间的反应使两个或两个以上的单体连接起来而形成的与原来分子完全不同的化学反应物,化合时还会生成水或其他简单物质	酚醛塑料、氨基塑料、有机硅塑料等

11.2.4 常用工程塑料的性能和用途

工程塑料相对金属来说，具有密度小、比强度高、耐腐蚀、电绝缘性好、耐磨和自润滑性好，还有透光、隔热、消音、吸震等优点，也有强度低、耐热性差、容易蠕变和老化的缺点。而不同类别的塑料也有着各自不同的性能特点。表11-6和表11-7分别列出了工业上常用的热塑性塑料和热固性塑料的性能特点和用途。除此之外，还有以两种或两种之上的聚合物，用物理或化学方法共混而成的共混聚合物，这在塑料工业中称塑料合金。这使可供选用的工程塑料的性能范围更加广泛。

表11-6 常用热塑性塑料的性能特点及用途

名称(代号)	主要性能特点	用途举例
聚氯乙烯(PVC)	硬质聚氯乙烯强度较高,电绝缘性优良,对酸、碱的抵抗力强,化学稳定性好。可在－15～60℃使用,良好的热成型性能,密度小	化工耐蚀的结构材料,如输油管、容器、离心泵、阀门管件,用途很广
	软质聚氯乙烯强度不如硬质,但伸长率较大,有良好的电绝缘性,可在－15～60℃使用	电线、电缆的绝缘包皮,农用薄膜,工业包装,但因有毒,故不适于包装食品
	泡沫聚氯乙烯质轻、隔热、隔音、防震	泡沫聚氯乙烯衬垫、包装材料
聚乙烯(PE)	低压聚乙烯质地坚硬,有良好的耐磨性、耐蚀性和电绝缘性能,而耐热性差,在沸水中变软;高压聚乙烯是聚乙烯中最轻的一种,其化学稳定性高,有良好的高频绝缘性、柔软性,耐冲击性和透明性;超高分子聚乙烯冲击强度高,耐疲劳,耐磨,需冷压浇铸成型	低压聚乙烯用于制造塑料板、塑料绳,承受小载荷的齿轮、轴承等;高压聚乙烯最适宜吹塑成薄膜、软管,塑料瓶等用于食品和药品包装的制品,超高分子量聚乙烯可作减摩、耐磨件及传动件,还可制作电线及电缆包皮等

续表

名称(代号)	主要性能特点	用途举例
聚丙烯(PP)	密度小,是常用塑料中最轻的一种。强度、硬度、刚性和耐热性均优于低压聚乙烯,可在100～120℃长期使用;几乎不吸水,并有较好的化学稳定性、优良的高频绝缘性,且不受温度影响。但低温脆性大,不耐磨,易老化	制作一般机械零件,如齿轮、管道、接头等耐蚀件,如泵叶轮、化工管道、容器、绝缘件;制作电视机、收音机、电扇、电机罩等
聚酰胺(通称尼龙)(PA)	无味、无毒;有较高强度和良好韧性;有一定耐热性,可在100℃下使用。优良的耐磨性和自润滑性,摩擦系数小,良好的消声性和耐油性。能耐水、油、一般溶剂;耐蚀性较好;抗菌霉;成型性好。但蠕变值较大,导热性较差(约为金属的1/100),吸水性高,成型收缩率较大	常用的有尼龙6、尼龙66、尼龙610、尼龙1010等。用于制造要求耐磨、耐蚀的某些承载和传动零件,如轴承、齿轮、滑轮、螺钉、螺母及一些小型零件;还可作高压耐油密封圈。喷涂金属表面作防腐耐磨涂层
聚甲基丙烯酸甲酯(俗称有机玻璃)(PMMA)	透光性好,可透过99%以上太阳光;着色性好,有一定强度,耐紫外线及大气老化,耐腐蚀,优良的电绝缘性能,可在－60～100℃使用。但质较脆,易溶于有机溶剂中,表面硬度不高,易擦伤	制作航空、仪器、仪表、汽车和无线电工业中的透明件与装饰件,如飞机座窗、灯罩、电视、雷达的屏幕,油标、油杯、设备标牌,仪表零件等
苯乙烯-丁二烯-丙烯腈共聚体(ABS)	性能可通过改变三种单体的含量来调整。有高的冲击韧性和较高的强度,优良的耐油、耐水性和化学稳定性,好的电绝缘性和耐寒性,高的尺寸稳定性和一定的耐磨性。表面可以镀饰金属,易于加工成型,但长期使用易起层	制作电话机、扩音机、电视机、电机、仪表的壳体,齿轮,泵叶轮,轴承,把手,管道,储槽内衬,仪表盘、轿车车身、汽车扶手等
聚甲醛(POM)	优良的综合力学性能,耐磨性好,吸水性小,尺寸稳定性高,着色性好,良好的减摩性和抗老化性,优良的电绝缘性和化学稳定性,可在－40～100℃范围内长期使用。但加热易分解,成型收缩率大	制作减摩、耐磨传动件,如轴承、滚轮、齿轮、电气绝缘件、耐蚀件及化工容器等
聚四氟乙烯(也称塑料王)(F-4)	几乎能耐所有化学药品的腐蚀;良好的耐老化性及电绝缘性,不吸水;优异的耐高、低温性,在－195～250℃可长期使用;摩擦系数很小,有自润滑性。但其高温下不流动,不能热塑成型,只能用类似粉末冶金的冷压、烧结成型工艺,高温时会分解出对人体有害气体,价格较高	制作耐蚀件、减摩耐磨件、密封件、绝缘件,如高频电缆、电容线圈架以及化工用的反应器、管道等
聚砜(PSF)	双酚A型:优良的耐热、耐寒、耐候性,抗蠕变及尺寸稳定性,强度高,优良的电绝缘性,化学稳定性高,可在－100～150℃长期使用。但耐紫外线较差,成型温度高	制作高强度、耐热件、绝缘件、减摩耐磨件、传动件,如精密齿轮、凸轮、真空泵叶片、仪表壳体和罩,耐热或绝缘的仪表零件,汽车护板、仪表盘、衬垫和垫圈、计算机零件、电镀金属制成集成电子印刷电路板
	非双酚A型:耐热、耐寒,在－240～260℃长期工作,硬度高、能自熄、耐老化、耐辐射、力学性能及电绝缘性都好、化学稳定性高。但不耐极性溶剂	
氯化聚醚(或称聚氯醚)	极高的耐化学腐蚀性,易于加工,可在120℃下长期使用,良好的力学性能和电绝缘性,吸水性很低,尺寸稳定性好,但耐低温性较差	制作在腐蚀介质中的减摩、耐磨传动件,精密机械零件,化工设备的衬里和涂层等
聚碳酸酯(PC)	透明度高达86%～92%,使用温度－100～130℃,韧性好、耐冲击、硬度高、抗蠕变、耐热、耐寒、耐疲劳、吸水性好、电性能好。有应力开裂倾向	飞机座舱罩,防护面盔,防弹玻璃及机械电子、仪表的零部件

表 11-7 常用热固性塑料的性能特点及用途

名称(代号)	主要性能特点	用途举例
聚氨酯塑料(PUR)	耐磨性优越,韧性好,承载能力高,低温时硬而不脆裂,耐氧、臭氧,耐候,耐许多化学药品和油,抗辐射,易燃;软质泡沫塑料吸音和减震优良,吸水性大;硬质泡沫高低温隔热性能优良	密封件,传动带,隔热、隔音及防震材料,齿轮,电气绝缘件,实心轮胎,电线电缆护套,汽车零件
酚醛塑料(俗称电木)(PF)	高的强度、硬度及耐热性,工作温度一般在100℃以上,在水润滑条件下具有极小的摩擦系数,优异的电绝缘性,耐蚀性好(除强碱外),耐霉菌,尺寸稳定性好。但质较脆、耐光性差、色泽深暗,加工性差,只能模压	制作一般机械零件,水润滑轴承,电绝缘件,耐化学腐蚀的结构材料和衬里材料等,如仪表壳体、电器绝缘板、绝缘齿轮、整流罩、耐酸泵、刹车片等
环氧塑料(EP)	强度较高,韧性较好,电绝缘性优良,防水、防潮、防霉、耐热、耐寒,可在−80～200℃范围内长期使用,化学稳定性较好,固化成型后收缩率小,对许多材料的黏结力强,成型工艺简便,成本较低	塑料模具、精密量具、机械仪表和电气结构零件。电气、电子元件及线圈的灌注、涂覆和包封以及修复机件等
有机硅塑料	耐热性高,可在180～200℃下长期使用电绝缘性优良,高压电弧,高频绝缘性好,防潮性好,有一定的耐化学腐蚀性,耐辐射、耐火焰,耐臭氧,也耐低温。但价格较贵	高频绝缘件,湿热带地区电机、电器绝缘件,电气、电子元件及线圈的灌注与固定,耐热件等
聚对一羟基苯甲酸酯塑料	是一种新型的耐热性热固性工程塑料。具有突出的耐热性,可在315℃下长期使用,短期使用温度范围为371～427℃,热导率极高,比一般塑料高出3～5倍,很好的耐磨性和自润滑性。优良的电绝缘性、耐溶剂性和自熄性	耐磨、耐蚀及尺寸稳定的自润滑轴承,高压密封圈,汽车发动机零件,电子和电气元件以及特殊用途的纤维和薄膜等

11.3 橡胶

11.3.1 橡胶的特性和应用

橡胶是在室温下处于高弹态的高分子材料，最大的特性是高弹性，弹性模量很低，只有2～10MPa；其高弹性主要表现为在较小的外力作用下，就能产生很大的变形，且当外力去除后又能很快恢复到近似原来的状态；高弹性的另一个表现为其宏观弹性变形量可高达100%～1000%。同时橡胶具有优良的伸缩性和可贵的积储能量的能力，良好的耐磨性、绝缘性、隔音性和阻尼性，一定的强度和硬度。橡胶成为常用的弹性材料、密封材料、减震防震材料、传动材料、绝缘材料。

橡胶在工业上应用相当广泛，可用于制作轮胎、动静态密封件（如旋转轴、管道接口密封件）、减震防震（机座减震垫片、汽车底盘橡胶弹簧）、传动件（如三角胶带、传动滚子）、运输胶带、管道、电线、电缆、电工绝缘材料和制动件等。

11.3.2 橡胶的组成

橡胶制品是以生胶为基础加入适量的配合剂组成的高分子弹性体。

(1) 生胶

未加配合剂的天然或合成的橡胶统称生胶，是橡胶制品的主要组分。天然橡胶综合性能好，但产量不能满足日益增长的需要，而且也不能满足某些特殊性能要求。因此合成橡胶获得了迅速发展。生胶在橡胶制备过程中不但起着黏结其他配合剂的作用，而且是决定橡胶制品性能的关键因素。使用的生胶种类不同，则橡胶制品的性能亦不同。

(2) 配合剂

为了提高和改善橡胶制品的各种性能而加入的物质称为配合剂。配合剂种类很多，主要有硫化剂、硫化促进剂、防老剂、软化剂、填充剂、发泡剂及着色剂等。硫化剂其作用类似于热固性塑料中的固化剂，它使橡胶分子链间形成横链，适当交联，成为网状结构，从而提高橡胶的力学性能和物理性能。常用的硫化剂是硫黄和硫化物。为提高橡胶的力学性能，如强度、硬度、耐磨性和刚性等，还需加入填料，使用最普遍的是炭黑，以及作为骨架材料的纤维甚至金属丝或金属编织物。填料的加入还可减少生胶用量，降低成本。硫化促进剂能加速硫化过程，提高硫化效果而加入的；增塑剂可增加橡胶塑性，改善成型工艺性能；防老化剂（抗氧化剂）可防止或减缓橡胶的老化。

11.3.3 橡胶的分类

按原料来源橡胶可分为天然橡胶和合成橡胶两大类；按应用范围又可分为通用橡胶与特种橡胶两类。天然橡胶是橡树上流出的乳胶经加工而制成的；合成橡胶是通过人工合成制得的，具有与天然橡胶相近性能的一类高分子材料。通用橡胶是指用于制造轮胎、工业用品、日常用品的量大面广的橡胶，特种橡胶是指用于制造在特殊条件（高温、低温、酸、碱、油、辐射等）下使用的零部件的橡胶。

11.3.4 常用橡胶材料

(1) 天然橡胶

天然橡胶是从天然植物中采集出来的一种以聚异戊二烯为主要成分的天然高分子化合物。它具有较高的弹性、较好的力学性能、良好的电绝缘性及耐碱性，是一类综合性能较好的橡胶。缺点是耐油、耐溶剂较差，耐臭氧老化性差，不耐高温及浓强酸。主要用于制造轮胎、胶带、胶管等。

(2) 通用合成橡胶

① 丁苯橡胶　它是由丁二烯和苯乙烯共聚而成的。其耐磨性、耐热性、耐油、抗老化性均比天然橡胶好，并能以任意比例与天然橡胶混用，价格低廉。缺点是生胶强度低、黏结性差、成型困难、硫化速度慢，制成的轮胎弹性不如天然橡胶。主要用于制造汽车轮胎、胶带、胶管等。

② 顺丁橡胶　它是由丁二烯聚合而成。其弹性、耐磨性、耐热性、耐寒性均优于天然橡胶，是制造轮胎的优良材料。缺点是强度较低，加工性能差、抗撕性差。主要用于制造轮胎、胶带、弹簧、减震器、电绝缘制品等。

③ 氯丁橡胶　它是由氯丁二烯聚合而成。氯丁橡胶不仅具有可与天然橡胶比拟的高弹性、高绝缘性、较高强度和高耐碱性，而且具有天然橡胶和一般通用橡胶所没有的优良性能，例如耐油、耐溶剂、耐氧化、耐老化、耐酸、耐热、耐燃烧、耐挠曲等性能，故有“万能橡胶”之称。缺点是耐寒性差、密度大，生胶稳定性差。氯丁橡胶应用广泛，它既可作通用橡胶，又可作特种橡胶。由于其耐燃烧，故可用于制作矿井的运输带、胶管、电缆，也可作高速三角带及各种垫圈等。

④ 乙丙橡胶　它是由乙烯和丙烯共聚而成。具有结构稳定、抗老化能力强，绝缘性、耐热性、耐寒性好，在酸、碱中抗蚀性好等优点。缺点是耐油性差、黏着性差、硫化速度慢。主要用于制作轮胎、蒸汽胶管、耐热输送带、高压电线管套等。

(3) 特种合成橡胶

① 丁腈橡胶　它是由丁二烯与丙烯腈聚合而成。其耐油性好、耐热、耐燃烧、耐磨、耐碱、耐有机溶剂，抗老化。缺点是耐寒性差，其脆化温度为－20～－10℃，耐酸性和绝缘性差。主要用于制作耐油制品，如油箱、储油槽、输油管等。

② 硅橡胶　它是由二甲基硅氧烷与其他有机硅单体共聚而成。硅橡胶具有高耐热性和耐寒性，在－100～350℃范围内保持良好弹性，抗老化能力强、绝缘性好。缺点是强度低，耐磨性、耐酸性差，价格较贵。主要用于飞机和宇航中的密封件、薄膜、胶管和耐高温的电线、电缆等。

③ 氟橡胶　它是以碳原子为主链，含有氟原子的聚合物。其化学稳定性高、耐腐蚀性能居各类橡胶之首，耐热性好，最高使用温度为300℃。缺点是价格昂贵，耐寒性差，加工性能不好。主要用于国防和高技术中的密封件，如火箭、导弹的密封垫圈及化工设备中的里衬等。

常见橡胶的种类、性能和用途见表11-8所列。

表11-8　橡胶的种类、性能和用途

性能	通用橡胶						特种橡胶				
	天然橡胶(NR)	丁苯橡胶(SBR)	顺丁橡胶(BR)	丁基橡胶(HR)	氯丁橡胶(CR)	乙丙橡胶(EPDM)	聚氨酯(UR)	丁腈橡胶(NBR)	氟橡胶(FPM)	硅橡胶	聚硫橡胶
抗拉强度/MPa	25～30	15～20	18～25	17～21	25～27	10～25	20～35	15～30	20～22	4～10	9～15
伸长率/%	650～900	500～800	450～800	650～800	800 1000	400～800	300～800	300～800	100～500	50～500	100～700
抗撕性	好	中	中	中	好	好	中	中	中	差	差
使用温度上限/℃	<100	80～120	120	120～170	120～150	150	80	120～170	300	－100～300	80～130
耐磨性	中	好	好	中	中	中	好	中	中	差	差
回弹性	好	中	好	中	中	中	中	中	中	差	差
耐油性				中	好		好	好	好		好
耐碱性				好	好		差		好		好
耐老化				好		好			好		好
成本		高			高				高	高	
使用性能	高强绝缘防震	耐磨	耐磨耐寒	耐酸碱气密防震绝缘	耐酸耐碱耐燃	耐水绝缘	高强耐磨	耐油耐水气密	耐油耐酸碱耐热真空	耐热绝缘	耐油耐酸碱
工业应用举例	通用制品、轮胎	通用制品、胶布、胶板、轮胎	轮胎耐寒运输带	内胎、水胎、化工衬里、防震品	管道胶带	汽车配件、散热管、电绝缘件	实心胎胶辊、耐磨件	耐油垫圈、油管		耐高低温零件、绝缘件	丁腈改性用

11.4 合成纤维

凡能保持长度比本身直径大100倍的均匀条状或丝状的高分子材料均称为纤维，包括天然纤维（natural fibre）和化学纤维两大类。化学纤维又分为人造纤维（rayon）和合成纤维（syntheric fibre），人造纤维是用自然界的纤维加工制成的，如所谓人造丝、人造棉的黏胶纤维和硝化纤维、醋酸纤维等；合成纤维是以石油、煤、天然气等为原料制成的，其品种十分繁多，且产量直线上升，差不多每年都以20%的速率增长。合成纤维具有强度高、耐磨、保暖、不霉烂等优点，除广泛用做衣料等生活用品外，在工农业、国防等部门也有很多应用。如汽车、飞机的轮胎帘线，渔网、桥索、船缆、降落伞及绝缘布等。产量最多的有六大品种（占90%），表11-9列出了几种主要合成纤维品种的性能及应用。

表 11-9　几种主要合成纤维的性能及用途

化学名称	聚酯纤维	聚酰胺纤维	聚丙烯腈	聚乙烯醇缩醛	聚烯烃	含氯纤维	其他
商品名称	涤纶（的确良）	锦纶（尼龙）	腈纶（人造毛）	维纶	丙纶	氟纶	氯纶芳纶等
产量（占合成纤维）/%	>40	30	20	1	5	1	
强度	优（干、湿态）	优（干态）中（湿态）	中（干、湿态）	优（干态）中（湿态）	优（干、湿态）	中（干、湿态）	优
密度/(g/cm³)	1.38	1.14	1.14～1.17	1.26～1.30	0.91	1.39	
吸湿率/%	0.4～0.5	3.5～5	1.2～2.0	4.5～5	0	0	
软化温度/℃	238～240	180	190～230	220～230	140～150	60～90	
耐磨性	优	最优	差	优	优	中	优
耐晒性	优	差	最优	优	差	中	优
耐酸性	优	中	优	中	中	优	
耐碱性	中	优	优	优	优	优	
其他特点	挺括不皱、易洗快干	弹性好	柔软、轻盈、保暖	成本低、弹性较差，织物易皱	轻、牢、可染性差，	易燃	难燃、保暖、弹性也好；染色性差，热收缩大
工业应用	高级帘子布、渔网、缆绳、帆布	降落伞、运输带	碳纤维及石墨纤维原料	缆绳、渔具	军用被服、绳索、渔网、水龙带、合成纸	导火索皮、口罩、帐幕、劳保用品	

11.5 胶黏剂

胶黏剂是一种能将同种或不同种材料粘合在一起，并在胶接面有足够强度的物质，它能起胶结、固定、密封、浸渗、补漏和修复的作用。

11.5.1　胶结特点

用黏结剂把物品联结在一起的方法叫胶结，也称黏结。和其他联结方法相比，它有以下特点：

① 整个胶结面都能承受载荷，因此强度较高，而且应力分布均匀，避免了应力集中，耐疲劳强度好；

② 可联结不同种类的材料，而且可用于薄形零件、脆性材料以及微型零件的连接；

③ 胶结结构重量轻，表面光滑美观；

④ 具有密封作用，而且胶黏剂电绝缘性好，可以防止金属发生电化学腐蚀；

⑤ 胶接工艺简单，操作方便。

胶结的主要缺点是不耐高温，胶结质量检查困难，胶黏剂有老化问题。另外，操作技术对胶结性能影响很大。

11.5.2 胶黏剂的组成

胶黏剂又称黏结剂、胶合剂或胶水。它有天然胶黏剂和合成胶黏剂之分，也可分为有机胶黏剂和无机胶黏剂。主要组成除基料（一种或几种高分子化合物）外，尚有固化剂、填料、增塑剂、增韧剂、稀释剂、促进剂及着色剂。

胶黏剂以富有黏性的物质为基础，并以固化剂或增塑剂、增韧剂、填料等改性剂为辅料。

(1) 粘料

有机胶黏剂包括树脂、橡胶、淀粉、蛋白质等高分子材料；无机胶黏剂包括硅酸盐类、磷酸盐类、陶瓷类等。

(2) 固化剂

某些胶黏剂必须添加固化剂才能使基料固化而产生胶接强度。例如环氧胶结剂需加胺、酸酐或咪唑等固化剂。

(3) 改性剂

用以改善胶黏剂的各种性能。有增塑剂、增韧剂、增黏剂、填料、稀释剂、稳定剂、分散剂、偶联剂、触变剂、阻燃剂、抗老化剂、发泡剂、消泡剂、着色剂和防腐剂等，有助于胶结剂的配制、储存、加工工艺及性能等方面的改进。

11.5.3 胶黏剂的表示方法及分类原则

GB/T 13553—1996 规定了胶黏剂按主要黏料、物理形态、硬化方法和被粘物材质的分类方法及起代号的编写方法。

用三段式的代号来表示一种胶黏剂产品。第一段用三位数字分别代表胶黏剂主要粘料的大类、小类和组别；第二段的左边部分用一位阿拉伯数字代表胶黏剂的物理形态，右边部分用小写英文字母代表胶黏剂的硬化方法；第三段用不多于三个大写的英文字母代表被粘物。

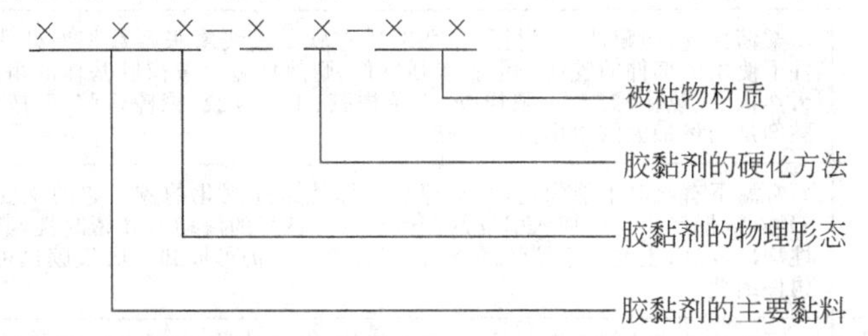

(1) 按胶黏剂主要黏料属性分类

胶黏剂的主要黏料用三位数字表示，左边第一位是主要粘料的大类，中间一位是大类中的小类。右边一位是小类中的组别。表 11-10 是七大类黏料、部分组别及其编号。

(2) 按胶黏剂物理形态分类

无溶剂液体（代号为 1），有机溶剂液体（代号为 2），水基液体（代号为 3），膏、糊状（代号为 4），粉、粒、块状（代号为 5），片、膜、网、带状（代号为 6），丝、条、棒状（代号为 7）。

表 11-10 胶黏剂主要黏料的大类及部分小类、组别

序号	大类(编号)	部分小类、组别(编号)
1	动物胶(100)	血液胶(110)、骨胶(121)、皮胶(122)等
2	植物胶(200)	羧甲基纤维素(211)、淀粉(221)、天然树脂类(230)、天然橡胶类(250)等
3	无机物及矿物胶(300)	硅酸钠(311)、磷酸盐(313)、金属氧化物(315)、石油树脂(321)、石油沥青(322)等
4	合成弹性体(400)	丁苯橡胶(412)、丁腈橡胶(413)、丁基橡胶(424)、氯丁橡胶(431)、硅橡胶(441)、聚硫(474)、丙烯酸酯橡胶(481)等
5	合成热塑性材料(500)	聚乙酸乙烯酯(511)、聚乙烯醇缩醛(515)、聚苯乙烯类(520)、丙烯酸酯聚合物(531)、氰基丙烯酸酯(534)、聚氨酯类(550)、聚酰胺类(570)、聚砜(582)、聚碳酸酯(583)
6	合成热固性材料(600)	环氧树脂类(620)、有机硅树脂类(640)、聚氨酯类(650)、酚醛树脂类(660)、呋喃树脂类(680)、杂环聚合物(690)等
7	热固性、热塑性材料与弹性体复合(700)	酚醛-丁腈型(711)、酚醛-氯丁型(712)、酚醛-环氧型(713)、酚醛-缩醛型(714)、环氧-聚砜型(723)、环氧-聚酰胺型(724)、其他复合型结构胶黏剂(730)等

表 11-11 胶黏剂按应用性能的分类及特点

按应用性能分类		特点
结构胶黏剂	改性环氧胶黏剂	这是一种胶接强度高,应用普遍的胶黏剂,其中双酚A型环氧树脂胶,E′型是目前应用最广泛的胶黏剂品种之一,它以双酚环氧树脂为基体,加入固化剂(常用胺类、酸酐类)及增韧剂、稀释剂、偶联剂、填料等配制而成。实际应用中,为了克服环氧树脂胶剥离强度低、冲击韧性差、耐热性不高的局限性,利用其易于改性的特点,采用尼龙树脂、聚砜树脂、液体丁腈橡胶等高分子化合物对其进行改性,制成一系列性能优良的改性环氧树脂胶,适应多方面的应用
	改性酚醛树脂胶黏剂	酚醛树脂胶黏剂是发展最早、价格最廉的合成胶黏剂,主要用于胶接木材生产胶合板。后来加入橡胶或热塑性树脂进行改性,制成韧性好、耐热、耐油水、耐老化、强度大的结构胶黏剂,广泛用于飞机制造、尖端技术和各生产领域。其中以酚醛-缩醛胶和酚醛-丁腈胶最为重要
	无机胶黏剂	水泥、石膏、水玻璃都是古老的无机胶黏剂;现代无机胶常用的有:氧化铜-磷酸盐无机胶和硅酸盐无机胶。有的可在1300℃下使用,胶接强度高,但脆性大
非(半)结构胶黏剂	聚氨酯胶黏剂	耐低温性能极好,优于其他任何胶黏剂,耐振动、耐疲劳性能好,胶层耐磨性好,适于制作耐磨胶;其缺点是耐酸、耐碱、耐水、耐湿热老化性能差
	丙烯酸酯胶黏剂	其特点是不需称量和混合,使用甚为方便,固化迅速,强度较高,适用与胶接多种材料;其品种很多,性能各异,主要有第二代丙烯酸酯胶黏剂、α-氰基丙烯酸酯胶黏剂(工业常用502胶、501胶)、厌氧密封胶黏剂等
	α-氰基丙烯酸酯胶	常温快速固化胶黏剂,又称"瞬干胶"。黏结性能好,但耐热性和耐溶性较差
	橡胶胶黏剂	柔韧性优良,耐冲击、耐振动,特别适宜软质或线膨胀系数相差悬殊材料的胶接及动态条件下使用的部件的胶接。但胶接强度低,耐热性差。按橡胶基体的组成,橡胶胶黏剂可分为天然橡胶、氯丁橡胶、丁腈橡胶、丁苯橡胶、丁基橡胶、聚硫橡胶、硅橡胶等类别,其中氯丁胶黏剂是用量最大的通用橡胶胶黏剂
	厌氧胶	常温下有氧时不能固化,当排掉氧后即能迅速固化的胶。它的主要成分是甲基丙烯酸的双酯,根据使用条件加入引发剂。厌氧胶有良好的流动性和密封性,其耐蚀性、耐热性、耐寒性均比较好,主要用于螺纹的密封,因强度不高仍可拆卸。厌氧胶也可用于堵塞铸件砂眼和构件细缝
密封胶黏剂	非粘接型密封胶	可在各种连接部位涂布,形成液态垫片,可以黏附,也可剥离。有不干性黏着型、半干性黏弹型、干性剥离型和干性固着型四类
	黏结型密封胶	涂在工作密封面上形成胶层,能够粘牢,起到密封、锁紧、防松等作用。有厌氧胶、热熔胶和橡胶类的弹性胶等品种,其中厌氧密封胶应用较为普遍,适用于松动条件下零部件的紧固和密封防漏,管道螺栓及平面法兰的密封、轴承的固定,螺纹的锁紧及裂纹的修补等
浸渗胶		渗透性好,能浸渗铸件等,堵塞微孔沙眼
功能胶		具有特殊功能,如导电、导磁、导热、耐热、耐超低温、应变及点焊胶接等,以及具有特殊的固化反应,如厌氧性、热熔性、光敏性、压敏性等

表 11-12　部分常用胶黏剂的特点和用途

品　种	主要成分	特　点	固化条件	用途举例
环氧-尼龙胶	环氧或改性环氧、尼龙、固化剂	强度高，但耐潮慢和耐老化性较差，双组分	高温	一般金属结构件的胶接
环氧-聚砜胶	环氧、聚砜、固化剂	强度高，耐湿热老化，耐碱性好，单组分或双组分	高温或中温	金属结构件的胶接，高载荷接头、耐碱零件的胶接
环氧-酚醛胶	环氧、酚醛	耐热性好，可达200℃，单组分、双组分或胶膜	高温	耐 150～200℃ 金属工件的胶接
环氧-聚氨酯胶	环氧、聚酯、异氰酸酯、固化剂	韧性好，耐超低温好，可在－196℃下使用，双组分	室温或中温	金属工件的胶接，超低温工件的胶接，低温密封
环氧-聚硫胶	环氧、聚硫橡胶固化剂	韧性好，双组分	室温或中温	金属、塑料、陶瓷、玻璃钢的胶接
环氧-丁腈胶	环氧、丁腈橡胶固化剂	韧性好，双组分	室温或中温	100℃下使用的受冲击金属件的胶接
环氧-丁腈胶	改性环氧、丁腈橡胶、增塑剂、填料、潜性固化剂、促进剂	200～250℃、5min内即可固化，耐冲击，单组分	中温或高温	金属、非金属结构件的胶接，“粘接磁钢”的制造，电机磁性槽锲引拔成形，玻璃布与铁丝的胶接
酚醛-缩醛胶	酚醛、聚乙烯醇缩醛	强度高、耐老化，能在150℃下长期使用	高温	金属、陶瓷、塑料、玻璃钢等的胶接
酚醛-丁腈胶	酚醛、丁腈橡胶	韧性好，耐热、耐老化性较好	高温	250℃以下使用的金属工件的胶接
氧化铜磷酸盐无机胶	氧化铜磷酸、氢氧化铝	耐热在600℃以上，配胶、施工较易，适用于槽接、套接	室温或中温	金属、陶瓷、刀具、工模具等的胶接和修补
硅酸盐无机胶	硅酸铝、磷酸铝、或少量氧化锆或氧化硅、硅酸钠	耐热性高，可达1000～1300℃，质较脆，固化工艺不便，适于槽接，套接	室温到高温	金属、陶瓷高温零部件的胶接
预聚体型聚氨酯胶	二异氰酸酯与多羟基树脂预聚体、多羟基树脂，如聚醚、聚酯、环氧等	胶接强度高，耐低温性（－196℃）极好，能胶接多种材料	室温或中温	金属、塑料、玻璃、皮革、陶瓷、纸张、织物、木材等的胶接，低温零件的胶接、修补
反应型（第二代）丙烯酸酯胶	甲基丙烯酸甲酯、甲基丙烯酸、弹性体、促进剂、引发剂	双组分，不需称量和混合，固化快，润湿性强，对金属、塑料的胶接强度好，耐油性好，耐老化	室温	金属、ABS、有机玻璃、塑料的胶接，商标纸的压敏胶接
α-氰基丙烯酸酯胶	α-氰基丙烯酸甲酯或乙酯、丁酯单体、增塑剂	瞬间快速固化、使用方便，质脆、耐水、耐湿性较差，单组分	室温几分钟	金属、陶瓷、玻璃、橡胶、塑料（尼龙、聚氯乙烯、有机玻璃等）的胶接。一般要求和小面积仪表零件的胶接和固定
树脂改性氯丁（橡胶）胶	氯丁橡胶、酚醛、硫化体	韧性好，初粘力高，可在－60～100℃下使用	室温	橡胶、皮革、塑料、木材、金属的胶接
聚氨酯厌氧胶	聚氨酯丙烯酸双酯、促进剂、催化剂、填料	韧性好，胶接强度较高，适用范围较广	隔氧，室温，10min固化	螺栓、柱锁固定，防水防油、防漏，金属、塑料的胶接和临时固定、密封

(3) 按胶黏剂硬化方法分类

低温硬化（代号为 a），常温硬化（代号为 b），加温硬化（代号为 c），适合多种温度区域硬化（代号为 d），与水反应固化（代号为 e），厌氧固化（代号为 f），辐射硬化（代号为 g），热熔冷硬化（代号为 h），压敏粘接（代号为 i），混凝或凝聚（代号为 j），其他（代号为 k）。

(4) 按胶黏剂被粘物分类

例如：多类材料（代号为 A），木材（代号为 B），金属及合金（代号为 G），合成橡胶（代号为 N），硬质塑料（代号为 P），塑料薄膜（代号为 Q）等。

(5) 按应用性能分类

除上述标准方法外，通常按应用性能将胶黏剂分为结构胶、非（半）结构胶、密封胶、浸渗胶及功能胶。其中结构胶胶接强度较高，抗剪强度大于 15MPa，能用于受力较大的结构件胶接。而非（半）结构胶胶接强度较低，但能用于非主要受力部位或构件。具体分类及特点见表 11-11 所列。

11.5.4 胶黏剂的选择

为了得到最好的胶结结果，必须根据具体情况选用适当的胶黏剂的成分，万能黏剂是不存在的。胶黏剂的选用要考虑被胶结材料的种类、工作温度、胶结的结构形式以及工艺条件、成本等。

11.5.5 常用胶黏剂

表 11-12 定性介绍了一些品种结构胶黏剂和非（半）结构胶黏剂的特点和用途。

11.6 涂料

11.6.1 涂料的作用

涂料就是通常所说的油漆，是一种有机高分子胶体的混合溶液，涂在物体表面上能干结成膜。涂料的作用见表 11-13 所列。

表 11-13 涂料的作用

作用	说明
保护作用	避免外力碰伤、摩擦，也防止大气、水等的腐蚀
装饰作用	使制品表面光亮美观
特殊作用	可作标志用，如管道、气瓶和交通标志牌等。船底漆可防止微生物附着，保护船体光滑，减少行进阻力
其他	绝缘涂料、导电涂料、抗红外线涂料、吸收雷达涂料、示温涂料以及医院手术室用的杀菌涂料等

11.6.2 涂料的组成

涂料的组成及作用见表 11-14 所列。

11.6.3 常用涂料

酚醛树脂涂料应用最早，有清漆、绝缘漆、耐酸漆、地板漆等。

氨基树脂涂料的涂膜光亮、坚硬，广泛用于电风扇、缝纫机、化工仪表、医疗器械、玩具等各种金属制品。

醇酸树脂涂料涂膜光亮、保光性强、耐久性好，适用于作金属底漆，也是良好的绝缘涂料。

表 11-14　涂料的组成及作用

组　　成	作　　用
黏结剂	是涂料的主要成膜物质,它决定了涂层的性质。过去主要使用油料,现在使用合成树脂
颜　料	也是涂料的组成部分,它不仅使涂料着色,而且能提高涂膜的强度、耐磨性、耐久性和防锈能力
溶　剂	用以稀释涂料,便于施工,干结后挥发
其他辅助材料	如催干剂、增塑剂、固化剂、稳定剂等

聚氨酯涂料的综合性能好，特别是耐磨性和耐蚀性好，适用于列车、地板、舰船甲板、纺织用的纱管以及飞机外壳等。

有机硅涂料耐高温性能好，也耐大气腐蚀、耐老化，适于高温环境下使用。

为拓宽高分子材料在机械工程中的应用，人们用物理及化学方法对现有的高分子材料进行改性；积极探索及研制性能优异的新的高分子材料；采用新的工艺技术制取以高分子材料为基的复合材料，从而提高了其使用性能。

功能高分子材料近年来发展较快。一批具有光、电、磁等物理性能的高分子材料被相继开发，应用在计算机、通信、电子、国防等工业部门；与此同时生物高分子材料在医学、生物工程方面也获得较大进展；可以预计未来高分子材料将在高性能化、高功能化及生物化方面发挥着日益显著的作用。

习　　题

1. 请选用两种塑料制造中等载荷的齿轮，说明选材的依据。
2. 用全塑料制造的零件有什么优缺点？
3. 为什么金属很少是玻璃态，而高聚物大多是非晶态？
4. 橡胶为什么可作减震制品？还有哪些材料可用来制作减震元件？

12 先进材料

12.1 概述

人们通常把材料、信息和能源并列为现代科学技术的三大支柱，这三大支柱是现代社会赖以生存和发展的基本条件之一，而材料科学显得尤为重要。从古至今。材料一直在扮演着划分时代的主角，可以说，材料是人类社会进步的里程碑。

12.1.1 先进材料发展的历史和社会地位

人类最早使用的工具——石器，就是一种最早的天然陶瓷材料，大约在公元前5000年，人类发明用黏土烧成陶器，同时在烧陶过程中又还原出金属铜和锡，创造了炼铜技术，从而进入青铜器时代，5000年前发明炼铜技术。而现在被认为是材料的一个重要发展方向的复合材料，其实在很久以前就已出现，人类在6000年前就知道用稻草和泥巴混合垒墙，这是早期人工制备的复合材料；5000年前中东地区曾用芦苇增强沥青造船；我国越王剑是古老金属基复合材料的代表，它采用金属包层复合材料，不仅光亮锋利，而且韧性和耐蚀性优异，在地下埋藏几千年，出土时仍然寒光夺目，锋利无比（图12-1）。如果说19世纪是机械时代、20世纪是电子时代、那么21世纪将是生物、信息和材料的时代，材料工业都将成为未来社会发展的重要组成部分。现代的材料按化学组成可分为金属材料、高分子材料和无机非金属材料等（如图12-2）。按性能和开发时间，材料又可分为传统材料和先进材料两大类，先进材料是指那些新近开发或正在开发的、具有优异性能的材料。先进材料对高科技和新技术具有非常关键的作用，没有先进材料就没有发展高科技的物质基础，掌握先进材料是一个国家在科技上处于领先地位的标志之一。

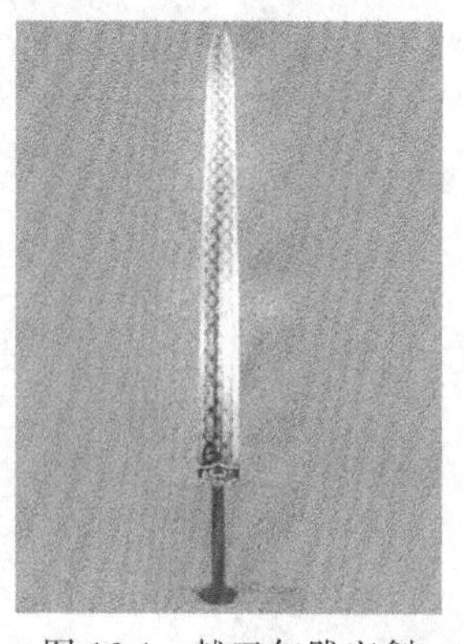

图12-1 越王勾践宝剑

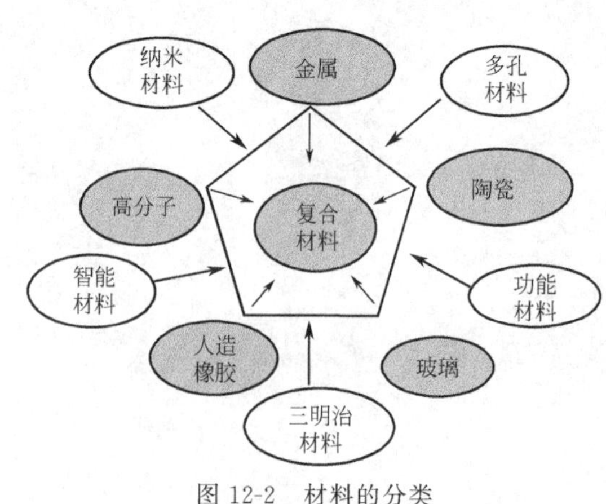

图12-2 材料的分类

12.1.2　先进材料研究与应用现状

现代科学技术发展具有学科之间相互渗透、综合交叉的特点，科学和经济之间的相互作用，推动了当前最活跃的信息和材料科学的发展，又导致了一系列高新技术和高性能材料的诞生。信息功能材料、高温结构材料、复合材料、生物材料、智能材料、纳米材料等取得了较大的发展，它们正成为国民经济发展的重要驱动力。

（1）信息功能材料

功能材料是指凡具有优良的电、磁、声、光、热、化学和生物功能及其相互转化的功能，被用于非结构目的的高技术材料。功能材料与结构材料相比较，其最大特点是两者性能上的差异。功能材料是当代新技术，如能源技术、信息技术、激光技术、计算技术、空间技术、海洋工程技术、生物工程技术的物质基础，是新技术革命的先导。

图 12-3　龙芯芯片电子封装

信息功能材料的发展对信息技术的进步起到了至关重要的作用。众所周知，集成电路的关键在于半导体材料和封装材料与技术（图 12-3）。当今，全世界每年要制造数百亿件质量相当高的集成电路，其中大约有 20%要采用精密绝缘陶瓷基片。如果在计算机的集成电路中采用多层绝缘陶瓷基片与封装材料，可以使高速计算机的工作效率提高 1 倍，这已远超出陶瓷自身价值上千万倍。信息记录材料正由磁记录向光记录发展。光记录也是以激光为光源、以薄膜作为光信息存储材料，光记录具有密度高、寿命长、保真度好、无噪声和可反复使用的优点。

（2）复合材料

复合材料是指由两种或两种以上不同相态的组分（或称组元）经过选择和人工复合，组成多相三维结合且各相之间有明显界面的、具有特殊性能的材料。复合材料不包括自然形成具有某些复合材料形态的天然物质。复合材料因为具有高强度、化学稳定性优良、耐磨、耐高温、韧性好、导热性和导电性好和自重小等性能，在许多工业领域如机械工业、汽车工业、化学领域等得到了广泛的应用。

复合材料在机械工业方面的应用主要有阀、泵、齿轮、风机、叶片和轴承等，如用酚醛玻璃锶和纤维增强聚丙烯制成的阀门使用寿命比不锈钢阀长，且价格便宜；铸铁泵一般重几十公斤，而玻璃钢泵重仅几公斤。航空航天工业则普通利用了复合材料的重量轻、耐腐蚀、耐高温和耐摩擦性好等特点，大量用于飞机的减速板和刹车装置、内燃机活塞、X-20 飞行器的鼻锥、喷嘴材料和机翼等，如飞机采用碳碳复合材料刹车片，可减重 600kg。复合材料在现代飞行器的材料中占了较大的比例，功能复合材料的应用更加引人注目（图 12-4）。树脂基隐身复合材料在美国 B2 和 F14、F19 等飞机上均有应用。

（3）智能材料

智能材料是高技术新材料发展的一个重要方向，有人认为它是继天然材料、人造材料和精细材料之后的第四代材料。智能材料又称机敏材料，其构想来源于仿生学。与传统的结构材料和功能材料不同，智能材料通过自身的感知而获取外界信息，并做出判断和处理，发出指令，继而调整自身的状态以适应外界环境的变化，从而实现自检测、自诊断、自适应、自修复、自指令等功能 。如在复合材料中埋入形状记忆合金丝，可以改变内部应力情况，提高结构件的承载能力；与传感器配合，可以进行自适应控制。目前一种称为机敏蒙皮的机敏陶瓷可以降低飞行器和潜水器高速运动时的流动噪声，防止发生紊流，从而可以提高速度，

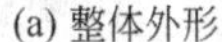
(a) 整体外形

(b) 发动机涡轮叶片

图 12-4　波音 747

减少红外辐射和声辐射，达到吸波隐身的目的。又如在飞机的机翼引入智能系统或利用智能材料制造机翼，机翼能响应空气压力和飞行速度的变化而自动改变其形状，从而改变升力和阻力，这能提高飞机（特别是战斗机）的安全性和存活率。

在医学方面，智能药物释放体系能响应血糖浓度而释放胰岛素，维持血糖浓度在正常水平。智能材料的研究极大地推动着材料科学技术与信息科学技术之间的交叉渗透，推动着材料加工技术与信息处理技术、传感技术、计算机技术以及控制技术的紧密结合，甚至可能萌发划时代的技术革命。

（4）纳米材料

进入 20 世纪 80 年代以来，一个新型的材料科学领域——纳米材料，越来越引起人们的兴趣。由于纳米材料的晶粒尺寸、晶界尺寸、缺陷尺寸均处在 100nm 以下，且晶界数量大幅度增加，使得材料的强度、韧性、超塑性大为提高，对于材料的电学、磁学、光学等性能产生重要的影响。所谓超塑性，是指材料在断裂前产生很大的伸长量的性质。纳米材料有 4 个基本的效应，即小尺寸效应、表面与界面效应、量子尺寸效应、宏观量子隧道效应，纳米材料因此而出现常规材料没有的一些特别性能，如高强度和高韧性、高热膨胀系数、高比热容和低熔点、奇特的磁性、极强的吸波性等，从而使纳米材料得到了广泛的应用：用纳米碳化物、氯化物、氧化物弥散到基体中去，可以显著改善陶瓷的韧性；用纳米级的铁粉，镍粉、铁氧体粉末配制的涂料涂到飞机、导弹和军舰等武器装备上，使该装备具有隐身性能，因为纳米超级细粉末不仅能吸收雷达波，也能吸收可见光和红外线，由它制成的材料在很宽的频带范围内可以逃避雷达的观察，同时也有红外隐身的作用。1991 年的海湾战争中，美国的战斗机之所以能够成功躲过伊拉克严密的雷达监视，一个重要的原因就是美国的战斗机机身上包覆了红外和微波吸收材料，这种蒙皮就是含有多种超微粒子的隐身材料。

（5）高温陶瓷材料

燃气轮机是喷气式飞机、轮船、发动机组等的动力来源，在热机的高温部件如叶片、转子、导叶、燃烧筒、套管等应用高温陶瓷，对提高热机的热效率具有决定性的作用。因为欲提高热效率必须提高高温热源的温度。一个发电机组，如果涡轮进口温度从 1000℃ 提高到 1200℃。每发一度电就可节油 0.05kg，相当于原来所需燃烧的 60%。但以前的金属叶片材料不耐高温，进口温度只能在 550℃左右，在不断改进高温合金和冷却技术后，也只能提高到 1100℃左右，这几乎是高温合金的使用温度极限。随着陶瓷材料的发展和抗热震性的提高，使得涡轮进口温度可提高到1400℃左右。SiC纤维/Si_3N_4陶瓷制造的涡轮叶片使用温度甚至可高于1500℃。用高温陶瓷制作切削刀具，可使刀具在1000～1300℃高温下工作，而在以前，碳素工具钢刀具的最高使用温度区为200～500℃，高速钢的为500～600℃，WC-Co。钴类硬质合金的为800～1000℃，改进后也只能提高到1100℃。可见耐高温的陶瓷材料是有着广泛的应用前景的。

（6）生物材料

生物陶瓷是具有特殊行为的陶瓷材料，可以用来构成人体骨骼和牙齿等的某些部位，甚至可望部分或整体地修复或替换人体的某种组织和器官，或增进其功能。据统计，近几年全世界每年要求进行人工关节移植手术者多达150000人，仅在美国，每年就有120000人做人工髋关节移植手术。中国每年髋关节病患者至少在10000人。生物陶瓷必须具备生物相容性、力学相容性、与生物组织有优异的亲和性、抗血栓、灭菌性、很好的物理及化学稳定性。日前，生物医学陶瓷一般分为惰性生物陶瓷、表面活性生物陶瓷、吸收性生物陶瓷、生物复古材料等四大类。如表面活性生物陶瓷中的羟基磷灰石陶瓷（HA）的抗压强度可达462～509MPa，比致密骨的89～100MPa和牙齿的295MPa都要高很多。因此HA大量用作人工骨、人工牙齿。人们对卫生管理的重视，导致了各种抗菌剂制品的产生。一般抗菌制品是在基材中添加抗菌剂制成的，目前使用的抗菌剂以无机抗菌剂即陶瓷抗菌剂为主，主要是指以沸石、磷酸钙等陶瓷材料为基体，被覆银、铜、锌等金属离子而制成的抗菌剂以及TiO_2等光催化抗菌剂。生物磁性材料在医学中的应用是相当广泛的。

（7）多孔材料

多孔材料是近年来随着材料制备以及机械加工技术的迅速发展而出现的一类新颖材料，它的出现对于材料的选择及其性能研究提出了新的课题。多孔材料包括蜂窝材料、泡沫材料、点阵材料（图12-5）。通常，多孔材料单位体积的重量仅是同等材质实体材料的1/10或更轻，而且不同构型的微细观结构对材料的力学及其他物理特性有显著影响。除了承载，多孔材料还可同时承担其他功能，如利用材料的多孔特点进行对流换热以满足温度控制要求，以及降低噪声、屏蔽电磁辐射、吸收碰撞能量等。

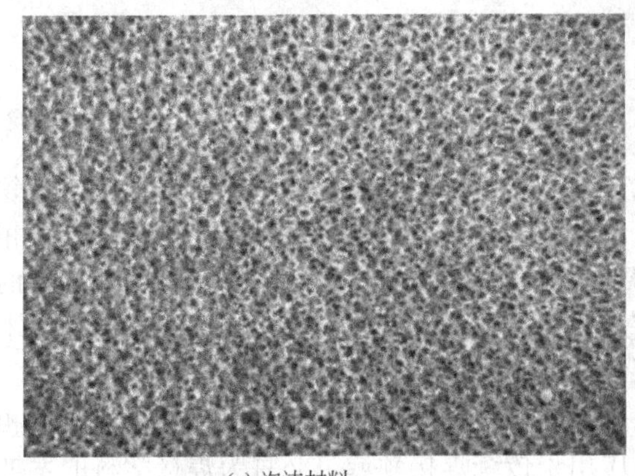

(a) 泡沫材料

(b) 蜂窝材料

图12-5　多孔材料

① 蜂窝材料　蜂窝夹层结构材料是一种轻质、高强、各向异性材料。蜂窝夹层结构材料具有优良的抗冲击能力、耐热防腐、导电、导热、隔热、隔音、吸能减震、电磁屏蔽等功能，广泛应用于航天航空、交通运输、电子、环保、能源、建筑等领域。

② 泡沫材料　泡沫金属是一种结构内部含有大量孔隙的、功能与结构一体化的新型材料。泡沫金属材料具有重量轻、高比强、高比刚度、高强韧、高能量吸收等优良力学性能，以及减震、散热、吸声、电磁屏蔽、渗透性优等特殊性质，是一种性能优异的多功能工程材料。泡沫材料在高能耗装备（汽车、高速列车、航空航天器、轮船等）的广泛应用，不仅会大幅度降低对常规能源的需求，同时也可减少环境污染。目前，关于泡沫材料的研究主要集中在材料制备工艺和性能表征两方面。

③ 点阵材料　点阵材料是一种模拟分子点阵构型制造出的一种有序超轻多孔材料。点阵材料是由结点和结点间连接杆件单元组成的周期结构材料 。它的特点是其细观构型均为二维或三维网架体系，网架中的空隙没有用来承载的填充物。这样的设计节省了大量的质量，提高了比刚度和比强度，在同等重量下点阵材料比无序微结构金属泡沫具有更好的力学性能；网架间的空隙能够执行储油、配置电池等功能化要求；材料的多孔特点满足了进行对流换热以达到温度控制的要求；网架独特的伸展性能使得其促动、制动和阻尼振动的研究大有发展空间；同时，它也具有良好的降低噪声、屏蔽电磁辐射、抗冲击和碰撞吸能能力。

12.1.3　先进材料发展前景的展望

随着环境、资源、能源压力的增加，材料创新与应用的新战略对支撑先进制造业、促进新型高能材料的可持续发展日益重要。材料技术的优先领域包括：新材料开发、重点应用领域材料、新工艺开发、材料模拟以及可持续生产与消费材料。在新材料开发方面，重点在于结构材料、功能材料、多功能材料、生物材料和纳米材料与纳米技术。在重点应用材料领域方面，优先考虑能源材料、传感器与诊断材料、保健材料、高温耐久性材料和轻量化应用材料。在新工艺开发方面，将优先发展自动化操作与测试、低能低排放工艺、低浪费工艺、替代原料等。在材料模拟方面，优先领域为多尺度预测模拟、设计模拟、设计数据等，重点在于金属、陶瓷、半导体、高分子、层状体系和复合材料的模拟，结构与功能性能的模拟，平衡、亚稳和非平衡系统的模拟，电子激发态的模拟，极端条件下可能的温压模拟，制造工艺过程和重点产品运行寿命的模拟。在可持续生产与消费材料方面，将重点研发可循环材料、生物降解材料、经济再利用材料以及生命周期分析等。

12.2　纳米材料

纳米材料和纳米结构是当今材料研究领域最富有活力、对经济发展最具影响力的研究领域。世界各国都十分重视对纳米技术及纳米材料的研究，美国、英国、日本、德国等国竞相大力开展系统研究，并列入各自的高科技发展计划。如美国的“星球大战计划”、西欧的“尤里卡计划”以及日本的“高技术探索研究”，我国在“八五”期间，也将纳米技术和纳米材料列入国家重大基础研究计划和应用研究项目中。

纳米技术打破了宏观和微观世界之间难以逾越的界限，从而产生纳米技术与其他学科相互渗透和交叉，例如，将纳米技术和纳米材料应用于传统焊接领域，必将为焊接学科的发展提供极为广阔的发展空间。

12.2.1　纳米科学技术

纳米科学与技术是研究纳米尺度（0.1～100nm）物质组成体系运动规律，相互作用以及实际应用技术的一门科学技术。通过对纳米尺度的物质反应、传输和转变的控制来创造新材料、开发器件，并充分利用它们的特殊性能，探索在纳米尺度内物质运动的新现象和新规律。纳米科学技术主要包括纳米材料学、纳米化学、纳米体系物理学、纳米生物学、纳米机械学、纳米电子学、纳米力学等。

12.2.2 纳米材料的性能及用途

(1) 纳米材料的性能

纳米材料是指在三维空间中至少有一维处于纳米尺度范围或由它们作为基本单元构成的材料。纳米材料的基本单元按维数可分为纳米粉末（零维）、纳米膜（二维）、纳米块体（三维）、纳米复合材料、纳米结构等五类。纳米粉末如图 12-6 所示，一般指粒度在 100nm 以下的粉末或颗粒。由于尺寸小、比表面大和量子尺寸效应等原因，它具有不同于常规固体的新特性。可用作高密度磁记录材料、吸波隐身材料、磁流体材料、防辐射材料、单晶硅和精密光学器件抛光材料、微芯片导热基与布线材料、微电子封装材料、光电子材料、电池电极材料、太阳能电池材料、高效催化剂、高效助燃剂、敏感元件、高韧性陶瓷材料、人体修复材料和抗癌制剂等。纳米碳管（一维）如图 12-7 所示。碳纳米管尺寸尽管只有头发丝的十万分之一，但它的电导率是铜的 1 万倍，它的强度是钢的 100 倍，而重量只有钢的 1/7。它像金刚石那样硬，却有柔韧性，可以拉伸。它的熔点是已知材料中最高的。正是由于碳纳米管自身的独特性能，决定了这种新型材料在高新技术诸多领域有着诱人的应用前景。在电子方面，利用碳纳米管奇异的电学性能，可将其应用于超级电容器、场发射平板显示器、晶体管集成电路等领域。在材料方面，可将其应用于金属、水泥、塑料、纤维等诸多复合材料领域。它是迄今为止最好的储氢材料，并可作为多类反应的催化剂的优良载体。在军事方面，可利用它对波的吸收、折射率高的特点，作为隐身材料广泛应用于隐形飞机和超音速飞机。在航天领域，利用其良好的热学性能，添加到火箭的固体燃料中，从而使燃烧效率更高。

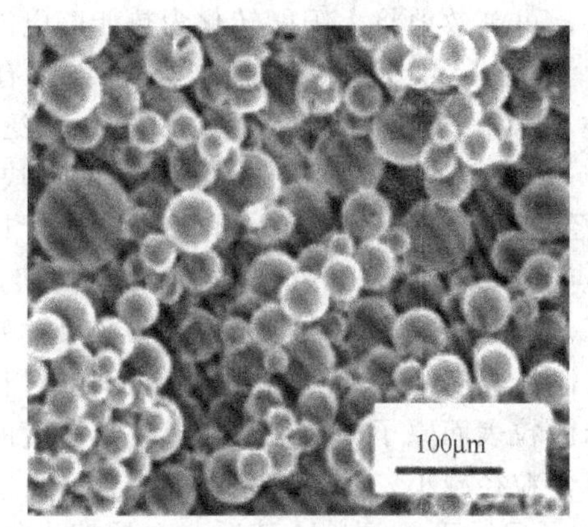

图 12-6　纳米粉末形貌

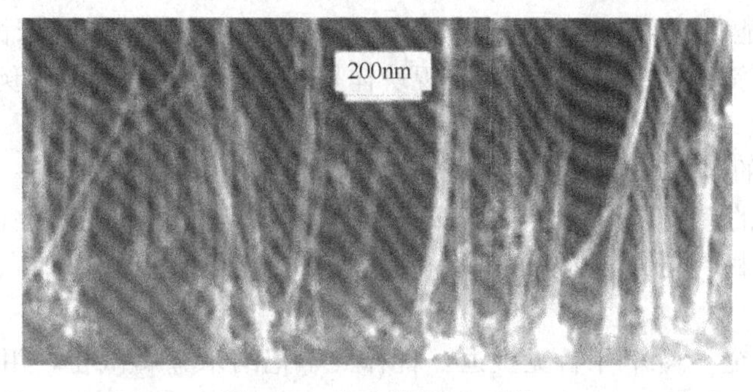

图 12-7　纳米碳管（一维）

纳米材料的物理、化学性质既不同于微观的原子、分子，也不同于宏观物体，纳米世界介于宏观世界与微观世界之间，人们把它称为介观世界。当常态物质被加工到极其微细的纳米尺度时，会出现特异的表面效应、体积效应、量子尺寸效应、界面效应和宏观隧道效应等，从而显示出许多奇异的特性，其光学、热学、电学、磁学、力学、化学等性质与传统材料相比发生十分显著的变化。在纳米世界，人们可以控制材料的基本性质，如熔点、硬度、磁性、电容甚至于颜色，而不改变其化学成分，还可以合成具有特殊性能的新材料，如把优良的导体铜制作成“纳米铜”，使之成为绝缘体；把半导体硅制成“纳米硅”成为良导体；把易碎的陶瓷制作成“纳米陶瓷”，使之可以在室温下任意弯曲等。因此纳米材料具备其他一般材料所没有的优越性能，在整个新材料的研究应用方面占据着核心的位置。

① 表面效应与化学活性　表面效应是指纳米粒子的表面原子与总原子数之比随着纳米粒子尺寸的减小而大幅度的增加，粒子的表面能及表面张力也随着增加，从而引起纳米粒子性质的变化。随着粒径的减小，比表面大大增加。粒径为 5nm 时，表面将占 50%；粒径为 2nm 时，表面的体积百分数将增加到 80%。庞大的比表面，键态严重失配，存在许多悬空键，并具有不饱和性质，因而极易与外界的气体、流体甚至固体原子发生反应，十分活泼，即具有很高的化学活性。

② 小尺寸效应　当超细微粒的尺寸与光波波长、德布罗意波长以超导态的相干长度或透射深度等物理特征尺寸相当或更小时，晶体周期性的边界条件将被破坏；非晶态纳米微粒的颗粒表面层附近原子密度减小，导致声、光、电、磁、热、力学等特性呈现新的小尺寸效应。例如，当颗粒尺寸小于 50nm 时，金、银、铜、锡等金属微粒均失去原有的光泽而呈黑色。这是由于这些颗粒不能散射可见光（波长为 380～765nm）而引起的。利用此特性可制作高效光热、光电转换材料，可高效地将太阳能转化为热能、电能；纳米尺度的强磁性颗粒（Fe-Co 合金、氧化铁等），当颗粒尺寸为单磁畴临界尺寸时，具有很高的矫顽力，可制成磁性信用卡、磁性钥匙、磁性车票等，还可以制成磁性液体，广泛地用于电声器件、阻尼器件、旋转密封、润滑、选矿等领域。纳米微粒的熔点可远低于块状金属，例如，2nm 的金颗粒熔点为 600K，随着粒径的增加，熔点迅速上升，块状金为 1337K；纳米银粉的熔点可降低到 373K；大块铅的熔点为 600K，而 20nm 球形铅微粒的熔点可以降低 288K，此特性为粉末冶金工业提供了新工艺。利用等离子共振频率随颗粒尺寸变化的性质，可以改变颗粒尺寸，控制吸收边的位移，制造具有一定频宽的微波吸收纳米材料，可用于电磁波屏蔽、隐形飞机等。此外，由于纳米微粒表面原子振动弛豫造成德拜温度的显著下降，使纳米晶的比热容大于块状晶体的比热容，粒径越小，比热容越大。

③ 量子尺寸效应　当粒子尺寸下降到某一值时，金属费米能级附近的电子能级由准连续变为离散能级的现象和纳米半导体微粒存在不连续的最高被占据分子轨道和最低未被占据的分子轨道能级，能隙变宽现象均称为量子尺寸效应。由此导致的纳米微粒的催化、电磁、光学、热学和超导等微观特性表现出与宏观块体材料显著不同的特点。例如，银纳米微粒的粒径小于 14nm 时，银纳米微粒变为非金属绝缘体。

（2）纳米材料的用途

随着纳米技术的发展，纳米材料所具备的各种优异性能及其潜在的应用价值将被人们逐渐认识，纳米材料可广泛应用于电子、医药、化工、机械、军事、航空航天等众多领域。

① 纳米硬质合金　1997 年曾见报道，吉林大学把纳米金属微粉，用于制造碳化钨硬质合金，可使碳化钨硬质合金的烧结温度由 1400℃降至 1100℃，实现了低温烧结。普通钨粉

必须在3000℃的高温下烧结，而当掺入0.1%～0.5%的纳米镍粉时，烧结成形温度可降低到1200～1311℃。

② 纳米磁性材料　磁性液体是由纳米级铁磁性颗粒通过表面活性剂而高度分散于载体（如油）中所形成的稳定胶体体系，由于它具有十分独特的物理特性，因此有着十分广泛的应用，如作磁液陀螺、激光稳定器、光传感器、光计算机、船舶超导磁性液体推进器等。有人用等离子体化学气相法，制成含粒度为2～10nm Fe_3N 的甲苯基 Fe_3N 磁性流体。纳米单畴临界尺寸的Fe-Co合金粉，具有很高的矫顽力，用其制成的磁记录介质材料，不仅音质、图像和信噪比好，记录密度比γ-氧化铁也高十余倍。

③ 纳米催化材料　一般情况下，对催化剂要求有高的比表面，以使催化反应在更大的表面进行。因此，催化剂粉末越细或载体比表面越大，催化效果越好。有机化合物的氢化反应，可用纳米级的Ni或Cu-Zn代替原用Al-Ni合金或昂贵的Pt或Pd，纳米级的Pt粉催化剂可使乙烯氧化反应温度从600℃降至室温。纳米Ni粉用于火箭固体燃料反应催化剂，可使燃烧效率提高100倍。纳米Fe、Ni和γ-Fe_2O_3 烧结体可替代贵金属作汽车尾气净化的催化剂。青岛化工学院研制出用物理方法把纳米金属活性组分牢固和均匀地加到载体上的物理加载工艺，制备出多种纳米金属粒子负载催化剂。其中Pd-Al_2O_3 负载型纳米催化剂在实验室评估基础上已投入工业化实验，结果表明用物理方法制备的纳米Pd-Al_2O_3 纳米催化剂在CO氧化反应中具有优异的催化特性。

④ 纳米复合材料　纳米功能复合材料的研究热点是微波吸收隐身材料。雷达是利用飞行器的金属表面会散射高频电磁波来发现、测量和跟踪目标的。因此只要飞行器从形状上大量减少散射面积，并把雷达辐射出的高频电磁波，通过吸波复合材料及涂层吸收，使雷达接收不到飞行器反射的回波，从而获得隐身的效果。从20世纪70年代起，各国均投入大量的人力、财力进行研究开发，到80年代，美国的F117隐身飞机研制成功，并已投入实战。芬兰技术研究中心用磁控溅射法成功地在碳钢上涂上纳米复合涂层（$MoSi_2$/SiC），经500℃ 1h热处理，涂层硬度可达20.8GPa，比碳钢提高了几十倍。美国西北大学采用同样方法在工具钢上沉积了氮化物纳米复合多层膜，例如，TiN/NbN和TiN/VN，它们的硬度分别达到了5200kgf/mm^2 和5100kgf/mm^2，比一般工具钢硬度提高了十几倍。

⑤ 纳米陶瓷材料　陶瓷材料纳米化以后，由于尺寸效应、量子效应、表面效应以及复合结构的进一步复合化，不仅使其性能有更大的可调节性，还可以期望有材料性能的突变性的变化。纳米陶瓷的优越性有以下几个方面：超塑性，例如，纳米晶 TiO_2 金红石在低温下具有超塑性，美国和德国的科学家先后将氧化铝陶瓷纳米化以后，获得了线拉伸率达到200%以上的“超塑性陶瓷”材料；在保持原有常规陶瓷的断裂韧度的同时，强度大大提高，日本的科研小组将纳米陶瓷复合到陶瓷中，使氧化铝陶瓷的强度提高4倍以上，达到1.5GPa；烧结温度可降低几百度，烧结速度大大提高，加入纳米金属粉末的陶瓷材料的韧性可提高数倍。用纳米薄层BN包覆氮化硅陶瓷材料晶粒，可阻止其晶粒长大，使氮化硅陶瓷材料的使用温度提高到摄氏2000多度。

⑥ 纳米生物工程材料　纳米微粒的尺寸一般比生物体内的细胞、红血球小得多，这就为生物学研究提供了一个新的研究途径，即利用纳米微粒进行细胞分离、细胞染色及利用纳米微粒制成特殊药物或新型抗体进行局部定向治疗等。磁性纳米粒子表面涂覆高分子，在外部再与蛋白相结合可以注入生物体，在外加磁场下通过纳米微粒的磁性导航，使其移向病变部位，达到定向治疗的目的。最重要的是选择一种生物活性剂，根据癌细胞和正常细胞表面糖链的差异，使这种生物活性剂仅仅与癌细胞有亲和力而对正常细胞不敏感，使药物在癌肿部位释入，杀死癌细胞，尽量避免伤害正常细胞。纳米材料在生物工程及医学方法、药物的

开发应用方面具有十分重要的意义和广阔的应用前景。

(3) 纳米粒子与材料的制备方法

① 物理、化学方法

a. 真空冷凝法 用真空蒸发、加热、高频感应等方法使原料气化形成等离子体，然后骤冷。其特点是纯度高、结晶组织好、粒度可控，但技术设备要求高。

b. 物理粉碎法 通过机械粉碎、电火花爆炸等方法得到纳米粒子。其特点是操作简单、成本低，但产品纯度低，颗粒分布不均匀。

c. 机械球磨法 采用球磨方法，控制适当的条件得到纯元素纳米粒子、合金纳米粒子或复合材料的纳米粒子。其特点是操作简单、成本低，但产品纯度低，颗粒分布不均匀。

② 化学方法

a. 气相沉积法 利用金属化合物蒸气的化学反应合成纳米材料。其特点是产品纯度高，粒度分布窄。

b. 沉淀法 把沉淀剂加入到盐溶液中反应后，将沉淀热处理得到纳米材料。其特点是简单易行，但纯度低，颗粒半径大，适合制备氧化物。

c. 水热合成法 高温高压下在水溶液或蒸汽等流体中合成，再经分离和热处理得纳米粒子。其特点是纯度高，分散性好、粒度易控制。

d. 溶胶凝胶法 金属化合物经溶液、溶胶、凝胶而固化，再经低温热处理而生成纳米粒子。其特点是反应物种类多，产物颗粒均一，过程易控制，适于氧化物和Ⅱ～Ⅵ族化合物的制备。

e. 微乳液法 两种互不相溶的溶剂在表面活性剂的作用下形成乳液，在微泡中经成核、聚结、团聚、热处理后得纳米粒子。其特点是粒子的单分散和界面性好，Ⅱ～Ⅵ族半导体纳米粒子多用此法制备。

f. 高温燃烧合成法 利用外部提供必要的能量诱发高放热化学反应，体系局部发生反应形成化学反应前沿（燃烧波），化学反应在自身放出热量的支持下快速进行，燃烧波蔓延整个体系。反应热使前驱物快速分解，导致大量气体放出，避免了前驱物因熔融而粘连，减小了产物的粒径。体系在瞬间达到几千度的高温，可使挥发性杂质蒸发除去。

12.3 复合材料

随着科学技术的发展，人类对材料的性能提出了更高的要求，传统的单一材料已不能满足社会发展的需要。因此，将多种材料加以有效地组合，以得到性能优于单一材料的复合材料。

复合材料不包括自然形成具有某些复合材料形态的天然物质。与传统的单一材料相比，复合材料有以下特点：

① 复合材料的组分和它们的相对含量是经过人工选择和设计的；

② 复合材料是经过人工设计制造而非天然形成的；

③ 组成复合材料的某些组分在复合后仍然保持其固有的物理和化学性质；

④ 复合材料的性能取决于各组分的性能的协同。复合材料具有新的、独特的和可用的性能，这种性能是单个组分材料性能所不及或不同的；

⑤ 复合材料的各组分之间具有明显的界面。

复合材料的出现和发展，是现代科学技术不断进步的结晶，是材料设计方法的飞跃，它综合了各种材料如纤维、树脂、金属、陶瓷等的优点。复合材料的发展一般可分为两个阶段，即早期复合材料和现代复合材料。

早期复合材料的历史较长，20 世纪 40 年代以前都属于早期复合材料阶段。中国古代发明的漆器是早期复合材料的代表，漆器以丝或麻为增强体，以漆为黏结剂，或以木材为胎，外表涂以漆层，制成各种日常用品。现代复合材料的发展只有 60 多年的历史，其主要特征是以合成材料为基体。1940 年，人类第一次用玻璃纤维增强不饱和聚酯树脂制造了军用飞机雷达罩。至 20 世纪 60～70 年代，玻璃纤维增强塑料（俗称玻璃钢）制品已经广泛应用于航空、机械、化学、体育用品和建筑行业中，其比强度高，耐腐蚀性能好，称为第一代现代复合材料。由于这类复合材料的比刚度、比模量和比强度不能满足尖端技术的要求，人们又相继开发出各种高性能纤维，包括碳纤维、碳化硅纤维、氧化铝纤维、硼纤维、芳纶纤维和高密度聚乙烯纤维等高性能增强体（表 12-1），制备出先进复合材料（Advanced Composite Materials，简称 ACM）。这类先进复合材料比强度高，比刚度好，剪切强度和剪切模量高，称为第二代现代复合材料。

表 12-1 玻璃纤维和初期生产的硼纤维、碳纤维和芳纶纤维的性能

纤维种类	拉伸强度/GPa	弹性模量/GPa	密度/(g/cm³)	备注
E-glass	3.4	72.1	2.54	—
S-glass	4.6	84.8	2.49	—
B(W core)	2.8	411.9	2.60	—
C(asphaltum)	2.0	343.3	1.60	UCC-50
C(PAN)	1.8	411.9	1.95	Morganite(PAN-1)
Kevlar	2.9	127.5	1.45	Kevlar-49

20 世纪 70 年代以后发展的高强度和高模量耐热纤维增强金属基（特别是轻金属）复合材料，克服了树脂基复合材料耐热性能差和不导电、导热性能差等不足。金属基复合材料还具有耐疲劳、耐磨损、高阻尼、不吸潮、不放气和膨胀系数低等特点，属于理想的现代复合材料，已经广泛用于航天航空等领域。

(1) 复合材料的分类

通常，复合材料根据增强相、基体种类或材料特性进行分类。由于复合材料的特性与增强相的形态、体积分数、取向以及分散等直接相关，所以多采用增强相对复合材料进行分类。按照增强体的形态，复合材料基本上可以分为 4 类，包括零维增强体（包括颗粒、短纤维、晶须和薄片）、一维增强体（长纤维）、二维增强体（叠层）和三维增强体复合（连通微孔增强体和泡沫增强体）（表 12-2）。

表 12-2 复合材料分类

增　强　体	基体	特性
纳米复合材料 颗粒增强复合材料 晶须增强复合材料 短纤维增强复合材料 纤维增强复合材料 三明治结构复合材料 双连续相复合材料	有色金属 黑色金属 树脂聚合物 陶瓷 金属间化合物	结构复合材料 功能复合材料 智能复合材料

在零维增强体中，增强颗粒有碳化硅、氧化铝、氧化锆、硼化钛、碳化钛和碳化硼等，增强短纤维经常使用氧化铝（含莫来石和硅酸铝）纤维，晶须类主要有碳化硅、氧化铝以及最近开发出的硼酸铝、钛酸钾等，薄片主要包括矿产云母和玻璃鳞片等；一维增强体主要有碳及石墨纤维、碳化硅纤维（包括钨芯及碳芯化学气相沉积丝）和先驱体热解纤维、硼纤维（钨芯）、氧化铝纤维、不锈钢丝和钨丝等；二维增强体主要有单层纤维布、单层金属等；三维增强体包括氧化铝微孔陶瓷、氧化锆微孔陶瓷、碳化硅微孔陶瓷和碳化硅泡沫陶瓷等。

（2）复合材料的制备

近年来，随着人们对复合材料研究的深入，发现越来越多的工艺能用于制备复合材料。

① 原位法　在原位法中，复合材料组成相的部分或全部在浸渍过程中由液态基体与增强相发生原位反应或自身分解生成。这个方法的特点是反应生成相与其他相的相容性好，界面结合优异。原位法包括以下几种。

a. 金属直接氧化法（DIMOX^{TM}）　首先由 Lanxide 公司提出。这个方法通过直接对熔体金属氧化而获得双连续相复合材料。M. K Aghajanian 等将 Al_2O_3 预制件放在熔融金属（例如铝）的上面，用氧气使金属氧化。氧化的结果是在预制件中生成致密的陶瓷/金属复合材料。一般地，只要将 Al 置于氧化性气氛中，表面就会生成一层致密的氧化铝薄膜，阻碍金属铝的进一步氧化。但是在该工艺中（图 12-8），熔体的温度为 900～1300℃，远高于 Al 的熔点 660℃，氧化膜会破裂，而且合金元素 Mg 和 Si 的加入提高了反应速度，并使氧化反应继续进行。

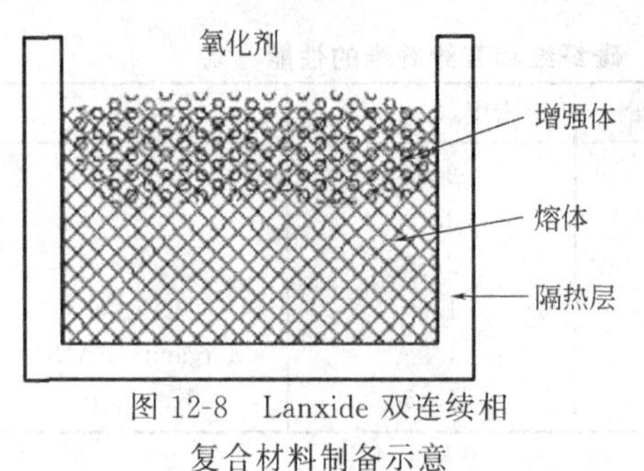

图 12-8　Lanxide 双连续相复合材料制备示意

b. 置换法　预制件与熔融金属在浸渍过程中发生置换反应，生成陶瓷/金属复合材料。W. B. Johnson 等用熔融锆金属浸渍碳化硼，使锆与碳化硼反应生成碳化锆和硼化锆，从而生成 ZrC 增强并含有剩余金属锆的 ZrB 复合材料。调整金属与 BC 的比例，可以制备出一系列锆金属含量不同的复合材料。

c. 分解法　一些能够进行 Spinodal 分解的物质，如 Vycor 玻璃，分解形成具有网状结构的含有晶界陶瓷相的复合材料。由于对材料有特殊的要求，此方法只适合于制备精细网状结构的复合材料。

② 挤压铸造法　用压机将液态金属强行压入预制件中，使其在压力下凝固，制成复合材料。用此法能批量高效生产复合材料，现已成功地用于制造活塞。它要求预制件具有一定的机械强度，以免在液态金属压渗过程中变形甚至垮塌。上海交通大学的沈彬、胡文彬等曾以用自蔓延方法制备的 Al_2O_3-TiC 多孔体为预制件，在 70MPa 的压力下浇注 2024 铝合金并挤压成型，制备出复合材料。

③ 浸渍法　包括无压浸渍法和真空压力浸渍法。

a. 无压浸渍法　由 Lanxide 公司研制开发，称为 PRIMEX^{TM}方法。其特点是在浸渍过程中不需要外加压力，在预制件孔隙毛细管力的作用下，熔融金属自发地浸入预制件中。这种方法受到合金成分、浸渍温度、浸渍时间和气氛的影响，制备出的复合材料具有良好的界面，材料的形状可以随意设计，但该方法的生产效率低，成本高，不适合大规模生产。M. K. Aghajanian 和 G. W. Han 等用这种方法制备了混杂增强的铝镁基复合材料，发现在铝基材料中加入镁元素有利于提高无压浸渍的浸渍率。McGill 大学的 D. Muscat 等以 TiC 颗粒和石墨粉为原料，在 Ar 气气氛中制备出了 TiC/Al 复合材料。

b. 真空压力浸渍法　使用高压惰性气体将液体金属压入抽成真空的预制件中，在内外压力差的作用下液体金属凝固生成复合材料。用该方法制备的复合材料组织致密，是一种适合于批量生产、易于控制、适用性广的方法。J. Rödel 等用此法制备出了 Al_2O_3 增强的 Ni_3Al 基复合材料和铜基复合材料。W. Zhou 等用该方法制备出了 Al_2O_3-TiC 杂化增强的铝基复合材料。

④ 搅拌铸造法　Surappa 和 Rohtgi 最早采用搅拌法制备陶瓷颗粒增强金属基复合材料，通过机械搅拌在熔体中产生涡流引入颗粒。还采用其他方式引入颗粒，如离心铸造法、气流喷射分散法、超声辐射分散法及零重力工艺等。作者采用涡流法制备了 SiCp/ZL108 复合材料，其颗粒分布均匀；研究结果还显示对 SiC 颗粒进行预处理有利于制备陶瓷颗粒增强金属基复合材料。搅拌工艺取得最重要的突破来自于 Skibo 和 Schuster 开发的 Duralcan™工艺。这种方法使用普通的铝合金和未涂附处理的陶瓷颗粒，采用搅拌法引入增强相。颗粒尺寸到 10μm，增强相体积分数可达 25%。Duralcan™工艺在产业化进程中处于领先地位，1994 年产量达 6800kg，可成锭生产。另外，Hydro Aluminum AS 公司和 Comalco 公司都声称可制备与 Duralcan™工艺相媲美的复合材料。

尽管搅拌铸造法的开发取得了令人鼓舞的成果，但一些问题然仍存在，有待进一步解决，包括：搅拌过程中陶瓷颗粒的偏聚、颗粒在液体中的分散和界面反应等。此外体积分数还受到一定的限制。

⑤ 溶胶-凝胶法　用该种方法可以获得微孔网络双连续相复合材料。用这种方法制备的复合材料一般可用二元合金组元得到，如锌-铜合金、金-银合金等。

⑥ 自蔓延法　该法常用来合成多孔材料，当金属反应物过量到一定程度时，就可以得到三维连通双连续相复合材料。但用该方法制备复合材料时，难于控制反应稀释剂的含量，不利于制备出以所需金属为基体的复合材料。

⑦ 粉末冶金　粉末冶金（PM）法是最早发用于制备陶瓷颗粒增强金属基复合材料的工艺，一般包括混粉、冷压、除气、热压和挤压等过程。它具有以下优点：任何合金都可作为基体材料；允许使用几乎所有种类的增强相；可以使用非平衡合金，如快凝合金和快淬粉末、可以制备大体积分数的复合材料、最大限度地提高材料的弹性模量、降低热膨胀系数。但也存在许多缺点，如需储运大量具有高反应和易爆炸的微细粉末，复杂的生产过程、产品的形状受到限制、生产成本很高等，使得这种方法很难在生产中获得广泛的应用。

高能高速工艺实质上也是一种 PM 工艺，它是通过在短时间内利用高电能和机械能快速固结金属-陶瓷混合物。短时快速加热可以控制相转变和显微结构粗化，这是通常 PM 工艺不可能达到的。这种工艺已经成功地制备了 Al-SiCp、(Ti_3Al+Nb)-SiCp 复合材料。但仍需进一步开发以寻找潜在的应用。

⑧ 喷射沉积技术　喷射沉积技术最初是由 Singer 开发，由 Osprey Metals 公司投入生产应用，所以又称 Osprey™沉积技术。它是在雾化器内将陶瓷颗粒与金属熔体相混合，随后被雾化喷射到水冷基底上，形成激冷复合颗粒，需随后进行固结才能制成大块复合材料。

可变多相共积技术是 Osprey™的一种改进型，其区别在于陶瓷颗粒是喷射到已雾化的金属熔滴流中，金属熔滴与陶瓷颗粒同时沉积。可变多相共积技术工艺的沉积速率达 6～10kg/min，Alcan 公司对此工艺进行了产业开发，可生产 200kg 的铸锭。Guptal 采用可变多相共积技术制备了体积分数为 20%的 SiC/Al-Li 复合材料。

喷射沉积技术用于制备陶瓷颗粒增强金属基复合材料具有以下优点：所在的基体组织属于快凝范畴；陶瓷颗粒与金属熔滴接触的时间极短，界面化学反应得到了有效控制；控制工艺气氛可以最大地减少氧化；几乎适合任何基体/陶瓷体系。采用此技术生产陶瓷颗粒增强金属基复合材料的成本介于粉末冶金法与液相搅拌法之间。

铸造法同其他工艺相比，制备简便、可实现近净成形，制备成本最低，生产效率高，因而铸造法是最有可能的转化为大规模产业化生产的复合材料的工艺，是人们首选的方法。

(3) 复合材料的应用

① 在汽车工业中的应用　日本比较注重金属基复合材料在汽车工业中的应用。丰田汽车公司采用 Al_2O_3 纤维和原位生成的陶瓷粒子增强的复合材料制造活塞，提高了抗粘着磨损性能，减轻了重量；1989 年本田汽车公司采用 Al_2O_3 纤维和碳纤维混杂增强的复合材料制造汽缸衬套，提高了汽缸的高速滑动磨损性能、高温使用性能和散热性能。1993 年又用 Al_2O_3 和石墨颗粒混杂增强的复合材料制造发动机汽缸，使汽缸的导热性、抗磨损性能和使用功率均有大幅度的提高。

欧美国家采用金属基复合材料制造汽车刹车盘，德国已经成功地用 SiC/Al 复合材料取代原来的铸钢制造刹车盘。

在国内，汽车复合材料首先应用于整体轿车的研究。1959 年天津试制过一辆玻璃钢小轿车。1971 年江苏南通制造了玻璃钢 BJ212 通道车整体车身，全部采用不饱和聚酯手糊工艺。通道车经过 20 万公里使用证明玻璃钢车身性能良好。目前，国内研究重点是一次成型全复合材料汽车，且要求性能优于铝合金、钢等金属材料制造的汽车。

② 在航空、航天工业中的应用　与日本等国相比，美国更重视金属基复合材料在航空、航天等领域的应用，特别是在军事方面。20 世纪 90 年代初，由美国空军材料制备实验室牵头，采用材料制备、检测评价和应用一体化的形式，制备出复合材料大铸锭，尽量降低复合材料的价格，开发出应用在航空、航天器件上的复合材料。这项研究使复合材料在哈勃太空望远镜的天线导波导杆、卫星上的电子封装、F-16 战斗机机腹尾翼和进油门、发动机部件等方面得到应用（表 12-3）。用金属基复合材料制作导弹控制尾翼、发射管和三脚架等零件，充分发挥了这种材料刚度好的特性。用 SiC/Al 复合材料取代碳纤维增强塑料作为空中客车的机身，能提高结构的抗冲击性能并降低价格。

表 12-3　美国战斗机使用复合材料的比例

飞机型号	F4	F15	F16	F18	AV-8b	F117	B-2	ATF
复合材料占有率 /%	0.8	2.0	2.5	10	26	42	38	59

以碳纤维、芳伦纤维、玻璃纤维、硼纤维等作为增强材料的先进高分子基复合材料在航空航天中有广泛的应用。如波音 777 中碳纤维和玻璃纤维等增强的高分子复合材料的重量已经超过整个飞机重量的 10%，在未来的几年内，复合材料在飞机中的使用量将达 20%～30%。为了降低成本，提高飞机的飞行性能，各飞机制造公司都在积极地利用复合材料。多段火箭的连接结构和固体火箭壳体，卫星的主结构，太阳能的帆板等都是由碳纤维增强复合材料制得。由于航空航天器的服役条件恶劣，它对材料的重量、刚度、强度的要求很高，复合材料由于自身的性能可以设计，因此具有很强的竞争优势。随着科技的发展，复合材料的研究日益成熟，可以肯定 21 世纪复合材料在航空航天工业上的应用将会更加广泛。

③ 在电子封装中的应用　在信息技术领域中，集成电路的集成度不断提高，其散热问题已成为制约集成度提高的关键因素。因此，需要寻找具有高热导率的材料作为封装的基材，其热膨胀系数还必须与电路硅片和绝缘陶瓷基板相匹配，否则因热失配而产生的应力会损坏电路。金属基复合材料具有综合的热物理性能，还可以进行柔性设计，在该领域具有广阔的应用前景。目前美国已用真空压力浸渍法进行 SiC_p/Al 封装器件的小批量生产，国内也开始用无压浸渗法制备这类封装材料。

(4) 复合材料对环境的影响

复合材料对环境的不利影响主要表现在以下几个方面。

① 聚合物基复合材料中绝大多数属易燃材料，燃烧时会释放出大量有毒气体，此外，基体中的挥发份和溶剂会扩散到空气中，造成污染。

② 作为增强相使用的纤维材料，制造工艺比较复杂，而且加工过程能耗高，同时伴有粉尘污染。

③ 在复合材料使用后的废弃物处理过程中，填埋法处理废物仍占主导地位，但从长久考虑，填埋法处理废物，在一定时间后可能加重环境的负担，因为很难保证废物填埋场能经济地运行，另外，填埋空间急剧减少，且大量材料如此废弃违反充分利用资源的原则，因此，采用有效再生方法是处理废材料最好的办法，但材料的再生同样受到不少因素的限制，例如要考虑从收集、分类到成品的经济效益，考虑再生后的产品性能。从再生观点来看，复合材料本身就是由多种组分材料构成，属多相材料，又难以粉碎、磨细、熔融、降解，所以其再生成本高，而且要使再生品恢复原有性能十分困难，如仅仅加工成填料，则经济效果太低，所以有不少人认为对复合材料如不能很好解决其废物处理的问题，将严重影响其发展前景。

"绿色材料"又称"环境材料"，作为材料科学的新兴分支，是指与生态环境和谐或共存的材料。所谓和谐共存指对资源和能源消耗少，对环境污染少且再生利用率高。为了减少复合材料对环境的污染，有必要开发出绿色复合材料。开发绿色复合材料的途径包括以下几点。

① 开发可降解复合材料，除天然材料外，人工可降解复合材料主要有天然/合成高分子共混复合材料和可降解聚合物作为基体的复合材料。

② 提高复合材料的再生性。

③ 以固体废物合成复合材料。

(5) 复合材料的基础性研究

① 复合材料的界面研究　复合材料是一种多相材料，多相所组成的界面对复合材料的各种性能有重要的影响。界面并非理想的单分子层，它是具有一定厚度（亚微米级）的界面层，其结构与两相的本体结构不同。复合材料的界面具有最佳结合状态，结合过强会导致复合材料脆性断裂，适中的结合允许界面发生轻微的脱粘，有利于增强相的拔出、分离和相间摩擦来吸收断裂功，从而提高复合材料的力学性能。反之界面结合过弱，则界面不能将应力从基体传递到增强体。

我国学者在复合材料界面研究方面取得了良好的结果，具有重大的意义，但总体上在理论深度方面与国外同行还有一定的差距。

② 复合材料力学和物理性能方面研究　我国对复合材料的力学方面的研究具有很长的历史，研究内容比较丰富，主要包括：复合材料的微观力学问题、复合材料的损伤和复合材料的可行性评估。同时复合材料的力学性能测试方法和无损检测研究在我国的发展也具有一定的水平。

我国在物理性能方面的研究主要集中于复合材料的应用研究。例如防热抗烧蚀复合材料、电子封装材料、装甲防弹材料、吸波隐身材料等方面的研究工作取得了重大的进展。多功能复合材料将是人们重点发展的方向。

(6) 复合材料前沿课题研究

我国科研工作者对国际上复合材料的前沿课题和研究动态十分敏感，因此国内的研究和国际同行处于相同的制高点，研发水平差距不大。目前，人们主要集中于纳米复合材料、仿生复合材料和智能功能复合材料。

① 纳米复合材料　自纳米粉体诞生以来，纳米复合材料发展迅猛。我国科研工作者主要是在纳米粉体的制备和纳米颗粒的分散方面进行研究。另外，纳米无机材料也成为人们研究的热点，如纳米碳化硅增强氧化铝陶瓷的研究，结果使得复合材料的韧性和强度大幅度提高，特别是高温性能也大大改善。

② 仿生复合材料　我国是较早进行仿生复合材料研究的国家之一。仿生复合材料主要是追求“形似”，同时在探索机理的基础上达到“神似”，因此研究该类复合材料的力学和物理性能具有重要的意义。目前主要是研究生物复合材料的生物相容性和力学相容性，提高材料的韧性，降低材料的弹性模量，使复合材料的性能接近于骨骼服役条件。

③ 智能复合材料　我国20世纪90年代将智能复合材料列入国家技术发展计划。光导纤维嵌入聚合物基复合材料是国内最早研究的智能复合材料，它与外围光学系统构成自诊断的机敏复合材料，主要用于检测飞机承载结构件的损伤。另外，形状记忆合金、压电传感材料的复合材料与外围电路电控系统连接形成智能阻尼材料。同时一些电、磁流变体等组元组成的复合材料也引起了人们的青睐，这将为更高层次的自决策智能化发展提供了契机。

总之，我国对复合材料的研究正方兴未艾，目前的科学研究正使复合材料朝民用方面发展，提高材料的可靠性，以加强复合材料为国民经济复合的能力和优势。

习　题

1. 先进材料包括哪些种类？它们各自有何特性？
2. 试举例说明纳米材料的性能和用途。
3. 陶瓷材料的主要缺点是什么？分析其原因，并指出改进的方法。
4. 结构陶瓷和功能陶瓷在性能上有何区别，主要表现在哪些方面？
5. 氮化硅和氮化硼特种陶瓷在应用上有何异同点？
6. 复合材料有哪几种基本类型？其基本性能特点是什么？
7. 纤维复合材料有何特点？

13 材料的选用及加工路线

13.1 机械零件的失效

机械工程材料种类繁多，性能各异，因而其用途极广，工作条件也千差万别，因此在机械设计过程中正确地选择材料是一件极为复杂而又特别重要的工作。很多工程事故的重要原因之一就是选用材料不当。在选择工程材料时，必须根据材料的工作条件（如温度、环境、受力情况等）选择具有合适力学性能、物理性能和化学性能的材料，所选用的材料还必须考虑加工工艺的影响（如铸造性能、锻压性能和可焊性、是否便于机械加工等），并考虑其经济合理性及来源等情况。充分了解各种工程材料的性能（如物理性能、力学性能等）以及影响材料性能的各种因素，进而能够根据机械零件的服役条件和失效形式，合理选择工程材料，进行机械设计和制造，是机械类专业学生的一项必备的专业技能。

13.1.1 零件失效分析

零件的失效是指零件完全破坏或严重损伤，或不能继续工作或不再能满足预定的要求。根据零件损坏的特点，可将失效方式分为三种基本类型：变形、断裂和表面损伤，见表13-1所示。

表 13-1 零件失效类型

变形失效	弹性变形失效、塑性变形失效
断裂失效	塑性断裂失效、低应力脆性断裂失效、疲劳断裂失效、蠕变断裂失效
表面损伤失效	磨损失效、表面疲劳失效、腐蚀失效

设计零件时关键的是找到引起零件失效的原因。导致零件失效的原因很多，一般包括：设计、材料、加工和安装使用 4 个方面。见表 13-2 所列。

表 13-2 零件失效的主要原因

设计	工作条件估计有误、结构设计不合理、计算错误
材料	选材不当、材质低劣
加工	毛坯质量差、冷加工和热加工工艺有缺陷
安装使用	安装不良、维护不善、过载使用、操作失误

分析一个零件失效的原因，一般是相当复杂的。例如轴的断裂，就要分析是属于哪种断裂，断裂的原因是什么？是设计的问题，还是选材或加工工艺的问题。如一个零

件的磨损，应分析是属于哪种磨损？磨损的原因可能有哪些？正因为失效分析是一个复杂的问题，需要考虑的问题较多，因此在对零件失效分析时要采取科学的方法和合理的工作程序。

首先应尽量仔细收集失效零件的残体，拍照记录实况，确定重点分析的对象区域，样品应取自失效的发源部位。

其次应详细整理失效零件的有关资料，如设计资料、加工工艺文件及使用记录等。

第三是将所选试样进行宏观及微观的断口分析，以及必要的金相剖面分析，确定失效的发源地和失效的形式。

第四是测定样品的必要数据，其中包括设计所依据的性能指标及与失效有关的性能指标，材料的组织及化学成分是否符合要求，还应分析在失效零件上收集到的腐蚀产物的成分、磨屑的成分等。

必要时还要进行无损探伤，断裂力学分析等，考察有无裂纹或其他缺陷。

最后综合各方面分析资料作出判断，确定失效的具体原因，提出改进措施，写出分析报告。

如前所述，零件的失效原因，涉及到设计、材料、加工及使用等方面，在本课程中仅就材料方面的问题做简单介绍。

13.1.2　零件变形失效分析及选材

变形失效有弹性变形失效和塑性变形失效两种情况。

（1）弹性变形失效

这种失效是指由于零件在工作时产生过大的弹性变形而造成零件的失效。例如电动机的转子刚度不足，发生过大的弹性变形，结果转子与定子相撞，最后将轴撞弯，甚至折断。

弹性变形大小取决于零件的几何尺寸及材料的弹性模量。如果零件的几何尺寸已定，而要减少弹性变形量，只有选用弹性模量大的材料。

金刚石和陶瓷的弹性模量最高，其次是难熔金属、钢铁、有色金属则较低，有机高分子材料的弹性模量最低。因此作为结构零件，从刚度和经济角度来看，选择钢比较合适。弹性模量是主要取决于材料自身的一种性能，对组织甚至成分的少许变化不敏感，例如从廉价的铸铁到高级合金钢，弹性模量变化不大。因此，在主要按刚性选材时，只需选用铸铁或碳钢就可以了，不必选用昂贵的高级合金钢。

（2）塑性变形失效

塑性变形失效是指由于发生过大的塑性变形而失效。它是零件中的工作应力超过材料的屈服强度的结果。塑性变形是一种永久变形，体现在零件的形状和尺寸的改变，在给定的载荷条件下，塑性变形发生与否，取决于零件的几何尺寸及材料的屈服强度。

一般陶瓷材料的屈服点很高，但很脆，拉伸试验时，在远未达到屈服点就已脆断，强度高的特点发挥不出来。因此，陶瓷不能制造高强度结构件。有机高分子的强度很低，最高强度的塑料也不超过铝合金。因此，目前高强度结构件的主要材料还是钢铁。

金属材料与陶瓷或塑料不一样，对于同一材料，例如中碳钢，其强度可以在很宽的范围内变化，强度对材料的组织很敏感。因此，在选择具有一定强度的金属材料的时候，不但要选定材料的牌号，而且必须确定热处理工艺。

13.1.3　零件断裂失效分析与选材

零件或构件的断裂，可根据载荷的性质、工作环境、材料的特性与零件的特点来分类。下面介绍几种常见的断裂失效形式。

(1) 塑性断裂

塑性断裂是指零件承载截面已进入塑性状态，产生塑性变形，最后导致断裂。典型的例子是光滑试样拉伸时缩颈发生后的断裂。塑性断裂在工程上的意义有限，因为它发生前已产生较大的塑性变形，这种变形在很多零件中是不允许的，并认为零件这时已发生了塑性变形失效，而不是断裂失效。

(2) 低应力脆性断裂

它是指名义应力低于甚至远低于材料屈服强度时，零件发生断裂。这种断裂经常发生在尖缺口或有裂纹的构件中，特别是在低温或受冲击载荷时，这种断裂发生前没有可见的预兆，往往会造成严重的后果。

为了防止低、中强度钢件的脆性断裂，主要是保证零件不在低应力脆断的温度范围内工作。但应指出，韧到脆转变的温度的高低并非材料常数，它受到试件的尺寸大小、缺口锐度以及加载速度的影响。一般在材料的手册中查到的是标准试样的冲击转变温度，数值比大型构件的转变温度要低。

所有陶瓷的冲击韧度值都非常低，完全不适合于制造承受冲击载荷的零件；有机高分子材料的冲击韧度不高；但纤维复合材料具有良好的冲击韧度，可以制造承受一定冲击载荷的结构件。从冲击韧度看，金属材料无疑是最优越的。韧性最好的是奥氏体钢，它们没有韧脆转变；其次是合金低碳马氏体钢。铝合金强度低，塑性不是很好，因此冲击韧度并不高。灰铸铁是脆性材料，它的冲击韧度也很低。

对含有裂纹的构件，断裂韧性是衡量材料抵抗断裂能力的指标。钢及钛合金是韧性最高的结构材料。复合材料是具有与有色金属相当的断裂韧性值，加之有较高的冲击韧度，可以制造断裂抗力较高的结构材料。

(3) 疲劳断裂

它是指零件或构件在交变循环应力多次作用后而发生断裂。疲劳断裂失效也是机器零件中最常见的失效形式。疲劳断裂的裂口可分为3个区域：发源区、扩展区和终断区。疲劳源可位于零件的表面，也可位于表面以下。如果疲劳源位于表面的刀痕或发源于脱碳层，则说明加工存在问题；如疲劳源位于大块夹杂或其他粗大的第二相粒子处，则表明材料的冶金质量存在问题。由终断区的相对大小可以大致判断工件中应力大小。

(4) 蠕变失效

这是指材料在固定的载荷下，随使用时间的延长，变形不断增加，最后由于变形过大或断裂而导致失效。此外，还是另一种失效的方式，零件的总变形量不变，但应力随时间延长而自动下降，这称为应力松弛。这种失效在高温紧固件中常发生。

蠕变失效比较容易鉴别，因为蠕变变形失效均有明显的永久变形，通过比较就不难作出判断。

材料蠕变抗力的大小与其熔点有关，熔点越高，蠕变发生的温度也越高。陶瓷与难熔金属的抗蠕变性能最好，即使在800～1000℃的高温下，蠕变也不严重；其次是铁镍类合金，目前使用的热强材料，主要是铁基或镍基合金。有机高分子材料在室温下就会发生明显的蠕变现象，因此不难作为高温结构材料。

13.1.4 零件表面损伤失效分析与选材

零件在工作过程中，由于机械的或化学的作用，使零件表面及表面附近的材料受到严重的损伤而导致失效，称为表面损伤失效。表面损伤失效可分为3类：磨损失效、表面疲劳失效和腐蚀失效。

(1) 磨损失效

在机械力的作用下，产生相对运动的接触表面的材料，以细屑形式逐渐磨耗，使零件尺寸变小而失效。因磨损失效的零件表面变得粗糙，会出现擦伤痕迹。

磨损主要有两类：磨粒磨损和粘着磨损。磨粒磨损是由硬粒对零件表面的切削作用造成的，粘着磨损是由相对运动物体表面的微小凸起，在摩擦时发生焊合，然后撕开，产生磨屑而造成磨损。

为降低磨粒磨损，要求材料的硬度高，并且组织中含有较多的耐磨相，例如许多矿山机械中破碎机的颚板、锤头、衬板等，就不能选用硬而脆的材料，而要选用较软的高锰钢。在使用过程中，高锰钢的表面在大冲击、高压力下产生加工硬化，而心部则具有较高的韧性。如果零件使用时不受冲击、少振动，只要求高硬度的条件，可以选用陶瓷材料，陶瓷刀具的应用便是例子。

为减少粘着磨损，所选用的材料应与所配对的摩擦副不属同一种类，而且摩擦系数尽可能小，最好能具有自润滑能力或有利于保存润滑剂。例如，近年来不少设备已采用尼龙、聚甲醛、聚碳酸酯、粉末冶金材料制造轴承、轴套。

(2) 表面疲劳失效

相互接触的两个运动表面（特别是滚动接触），在工作过程中承受交变接触应力的作用，使表面材料发生疲劳破坏而脱落，造成零件失效称为表面疲劳失效。为了提高表面疲劳抗力，材料应具有足够的硬度，同时具有一定的塑性和韧性；尽量减少夹杂物。对材料进行表面强化处理，强化层的深度应足够大，以免在强化层下的基体内形成小裂纹，使强化层大块脱落。

(3) 腐蚀失效

由于化学或电化学腐蚀的作用，使表面损伤而造成零件失效称为腐蚀失效。显然腐蚀失效除了与材料的成分、组织有关外，还与介质的性质有关系，应根据介质的成分性质来选用材料。

零件的表面损伤主要发生在零件的表面，因此，采用各种表面强化处理是防止表面损伤的主要途径。

13.2 材料选用的一般原则

13.2.1 使用性能原则

(1) 机械零件正确选材的使用性能原则

使用性能主要是指零件在使用状态下材料应该具有的力学性能、物理性能和化学性能。对大量机器零件和工程构件，则主要是力学性能；对一些特殊条件下工作的零件，则必须根据要求考虑到材料的物理、化学性能。材料的使用性能应满足使用要求。

(2) 零件使用时的工作条件

① 受力状况　主要是载荷的类型（例如动载、静载、循环载荷或单调载荷等）和大小；载荷的形式；载荷的特点等。

② 环境状况　主要是温度特性、介质情况等。

③ 特殊要求　如对导电性、磁性、热膨胀、密度、外观等的要求。

(3) 零件根据使用性能选材的步骤

通过对零件工作条件和失效形式的全面分析，确定零件对使用性能的要求；利用使用性能与实验室性能的相应关系，将使用性能转化为实验室力学性能指标；根据零件的几何形状、尺寸及工作中所承受的载荷，计算出零件中的应力分布；由工作应力、使用寿命或安全性与实验室性能指标的关系，确定对实验室性能指标要求的具体数值；利用手册根据使用性能选材（表 13-3）。

表 13-3 常用零件的工作和失效形式

零件	工作条件			常见的失效形式	要求的主要力学性能
	应力种类	载荷性质	受载状态		
紧固螺栓	拉,剪应力	静载	—	过量变形,断裂	强度,塑性
传动轴	弯,扭应力	循环,冲击	轴颈摩擦,振动	疲劳断裂,过量变形,轴颈磨损	综合力学性能
传动齿轮	压,弯应力	循环,冲击	摩擦,振动	齿折断,磨损,疲劳断裂,接触疲劳(麻点)	表面高强度及疲劳极限,心部强度、韧性
弹簧	扭,弯应力	交变,冲击	振动	弹性失稳,疲劳破坏	弹性极限,屈强比,疲劳极限
冷作模具	复杂应力	交变,冲击	强烈摩擦	磨损,脆断	硬度,足够的强度,韧性

由于零件所要求的力学性能数据，不能简单地同手册、书本中所给出的完全等同相待，还必须注意以下情况。

材料的性能不单与化学成分有关，也与加工、处理后的状态有关。

材料的性能与加工处理时试样的尺寸有关，必须考虑零件尺寸与手册中试样尺寸的差别，进行适当的修正。

材料的化学成分、加工处理的工艺参数本身都有一定波动范围。

13.2.2 工艺性能原则

材料的工艺性能应满足生产工艺的要求，选材时也必须考虑的问题。

(1) 高分子材料零件选材的工艺性能原则

高分子材料的切削加工性能较好，与金属基本相同。不过它的导热性差，在切削过程中不易散热，易使工件温度急剧升高，使其变焦（热固性塑料）或变软（热塑性塑料）。高分子材料主要成形工艺的比较见表 13-4 所列。

表 13-4 高分子材料主要成形工艺的比较

工艺	适用材料	形状	表面光洁度	尺寸精度	模具费用	生产率
热压成形	范围较广	复杂形状	很好	好	高	中等
喷射成形	热塑性塑料	复杂形状	很好	非常好	很高	高
热挤成形	热塑性塑料	棒类	好	一般	低	高
真空成形	热塑性塑料	棒类	一般	一般	低	低

高分子材料的加工工艺路线如图 13-1 所示。

(2) 陶瓷材料零件选材的工艺性能原则

陶瓷材料加工的工艺路线也比较简单，主要工艺就是成形，其中包括粉浆成形、压制成形、挤压成形、可塑成形等。陶瓷材料成形后，除了可以用碳化硅或金刚石砂磨加工外，几乎不能进行任何其他加工。陶瓷材料各种成形工艺比较见表 13-5 所列。

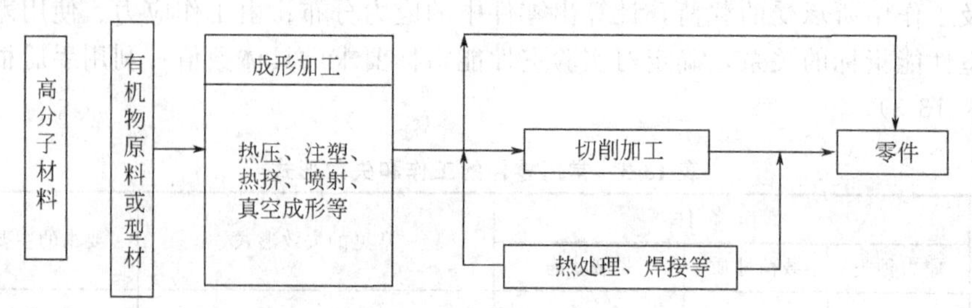

图 13-1　高分子材料的加工工艺路线

表 13-5　陶瓷材料各种成形工艺比较

工　艺	优　点	缺　点
粉浆成形	可做形状复杂件、薄塑件，成本低	收缩大，尺寸精度低，生产率低
压制成形	可做形状复杂件，有高密度和高强度，精度较高	设备较复杂，成本高
挤压成形	成本低，生产率高	不能做薄壁件，零件形状需对称
可塑成形	尺寸精度高，可做形状复杂件	成本高

陶瓷材料的加工工艺路线如图 13-2 所示。

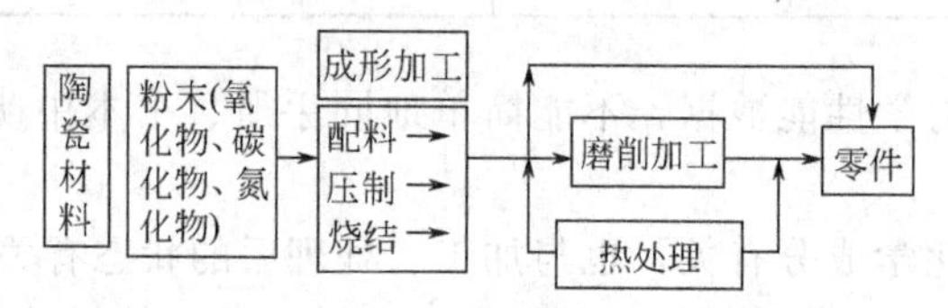

图 13-2　陶瓷材料的加工工艺路线

(3) 金属材料零件选材的工艺性能原则

金属材料加工的工艺路线远较高分子材料和陶瓷材料复杂，而且变化多，不仅影响零件的成形，还大大影响其最终性能（图 13-3）。

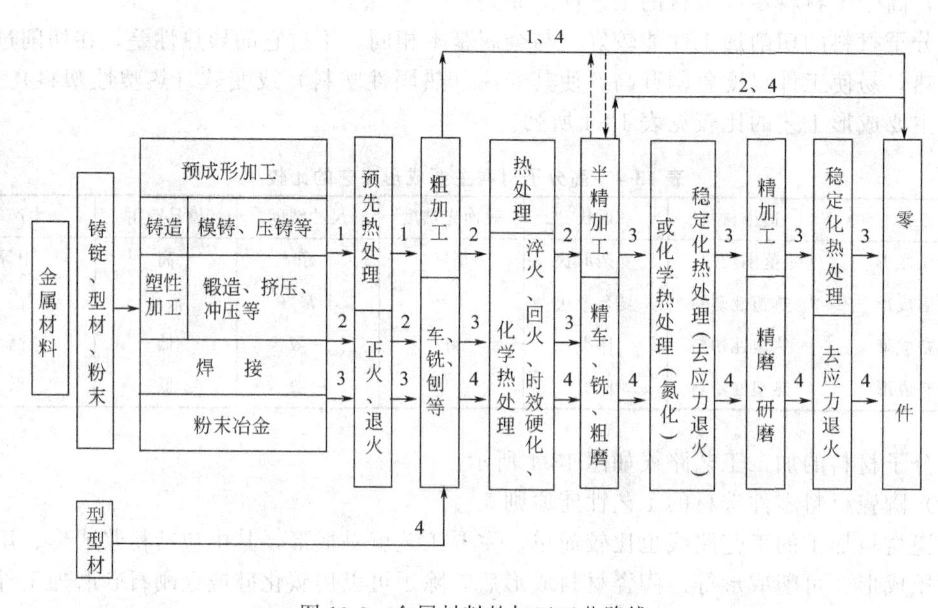

图 13-3　金属材料的加工工艺路线

① 性能要求不高的一般金属零件选材的工艺路线　毛坯→正火或退火→切削加工→零件。

② 性能要求较高的金属零件选材的工艺路线　毛坯→预先热处理（正火、退火）→粗加工→最终热处理（淬火、回火，固溶时效或渗碳处理等）→精加工→零件。

③ 性能要求较高的精密金属零件选材的工艺路线　毛坯→预先热处理（正火、退火）→粗加工→最终热处理（淬火、低温回火、固溶、时效或渗碳）→半精加工→稳定化处理或氮化→精加工→稳定化处理→零件。这类零件除了要求有较高的使用性能外，还要有很高的尺寸精度和表面光洁度。

13.2.3　经济性原则

(1) 材料的价格

零件材料的价格无疑应该尽量低。

材料的价格在产品的总成本中占有较大的比重，据有关资料统计，在许多工业部门中可占产品价格的30%～70%，因此设计人员要十分关心材料的市场价格。

(2) 零件的总成本

零件选用的材料必须保证其生产和使用的总成本最低。

零件的总成本与其使用寿命、重量、加工费用、研究费用、维修费用和材料价格有关。

(3) 国家的资源

随着工业的发展，资源和能源的问题日渐突出，选用材料时必须对此有所考虑，特别是对于大批量生产的零件，所用材料应该来源丰富并顾及我国资源状况。

另外，还要注意生产所用材料的能源消耗，尽量选用耗能低的材料。

13.3　典型零件的选材与加工工艺

13.3.1　齿轮选材

(1) 齿轮的工作条件

① 由于传递扭矩，齿根承受很大的交变弯曲应力。

② 换挡、启动或啮合不均时，齿部承受一定冲击载荷。

③ 齿面相互滚动或滑动接触，承受很大的接触压应力及摩擦力的作用。

(2) 齿轮的失效形式

① 疲劳断裂　主要从根部发生（图13-4）。

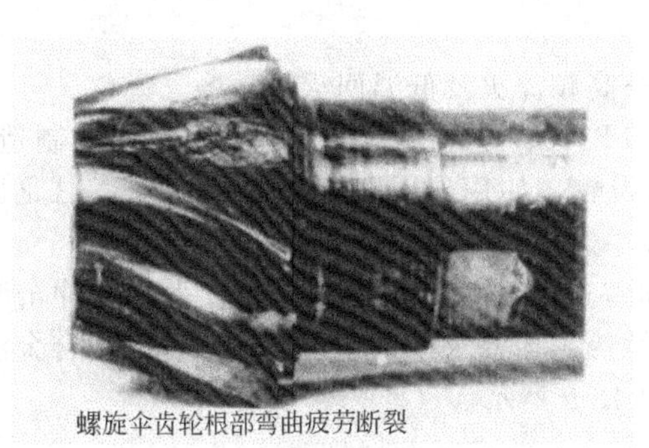

图13-4　疲劳断裂

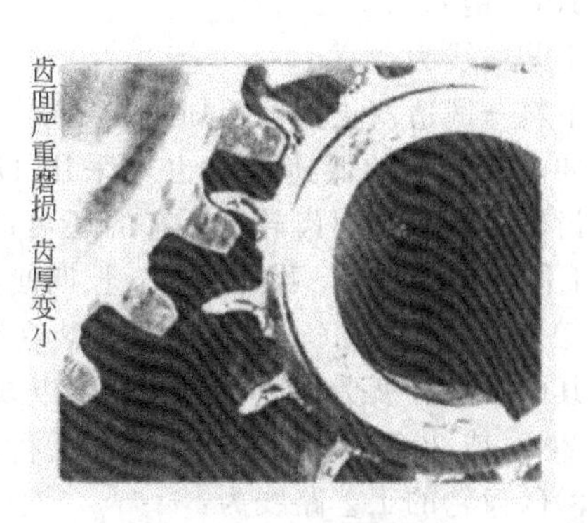

图13-5　齿面磨损

② 齿面磨损　由于齿面接触区摩擦，使齿厚变小（图 13-5）。

③ 齿面接触疲劳破坏　在交变接触应力作用下，齿面产生微裂纹，微裂纹的发展，引起点状剥落（或称麻点）（图 13-6）。

④ 过载断裂　主要是冲击载荷过大造成的断齿（图 13-7）。

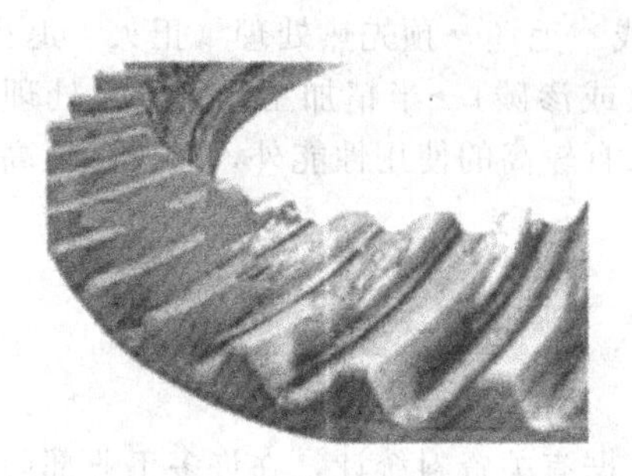

图 13-6　盆齿齿面剥落

图 13-7　角齿断裂

(3) 齿轮材料的性能要求

① 由于齿轮传递扭矩，齿根承受较大的交变弯曲应力，所以齿轮材料应具有高的弯曲疲劳强度。

② 由于齿面要承受较大的接触应力，在工作过程中相互滚动和滑动，齿面承受强烈的摩擦和磨损，因此齿面要求高的硬度及高的接触疲劳强度和耐磨性。

③ 由于换挡、启动或啮合不良，轮齿会受到冲击，因此轮齿心部要求较高的强度和冲击韧性。

此外，还要求有较好的热处理工艺性能，如热处理变形小等。

(4) 齿轮类零件的选材

齿轮材料要求的性能主要是疲劳强度，尤其是弯曲疲劳强度和接触疲劳强度。表面硬度越高，疲劳强度也越高。齿心应有足够的冲击韧性，目的是防止轮齿受冲击过载断裂。

从以上两方面考虑，选用低、中碳钢或其合金钢。它们经表面强化处理后，表面有高的强度和硬度，心部有好的韧性，能满足使用要求。此外，这类钢的工艺性能好，经济上也较合理，所以是比较理想的材料。

(5) 典型齿轮选材举例

① 机床齿轮　机床变速箱齿轮（图 13-8）担负传递动力，改变运动速度和方向的任务。工作条件较好，转速中等，载荷不大，工作平稳无强烈冲击，强度和韧性要求不太高。因此，一般可选中碳钢（45 钢）制造，为了提高淬透性，也可选用中碳合金钢（40Cr 钢）。

工艺路线为：

下料→锻造→正火→粗加工→调质→精加工→高频淬火及低温回火→精磨

冲击载荷小的低速齿轮也可采用 HT250、HT350、QT500-5、QT600-2 等铸铁制造。机床齿轮除选用金属齿轮外，有的还可改用塑料齿轮，如用聚甲醛齿轮、单体浇铸尼龙齿轮，工作时传动平稳，噪声减少，长期使用磨损很小。

② 汽车齿轮　汽车齿轮主要分装在变速箱和差速器中。汽车齿轮受力较大，受冲击频繁，其耐磨性、疲劳强度、心部强度以及冲击韧性等，均要求比机床齿轮高。一般用合金渗碳钢 20Cr 或 20CrMnTi 制造。汽车后桥齿轮如图 13-9 所示。

渗碳齿轮的工艺路线为：

下料→锻造→正火→切削加工→渗碳、淬火及低温回火→喷丸→磨削加工

图 13-8　机床变速箱齿轮

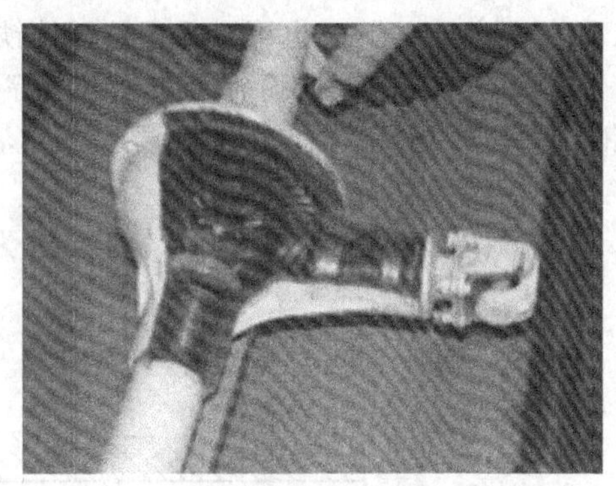

图 13-9　汽车后桥齿轮

13.3.2　轴类零件选材

（1）轴类零件的工作条件

① 工作时主要受交变弯曲和扭转应力的复合作用。

② 轴与轴上零件有相对运动，相互间存在摩擦和磨损。

③ 轴在高速运转过程中会产生振动，使轴承受冲击载荷。

④ 多数轴会承受一定的过载载荷。

（2）轴类零件的失效方式

① 长期交变载荷下的疲劳断裂（包括扭转疲劳和弯曲疲劳断裂）（图 13-10 和图 13-11）。

② 大载荷或冲击载荷作用引起的过量变形、断裂。

③ 与其他零件相对运动时产生的表面过度磨损（图 13-12）。

图 13-10　转轴弯曲疲劳断口形貌

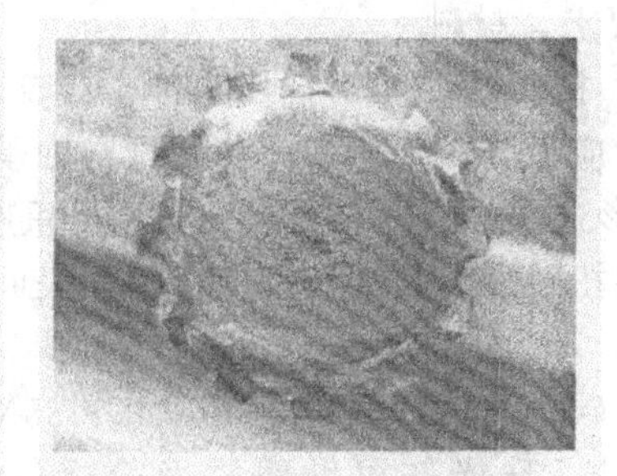

图 13-11　齿轮轴扭断断口形貌

图 13-12　轴颈被埋嵌在轴承中的硬粒子磨损

（3）轴类零件的性能要求

① 良好的综合机械性能，足够的强度、塑性和一定韧性，以防过载断裂、冲击断裂。

② 高疲劳强度，对应力集中敏感性低，以防疲劳断裂。

③ 足够的淬透性，热处理后表面要有高硬度、高耐磨性，以防磨损失效。

④ 良好的切削加工性能，价格便宜。

（4）轴类零件材料及选材方法

① 材料　经锻造或轧制的低、中碳钢或合金钢制造（兼顾强度和韧性，同时考虑疲劳抗力）；一般轴类零件使用碳钢（便宜，有一定综合力学性能、对应力集中敏感性较小），如 35、40、45、50 钢，经正火、调质或表面淬火热处理改善性能；载荷较大并要限制轴的外

形、尺寸和重量，或轴颈的耐磨性等要求高时采用合金钢，如 40Cr、40MnB、40CrNiMo、20Cr、20CrMnTi 等；也可以采用球墨铸铁和高强度灰铸铁作曲轴的材料。

② 选择原则　根据载荷大小、类型等决定。主要受扭转、弯曲的轴，可不用淬透性高的钢种；受轴向载荷轴，因心部受力较大，应具有较高淬透性。

(5) 典型轴的选材

① 机床主轴选材　以 C620 车床主轴为例进行选材（图 13-13）。

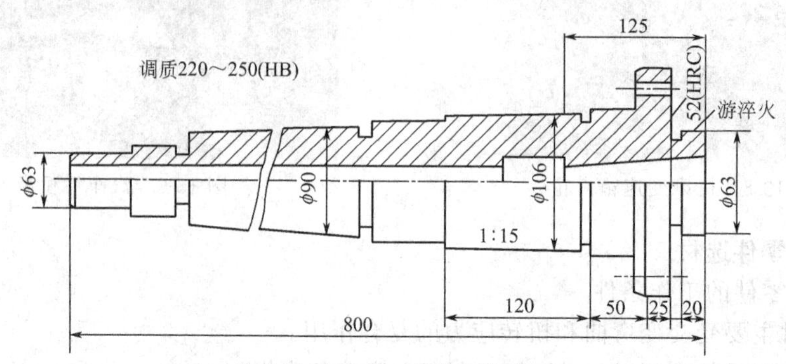

图 13-13　C620 车床主轴简图

该主轴受交变弯曲和扭转复合应力作用，但载荷和转速均不高，冲击载荷也不大，所以具有一般综合机械性能即可满足要求。但大端的轴颈、锥孔与卡盘、顶尖之间有摩擦，这些部位要求有较高的硬度和耐磨性。

主轴用 45 钢制造。

载荷较大的主轴用 40Cr 钢制造。

承受较大冲击载荷和疲劳载荷的主轴用合金渗碳钢（20Cr 或 20CrMnTi）制造。

② 内燃机曲轴选材

a. 曲轴的工作条件、性能要求、材料

ⓐ 工作条件　曲轴受弯曲、扭转、剪切、拉压、冲击等交变应力，还可造成曲轴的扭转和弯曲振动，产生附加应力；应力分布不均匀；曲轴颈与轴承有滑动摩擦。

ⓑ 性能要求　曲轴的失效形式主要是疲劳断裂和轴颈严重磨损。因此材料要有高强度、一定的冲击韧性、足够的弯曲、扭转疲劳强度和刚度，轴颈表面有高硬度和耐磨性。

ⓒ 曲轴材料

锻钢曲轴：优质中碳钢和中碳合金钢，如 35、40、45、35Mn2、40Cr，35CrMo 钢等；

铸造曲轴：铸钢、球墨铸铁、珠光体可锻铸铁及合金铸铁等，如 ZG25、QT600-3、QT700-2 、KTZ450-5、KTZ500-4 等。

b. 175A 型农用柴油机曲轴（图 13-14）选材

ⓐ 性能要求　农用柴油机曲轴功率和承受载荷不大；但滑动轴承中工作轴颈部要有较高硬度及耐磨。要求 $\sigma_b \geqslant 750$MPa，整体硬度 240～260(HBS)，轴颈表面硬度不大于 625(HV)，$\delta \geqslant 2\%$，$a_k \geqslant 150$kJ/m^2。

ⓑ 曲轴材料　QT700-2。

ⓒ 工艺路线　铸造→高温正火→高温回火→切削加工→轴颈气体渗氮。

汽车发动机曲轴也可用 45、40Cr 钢制造，经过模锻、调质、切削加工后，在轴颈部位进行表面淬火。

13.3.3　箱体类选材

进给箱、变速箱、床头箱、溜板箱、内燃机的缸体、缸盖，甚至机床的床身等，都可认

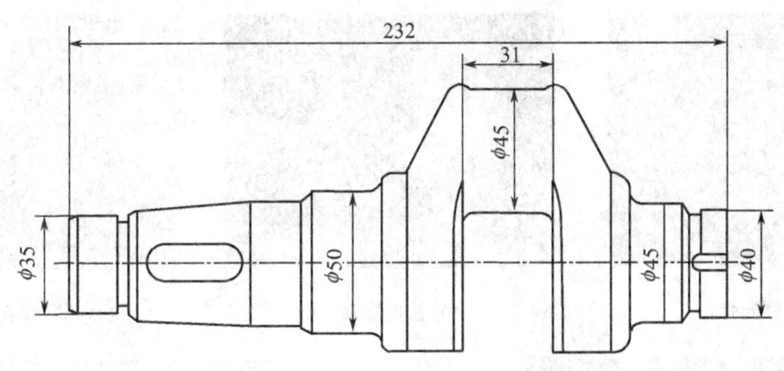

图 13-14　175A 型柴油机曲轴简图

为是箱体类零件。可以看出，箱体是机器中很重要的一类零件。

由于箱体零件结构都非常复杂，一般是采用铸造的方法生产出来，故箱体零件都是选用铸造合金浇注成型。

一些受力较大，要求高强度、高韧性，而且在高压高温下工作的箱体类零件，如汽轮机机壳，其材料最好选用铸钢。

一些受力不大，而且主要是承受静力，不受冲击，这类零件可以选用灰铸铁。如果该零件在服役时与其他构件发生相对运动，其间有摩擦、磨损发生，则需考虑采用珠光体基体的灰铸铁。

受力不大，要求自身重量轻，或要求导热良好，这时可选用铸造铝合金。

受力很小，要求自重轻的可选用工程塑料。受力较大，但形状简单，可考虑采用型钢焊接而成。

如果选用铸钢，为了消除粗晶组织、偏析及铸造应力，对铸钢件应进行完全退火或正火；对于铸铁件一般进行去应力退火；对于铝合金则据其成分不同，也要进行退火或淬火时效处理。

13.3.4　弹簧选材

弹簧是一种重要的机械零件。它的基本作用是利用材料的弹性和弹簧本身的结构特点，在载荷作用下产生变形时，把机械功或动能转变为形变能；在恢复变形时，把形变能转变为动能或机械功。

弹簧按形状分主要有螺旋弹簧（压缩、拉伸、扭转弹簧）、板弹簧、片弹簧和蜗卷弹簧几种（图 13-15）。

弹簧有下列用途。

① 缓冲或减振　如汽车、拖拉机、火车中使用的悬挂弹簧。

② 定位　如机床及其夹具中利用弹簧将定位销（或滚珠）压在定位孔（或槽）中。

③ 复原　外力去除后自动恢复到原来位置，如汽车发动机中的气门弹簧。

④ 储存和释放能量　如钟表、玩具中的发条。

⑤ 测力　如弹簧秤、测力计中使用的弹簧。

(1) 弹簧的工作条件

① 弹簧在外力作用下压缩、拉伸、扭转时，材料将承受弯曲应力或扭转应力。

② 缓冲、减振或复原用的弹簧承受交变应力和冲击载荷的作用。

③ 某些弹簧受到腐蚀介质和高温的作用。

(2) 弹簧的失效形式

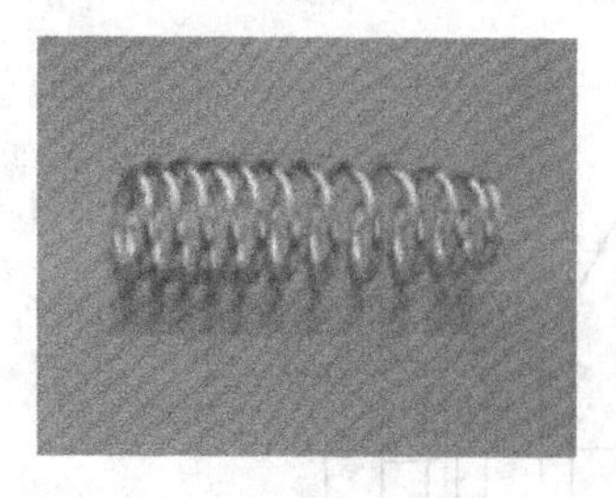

(a) 压缩螺旋弹簧

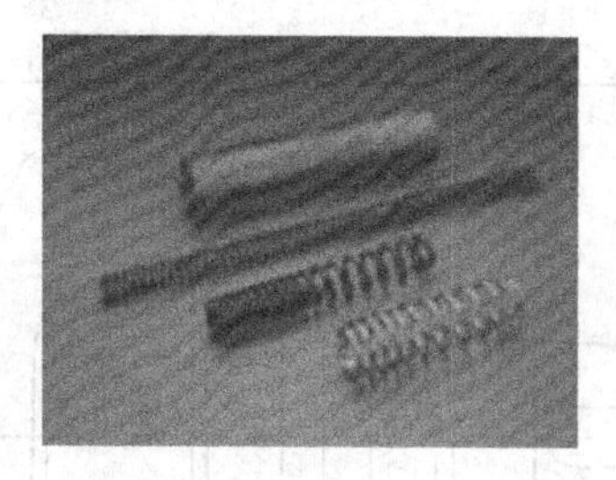

(b) 拉伸螺旋弹簧

(c) 扭转螺旋弹簧

(d) 板弹簧

(e) 片弹簧

图 13-15 弹簧

① 塑性变形 在外载荷作用下，材料内部产生的弯曲应力或扭转应力超过材料本身的屈服应力后，弹簧发生塑性变形。外载荷去掉后，弹簧不能恢复到原始尺寸和形状。

② 疲劳断裂 在交变应力作用下，弹簧表面缺陷（裂纹、折叠、刻痕、夹杂物）处产生疲劳源，裂纹扩展后造成断裂失效。

③ 快速脆性断裂 某些弹簧存在材料缺陷（如粗大夹杂物，过多脆性相）、加工缺陷（如折叠、划痕）、热处理缺陷（淬火温度过高导致晶粒粗大，回火温度不足使材料韧性不够）等，当受到过大的冲击载荷时，发生突然脆性断裂。

④ 腐蚀断裂及永久变形 在腐蚀性介质中使用的弹簧易产生应力腐蚀断裂失效。高温使弹簧材料的弹性模量和承载能力下降，高温下使用的弹簧易出现蠕变和应力松弛，产生永久变形。

(3) 弹簧材料的性能要求

① 高的弹性极限 σ_e 和高的屈强比 σ_s/σ_b 弹簧工作时不允许有永久变形，因此要求弹簧的工作应力不超过材料的弹性极限。弹性极限越大，弹簧可承受的外载荷越大。对于承受重载荷的弹簧，如汽车用板簧、火车用螺旋弹簧等，其材料需要高的弹性极限。

当材料直径相同时，碳素弹簧钢丝和合金弹簧钢丝的抗拉强度相差很小，但屈强比差别较大。65 钢为 0.7，60Si2Mn 钢为 0.75，50CrVA 钢为 0.9。屈强比高，弹簧可承受更高的应力。

② 高的疲劳强度 弯曲疲劳强度 σ_{-1} 和扭转疲劳强度 τ_{-1} 越大，则弹簧的抗疲劳性能越好。

③ 好的材质和表面质量 夹杂物含量少，晶粒细小，表面质量好，缺陷少，对于提高弹簧的疲劳寿命和抗脆性断裂十分重要。

④ 某些弹簧需要材料有良好的耐蚀性和耐热性 保证在腐蚀性介质和高温条件下的使用性能。

(4) 弹簧的选材

① 弹簧钢 常用弹簧钢的特点及用途见表 13-6 所列。根据生产特点的不同，分为两大类。

表 13-6 常用弹簧钢的特点及用途

钢 类	代表钢号	主要特点	用途举例
碳钢	65 70	经热处理或冷拔硬化后，得到较高的强度和适当的塑性、韧性；在相同表面状态和完全淬透情况下，疲劳极限不比合金弹簧钢差，但淬透性低，尺寸较大	调压调速弹簧、柱塞弹簧、测力弹簧、一般机器上的圆、方螺旋弹簧或拉成钢丝作小型机械的弹簧
锰钢	65Mn	Mn 提高淬透性，表面脱碳倾向比硅钢小，经热处理后的综合力学性能略优于碳钢，缺点是有过热敏感性和回火脆性	小尺寸扁、圆弹簧、座垫弹簧、弹簧发条，也适于制造弹簧环、气门簧、离合器簧片、刹车弹簧
硅锰钢	55Si2Mn 55Si2MnB 60Si2Mn	Si 和 Mn 提高弹性极限和屈强比，提高淬透性以及回火稳定性和抗松弛稳定性，过热敏感性也较小，但脱碳倾向较大	汽车、拖拉机、机车上的减震板簧和螺旋弹簧，汽缸安全弹簧，轧钢设备及要求承受较高应力的弹簧
铬钒钢	50CrVA	良好的工艺性能和力学性能，淬透性比较高，加入 V，使钢的晶粒细化，降低过热敏感性，提高强度和韧性	气门弹簧、喷油嘴簧、汽缸涨圈、安全阀用簧、中压表弹簧元件、密封装置等，适用于 210℃条件下工作弹簧
铬锰钢	50CrMn	较高强度、塑性和韧性，过热敏感性比锰钢低，比硅锰钢高，对回火脆性较敏感，回火后宜快冷	车辆、拖拉机和较重要板簧、螺旋弹簧

a. 热轧弹簧用材 通过热轧方法加工成圆钢、方钢、盘条、扁钢，制造尺寸较大，承载较重的螺旋弹簧或板簧。弹簧热成型后要进行淬火及回火处理。

b. 冷轧（拔）弹簧用材 以盘条、钢丝或薄钢带（片）供应，用来制作小型冷成型螺旋弹簧、片簧。

② 不锈钢 0Cr18Ni9、1Cr18Ni9、1Cr18Ni9Ti 通过冷轧（拔）加工成带或丝材，制造在腐蚀性介质中使用的弹簧。

③ 黄铜、锡青铜、铝青铜、铍青铜 具有良好的导电性、非磁性、耐蚀性、耐低温性及弹性，用于制造电器、仪表弹簧及在腐蚀性介质中工作的弹性元件。

(5) 典型弹簧选材

① 汽车板簧（如图 13-16）

a. 用途及性能要求 用于缓冲和吸振，承受很大的交变应力和冲击载荷的作用，需要高的屈服强度和疲劳强度。

b. 材料 轻型汽车选用 65Mn、60Si2Mn 钢制造；中型或重型汽车板簧用 50CrMn、55SiMnVB 钢；重型载重汽车大截面板簧用 55SiMnMoV、55SiMnMoVNb 钢制造。

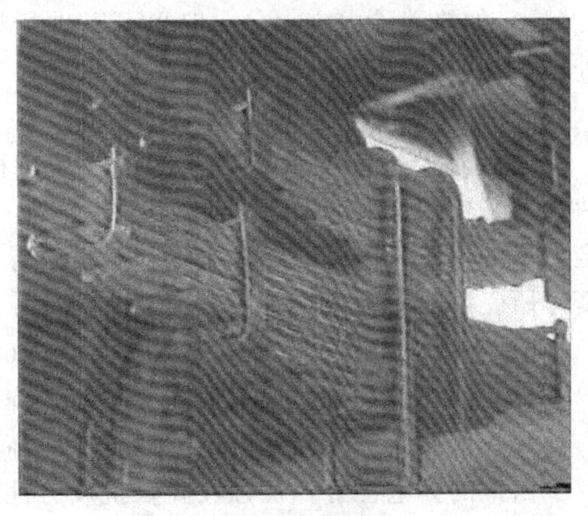

图 13-16 汽车板簧

c. 工艺路线 热轧钢带（板）冲裁下料→

图 13-17　火车螺旋弹簧

压力成型→淬火→中温回火→喷丸强化。

淬火：温度为 850～860℃（60Si2Mn 钢为 870℃），采用油冷，淬火后组织为马氏体。

回火：温度为 420～500℃，组织为回火屈氏体。屈服强度 $\sigma_{0.2}$ 不低于 1100MPa，硬度为 42～47(HRC)，冲击韧性 a_k 为 250～300kJ/m^2。

② 火车螺旋弹簧（如图 13-17）

a. 用途及性能要求　机车和车厢的缓冲和吸振，其使用条件和性能要求与汽车板簧相近。

b. 材料　50CrMn、55SiMnMoV。

c. 工艺路线　热轧钢棒下料→两头制扁→热卷成形→淬火→中温回火→喷丸强化→端面磨平。

淬火与回火工艺同汽车板簧。

③ 气门弹簧

a. 用途　内燃机气门弹簧是一种压缩螺旋弹簧。其用途是在凸轮、摇臂或挺杆的联合作用下，使气门打开和关闭，承受应力不是很大，可采用淬透性比较好、晶粒细小、有一定耐热性的 50CrVA 钢制造。

b. 工艺路线　冷卷成型→淬火→中温回火→喷丸强化→两端磨平。

将冷拔退火后的盘条校直后用自动卷簧机卷制成螺旋状，切断后两端并紧，经 850～860℃加热后油淬，再经 520℃回火，组织为回火屈氏体，喷丸后两端磨平。弹簧弹性好，屈服强度和疲劳强度高，有一定的耐热性。

气门弹簧也可用冷拔后经油淬及回火后的钢丝制造，绕制后经 300～350℃加热消除冷卷簧时产生的内应力。

④ 自行车手闸弹簧　自行车手闸弹簧是一种扭转弹簧，其用途是使手闸复位。该弹簧承受载荷小，不受冲击和振动作用，精度要求不高。因此手闸弹簧可用碳素弹簧钢 60 或 65 钢制造。经过冷拔加工获得的钢丝直接冷卷、弯钩成形即可。卷后可低温（200～220℃）加热消除内应力，一般也可不进行热处理。

⑤ 继电器簧片（如图 13-18）

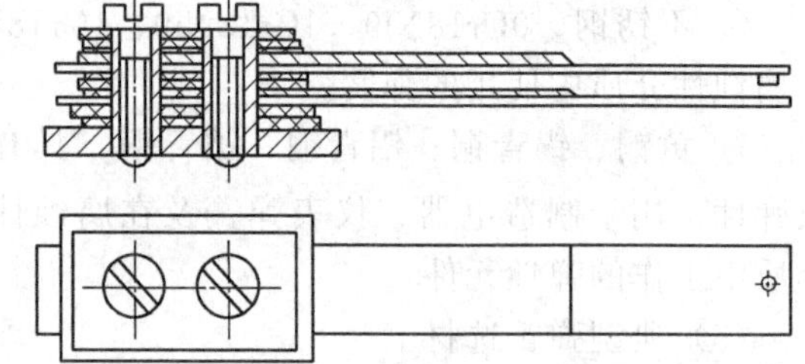
图 13-18　继电器簧片

a. 用途及性能要求　继电器簧片是一种片簧，其作用是使两电触点接触时，产生一定大小的压力，以保证触头紧密接触良好导电。簧片材料要有好的弹性、导电性和耐蚀性。簧片所受弯曲应力很小。

b. 材料　黄铜（H70）、锡青铜（QSn6.5-0.1）、白铜（B19）。

黄铜的导电性好，抗疲劳性能较高，弹性一般，价格较低。

锡青铜的导电性稍低，但抗疲劳性能高，弹性好，价格稍高。

白铜的导电性好，抗蚀性高，抗疲劳性能较高，弹性好，价格较贵。

簧片生产工艺简单，可用上述材料的冷轧薄片冲裁下料成形制造。

13.3.5 刃具选材

切削加工使用的车刀、铣刀、钻头、锯条、丝锥、板牙等工具统称为刃具。

(1) 刃具的工作条件

① 刃具切削材料时，受到被切削材料的强烈挤压，刃部受到很大的弯曲应力。某些刃具（如钻头、铰刀）还会受到较大的扭转应力作用。

② 刃具刃部与被切削材料强烈摩擦，刃部温度可升到500～600℃。

③ 机用刃具往往承受较大的冲击与震动。

(2) 刃具的失效形式

① 磨损　由于摩擦，刃具刃部易磨损，这不但增加了切削抗力，降低切削零件表面质量，也由于刃部形状变化，使被加工零件的形状和尺寸精度降低。

② 断裂　刃具在冲击力及震动的作用下折断或崩刃。

③ 刃部软化　由于刃部温度升高，若刃具材料的红硬性低或高温性能不足，使刃部硬度显著下降，丧失切削加工能力。

(3) 刃具材料的性能要求

① 高硬度，高耐磨性。硬度一般要大于62(HRC)；

② 高的红硬性；

③ 强韧性好；

④ 高的淬透性。可采用较低的冷速淬火，以防止刃具变形和开裂。

(4) 刃具的选材

制造刃具的材料有碳素工具钢、低合金刃具钢、高速钢、硬质合金和陶瓷等，根据刃具的使用条件和性能要求不同进行选用。

① 简单的手用刃具　手锯锯条、锉刀、木工用刨刀、凿子等简单、低速的手用刃具红硬性和强韧性要求不高，主要的使用性能是高硬度、高耐磨性。因此可用碳素工具钢制造。如T8、T10、T12钢等。碳素工具钢价格较低，但淬透性差。

② 低速切削、形状较复杂的刃具　丝锥、板牙、拉刀等可用低合金刃具钢9SiCr、CrWMn制造。因钢中加入了Cr、W、Mn等元素，使钢的淬透性和耐磨性大大提高，耐热性和韧性也有所改善，可在小于300℃的温度下使用。

③ 高速切削用的刃具

a. 用高速钢（W18Cr4V、W6Mo5Cr4V2等）制造　高速钢具有高硬度、高耐磨性、高的红硬性、好的强韧性和高的淬透性的特点，因此在刃具制造中广泛使用，用来制造车刀、铣刀、钻头和其他复杂、精密刃具。高速钢的硬度为62～68(HRC)，切削温度可达500～550℃，价格较贵。

b. 硬质合金制造　硬质合金是由硬度和熔点很高的碳化物（TiC、WC）和金属用粉末冶金方法制成，常用硬质合金的牌号有YG6、YG8、YT6、YT15等。硬质合金的硬度很高[89～94(HRA)]，耐磨性、耐热性好，使用温度可达1000℃。它的切削速度比高速钢高几倍。硬质合金制造刃具时的工艺性比高速钢差。一般制成形状简单的刀头，用钎焊的方法将刀头焊接在碳钢制造的刀杆或刀盘上。硬质合金刀具用于高速强力切削和难加工材料的切削。硬质合金的抗弯强度较低，冲击韧性较差，价格贵。

c. 用陶瓷制造　陶瓷硬度极高、耐磨性好、红硬性极高，也用来制造刃具。热压氮化硅（Si_3N_4）陶瓷显微硬度为5000(HV)，耐热温度可达1400℃。立方氮化硼的显微硬度可达8000～9000(HV)，允许的工作温度达1400～1500℃。陶瓷刀具一般为正方形、等边三角形的形状，制成不重磨刀片，装夹在夹具中使用。用于各种淬火钢、冷硬铸铁等高硬度难

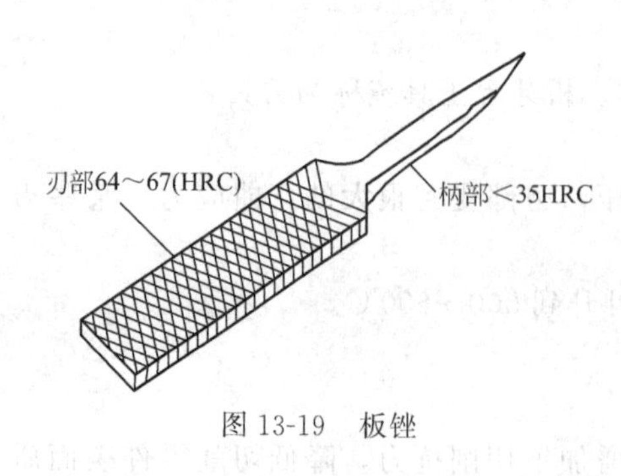

图 13-19　板锉

加工材料的精加工和半精加工。陶瓷刀具抗冲击能力较低，易崩刃。

(5) 刀具选材举例

① 板锉（如图 13-19）

a. 性能要求、材料及工艺

用途及性能要求：板锉是钳工常用的工具，用于锉削其他金属。其表面刃部要求有高的硬度[64～67(HRC)]，柄部要求硬度小于 35(HRC)。

材料：T12 钢

制造工艺：热轧钢板（带）下料→锻（轧）柄部→球化退火→机加工→淬火→低温回火。

b. 主要工艺说明

球化退火：使钢中碳化物呈粒状分布，细化组织，降低硬度，改善切削加工性能。同时为淬火准备好适宜的组织，使最终成品组织中含有细小的碳化物颗粒，提高钢的耐磨性。锉刀通常采用普通球化退火工艺。将毛坯加热到 760～770℃，保温一定时间（2～4h），然后以 30～50℃/h 的速度冷却到 550～600℃，出炉后空冷。处理后组织为球化体，硬度为 180～200(HB)。

机加工：刨、磨和剁齿，使锉刀成形。

淬火：温度为 770～780℃，可用盐溶加热或在保护气氛炉中加热，以防止表面脱碳和氧化。也可采用高频感应加热。加热后在水中冷却。由于锉刀柄部硬度要求较低，在淬火时先将齿部放在水中冷却，结柄部颜色变成暗红色时才全部浸入水中。当锉刀冷却到 150～200℃时，提出水面。若锉刀有弯曲变形，可用木锤将其校直。

回火：温度为 160～180℃，时间 45～60min。若柄部硬度太高，可将柄部浸入 500℃的浴盐中进行回火，或用高频加热回火，降低柄部硬度。

② 齿轮滚刀（如图 13-20）

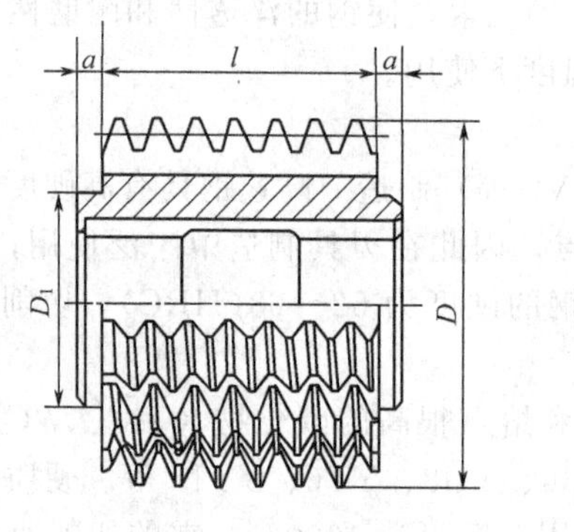

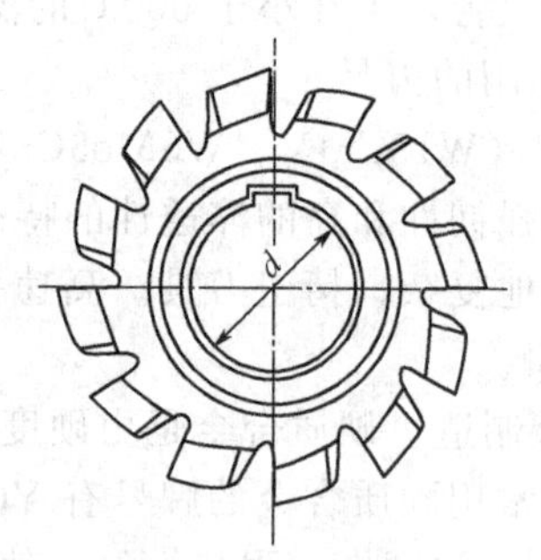

图 13-20　齿轮滚刀

a. 性能要求、材料及工艺

用途：生产齿轮的常用刃具，用于加工外啮合的直齿和斜齿渐开线圆柱齿轮。其形状复杂，精度要求高。

材料：高速钢（W18Cr4V）

工艺路线为：热轧棒材下料→锻造→退火→机加工→淬火→低温回火→精加工→表面处理。

b. 主要工艺说明

锻造：W18Cr4V钢的始锻温度为1150～1200℃，终锻温度为900～950℃。锻造的目的一是成形，二是破碎、细化碳化物，使碳化物均匀分布，防止成品刀具崩刃和掉齿。由于高速钢淬透性很好，锻后在空气中冷却即可得到淬火组织，因此锻后应缓慢冷却。

退火：退火温度为870～880℃，退火后的组织为索氏体基体和在其中均匀分布的细小颗粒状碳化物。目的是便于机加工，并为淬火作好组织准备。

淬火、回火：高速钢的淬火、回火工艺较为复杂，目的是获得回头马氏体和合金碳化物组织，提高刀具的硬度和耐磨性。

精加工：包括磨孔、磨端面、磨齿等磨削加工。精加工后刀具可直接使用。

表面处理：为了提高其使用寿命，可进行表面处理，如：硫化处理、硫氮共渗、离子氮碳共渗-离子渗硫复合处理，表面涂覆TiN、TiC涂层等。

③ 圆锯片

用途：切割钢材、有色金属、石料、塑料等材料。

性能要求：整体强韧性好，锯齿硬度高、耐磨性好。

材料：圆锯片可以是整体的，也可以是镶齿的。镶齿式圆锯片的本体用60或65Mn钢制造，锯齿用高速钢刀片或硬质合金刀片。

工艺：钢板下料→冲孔→淬火→高温回火→机加工→钎焊锯齿→磨齿。

钢板冲压下料、冲孔后进行调质处理。淬火加热温度为830～840℃、采用油冷。回火温度为500～550℃。为校正圆锯片淬火变形，回火时可用夹具夹紧。回火后的组织为回火索氏体，强韧性好。热处理后锯片需进行端面磨平、开槽等机加工，用钎焊方法将锯齿焊接在锯片本体上，最后进行磨齿。

习　题

1. 零件设计不当对热处理工艺带来哪些危害？请举例说明。
2. 有一轴类零件，工作中主要承受交变弯曲应力和交变扭转应力，同时还受到震动和冲击，轴颈部分还受到摩擦磨损。该轴直径30mm，选用45钢制造（45钢淬火层深度为18mm）。
   (1) 试拟订该零件的加工工艺路线；
   (2) 说明每项热处理工艺的作用；
   (3) 试述轴颈部分从表面到心部的组织变化。
3. 某些油机曲轴技术要求如下：$\sigma_b \geqslant 750MPa$，$a_k \geqslant 150J/cm^2$，轴体硬度HB＝240～300，轴颈硬度HRC≤55，试合理选择材料，制订生产工艺路线和各热处理工序的工艺规范。
4. 试选择具有下列要求的切削工具材料，并制订热处理工艺。
   (1) 奥氏体高锰钢（Mn13）铸件的切削加工；
   (2) 铝合金（Al-Si系铸造铝合金）的切削加工；
   (3) 带有激冷表面铸铁件的切削加工；
   (4) 球化退火状态碳素工具钢的切削加工。
5. 试选择制造碎石机中的颚板与磨球的材料，并指出其合金组成中各合金元素的作用。
6. JN-150型载重汽车（载重量为8t）变速箱中的第二轴二、三挡齿轮，要求心部抗拉强度为$\sigma_b \geqslant 1100MPa$，$a_k \geqslant 70J/cm^2$；齿表面硬度HRC≥58～60，心部硬度HRC≥33～35。试合理选择材料，制订生产工艺流程及各热处理工序的工艺规范。

7. 一重要螺栓（ϕ25mm）起连接紧固作用，工作时主要承受拉力。要求整个截面有足够的抗拉强度、屈服强度、疲劳强度和一定的冲击韧性。

(1) 应选用什么材料，选用该材料的理由是什么？

(2) 试制订该零件的加工工艺路线。

(3) 说明每项热处理工艺的作用和得到什么组织？

8. 已知一轴尺寸为ϕ30mm×200mm，要求摩擦部分表面硬度为HRC50～55，现用30钢制作，经高频表面淬火（水冷）和低温回火，使用过程中发现摩擦部分严重磨损，试分析失效原因，如何解决？

9. 由W18Cr4V钢制的螺母冲头，经正常的热处理后使用，使用过程中A处断裂，分析断裂原因，如何改进？（经分析材质无问题）

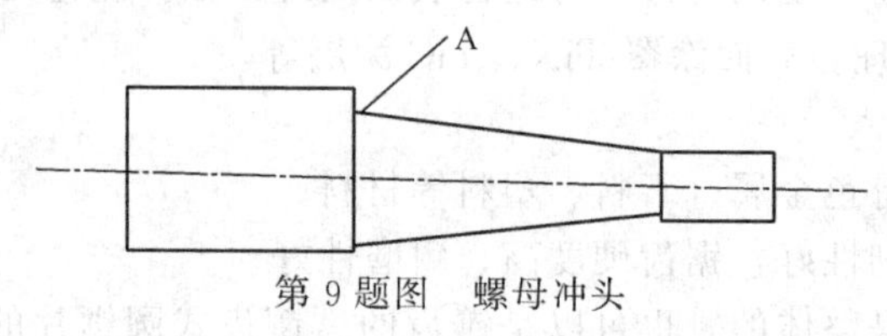

第9题图　螺母冲头

参 考 文 献

[1] 戴枝荣，张元明．工程材料及机械制造基础（1）——工程材料．北京：高等教育出版社，2006.

[2] 戴起勋．金属材料学．北京：化学工业出版社，2005.

[3] 黄丽．高分子材料．北京：化学工业出版社，2005.

[4] 陈平，廖明义．高分子合成材料学．北京：化学工业出版社，2005.

[5] 王章忠．机械工程材料．北京：机械工业出版社，2007.

[6] 何柏林．模具材料及表面强化技术．北京：化学工业出版社，2009.

[7] 王晓敏．工程材料学．哈尔滨：哈尔滨工业大学出版社，2005.

[8] 郑子樵．材料科学基础．长沙：中南大学出版社，2005.

[9] 梁耀能．机械工程材料．广州：华南理工大学出版社，2006.

[10] 郑明新．工程材料．北京：中央广播电视大学出版社，2000.

[11] 栾庆伟，迟国泰．机械工程材料．大连：大连理工大学出版社，2006.

[12] 沈莲．机械工程材料．北京：机械工业出版社，2007.

[13] 崔占全，孙振国．机械工程材料．北京：机械工业出版社，2007.

[14] 朱张校．工程材料．北京：清华大学出版社，2001.

[15] 曾正明．机械工程材料手册：金属材料．北京：机械工业出版社，2003.

[16] 杨瑞成．机械工程材料．重庆：重庆大学出版社，2007.

[17] 马鹏飞，张松生．机械工程材料与加工工艺．北京：化学工业出版社，2008.

[18] 王爱珍．机械工程材料．北京：北京航空航天大学出版社，2009.

[19] 高为国．机械工程材料基础．长沙：中南大学出版社，2004.

[20] 戈晓岚，赵茂程．工程材料．南京：东南大学出版社，2004.

参考文献